普通高等教育土木工程类专业"十四五"系列教材

土木工程地质

主　编　廖红建

副主编　李杭州　宁　苑　黎　莹

西安交通大学出版社

XI'AN JIAOTONG UNIVERSITY PRESS

内容提要

本书根据土木工程专业的培养要求，以纸质教材与数字资源相结合，进行一体化设计编写而成。本书既重视工程地质基本理论和知识的阐述，又注重介绍学科的新进展、工程案例，与时俱进，力求把知识的传授与能力的培养结合起来。

本书共分 8 章，包括：矿物与岩石、地质构造与工程建设、岩石风化和岩体工程性质、第四纪地层和地貌、水的地质作用、区域性土工程地质、岩土工程勘察、环境工程地质。每章中均配有思维导图、疑难释义、工程案例等数字资源，丰富了知识的呈现形式及教材内容。每章后附有习题。本书附录中有土木工程地质中英日文专业名词对照，拓展了本书的国际化视野。

本书可作为高等学校土木工程专业及其他相关专业的教材，也可作为相关科技工作人员的参考书。

图书在版编目(CIP)数据

土木工程地质/廖红建主编. — 西安：西安交通大学
出版社，2023.1
　ISBN 978 - 7 - 5693 - 2923 - 0

　Ⅰ.①土… Ⅱ.①廖… Ⅲ.①土木工程-工程地质-
高等学校-教材 Ⅳ.①P642

中国版本图书馆 CIP 数据核字(2022)第 228954 号

TUMU GONGCHENG DIZHI
书　　名	土木工程地质
主　　编	廖红建
副 主 编	李杭州　宁　苑　黎　莹
责任编辑	王　娜
责任校对	李　佳

出版发行　西安交通大学出版社
　　　　　（西安市兴庆南路 1 号　邮政编码 710048）
网　　址　http://www.xjtupress.com
电　　话　(029)82668357　82667874(市场营销中心)
　　　　　(029)82668315(总编办)
传　　真　(029)82668280
印　　刷　西安五星印刷有限公司

开　　本　787 mm×1092 mm　1/16　印张　21.125　字数　460 千字
版次印次　2023 年 1 月第 1 版　　2023 年 1 月第 1 次印刷
书　　号　ISBN 978 - 7 - 5693 - 2923 - 0
定　　价　53.00 元

如发现印装质量问题，请与本社市场营销中心联系。
订购热线：(029)82665248　(029)82667874
投稿热线：(029)82668818
读者信箱：465094271@qq.com

前　言

　　"工程地质"是土木工程专业的专业基础课。1998年教育部颁布的《普通高等学校本科专业目录》中，土木工程专业面大大拓宽，相应的专业培养目标、培养要求、主干学科、主要课程等都有所调整。其对专业基础课和专业课"厚基础、宽口径"的要求，使讲授内容的涵盖面也相应扩大。"土力学与地基基础"这门主要的专业基础课，也由原来的一门课拓宽为"工程地质""土力学""基础工程"三门。为适应"大土木"背景下的专业、课程教学改革需求，作者于2000年编写了《工程地质》讲义，其在西安交通大学的教学中使用了近10年。在此基础上，2009年作者作为副主编，参与编写了全国高等院校土木工程类系列教材《土木工程地质》，由科学出版社出版，在教学中使用了10余年。

　　2012年、2020年，教育部先后颁布了新修订的《普通高等学校本科专业目录》，土木类的专业覆盖面越来越广，增设了"城市地下空间工程""道路桥梁与渡河工程""铁道工程""土木、水利与交通工程"等多个特设专业。同时，近年来随着数字资源的迅速发展，知识的传播方式发生了重大变化，数字化教学应运而生。为适应新的专业目录，扩展教学模式，利于人才培养，本书根据土木工程专业新的培养要求，以纸质教材与数字资源相结合编写而成，既重视工程地质基本理论和知识的阐述，又注重介绍学科的新进展、社会发展的新技术和工程案例，力求把知识的传授与能力的培养结合起来。

　　全书系统介绍了工程地质的基本概念、特点、任务、研究方法及其与土木工程之间的关系。共分为8章，第1章为矿物与岩石，第2章为地质构造与工程建设，第3章为岩石风化和岩体工程性质，第4章为第四纪地层和地貌，第5章为水的地质作用，第6章为区域性土工程地质，第7章为岩土工程勘察，第8章为环境工程地质。每章中均配有思维导图、疑难释义、工程案例等数字资源，每章后附有习题，书后列有参考文献，附录还给出了土木工程地质中英日文专业名词对照，便于学习时参考。

　　本书由西安交通大学廖红建教授担任主编，西安交通大学李杭州副教授、清华大学建筑设计院有限公司宁苑工程师、西安交通大学城市学院黎莹副教授担任副主编。编写分工：绪论及第1、3章：廖红建；第5章：廖红建、宁苑；第2、4章：廖红建、黎莹；第6章：李杭州、宁苑；第7章：黎莹、宁苑；第8章：李杭州；附录：廖红建、宁苑；思维导图、疑难释义、工程案例：廖红建、黎莹、李杭州。西安建筑科技大学赵树德教授、李辉教授，西安交通大学宁春明高级工程师对书稿的编写提供了很多帮助，在此表示衷心的感谢。

本书得到了西安交通大学出版社、国家自然科学基金项目（51879212，41630639）、西安交通大学本科生教材出版基金的大力支持，在此表示衷心感谢。

限于编者水平，书中难免有欠妥之处，敬请读者批评指正。

编　者

2022 年 10 月 8 日

目　录

二维码目录

绪　　论

思维导图 0-1

1. 学习工程地质学的意义

"工程地质"是土木工程专业的核心必修课，也是城市地下空间工程，道路桥梁与渡河工程，铁道工程，土木、水利与交通工程等土木类多个特设专业的专业基础课。同时，也是相邻学科领域，如地质工程、采矿工程、海洋工程等众多专业本科生的专业基础课，在人才培养中起着重要的作用。要保证建筑物或构筑物的稳定安全，研究与之紧密相关的地层情况是十分必要的。由于各类工程建设大都建造在地球的表面，而建筑物或构筑物的全部荷载是由它下面的地层来承担的，因此把受建筑物或构筑物影响的那一部分地层称为地基；把建筑物向地基传递荷载的下部结构称为基础。

组成地层的土或岩石是自然界的产物，它的形成过程、物质成分、工程特性及其所处的自然环境极其复杂多变。因此，在设计建筑物之前，必须进行建筑场地的岩土工程勘察，充分了解、研究地基土或岩石的成因、构造、物理力学性质、地下水情况，以及是否存在或可能发生影响场地稳定性的不良地质现象，从而对场地的工程地质条件作出正确的评价。因此，工程地质这门课程显得更加重要和实用。学习工程地质的基本知识是做好地基基础设计和施工的先决条件，是学好土力学、基础工程等课程的基础，也是结构设计和施工等学科领域的基础。

2. 工程地质学的概念和任务

工程地质学是地质学的一个重要分支，是一门实践性很强的学科，它是运用基础学科中地质学的基本理论，通过调查、研究，解决与兴建各类工程有关的地质问题的一门学科。而地质学的主要内容是以固体地球的土层为对象，对组成地球的物质、地壳及地球的构造特征、地球的历史，以及栖居在地质时期的生物及其演变状况、地质学的研究方法及手段和如何应用地质学进行研究以解决资源探寻、环境地质分析和工程防灾问题。从应用方面来说，地质学对人类社会的发展起着重要作用，它一方面以理论和方法指导人们寻找各种矿产资源，如矿床学、煤炭地质学、石油地质学、铀矿地质学等；另一方面可以运用这些理论和方法研究地质环境，查明地质灾害的规律，确定防治对策，保证工程建设的安全、经济和正常运行，这就是工程地质学研究的主要内容。因此，工程地质学是将地质学原理应用于工程实际的一门学科。

工程地质学的具体任务：①评价各类工程建设场地的工程地质条件；②预测和论证在工程建设过程中及工程完工后，有关工程地质问题发生的可能性、发生的规模和发展趋势；③选定最佳的工程建设场地，提出为改善和防治不良地质危害应采取的工程技术措施；④为选定适宜的建筑型式，保证工程的合理规划、可靠设计、顺利施工和使用提供工程地质的各种技术数据；⑤研究人类工程活动与地质环境之间的相互作用与影响，确保各类工程建成后可以发挥其设计功能，为人类造福。总之，防灾是工程地质学的主要任务。

我国国土幅员辽阔，地质条件复杂，岩土性质差异很大，分布着多种多样的土类。某些特殊土或区域性土类（如黄土、软土、膨胀土、冻土等）还具有不同于一般土类的特殊性质。因此，须研究其工程特性以便采取相应的工程措施。由于自然原因或人类的工程活动引起的岩土工程问题很多，涉及的范围很广，如人们在地壳表层所进行的各种工程活动：建筑工程，桥隧工程，水利、水运工程，铁路、公路工程，采矿工程，机场工程，农业工程，能源工程，管线工程，生土工程，地下工程，人防工程，近海工程，地震工程，环境工程，等等。这些工程建设的方式、规模、类型、规划、设计和施工都与建筑场地的地质环境和土的力学特性密切相关。因此，土木工程和工程地质的关系极为密切，必须认识和掌握岩、土介质和水的物理、化学、力学等各种特性及其变化条件和规律。综上，工程地质学的任务显得更加重大和实用。

3. 工程地质学的研究方法

近年来，随着科学技术和信息技术的不断发展，以及重大基础工程建设的不断涌现，如超高层建筑、超长隧道、地下管廊系统、大型水电工程等的兴建，国内外在工程地质研究领域有了很大的发展。计算机、互联网技术的应用，使复杂的分析计算得以实现，使岩土工程原位测试技术有了长足的进步，并在理论分析和成果应用等方面积累了丰富的经验。

工程地质学的研究对象是复杂的地质体，因此其研究方法是定性分析和定量分析的综合，是地质分析法与力学分析法、工程类比法及实验法等的密切结合。要查明建筑区工程地质条件的形成和发展，以及其在工程建筑物作用下的发展变化，首先必须以地质学和自然历史的观点分析研究周围及其他自然因素和条件，了解在自然历史过程中对其影响和制约的因素和程度，这样才可以认识其形成的原因和预测其发展的趋势和变化，这就是地质分析法，它是工程地质学的基本研究方法，也是进一步定量分析及评价的基础。从对工程建筑物的设计和运用的要求来说光有定性的论证是不够的，还要对一些工程地质问题进行定量的预测和评价。在阐明主要工程地质问题形成机制的基础上，可建立模型进行计算和预测，例如地基稳定性分析，地面的沉降量计算，地震液化可能性计算等。当地质条件非常复杂时，还可根据条件类似地区已有资料对研究区的问题进行定量预测，这就是采用类比法进行评价的过程。采用定量分析方法论证地质问题时都要采用试验测试方法，即通过室内或野外现场试验，取得所需要的岩土的物理性质、水理性质、力学性质数据。通过长期观测地质现象的发展速度也是常用的试验方法。综合应用上述定性分析和定量分析方法取得可靠的结论，才能对可能发生的工程地质问题制定出合理的防治对策。

目前，除观察、测绘、勘测、现场试验和室内试样试验等常规的实验测试方法外，随着科学技术的发展，人们越来越多地运用先进的航空和遥感技术、地球物理勘探、模型试验等方法进行测绘、勘探和测试，并把数学、力学的理论和方法用于工程地质研究。计算机的应用使复杂的计算得以顺利实现。

4. 土木工程与工程地质问题

从"大土木"的专业要求出发，工程地质与土木工程的关系至关密切，无论是地上还是地下的建筑物和构筑物，无论是公路铁路、桥梁隧道、水利电力工程，还是矿山油田建设、海洋工程等，都与工程建筑所在场地的工程地质条件密切相关。工程建筑的方式、规模和类型无不与建筑场地的地质环境相互作用。常常已有的工程地质条件在工程建筑和运行期间会产生一些新的变化和发展，构成影响并威胁工程建筑安全的地质问题，将这类问题称为工程地质问题。由于工程地质条件复杂多变，不同类型的工程对工程地质条件的要求又不尽相同，所以工程地质问题是多种多样的。

早在两千多年以前，我国劳动人民就运用长期积累的工程地质知识成功地修建了多项工程。如约公元前 485 年凿通的，连接淮河与长江的邗沟段大运河；约公元前 250 年修建的，规模宏伟、工程艰巨的都江堰工程。特别是像都江堰这样工程量巨大、工程结构复杂、有多项联系的水利工程，如果没有一定水平的工程地质知识，是不可能修建成功的。此外，如隋代修建的赵州桥、辽代修建的芦沟桥、宋代修建的筏形基础的洛阳桥，都经历了长期使用考验，至今尚保持得完整良好。我国也曾修建了一条较长的山区铁路——宝天线，由于勘测设计和施工时没有做工程地质工作，建成后，由于两侧山体不稳定，发生了大量的崩塌、滑坡、河岸冲刷、泥石流等工程地质问题，威胁行车安全，一直到 1949 年，实际上也并没有通车。中华人民共和国成立后，在党的领导下，我国的国民经济建设飞跃发展，特别是宝成、成昆两线，穿越高山急流，地质条件极为复杂，这两条铁路的建成通车，标志着我国的工程地质技术达到了新的水平。近年来，引汉济渭秦岭输水隧洞全线贯通，人类历史上首次从底部横穿秦岭，攻克了"世界罕见的难"。秦岭地质条件极为复杂，从底部横穿，难度可谓空前绝后，作为引汉济渭工程的关键控制性工程，秦岭输水隧洞全长 98.3 千米，埋深 1300 至 2012 米，整个输水隧洞穿越了 3 条区域性大断裂、4 条次一级断层和 33 条一般断层，涉及岩性 20 余种，施工过程中还面临着高温高湿、长距离、大埋深、高频强岩爆、突涌水等一系列技术难题。作为国家重点水利工程的引汉济渭工程建成后，长江最大支流——汉江之水将北上穿过秦岭，与黄河最大支流——渭河"牵手"，解关中之"渴"，浸润三秦大地。这标志着我国的工程地质技术达到了更高的水平。

在土木工程中，主要的工程地质问题表现在以下几方面。

(1)地基的稳定性。牢固稳定的地基是建筑物安全与正常运行的保证。一方面，地基的岩土组成、厚度、性质(物理性质及力学性质)、承载能力、产状、分布、均匀程度等情况是保证地基稳定性的基本条件。另一方面，组成地基的岩土体存在于一定的地质环境之中，建筑场地的地形、地质条件及地下水、物理地质作用等往往会影响地基承载力和地基稳定性，这是土木工程中常遇到的主要工程地质问题，它包括强度和变形两个方面。要确保建筑物地基稳定和满足建筑物使用要求，地基承载力必须满足两个基本条件。一是具有足够的地基强度，保持地基受荷载后不致因地基失稳而发生破坏；二是地基不能产生超过建筑物对地基要求的容许变形值。良好的地基一般具有较高的强度和较低的压缩性。在铁路、公路等工程建筑中则会遇到路基稳定性问题。此外岩溶、土洞等不良地质作用和现象也会影响地基的稳定性。具体案例见右侧二维码文件。

工程案例 0—1

（2）斜坡的稳定性。自然界的天然斜坡是经受长期地表地质作用后达到相对协调平衡的产物，人类工程活动尤其是道路工程需开挖和填筑人工边坡（如路堑、路堤、堤坝、基坑等），斜坡稳定对防止地质灾害发生及保证地基稳定十分重要。斜坡的破坏常是各种地质因素长期综合作用的结果，斜坡地层岩性、地质构造特征是影响其稳定性的物质基础，风化作用、地应力、暴雨、地震、地表水和地下水等对斜坡软弱结构面的作用往往会破坏斜坡的稳定，即地形地貌和气候条件是影响其稳定性的重要因素。斜坡破坏的过程往往是缓慢的、渐进的，只是最后的破坏具有突发性，且具有比较大的规模和灾难性。虽然破坏前有些先兆，但人们要作出短期的或临阵的预报是很困难的，对于大中型滑坡这样的自然地质灾害，目前的预防办法主要是加强监测、减少灾害。大型的工程边坡破坏也具有突发性、灾难性，其对工程建设项目的破坏十分惊人。如黄河下游小浪底水库大坝坝岸岩坡塌滑岩土体积达 11×10^6 m³；成昆、南昆铁路，河岸、库岸等出现的大型滑坡很多，滑塌土石方量可达几百万、几千万，甚至几亿立方米，造成河道堵塞、铁路被埋、交通中断多日，经济损失极大。

（3）洞室围岩的稳定性。地下洞室被包围于岩土体介质（围岩）中，在洞室开挖和建设过程中由于破坏了地下岩体的原始平衡条件，如自重应力、构造应力场、渗流应力场、温度应力场等，便会出现应力重分布、局部卸荷或应力集中等，从而导致一系列不稳定现象，如常遇到围岩塌方、地下水涌水等。影响应力重分布的因素很多，如天然应力状态、岩体结构、地质构造、地层构造、岩性（物理、力学、水理性质）特征、风化状态、水的作用、洞轴布置方位、洞体形状、洞体尺寸及埋深、施工方法、支护方案等。要准确确定开洞以后洞周围岩体中的应力重分布状态是很难的，由于数学上的困难，只有在均质岩土体中开挖形状简单的洞体（如圆形、椭圆形）时，才能用弹性、弹塑性理论计算确定围岩中的应力状态。通过现场观察或现场测试技术也能初步了解洞周围岩中应力重分布及其结果的定性特征。

（4）区域稳定性问题。自 1976 年唐山地震后，地震、震陷、液化及活断层对工程稳定性的影响越来越引起土木工程界的注意。对于大型水电工程、地下工程及建筑群密布的城市地区，区域稳定性问题应该是需要首先论证的问题。一般在工程建设规划和选址时都要进行区域稳定性评价，研究地质体在地质历史中的受力状况和变形过程，研究岩体结构特性，预测岩体变形破坏规律，进行岩体稳定性评价，以及考虑建筑物和岩体结构的相互作用。这些都是防止工程失误和事故发生、保证地基稳定性所必要和必需的工作。

5. 本课程的特点及主要内容

本课程是一门应用科学，它是运用基础学科中地质学的基本理论，解决土木工程建设中工程地质问题的一门学科，是土木工程专业的技术基础课。其内容丰富、涉及面广，是土力学、基础工程学、结构设计和施工等学科领域的基础。天然地层的性质和分布不但因地而异，而且在较小范围内也可能有很大的变化。在进行地基基础设计和土力学计算之前，必须通过勘察和测试取得有关土层分布及土的物理力学性质指标的可靠资料。因此，了解主要的工程地质性质，辨认基本的地质构造及较明显、简单的不良地质现象，了解地基勘察和原位测试技术及室内土工试验方法是本课程的一个重要方面。另外，我国地域辽阔，由于自然地理环境的不同，分布着多种多样的土类，作为地基，必须针对其特性采取适当的工程措施。因此，了解区域性地质条件特征也非常重要。

土木工程涉及的范围由地表到地下，对于从事该专业的人员来说，工程地质是一门重要的专业基础课。为了适应目前土木工程专业发展的需要，贯彻因材施教的原则，本书在编写时，力求贯彻教学改革的精神，注重少而精，在保证系统地介绍工程地质学基本原理的同时，重视理论联系实际，培养学生科学的思维方法和创新能力，同时适当反映工程地质的新进展。

全书共分 8 章，第 1 章矿物与岩石，介绍地壳运动与地质作用的概念，矿物与岩石的形态、特征等。第 2 章地质构造与工程建设，介绍地质构造的基本类型，岩层岩体的接触关系，地质构造对工程稳定性的影响。第 3 章岩石风化和岩体工程性质，介绍岩石与岩体的基本概念，岩石的风化作用、影响因素及工程评价，岩溶地貌与工程建设。第 4 章第四纪地层和地貌，介绍地质年代的概念，第四纪沉积物类型、工程特性，地形和地貌，滑坡和崩塌。第 5 章水的地质作用，介绍地下水的存在形式与类型，地表水地质作用，地下水的运动及其与工程的密切关系，泥石流。第 6 章区域性土工程地质，介绍黄土、软土、冻土和膨胀土的工程特性、工程地质问题和工程评价及措施。第 7 章岩土工程勘察，介绍岩土工程勘察的目的、任务、方法，原位测试技术和勘察成果的整理。第 8 章环境工程地质，介绍地面沉降、地裂缝、采空区的概念、影响因素和成因机制，以及工程防治措施。每章均配有思维导图、疑难释义、工程案例等数字资源，每章后附有习题，书后列有参考文献，附录还给出了土木工程地质中英日文专业名词对照，便于学习时参考。

本书根据专业需要和学时多少可作为高等学校工科土木工程类专业本科生的教学用书及研究生的参考用书，也可供从事土建工程、地基勘察的科研、设计、施工等技术人员参考。

本书以介绍土木工程专业所涉及的工程地质的基本原理和基本知识为主，要求学生通过本课程的学习，获得工程地质方面的基本理论知识，了解作为建筑物地基、边坡、围岩的岩体稳定性分析的基本知识和方法，培养阅读和使用工程地质勘察资料的能力，为应用工程地质方法分析并解决土木工程问题打下基础。为此，有以下具体要求。

(1)学习建筑物地基的基本物质——岩石和土的形成特点、种类、结构和构造特性，第四纪沉积物的分类及特征，以及影响建筑物地基和环境的工程地质灾害等自然地质现象。

（2）系统学习和掌握工程地质基础知识和理论，能阅读地质资料，根据地质资料在野外辨认常见的岩石，了解其主要的工程地质性质；辨认基本的地质构造及不良地质现象，了解其对土木工程的影响，并在专业设计和施工中能应用这些工程地质知识。

（3）掌握取得工程地质资料的工作方法、工作内容及勘测、试验手段；了解岩土工程勘察的原位测试技术，以及室内土工试验方法。

（4）掌握岩土工程勘察的基本内容，具有阅读和使用工程勘察资料的能力；掌握岩土工程勘察的任务、方法及测试手段，为应用工程地质方法分析并解决工程问题打下基础；能够进行实际场地的工程勘察和分析，能依据岩土工程勘察成果进行综合复杂的工程地质问题分析并采取处理措施。

第1章 矿物与岩石

思维导图 1-1

1.1 地球与地壳的概念

1.1.1 地球

首先让大家对人类居住的地球有一个初步认识。地球的赤道半径(约 6378.140 km)比两极半径(约 6356.779 km)要大,所以地球不是一个圆球体,它大致呈梨形,南极凹些,北极稍凸。地球由地壳、地幔、地核组成,如图 1-1 所示,地壳是固体地球的外部层圈(还包括大气圈、水圈及生物圈)。而地球内部层圈也是分层的,有液态外部地核、固态内部地核、软流圈和岩石圈。软流圈以上的岩石圈具有较强的刚性,分裂成许多块状,称为板块。板块驮在软流圈上随之运动,就是板块运动,也是构造运动发生的根源。

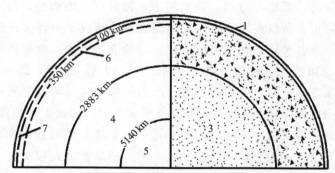

1—地壳;2—地幔;3—地核;4—液态外部地核;5—固态内部地核;6—软流圈;7—岩石圈。

图 1-1 地球内部层圈

1.1.2 地壳

地壳是地球表面的一层硬壳,是地球形成以来经过漫长的自然历史过程(约 40 亿年)不断演化发展的产物。地壳表面是起伏不平的,有高山、丘陵、平原、湖盆地和海盆地等。地壳的厚度在各处变化很大,一般陆地地壳较厚,海底地壳较薄。陆地平原部分厚度约 33~35 km，高山部分厚度约 60~70 km 或更大，如我国西藏高原地区地壳厚度约 70~80 km，海底部分厚度约 5~6 km，海底海沟地壳最薄处约 1.6 km。因此，地壳的厚度与地球平均半径 6371 km 相比，确实只是地球表面极薄的一层硬壳。

生活在地球上的人类，其工程建筑活动只在地球表层进行，也就是在地壳表层进行，最深处一般在地表以下几百米以内，或几千米以内，很少超过 10 km。因此，人类的各种活动一般只能影响到地壳的表层。虽然地壳的表层很薄，但是它的物质成分、结构构造形式、物理状态等却反映了地球在长期发展演化过程中内部和外部各种变化的总和，包含着地球历史中的大量信息。

工程地质学研究的主要范围正是人类活动所影响的地壳的表层，从这里找出与地球漫长历史发展过程有关的资料，并查明其和工程建设的关系，为工程的选址、安全及稳定提供地质上的保证。

1.2　地壳运动与地质作用

1.2.1　地壳运动

地壳及整个地球，从它们的形成期开始，几十亿年以来一直在运动。是什么力量推动了地壳的运动呢？科学的考察和论证表明：地球自转速度在地球发展的漫长历史过程中不断地发生变化，有时变快，有时变慢。地球自转速度的变化必然会产生巨大的力量。当地球自转速度变化幅度大时，地壳就会产生比较剧烈的运动。这种运动有时缓慢些，有时剧烈些，有的是地壳的垂直升降运动，有的是水平运动，还有相互联系的复杂的复合运动，无论在时间上及空间上，都具有不均衡性。由于运动的方式和运动的方向各具特征，所以在地壳表面及地壳岩层中造成了多种多样的地质构造类型和地貌形态特征。由各种构造现象可以看出：在地壳运动中，毗邻地块之间发生了各种力的作用关系，如挤压、张裂、错断、扭、剪、劈理、片理，以及它们的复合等。因此，由构造现象可以推断力的作用关系，由力的作用关系可以推断地壳运动的方式和方向。通常地壳的升降运动表现为地壳的上拱和下拗，形成大型的构造隆起和拗陷；水平运动表现为地壳岩层的水平移动，使岩层产生各种形态的褶皱和断裂。因此，自然界的变化是很复杂的，地壳运动也是如此，单一的运动方式很少见，更多的是复杂的复合运动。地壳运动的结果是形成了各种类型的地质构造体系和序列，以及地球表面的基本形态。

地壳运动又常称为构造运动。构造运动是一种机械运动，涉及的范围包括地壳及地幔上部即岩石圈。按运动方向可分为水平运动和垂直运动，水平方向的构造运动使岩块相互分离裂开或是相向聚汇，发生挤压、弯曲或剪切、错开；垂直方向的构造运动则使相邻块体作差异性上升或下降。地质构造就是构造运动使岩层发生变形和变位所形成的产物。通常把晚第三纪以来发生的构造运动称为新构造运动，晚第三纪以前发生的构造运动称为古构造运动。地球表面地形轮廓的形成主要取决于晚第三纪以来的新构造运动，新构造运动对古构造运动既有继承性，又有新生性。例如，我国黔北褶皱带，新、老构造运动一致，背斜区上升，向斜压下沉，遵义城就在这个下沉带内。有更多的新构造运动和老构造运动是不一致的，这是因为构造应力场发生了变化，新、老构造运动形成的构造线之间产生斜交或截切，例如，华北地区从晚第三纪以来，由于大幅度下沉，形成了许多大湖泊，发育着很厚的湖相沉积，随后湖泊消亡，新构造运动形成的构造线与老构造线呈斜交或截切。洞庭湖盆地、鄱阳湖盆地、衡阳盆地、淮河两岸一些盆地，新、老构造运动形成的构造线也是不一致的。

1. 构造运动的表现

构造运动的结果说明了构造运动的存在。新构造运动发生的时间距今不太久，给人们留下了很多遗迹。例如，广州七星岗的海蚀崖，原为海边的一个陡崖，因受海浪的冲击使崖底产生了海蚀穴，现今距海岸线有数十公里远，如图 1-2 所示。在现代河谷的岸坡上，有些地方堆积着现代河床中的砂砾层，这些砂砾层是河流的早期沉积物，说明构造运动使地壳上升，河流不断冲刷沉积物，使这些早期的沉积物高出现代河床，如图 1-3 所示。

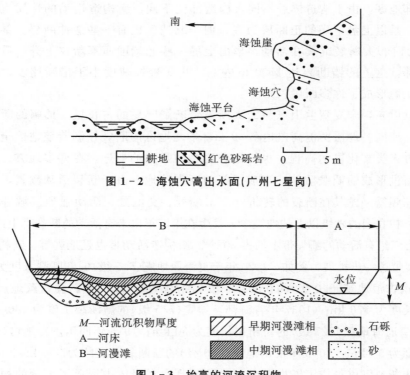

图 1-2　海蚀穴高出水面(广州七星岗)

图 1-3　抬高的河流沉积物

在意大利那不勒斯海湾附近的波佐利(Pozzuoli)城发掘出的一座古建筑物废墟是表明构造运动的典型例子之一。废墟中残存有三根白色大理石柱子，每根高 12 m，柱子下部 3.6 m 长的一段在 1533 年努渥火山喷发时被火山灰埋没，其上 2.7 m 长的一段布满小孔穴，是被海生动物钻凿而成的，如图 1-4 所示。据考证，该建筑物建于公元前罗马帝国时代，后来毁于火山喷发中，以后随地壳下降，淹没在海中，未被火山灰埋没的一段柱面被海生动物钻凿出许多小孔。柱子最上段 5.7 m 一直未被淹没，露在水面上，遭到风化，表面不甚光滑。据观察，该地区仍在不断下降，下降速度约为每年 12.2 mm。

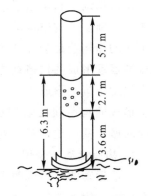

图 1 - 4 大理石柱上的遗迹

精密的大地测量可以为构造运动提供定量的数据。地质资料表明，喜马拉雅山地区在三千万年以前是一片大海，一直为下降地区，晚第三纪以后才开始上升，后逐渐成为"世界屋脊"。据测量资料，在 1862—1932 年的七十年间，其平均上升速度为 1.82 mm/a，目前仍以每年 2.4 cm 的速度上升。

新构造运动时期还产生了普遍的断裂构造和活动断层。这些断裂构造有新生性的，但更多的是老断裂构造的扩展或复活。新第三纪以来，我国西部地区如天山地区、河西走廊地区、青藏高原地区都有显著的新断裂活动并且均以挤压性的逆冲断层占优势。我国的东部地区，由于构造体系不同，构造部位不同，新构造运动的性质也不同，就整体而言，是以上盘下降的正断层为主，但华北地区也有一些逆冲断层。秦岭北麓的 EW 向(东西向)大断裂继续在活动，华山上的一些老剥蚀面不断在上升，渭河地堑又不断在下降，这里的错断差达 2000 m 左右。由于侵蚀速度小于错断速度，所以在秦岭、华山北麓形成了许多断崖三角面。

全新世以来，宁夏贺兰山东麓的大断裂错断了宁夏的古长城；邯郸的断裂切断了邯郸古城，使同一地层两侧高差达 7～9 m；华北地区的断裂控制着该地区全新世地层的沉积和古人类文化层的高程，也控制着区域内水系的变迁。在许多地方，新的断裂切断了全新世形成的低级阶地，形成了新的断裂阶地。由于断裂活动频繁，由此形成的地震也较频繁，尤其在断裂的转折处、末端处、交汇处、活动强烈区域等最容易形成震中区。在我国的六级以上的地震中，发生在第四纪以来有活动的断裂带上的占 70%，发生在晚第三纪有活动的断裂带上的占 20%。新构造活动带也是地震带。新构造运动也使老的断裂带进一步扩展，例如，1920 年宁夏海原地震(8.5 级)的新断裂长度为 230 km；1927 年甘肃古浪地震(8.0 级)的新断裂长度为 140 km；1931 年新疆富蕴地震(8.0 级)的新断裂长度为 176 km；1937 年青海都兰地震(7.5 级)的新断裂长度为 180～300 km；1970 年云南通海地震(7.7 级)的新断裂长度为 60 km；1973 年四川炉霍地震(7.9 级)的新断裂长度为 90 km；2008 年汶川地震(8.0 级)的新断裂长度约为 300 km。

新构造断裂不仅形成了断层及断裂带，而且也在岩体中形成了大量的构造节理裂隙，地下水沿着这些构造裂隙上升出露，形成新的构造裂隙泉。新构造运动对地下水系的状态产生了很大的影响，所以了解、掌握新构造运动及新、老构造运动的关系在水文地质的研究中起到了重要的作用。

古构造运动发生的年代距今比较久远，一些地形特征被后期地质作用破坏，只有运动产生时造成的岩石变形，永久地留在岩石中。这些变形的形迹，就是下面要详细讨论的地质构造形态。

2. 构造运动的方向

构造运动按其运动方向可分为水平运动和升降运动两类，另外还有两者的组合，褶曲运动。

1）水平运动

从地质力学及板块运动的观点来看，地壳的水平运动应是主要的。水平运动是指地壳沿地球表面切线方向的运动，使地壳受到水平挤压或水平拉伸。这包括了海底扩张、海洋盆地与大陆的分异、大陆边缘的拗陷、大陆上高原与盆地的分异；也包括断裂体系的形成、发育，地堑、裂谷的形成、发展，新的山脉和海洋的形成等。水平运动也必然会引起山体、河流、湖岸、地层的变形和错位，例如，嵩山山脊呈 S 形扭动，秦岭北侧渭河的一些支流几乎是直角拐弯，西藏一些湖泊岸线的错位，敦煌多期洪积扇的明显偏移等。一般以地理方位（东、西、南、北）表明运动方向。例如，南北向的水平挤压常引起岩层呈东西向分布的褶皱和断裂，形成巨大的褶皱山系或断裂带。地震是断裂的伴生现象，所以在构造地震中，更容易发现水平运动比垂直运动幅度大。例如，1920 年 12 月宁夏海原地震，8.5 级，断裂两侧的水平位移为 14.0 m，垂直位移为 1.0 m；1931 年新疆富蕴地震，8.0 级，断裂两侧的水平位移为 14.6～20.0 m，垂直位移为 1.0～3.6 m；1937 年青海都兰地震，7.5 级，断裂两侧的水平位移为 8.0 m，垂直位移为 6.0～7.0 m；1973 年四川炉霍地震，7.9 级，断裂两侧的水平位移达 3.6 m，垂直位移为 0.5 m。

许多断块山地及断块升降带，断陷盆地，裂谷及一些隐性（不明显）、潜性地貌的形成及变化都证明：在断裂构造活动中，既有水平运动又有垂直运动，而水平运动幅度常常大于垂直运动幅度。

2）升降运动

升降运动表现为沿地球半径方向的上升、下降，造成地壳大面积的隆起或拗陷，引起海面的涨落。前述广州七星岗海蚀崖，是升降运动的明显例子。升降运动具有间歇性即阶段性，还具有层次性。有的地方是大规模、大面积的升降运动，有的地方是在下沉地堑内次一级的局部小规模的升降运动。升降运动中的升和降也是相对独立的，有的地方是升，有的地方是降，升和降不是等幅的，也不是同时的。

新构造运动的升降运动也是造山运动，如喜马拉雅山还在继续上升，天山、昆仑山的升降差异达几千米。升降运动也包括形成高原的大规模的造陆运动，如青藏高原的形成。升降运动更多地表现为造貌运动即地貌运动，从地质地理上讲，这是小规模的、局部的，例如，江苏连云港地区的新构造运动以强烈上升为主，晚第三纪地壳上升很强烈，第四纪以来，上升幅度有所减小；晚第三纪以来，地壳上升的总幅度约为 600 m 以上；全新世以来，曾有过两次地壳下降，均遭到海浸，之后，地壳又上升。该地区的云台山脉现在远离海岸，但在岩壁上不同高度处（10～600 m）均有海蚀的平台，这就是地壳上升的证据。

第四纪以来，山西汾河地堑和强烈上升的龙门山相比，虽然是在下降，但它仍是处在山西背斜的间歇式的整体隆起区中。所以，在汾河地堑中除了沉积之外，还有因地壳的整体隆起、河流深切河谷形成的黄河和汾河两岸的多级阶地，甚至在一些小支流两岸也形成了几级阶地。汾、渭地堑的南北都有山脉，升降运动造成的高度差都在1000 m以上，甚至达2000 m，所以有人估计汾、渭地堑是正在形成的新的大裂谷。

升降运动的产生和地壳的均衡作用有关。均衡作用指地壳较轻的物质浮在下部较重的物质之上，按浮力定律达到平衡。沉积和剥蚀、冰期和间冰期、气候的变化导致湖泊的形成和干涸、人工水库的修建等都存在地壳均衡作用的调节。即荷载大了就下沉，荷载小了就回升。目前许多地区的地面下沉，除了地下水的因素之外，也有构造下沉的作用。另外，由于局部的地壳上升会形成山体抬升，迫使河流改变流向，汾河和丹江就是如此。局部山体抬升甚至会形成分水岭的迁移，对水系影响更大。

水平运动和升降运动是密切相关的，在同一地区的不同时期内，一段时期表现为水平运动，另一段时期为升降运动。而同一时期内有的地区以升降运动为主，其他地区水平运动占据首要地位，二者往往是交替出现的。喜玛拉雅山地区的地质研究表明，强烈的水平运动在晚第三纪以后表现得更为明显，而在更古老的地质历史时期则一直处于缓慢的升降运动中。

地质历史时期中，构造运动的强烈时期和比较平静时期总是交替出现的。在构造运动比较平静时期，运动速度和幅度较小，一般为缓慢的升降运动，历时较长。强烈时期，运动速度和幅度都比较大，主要表现为水平运动，经历时间较短。构造运动引起海、陆变迁，地形变化，会改变自然地理环境，影响生物的演化和地质作用的方式；构造运动的周期性使地质历史发展呈现阶段性。这样，就可以把影响范围较大的构造运动作为划分地质历史阶段的重要依据之一。

3. 构造运动的起因

关于构造运动的起因，目前还存在着不同的看法，主要是受到对地壳的构造（大地构造）、地球深部物质状态及地球起源等问题认识的限制。地质学界广为流传的大地构造学说有地槽-地台学说、板块构造学说和地质力学学说。

(1)地槽-地台学说是传统的大地构造学说，20世纪50年代前为多数地质学家所接受。这个学说根据构造运动的强烈程度，把地壳分为相对稳定的地台区和相对活动的地槽区。两种地区在地壳运动、构造变动、沉积作用、岩浆活动和变质作用等方面均有很大不同。

(2)板块构造学说是20世纪60年代兴起的一种崭新的学说。与传统的地槽-地台学说不同，它吸收了多种学科的最新研究成果，特别是地槽-地台学说所忽视的，占地球表面积70%的海洋地质的资料，是以一系列无法否认的事实为依据的。

板块构造学说是从大陆漂移和海底扩张学说获得启示发展形成的。

1912年德国气象学家兼地球物理学家魏格纳根据大西洋两岸的海岸线轮廓相似，提出了大陆漂移学说。他认为世界大陆在古生代石炭纪以前是一个连续的整块。中生代末期，由于潮汐力和地球自转离心力的影响，原始大陆解体，分裂成几块，发生漂移，形成现代的分布格式。当时，由于他对大陆漂移的机理不能作出令人信服的解释，所以这个学说就逐渐衰落下去了。

20 世纪 50 年代古地磁研究发现，地质历史时期中地磁极是移动的。如果把大陆看作固定不动是无法解释这种现象的，只有用大西洋两侧两个大陆拼在一起的极移路线才能解释这种现象。

海洋地质、地球物理考察资料表明洋底在不断扩张、消亡和更新。地壳下面的地幔中的物质从洋中脊流出形成海底地壳，新形成的海底地壳逐渐向洋中脊两侧扩张，到达深海沟后，向下俯冲，又重新回到地幔中去。海底地壳一面生长，一面消亡，不断更新。海底地磁异常的条带状排列和深海钻探资料为海底扩张的存在提供了证据。

20 世纪 60 年代后期，资料不断积累，在综合大陆漂移、海底扩张等学说的基础上研究人员提出了板块构造学说。勒皮雄于 1968 年把整个地球岩石圈划分为六大板块，即太平洋板块、欧亚板块、印度洋板块、非洲板块、美洲板块和南极洲板块。

板块运动的原因目前看法不统一，多数学者认为是地幔对流引起的。放射性元素蜕变热和地幔中重的铁、镍物质向地球中心集中，释放出的重力能转变成热能，是地幔对流的热能来源。地幔下部的上升热流柱到达软流圈时，便向两侧水平移动，带动其上的岩石圈，使其分裂并向两侧运动。随着流动过程中温度的降低，地幔流密度加大，当遇到另一板块时，地幔流便带动其上板块一起向下俯冲，于是地幔流又成为下降流，返回地幔下部。

持反对意见的学者认为地幔物质黏度太大，难以发生对流。他们试图用重力作用解释板块运动，如图 1-5 所示。总之，板块运动的驱动力问题尚待探索。本质上讲，这都牵涉到构造运动的原因。

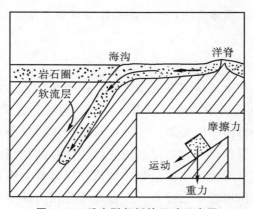

图 1-5　重力引起板块运动示意图

(3)可以用地质力学的观点研究地质构造的分布、排列规律及其发生、发展过程，揭露构造变形间的内在联系，并进一步研究地壳运动的方式、方向和引起地壳运动的动力源等问题。

地质力学把地壳的岩层，岩块中的褶皱、节理、断层等各种构造现象称为构造形迹。构造形迹的特征和空间方位可以用一个面来描述，这个面称为结构面。根据各种构造形迹表现的力学性质，结构面有挤压力形成的压性结构面，如褶皱轴面；张拉伸力形成的张性结构面，如张裂隙面；扭动力形成的扭性结构面，如平移断层；压性兼扭性的结构面和张性兼扭性的结构面等共五种。

构造形迹不是孤立存在的。一个地区同一走向的褶皱往往不止一个，而是成群出现形成褶皱带，并且常有与褶皱轴向大致平行的逆断层或逆掩断层；也有与褶皱轴向垂直的张性断裂带及与褶皱轴斜交的扭性断裂带。它们之间有形成上的内在联系，这样一些具有生成联系的构造形迹往往聚集成带，称为构造带。在构造带与构造带之间，又常夹有构造形迹相对微弱的地块或岩块。如果它们是同时期，经过一次构造运动或按同一方式经过几次运动产生的，就可以把它们看作是一个统一的整体，称为构造体系。

构造体系主要有以下三种类型。

① 纬向（东西向）构造体系。如我国阴山-天山构造带、秦岭-昆仑构造带、南岭构造带。

② 经向（南北向）构造体系。如我国四川南部和云南的南北向构造带。

③ 扭动构造体系。有多字型、入字型、山字型构造，帚状构造等多种形式。

地质力学认为，地球的自转速度在漫长的地质年代里是有变化的，地球的自转和自转速度的变化产生沿经线方向的惯性离心力和与纬线平行的惯性纬向力，这两个力推动地壳不断发生运动。惯性离心力在中纬度地区最大，所以东西向构造带和山字型构造以中纬度地区最发育。惯性违向力在赤道地区最大，所以在赤道地区容易出现巨型张裂、扭裂及大的旋卷构造。

上述三种学说只作了概略介绍，感兴趣的读者可参考相关专著。

1.2.2 地质作用

如前所述，地壳及整个地球都在运动之中，由于物质运动及运动的不均衡性，会产生极大的能量，从而造成地壳外貌形态、结构、构造、物质成分等的变化和演变。与此相应就必然存在着力的作用关系。这种自然力的作用过程及导致地壳成分和构造变化的结果，就称为地质作用。它是塑造地壳面貌的自然作用，其实质就是组成地球的物质及由其传递的能量发生运动的过程。地质作用常常会引发灾害，只要引起地质作用的动力存在，地质作用就不会停止。根据地质作用力的能量来源、作用方式和地质灾害成因的不同，工程地质学把地质作用划分为物理地质作用和工程地质作用两种。物理地质作用即自然地质作用，包括内力与外力地质作用；工程地质作用即人为地质作用。

1. 内力地质作用

内力地质作用是地球自转速度变化产生的巨大能量，以及地壳以下很深处即地球内部存在的放射性元素在其蜕变过程中产生的内热所引起的地质作用力。该作用力来自地壳及地球的内部，其作用过程及结果除表现在内部之外，也会影响到地壳表层及表面。例如，地球内部的岩浆剧烈活动向上侵入到其他岩层中形成侵入岩，如果喷出地表，则称之为火山爆发形成的喷出岩或称火山岩。又如，地壳部分在强大的水平力作用下，在比较大的区域内会产生剧烈翘曲和褶皱。如果首先有水平运动，再有垂直运动，就会形成造山或造陆运动。在强大的水平力和垂直力的某种组合作用下，又会造成大断裂和岩体相对运动，由此也能形成山系。伴随着这种大断裂产生的区域性大震动，又称为构造地震。再如，在高温、高压作用下或温度和压力的组合作用下，岩体产生变质作用，物质成分、结构、构造都有变化，同时在岩体中产生劈理、片理或破碎带。这种变质作用也有有利的一面，如砂岩变质形成了石英岩，石灰岩、白云岩变质形成了大理岩，页岩变质形成了板岩等，都产生了巨大的经济价值及艺术价值。

总结内力地质作用的结果，按其作用方式不同可归纳为四种情况。

(1)构造运动。是指地壳的机械运动。当发生水平方向运动时，常使岩层受到挤压产生褶皱，或使岩层张拉而破裂。垂直方向的构造运动使地壳上升或下降。青藏高原最近数百万年以来的隆升就是垂直运动的表现。

(2)岩浆作用。是指岩浆沿地壳软弱破裂地带上升造成火山喷发形成火山岩或是在地下深处冷凝形成侵入岩的过程。

(3)变质作用。是指构造运动与岩浆作用过程中，使原有的岩石受温度、压力和化学性质活泼的流体作用，在固体状态下发生物质成分和特征的改变，转变成新的岩石，即变质岩的形成过程。

(4)地震。是指接近地球表面岩层中构造运动以弹性波形式释放应变能而引起地壳的快速颤动和震动。

2. 外力地质作用

外力地质作用主要指由于太阳对地球的辐射热能和地球表面物质(岩、土、冰、水等)的重力势能及动能引起的直接的和间接的地质作用力。这种地质作用过程和结果主要发生和存在于地壳表层和表面，例如，气温变化和温度应力、风、雨、冰、雪、风暴及沙暴、冰川、山洪、泥石流、河流、地下水、湖泊、海洋、大型滑坡、山崩、塌陷，还有陨石坠落等。这些自然力的作用结果使地壳表层和表面的岩、土体发生切削、切割、破碎，化学、生物化学变化，以及变质、侵蚀、剥蚀、搬运等，又形成新的沉积或堆积。这些作用在漫长的自然历史过程中，不断地改变着地表形态，形成各种地形、地貌单元。重力作用也能引起断裂、断层和翘曲，例如，牵引式滑坡引起的断裂、断层和层状岩体在推动式滑坡中产生的翘曲。这些属于非构造运动造成的构造现象，一般是局部性的，规模较小。总结外力地质作用，它主要包括以下几种。

(1)风化作用。是指暴露于地表的岩石，在温度变化及水、二氧化碳、氧气、生物等因素的长期作用下，发生化学分解(化学风化作用)和机械破碎(物理风化作用)。

(2)剥蚀作用。是指河水、海水、湖水、冰川及风等，在其运动过程中对地表岩石造成破坏，破坏产物随其运动而搬走。例如，海岸、河岸因受海浪和流水的撞击、冲刷而发生后退。斜坡剥蚀作用是斜坡物质在重力及其他外力因素作用下产生的滑动和崩塌，又称块体运动。

（3）搬运作用。是指风化与剥蚀造成的破坏产物被搬运到其他地方。

（4）沉积作用。是指搬运物在适宜场所堆积。

（5）固结成岩作用。刚堆积的物质是松散多孔的并富含水分，被后来的沉积物覆盖埋藏后，在重压下排出水分，孔隙减小并被胶结，由松散堆积物渐变为坚硬的岩石，也就是沉积岩。

上述外力地质作用过程中的风化、剥蚀、搬运及沉积是彼此密切联系的。风化作用为剥蚀作用创造了条件，而风化、剥蚀、搬运又为沉积作用提供了物质来源。剥蚀作用与沉积作用在一定时间和空间范围内，以某一方面的作用为主导，例如，河流上游地区以剥蚀为多，下游地区以沉积为主；山地以剥蚀占优势，平原以沉积占优势。

内力地质作用和外力地质作用一样复杂，单一的或不变的地质现象几乎没有，大都是几种或多种运动方式和变形特征的复合及历史叠加的结果。内力地质作用和外力地质作用既彼此独立，又互相影响、互相作用。但对地壳的发展而言，内力地质作用一般占主导地位，它引起地壳的升降，形成地表的隆起和拗陷，从而改变了外力地质作用的过程。一般说来，地壳上升与剥蚀作用相联系；而地壳下降则与沉积作用相联系。因此，地壳的升降运动即内力地质作用形成了地壳表面起伏的基本轮廓；而剥蚀与沉积即外力地质作用又不断地改变它，力图破坏起伏不平的地表形态，将其削平补齐。在内力、外力错综复杂的地质作用的互相影响和共同作用下，地壳不断地演变，形成了各种成因的地质构造和地形、地貌。因此，从地质学的观点出发，地表形态可按其不同的成因，划分为各种相应的地貌单元。位于各种地貌单元之下，总会遇到原来生成的，具有一定连续性的岩石，称为基岩；而覆盖在基岩之上的各种成因的沉积物，则称为覆盖土。在山区，覆盖土层较薄，基岩常露出地表；而在平原地区，覆盖土层则往往很厚。

另外，还有一些自然力，如太阳、月亮对地球的引力，因表现为潮汐作用特征，故称为固体潮。又如星球相撞等，这种自然力能引起地球上的某些灾变，有时表现为外力地质作用，如暴雨、山洪，有时也能引起内力地质作用，如诱发构造地震形成的断裂。探索自然界之奥秘，永远是科学的责任。恩格斯说："地质学按其性质来说主要是研究那些不但我们没有经历过而且任何人都没有经历过的过程。所以要挖掘出最后的终极的真理就要费很大的力气。"

3. 工程地质作用

工程地质作用即人为地质作用，它是指由人类活动引起的地质效应。例如：采矿特别是露天开采、移动大量岩体时引起地表变形、崩塌、滑坡；开采石油、天然气和地下水时因岩土层疏干排水造成地面沉降；兴建水利工程时造成土地淹没、盐渍化、沼泽化或是库岸滑坡、水库地震等。地壳运动与地质作用的工程案例见右侧二维码文件。

工程案例 1—1

在漫长的地质年代里，地壳经历了一系列复杂的演变过程，地质作用贯穿始终，形成了各种类型的地质构造和地貌及复杂多样的岩石和土。当我们见到一块矿石或岩石时，会想了解它的生成距今多少年了，又如一个山系、一条河流的形成距今多少年了，因此时间的概念极其重要，所要考察的这些年代就属于地质年代。因此一般地讲，地质年代就是地壳发展历史中某种运动方式、构造现象、沉积环境、生物进化，某种物质成分等相应的生成、形成距今的年代段落，并划分成相应的地质历史阶段。根据地质构造和地貌对建筑场地进行稳定性评价，以及按岩石和土的性质对地基承载力和变形进行评价时，都需要具备地质年代的知识。

疑难释义 1-1

地质作用相关专业名词的区别与联系的详细介绍见右侧二维码文件。

1.3　矿物学简论

构成天然地基的物质是地壳中的岩石和土。而地壳的物质组成很复杂，目前已知的元素（约有 92 种）都已在地壳中发现，但各种元素在地壳中的含量和分布很不均匀。O、Si、Al、Fe、Ca、Na、K、Mg、Ti 和 H 十种元素，按重量计共占 99.96%，其中 O、Si、Al 三种元素约占 88.17%（见表 1-1）。

表 1-1　地壳主要元素重量百分比

元素	氧	硅	铝	铁	钙	钠	钾	镁	钛	氢
符号	O	Si	Al	Fe	Ca	Na	K	Mg	Ti	H
重量百分比/%	46.95	27.88	8.13	5.17	3.65	2.78	2.58	2.06	0.62	0.14

注：本表引自 *Scientific American*，1970。

这些元素在地壳中大多数以化合物状态存在，少数以单一元素形态存在，它们形成各种化合物矿物和单质天然矿物，例如石英（SiO_2）、方解石（$CaCO_3$）等化合物矿物和石墨（C）、单质硫（S）等单质天然矿物。

矿物是天然生成的，具有一定物理性质和一定化学成分的物质，是组成地壳的基本物质单位。它们在地壳中按一定规律共生组合在一起，形成由某一种矿物或几种矿物组成的天然集合体，这种天然矿物集合体称为岩石。主要由一种矿物组成的集合体称为单矿岩，如由方解石组成的石灰岩；由两种或更多种矿物组成的集合体称为复矿岩，如由正长石、石英和云母等组成的花岗岩。

由上述可知，地壳是由岩石组成的，岩石是由矿物组成的，矿物则是由各种化合物或元素组成的。人类工程建筑活动的主要对象，一方面是人工设计建造成的工程建筑物，另一方面就是组成建筑物周围地壳的岩石。在进行工程设计、施工之前，必须首先了解掌握建筑地区岩石的特性。地壳中的岩石，按其形成原因分为三大类：岩浆岩、沉积岩和变质岩。本章的重点就是按成因分类顺序，分别讨论三大类岩石的各种地质特性。在这之前先简要叙述组成岩石的主要矿物。

1.3.1 矿物的形态及主要物理性质

如上所述，组成地壳的物质，少数呈单一元素状态存在，绝大多数以化合物或它们的集合体状态存在。这些在地质过程中产生的，具有一定的结构、构造和物理、化学性质的无机物，统称为矿物，它是各种地质作用的产物，是岩石的基本组成部分。矿物是天然产出的均匀固体，具有确定的内部结构，即内部的原子或离子在三维空间呈周期性重复排列，具有这种结构的物质称为晶体，所以矿物是晶体。目前世界上已经发现的矿物约有 2500～3000 种，其中绝大多数是以微量存在的，分布也极分散。一般来说这些矿物对岩石性质的影响不大，对岩石定名也没有普遍意义。在岩石中经常见到，明显影响岩石性质，对鉴定和区别岩石种类起重要作用的矿物约有 20 多种，称之为主要造岩矿物。如果某种或某些矿物具有相当的储量，具有一定的经济价值和开采价值，那就是矿产或矿业了。矿产的富集地段称矿床。目前已知的矿产种类约有 160多种。

通常我们要用肉眼来鉴别有关矿物，因此了解矿物的形态及主要物理性质非常重要。矿物都具有一定的化学成分，并可用化学式来表达。例如金刚石和石英，它们的化学成分分别是 C 和 SiO_2。实际分析资料表明，矿物中或多或少地含有各种杂质，例如石英并非纯 SiO_2，仍含有微量的 Al、Fe 等元素。

1. 矿物的形态

在通常情况下，绝大多数造岩矿物是固态，只有极个别矿物是液态，如自然汞（Hg）等。固态矿物又可分为结晶质和非晶质两类，大多数造岩矿物是结晶质，具有各自特定的晶体结构。结晶质矿物的内部质点（原子、分子或离子）在三维空间里有规律地周期性重复排列，形成空间格子构造。结晶质矿物内部质点的规律性排列，只有在晶体生长条件合适，生长速度较慢，周围有不受干扰的自由空间时，才能形成由晶面包围的，本身固有的规则几何外形，这种晶体称为自形晶体，例如岩盐的立方晶体（见图 1-6）。

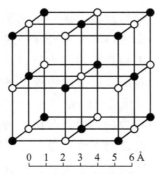

0 1 2 3 4 5 6Å

●—钠离子；○—氯离子。

图 1-6 岩盐的立方晶体框架

但是，在自然界中这种发育良好的自形晶体较少见。因为在大多晶体的生长过程中，受生长速度和周围环境的限制，晶面发育不完整，不能使晶体形成规则几何外形，而是形成不规则形状的晶粒，称之为他形晶体，岩石中的造岩矿物多为粒状他形晶。非晶质矿物的内部质点排列没有规律性，因而不具有规则几何外形。非晶质矿物可分为玻璃质矿物和胶体质矿物两种。玻璃质矿物是由高温熔融状物质迅速冷却而成的，如火山玻璃；胶体质矿物是由分散相和分散媒组成的不均匀分散系中的胶体颗粒凝聚而成的，如由硅胶凝聚而成的蛋白石（$SiO \cdot nH_2O$）。

结晶质矿物在生长发育过程中，在空间不同方向上，生长速度是不相同的，生长条件也不相同，因此，有的形成针状或长柱状外形，有的形成片状或板状外形，有的则形成立方体或菱面体外形等。常见的矿物单体形态如表 1 - 2 所示。

表 1 - 2　矿物单体形态

单体形态	片状、鳞片状	板状	柱状	立方体状	菱面体状	菱形十二面体状
矿物名称	云母、绿泥石等	斜长石、板状石膏等	长柱状的角闪石、短柱状的辉石等	岩盐、方铅矿、黄铁矿等	方解石、白云石等	石榴子石等

各种结晶质和非晶质矿物，常按一定习性形成各种不同的集合体，这些习性称为晶体习性，同种矿物具有相同的晶体习性，其集合体也常具特征形态。常见的矿物集合体形态有粒状、块状、土状、针状、鳞片状、纤维状等，有时表现出特殊的集合体形态，如放射柱状（见图 1 - 7）、钟乳状（见图 1 - 8）及晶腺（见图 1 - 9）等。粒状、块状、土状是矿物在空间三个方向上接近等长的集合体形态，颗粒边界较明显的称为粒状；肉眼不易分辨颗粒边界的称为块状；疏松的块状称为土状等。还有鲕状、豆状是矿物集合体呈具有同心构造的近圆球形，像鱼卵大小的称为鲕状；近似黄豆大小的称为豆状。有时还可见到不规则球形的葡萄状及肾状等。常见的矿物集合体形态如表 1 - 3 所示。

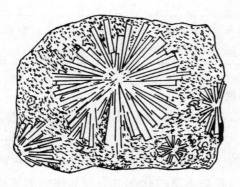

图 1 - 7　红柱石的放射柱状集合体

图 1 - 8   方解石的钟乳状集合体

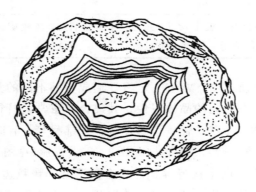

图 1 - 9   玛瑙的晶腺

表 1 - 3   矿物集合体形态

集合体形态	纤维状	钟乳状	粒状	块状	土状	针状	鳞片状	鲕状	豆状
矿物名称	石棉、纤维石膏等	方解石、褐铁矿等	橄榄石等	石英等	高岭土等	岩盐、方铅矿、黄铁矿等	方解石、白云石等	方解石等	赤铁矿等

2. 矿物的主要物理性质

借助于小刀等简单工具,即可以观察或测定矿物的下列性质。

1)颜色和条痕

颜色是矿物最直观的一种性质,最常见的有自色与他色两种类型。矿物的固有颜色基本上是稳定的,它与矿物本身的化学成分和晶体内部结构有关,故称为自色。如黄金的金黄色、黄铜矿的赤黄色、孔雀石的翠绿色、橄榄石的橄榄绿色等。但是由于矿物是自然形成的,所以很容易混入各种其他杂质物,从而改变其固有的颜色,他色就是矿物混入某些杂质所引起的颜色。例如，纯质石英（SiO_2）是无色透明的，当含有杂质时，就会出现乳白、紫红、烟黑等多种颜色，当含碳的微粒时呈烟灰色（即墨晶），含锰就呈紫色（即紫水晶），含氧化铁则呈玫瑰色（即玫瑰石英）。

条痕是指矿物粉末的颜色，一般是把矿物在无釉瓷板上擦划、刻划后进行观察，它对于某些金属矿物具有重要鉴定意义。例如：赤铁矿可呈赤红、铁黑或钢灰等色，而它的条痕则恒为樱红色；金的条痕为金黄色。某些矿物的颜色和它的条痕色并不相同，如铜黄色的黄铁矿，它的条痕色是绿黑色。大多数造岩矿物的条痕色都是无色或浅色的，所以条痕色多用于鉴别色调浓重的金属矿物。

2）光泽

光泽是指矿物的新鲜光洁面对可见光的反射能力。根据反射光的能力自强而弱分为：

① 金属光泽，反射很强，类似镀铬的金属平滑表面的反光，有闪耀现象，如方铅矿、黄铁矿等；

② 半金属光泽，反射强，如同金属的反光，如磁铁矿等。

以上，具有金属光泽和半金属光泽的矿物是不透明的。对于非金属光泽，就是透明矿物所表现的光泽，根据其反光程度和特征又可分为下列数种：

① 金刚光泽，反射较强，闪烁烂漫，如金刚石等；

② 玻璃光泽，反射较弱，如同一般玻璃表面的反光，如长石、石英晶面等；

③ 油脂光泽，见于浅色矿物，如同涂上了油脂后的反光，这是由于断裂面凹凸不平，光线漫射引起的，如石英断口处的光泽；

④ 树脂光泽，见于较深色的矿物，如部分闪锌矿等；

⑤ 珍珠光泽，如同珍珠或贝壳内面出现的乳白色彩光，柔和多彩，如白云母薄片等；

⑥ 丝绢光泽，如同丝绢的反光，出现在纤维状集合体矿物上，如石棉、绢云母等；

⑦ 土状光泽，裂面上光泽暗淡，反光暗淡，如同土块，如高岭土及某些褐铁矿等所具有的光泽。

3）透明度

矿物能够透过光线的程度称为透明度。矿物透明度的大小与矿物吸收和反射可见光的程度有关，这是由于矿物的成分和内部结构不同而引起的。在一般情况下，矿物反射光和吸收光的能力越强则透明度越低，反之则透明度越高。可以概括地说，所有金属矿物都是非透明矿物，而大部分非金属矿物都是透明矿物。有些矿物介于两者之间，可称为半透明矿物。观察矿物透明度时，应选择在厚度大致相等的薄片上进行比较。肉眼观察时，可在矿物碎片边缘处进行。

4）硬度

矿物的硬度是指矿物抵抗外力机械刻划和作用的强度，通常采用莫氏硬度计来测定。也就是选定十种已知硬度的矿物，最软的是一度，最硬的是十度，组成莫氏硬度表（见表1-4），将其作为标准，刻划欲确定的矿物，从而确定其硬度等级。

表 1-4 莫氏硬度表

硬度等级	矿物名称	硬度等级	矿物名称	硬度等级	矿物名称	硬度等级	矿物名称	硬度等级	矿物名称
1	滑石	3	方解石	5	磷灰石	7	石英	9	刚玉
2	石膏	4	萤石	6	正长石	8	黄玉	10	金刚石

例如某欲测定的矿物能刻划石膏，但被方解石刻出划痕，则该矿物的硬度等级定为 2~3。又如，某矿物可以刻划正长石，而又被石英划破，则该矿物的硬度为 6~7。

因此，测定某矿物的硬度，只须将待定矿物同硬度表中的标准矿物相互刻划，进行比较。莫氏硬度表中十种矿物的硬度是硬度的相对高低，并不是硬度的绝对值。矿物硬度的大小主要取决于它内部质点的结合强度，如以分子键结合的石墨(C)的硬度为 1~2，而以共价键结合的金刚石(C)是硬度最高的矿物。实际当中，为方便起见通常以简便的工具来代替莫氏硬度表中的矿物。如指甲的硬度约为 2~2.5，铜钥匙为 3，小钢刀为 5，窗玻璃为 5.5，钢锉为 6.5。

5）解理

矿物晶体受外力作用时，能够沿一定方向破裂成平面的性能称为矿物的解理性或劈开性。解理通常平行于晶体结构中相邻质点间联结力弱的方向发生，这是由于晶体内部质点间的结合力在不同方向上不均一造成的。如果矿物晶体内部质点在几个方向上结合力都比较弱，那么这些矿物就具有多组解理。开裂的平面称为解理面，常出现在矿物单体上。在颗粒细小的矿物集合体上，较难找到矿物解理面。

通常根据晶体受力时矿物产生解理性能强弱的程度和是否易于沿解理面破裂，以及解理面的大小和平整光滑程度，将解理分成极完全、完全、中等和不完全四个等级。

① 极完全解理：极易沿一定方向劈开成一组薄片，而且解理面平坦光滑，如云母沿解理面可剥离成极薄的薄片。

② 完全解理：一般易裂开成块状，常有三组平整光滑的解理面，如岩盐沿解理面破裂成立方体，还有方解石等。

③ 中等解理：一般易裂开成块状或板状，常在两个方向上出现两组不连续、不平坦的解理面，在第三个方向上为不规则断裂面，如长石和角闪石等。

④ 不完全解理：一般很难发现完整的解理面，如橄榄石等。

6）断口

完全不具有解理性的矿物，受外力锤击后无规则地沿着解理面以外任意方向发生破裂，其破裂面称作断口。根据断口的形态特征，常见的断口形态有以下四种。

① 贝壳状断口：断口呈曲面，具有类似贝壳的同心圆波纹，如石英的断口等。

② 平坦状断口：断裂面呈比较平坦的致密状，如蛇纹石等。

③ 参差状断口：断裂面参差起伏不平、粗糙，如黄铁矿、磷灰石等。

④ 锯齿状断口：断裂面呈波形起伏的尖齿状，常见于具有延展性较强的金属矿物，如自然铜等。

7）密度

矿物密度变化幅度很大，例如琥珀的相对密度小于 1，而铂族自然元素矿物相对密度可达约 23。一般根据经验用手掂量，将矿物的密度分为轻、中等和重三级。重的，如方铅矿（相对密度为 7.4～7.6）。大多数矿物密度中等，相对密度介于 2.5～4 范围内。

8）弹性、挠曲、延展性

矿物受外力作用后发生弯曲变形，外力解除后仍能恢复原状的性质称为弹性，如云母的薄片具有弹性。矿物受外力作用发生弯曲变形，当外力解除后不能恢复原状称为挠性，如绿泥石、滑石具有挠性。矿物能锤击成薄片或拉长成细丝的特性称为延展性，如自然金、自然银、自然铜具有延展性。用小刀刻划时，这些矿物表面留下光亮的刻痕而不产生粉末。

矿物的物理性质表现在很多方面。除了上面分析的以外，还有很多其他性质也可用来对某些矿物进行鉴定，例如矿物的重度、磁性、压电性、检波性等。

1.3.2　主要造岩矿物及其鉴定特征

在几千种矿物中，只有少数即约 50 多种是构成岩石的主要成分，这些矿物称为造岩矿物。就其化学成分而言，硅酸盐约占 90% 以上，其余为氧化物、硫化物、碳酸盐和硫酸盐等。还有的矿物称为假矿物，如褐铁矿（$m\mathrm{Fe_2O_3} \cdot n\mathrm{H_2O}$）、铝土矿（$\mathrm{Al_2O_3} \cdot n\mathrm{H_2O}$）、蛋白石（$\mathrm{SiO_2} \cdot n\mathrm{H_2O}$）等，这些矿物没有结晶构造，也没有确定的化学成分和结构。有时称假矿物为胶体矿物，因为它们可能来自胶体溶液的沉淀。所以，岩石是造岩矿物的集合体，应该指出：矿石（物）和岩石之间并没有绝对的界限。随着社会经济和科学技术的发展，某种或某些矿物的可利用程度、经济价值及开采价值的标准与界限也在变化，如富、贫矿的概念，稀有金属的开采，共生矿的分选等。尤其是非金属矿物的经济价值在不断地提高，应用越来越广，如花岗岩、大理岩、高岭土、膨润土、硅藻土、石墨、石膏、云母等。

对于造岩矿物来说，其成分常常并不纯净，也不完全固定。某些元素的离子有时被大小类似的其他元素的离子所置换，这种在晶体内部元素互相置换的作用称为固溶作用。经过固溶作用，成分有些变化，但其物理性质没有什么变化，这样可以形成某种矿物的系列矿物，如镁橄榄石、铁橄榄石、钠斜长石、钙斜长石等。现选择主要的几种造岩矿物并将其特征列于表 1-5 中，这些特征不但是鉴定岩石名称的依据，而且也显著地影响岩石的力学性质。

表 1-5 中普通角闪石和普通辉石都是暗绿到黑色，硬度为 5.5～6，具玻璃光泽，两组解理，以此容易与其他矿物相区别。但要把普通角闪石与普通辉石区别开较困难，一般多从晶体形态（长柱与短柱）、解理面交角（124° 与 87°）及与其他矿物的共生组合关系上去鉴别。

表 1-5 主要造岩矿物特征表

序号	矿物名称	化学成分	颜色	光泽	晶形
1	正长石	$K_2O \cdot Al_2O_3 \cdot 6SiO_2$	肉红色、带玫瑰红色	玻璃、珍珠光泽	柱状、板状单晶体、块状集合体
2	斜长石	$Na_2O \cdot 3Al_2O_3 \cdot 6SiO_2$ 和 $CaO \cdot Al_2O_3 \cdot 2SiO_2$ 组成的系列矿物	灰白、青、黄色	玻璃、珍珠光泽	板状、柱状单晶体,不规则粒状、片状集合体
3	白云母	$K_2O \cdot 3Al_2O_3 \cdot 6SiO_2 \cdot 2H_2O$	薄时无色透明,厚时呈淡黄、棕、绿色	玻璃、珍珠光泽,薄片有弹性	片状、板状单晶体、丝状、鳞片状集合体
4	黑云母	$K_2O \cdot Al_2O_3 \cdot 6SiO_2 \cdot 4FeO \cdot 2MgO \cdot 2MgF_2 \cdot 2H_2O$ 成分变化不定	黑、棕褐、暗绿色,半透明	玻璃、珍珠光泽薄片有弹性	薄片状、板状单晶体
5	普通辉石	$Ca(Mg,Fe,Al)(Si_2O_6)$	暗绿到黑色	玻璃光泽	短柱状单晶体、粒状集合体
6	普通角闪石	$(Ca,Na)_2(Mg,Fe,Al)_5(Si_8O_{22})(OH,F)_2$	暗绿到黑色	玻璃光泽	针状、长柱状单晶体、纤维状、颗粒状集合体
7	橄榄石	$2MgO \cdot SiO_2$;$2FeO \cdot SiO_2$	橄榄绿、灰绿、棕色	玻璃光泽,断口处为油脂光泽	粒状、块状集合体
8	绿泥石	$5MgO \cdot Al_2O_3 \cdot 3SiO_2 \cdot 4H_2O$ 和 $5FeO \cdot Al_2O_3 \cdot 3SiO_2 \cdot 4H_2O$ 的复杂混和物	各种程度的绿色	玻璃、珍珠光泽,薄片具有挠性	叶片状、鳞片状集合体
9	蛇纹石	$3MgO \cdot 2SiO_2 \cdot 2H_2O$	各种程度的绿色	纤维状呈丝绢光泽,块状呈油脂光泽	细鳞片状、致密块状集合体,纤维状集合体者称蛇纹石石棉
10	滑石	$3MgO \cdot 4SiO_2 \cdot 2H_2O$	灰、白、银白、苹果绿色	珍珠、油脂光泽	叶片状单晶体、块状、放射状、纤维状集合体
11	石榴子石	$Mg_3Al_2[SiO_4]_3$	浅黄色、深褐到黑色	玻璃光泽	等轴状单晶体、块状、粒状集合体
12	石英	SiO_2	无色、白、灰、紫、粉红色	晶面为玻璃光泽、断口为脂肪光泽	柱状、块状、粒状集合体
13	方解石	$CaCO_3$	无色、白、灰、红、绿、蓝、黄色	玻璃光泽	单晶或晶簇、柱状、粒状、块状、纤维状或钟乳状集合体
14	白云石	$CaCO_3 \cdot MgCO_3$	粉红、肉红、白、灰、绿、棕、黑色	玻璃、珍珠光泽	菱面体单晶,粒状、块状集合体
15	石膏	$CaSO_3 \cdot 2H_2O$;$CaSO_4$	无色、白、灰、黄、棕红色,有时透明	玻璃光泽、纤维状石膏为丝绢光泽	板状单晶体、柱状、粒状、纤维状、土状集合体
16	岩盐	$NaCl$	无色、白、黄、红、蓝、紫色	玻璃到暗淡光泽	立方体、颗粒块状
17	蛋白石	$SiO_2 \cdot nH_2O$	无色、白、淡黄、棕红、绿、灰、蓝、蛋白色	玻璃、松脂光泽	非晶质、块状、葡萄状、钟乳状
18	磁铁矿	Fe_3O_4	铁黑色	金属到次金属光泽	颗粒状、块状、微晶状
19	赤铁矿	Fe_2O_3	暗红色、棕色、铁黑色	金属、半金属到土状光泽	板状、葡萄状、云母状、叶状、块状、土状集合体
20	褐铁矿	$mFe_2O_3 \cdot nH_2O$ 或 $mFe(OH)_3$	褐色、黄褐色、暗棕色、黑色	玻璃光泽、不透明	非晶质、块状、核状、土状、葡萄状
21	黄铁矿	FeS_2 及杂质	浅铜黄色	金属光泽	立方体单晶、块状集合体

相对密度	硬度	条痕颜色	解理或断口特征	其他特征
2.54~2.57	6	白色	两组解理方向，互成90°，粗糙状断口	易风化成黏土矿物，常与石英伴生于浅色酸性岩，如花岗岩
2.60~2.76	6~6.52	白色	两组解理方向，互成86°，粗糙状断口	晶面上有条纹，易风化成黏土矿物，常与角闪石或辉石共生于颜色较浅的岩石中，如闪长石及辉长石
2.76~3.10	2.0~3.0	无、白色	有平行片状的解理方向，易撕裂成薄片	易风化成黏土矿物
2.8~3.2	2.0~3.0	无色	有平行片状的解理方向	易风化成黏土矿物、褐铁矿、赤铁矿
3.2~3.4	5.0~6.0	绿灰色	有平行柱面的两组解理方向，互成87°	易风化成黏土矿物、褐铁矿、赤铁矿，普通辉石常与基性斜长石伴生于颜色较深的基性岩中
3.02~3.45	5.0~6.0	无色	两个解理方向，互成124°	易风化成黏土矿物、褐铁矿、赤铁矿，普通角闪石分布较广，是许多岩浆岩的标准矿物
3.3~3.5	6.0~7.0	淡绿、白色	不完全解理，贝壳状断口	易风化成黏土矿物、褐铁矿、赤铁矿
2.6~2.9	2.0~3.0	无、白色	有平行片状的解理方向	易风化成黏土矿物
2.2~2.65	2.0~3.5	无、白色	贝壳状断口	由橄榄石、普通辉石、普通角闪石等镁硅酸盐类矿物变化而来
2.7~2.8	1.0	白色	平行片状方向有一组中等解理	由橄榄石、普通辉石、普通角闪石等镁硅酸盐类矿物变化而来
4.0	6.0~7.5	无、白色	无解理，贝壳状或参差状断口	石榴子石为一族数目很多的矿物，这些矿物因为十分相似，结构上为同一晶系，具有许多共同的特征，故综合加以描述
2.65	7.0	无、白色	贝壳状断口、无解理	极难风化，是砂类土的主要成分
2.72	3.0	无、白色	菱形解理	是石灰岩的主要矿物成分，受地下水溶蚀产生洞穴，遇冷盐酸易起气泡
2.85~3.1	3.5~4.0	无、白色	菱形解理	是白云岩及白云质灰岩的主要矿物成分，遇冷盐酸不易起气泡
2.32~2.37	2.0	无、白色	有极好解理，易沿解理面劈开成薄片，产生弯曲片状具挠性	硬石膏吸水变成普通石膏，体积膨胀
2.16	2.5	无、白色	立方体解理	有咸味，在大气中易潮解，形成低洼区
1.9~2.2	5.0~6.0	无、白色	贝壳状断口	由石英胶体在水中沉淀而成
5.18	6.0	黑色	贝壳状或不规则断口	具有强磁性，是重要铁矿，可形成山岭，也存在于砂中
5.26	5.5~6.5	樱红色	不规则断口	是重要铁矿，细粒存在于岩土中，呈红色
3.6~4.0	5.0~5.5	黄褐色	贝状断口	由含铁矿物风化而来，存在于岩土中会显出黄色
5.02	6.0~6.5	绿黑色或棕色	不规则断口，呈参差状	易风化成赤铁矿、褐铁矿，使岩石出现斑污或松解

1.3.3 黏土矿物

矿物按生成条件可分为原生矿物和次生矿物两大类。原生矿物一般由岩浆冷凝生成，如石英、长石、辉石、角闪石、云母等；次生矿物一般由原生矿物经风化作用直接生成，如由长石风化而成的高岭石、由辉石或由角闪石风化而成的绿泥石等，或在水溶液中析出生成，如水溶液中析出的方解石 $CaCO_3$ 和石膏 $CaSO_4 \cdot 2H_2O$ 等。黏土矿物是次生矿物中最主要的一种，因为它们是由一些原生矿物（自形成之后，化学成分没有改变，化学性质比较稳定的矿物）经过反复的风化和搬运之后，在陆地或水环境中形成的极细粒的物质。它们之所以被称为黏土矿物是因为其颗粒粒径大都在黏粒范围内，甚至远小于 0.002 mm，常以 10^{-10} m(1 Å)为计量单位。

黏土矿物代表一个大类，其类型很多。从微观结晶状态可分为非晶质和晶质两大类。非晶质的黏土矿物，其性状很复杂，关于此类的研究还远远不够。在呈结晶状态的黏土矿物中，最主要的有三个组（群），即高岭石组、蒙脱石组、伊利石组。不同的分组表示它们的晶体内部晶片及晶胞不同，互相之间的排列、组合方式及状态不同，因而性状也不同。上述三个组（群）的黏土矿物内部形成结晶的最基本单元称为晶片。晶片有两

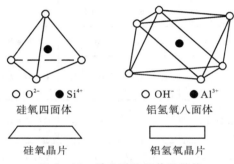

图 1-10 黏土矿物晶片及结构

种基本类型，即硅氧晶片和铝氢氧晶片，如图 1-10 所示。硅氧晶片的厚度为 4.6×10^{-8} cm，由硅氧四面体组成，该四面体中一个硅离子在中心，四个顶点处是氧离子。铝氢氧晶片的厚度约为 5.1×10^{-8} cm，由铝氢氧(Al-OH)八面体组成，该八面体中一个铝离子在中心，六个顶点处是氢氧根离子。由于晶片结合情况的不同，便形成了具有不同性质的各种黏土矿物。如果晶片结构中的原子或离子，在一定的条件下可能被别的原子或离子置换，则形成新的矿物或亚类矿物。

上述两种晶片以不同的方式排列组合，形成高岭石、伊利石、蒙脱石的基本构造单元，称为晶胞，如图 1-11 所示。伊利石和蒙脱石的基本构造单元基本相同，更微观地看，可能在原子或离子的置换方面有些差别，如组成伊利石晶胞的硅氧四面体中的硅有时可能被铝或铁置换。

由黏土矿物的基本构造单元（晶胞）相叠加组合，便构成了黏土矿物的晶体构造，如图 1-11 所示。在晶片内部和其间，以及各基本构造单元内部和其间，靠化学键、氢键和分子间力（如范德瓦耳斯力、库仑力）联结。由于黏土矿物的微观构造中都存在一定的正离子交换（置换）作用，不同的黏土矿物中所含主要离子的种类与数量不同，基本构造单元的叠层数量不同，联结作用方式不同，晶内的含水状态不同，因此便形成了多种多样的黏土矿物。按微观结构、化学成分、工程特性等可分为高岭石、蒙脱石、伊利石的组或群，每一个组（群）都是一个系列矿物。

图 1 - 11　黏土矿物构造单元示意图

1. 高岭石组(群)

① 高岭石(Al_2O_3含量可达 40%);

② 地开石;

③ 珍珠陶土;

④ 埃洛石等。

高岭石由花岗岩、花岗闪长岩等酸性的铝硅酸盐岩的主要成分长石、云母风化而来。温暖潮湿的酸性介质(pH 为 5~6)环境,有利于高岭石的形成。高岭石的形成类型除风化型之外,还有沉积型和热液蚀变型。高岭石群中的各种黏土矿物的化学分子式一般是相同的,即 $Al_2O_3 \cdot 2SiO_2 \cdot 2H_2O$。高岭石群中的正离子交换能力比较弱,即活动性差。由于构成晶胞的叠层不同,晶胞的排列状态不同,晶胞之间的接触联结状况不同,才形成了高岭石的系列矿物,称为组或群。例如,地开石的晶胞由两层晶片组成;珍珠陶土的晶胞由两种六层晶片交替叠成;埃洛石晶胞间含有一层水分子,使其晶胞为之变形,呈管状。如果对埃洛石加热,在高温下使其失水,但其晶胞变形不可能恢复,故变成了另外一种高岭石矿物。

高岭石的结构单元是由一层铝氢氧晶片和一层硅氧晶片组成的晶胞,高岭石的矿物就是由若干重叠的晶胞构成的。晶胞之间是通过氧原子与氢氧基之间的氢键联结的,它具有较强的联结力,因此晶胞之间的距离不易改变,不易拉开,水分子不易进入。因此高岭石稳定性好,具有很强的可塑性(易造型且稳定性好)和耐火性,由此产生了很高的经济价值,在陶瓷工业和耐火材料工业中应用极广,在其他工业部门的应用也越来越广。

高岭石(土)这个名称源于我国江西景德镇附近原浮梁县,"高岭"既是一个山名,也是一个村名,自 19 世纪中叶德国人李希霍芬来考察中国之后,"高岭"作为矿物学、岩土学名称,逐步传遍全世界。

2. 蒙脱石组(群)

① 蒙脱石(微晶高岭石);

② 贝得石(Al_2O_3含量可达 40%);

③ 绿高岭石;

④ 皂石(MgO 含量可达 20%~30%);

⑤ 锌蒙脱石等。

蒙脱石由玄武岩、凝灰岩或火山岩在海水或地下水排水不良的环境作用下风化而成。在温带气候、碱性介质(pH 为 7.0～8.5)环境中,有利于蒙脱石的形成。

蒙脱石的正离子交换能力极强,它的种类很多,基本化学分子式中的部分硅被铝置换后就是贝得石;基本化学分子式中的铝若被铁完全置换后就是绿高岭石;若铝被镁完全置换后就是皂石;若铝被锌完全置换后就是锌蒙脱石。

蒙脱石的结构单元(晶胞)是由两层硅氧晶片之间夹一层铝氢氧晶片所组成的。由于晶胞的两个面都是氧原子,其间没有氢键,因此晶胞之间联结很弱,水分子容易进入,从而改变晶胞之间的距离,甚至可达好几层水分子的厚度,形成水层。所以蒙脱石的吸水能力极强,吸水后的体积膨胀率极高。黏土中含蒙脱石矿物的比例较高时,称为膨润土,这是一种极重要的非金属矿物。以钠膨润土为典型,它的强吸水特性和吸水后的高膨胀特性在土建工程、钻井工程和许多工业部门的应用极广。蒙脱石还有很强的吸附有机杂质的能力,在纺织、印染、油脂等许多工业部门也得到了广泛应用。在土中,当蒙脱石含量较大时,则具有较强的吸水膨胀和脱水收缩特性。

蒙脱石(土)的名称来源于法国南部蒙脱(地名)矿层,1847 年确定。膨润土这个名称始于 1890 年,这一年研究人员在美国怀俄明州本顿堡发现了天然的典型的钢膨润土。

3. 伊利石组(群)

① 伊利石(又称水云母,K_2O 含量很高);

② 富硅白云母;

③ 水白云母(富含水,缺少钾);

④ 海绿石(富含铁质)等。

伊利石晶体构造与蒙脱石很相似(见图 2-7),所不同的是 Si-O 四面体中的 Si^{4+} 可以被 Al^{3+}、Fe^{3+} 所取代,因而在相邻晶胞间将出现若干一价正离子(K^+)以补偿晶胞中正电荷的不足。所以伊利石的结晶构造不如蒙脱石。因此在蒙脱石晶体构造中晶胞之间的水分子层被钾离子代替,就成了伊利石。伊利石晶胞之间的联结作用、正离子交换能力、水稳定性、吸水性,以及吸水后的膨胀能力、可塑性、活动性及许多工程特性都处在高岭石和蒙脱石之间。伊利石是多种含铝硅酸盐矿物的岩石风化产物,在各种环境(海洋、陆地、气候类型等)条件下都能生成,以碱性介质环境最为适宜,溶液中必须富含钾。伊利石的化学本质是水化白云母。

伊利石(土)这个名称始于 1937 年,这一年研究人员在美国伊利诺伊州一些地方发现并分析了这种矿物。

以白云母的风化为例说明随着介质环境 pH 值的不同会形成不同的黏土矿物,如表1-6 所示。

表 1-6　矿物与 pH 值

矿物	白云母	伊利石	贝得石	蒙脱石	埃洛石	变水高岭石	高岭石
pH 值	9.5	9.5～7.9	8.5～7.5	8.5～7.0	7.0～6.0	6.5～5.0	5.0～3.0

黏土矿物是很细小的扁平颗粒，颗粒表面具有很强的与水相互作用的能力，表面积愈大，这种能力就愈强。黏土矿物表面积的相对大小可以用单位体积（或质量）的颗粒总表面积（称为比表面）来表示。例如一个棱边为 1 cm 的立方体颗粒，其体积为 1 cm³，总表面积只有 6 cm²，比表面为 6 cm²/cm³＝6 cm⁻¹；若将 1 cm³ 的立方体颗粒分割为棱边 0.001 mm 的许多立方体颗粒，则其总表面积可达 6×10^4 cm³，比表面可达 6×10^4 cm⁻¹。由此可见，由于土粒大小不同而造成比表面数值上的巨大变化必然导致土的性质的突变，所以，土粒大小对土的性质所起的重要作用是可以想象的。

除黏土矿物外，黏粒组中还包括有氢氧化物和腐殖质等胶态物质。如含水氧化铁，它在土层中分布很广，是地壳表层含铁矿物质分解的最后产物，可使土呈现红色或褐色。土中胶态腐殖质的颗粒更小，能吸附大量水分子（亲水性强）。由于土中胶态腐殖质的存在，使土具有高塑性、膨胀性和黏性，这对工程建设是不利的。

1.4　岩石学简论

岩石是造岩矿物的集合体，是地球在内、外力地质作用下的产物，是地壳的基本组成物质。其主要特征包括矿物成分、结构和构造三方面。岩石的结构，是指岩石中矿物颗粒的结晶程度、大小和形状，以及其彼此间的组合方式等特征。岩石的构造，则是由岩石中矿物集合体之间或矿物集合体与岩石其他组成部分之间的排列方式及填充方式决定的。不同类型的岩石，由于它们生成的地质环境和条件的不同，就产生了各种不同的结构和构造。岩浆岩、沉积岩、变质岩就是按成因划分的三大岩类，它们分别是岩浆作用、外力地质作用和变质作用的产物。岩浆岩大多具有块状构造；沉积岩是由外力地质作用将风化剥蚀的物质搬运后逐层沉积形成的，所以具有层状构造；变质岩是在变质作用中岩石受到较高的温度和具有一定方向的挤压力作用下形成的，其组成矿物则依一定方向平行排列，因而具有片理构造。矿物成分和结构、构造特征是识别岩石类型的主要依据。

岩石学就是专门研究岩石的一门学科，它研究岩石的成因，矿物的化学成分、结构、构造特征，产生变化的环境条件及变化的规律，岩石的经济价值和工程性质等，为地下找矿、找水、环境保护和工程建设提供科学依据。

1.4.1　岩浆岩

岩浆岩又称火成岩，它是由岩浆冷凝而成的，约占地壳岩石体积的 65％。

1. 岩浆作用及岩浆岩的形成

在地球和地壳的运动中，由于内力地质作用，地壳部分常出现深大断裂带，在其下深部的岩浆也处于剧烈活动状态。岩浆是处于高温（一般认为岩浆的温度约在 600～1200 ℃）、高压下的，呈炽热而黏稠的熔融状态的物质。这些岩浆剧烈地活动，随其力量的增大，可能侵入上部岩层，也可能冲出地表造成火山喷发，待其停止运动后，就开始逐步冷凝固结，这样形成的岩石叫作岩浆岩。岩浆的冷凝固结伴随着非常复杂的物理化学过程和各种生成环境。这种过程在多数情况下很慢，有时也很快。正是由于岩浆在冷凝过程中，其成分、黏性不同，温度下降速率不同，同时又受到不同的冷凝环境因素的影响，从而形成了结构、构造不同，矿物组合规律不同的岩浆岩，所以，岩浆岩的种类很多。

如果岩浆的上升没有到达地表，而是在地壳中逐渐冷凝，称为岩浆的侵入作用。由侵入作用形成的岩石称为侵入岩，侵入岩又可以根据凝结部位距地表的深浅分成深成岩和浅成岩。深度大于 3 km 的为深成岩，小于 3 km 的为浅成岩。

如果岩浆的上升沿构造裂隙溢出地表，或通过火山口喷到地表，称为岩浆的喷出作用，由此而凝结的岩石称为喷出岩。喷出岩有两种类型：一种是由溢出的熔浆凝结成的岩石，称为火山熔岩；另一种是岩浆或其他碎屑物质，被猛烈的火山喷发到空中，从大气中降落到地面后形成的岩石，称为火山碎屑岩。

2. 岩浆岩的产状

岩浆岩的产状是指岩浆凝结后岩体的形态，岩体所占据的空间量及它与围岩的谐合关系。岩浆岩的产状除了与岩浆的成分和物理化学条件有关外，还受到凝结地带的环境影响，所以岩浆岩的产状是多种多样的，如图 1-12 所示。

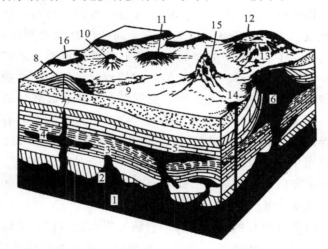

1—岩基；2—岩株；3—岩墙；4—岩床；5—岩盆；6—被侵蚀露出的岩盖；7—火山颈；
8—复式火山；9—熔岩流；10—熔渣锥；11—小型破火山口；12—大型破火山口；13—火
山碎屑流；14—小火山；15—具有放射状岩墙的火山颈；16—熔岩被。

图 1-12　喷出岩与侵入岩产状综合示意图

1）侵入岩的产状

(1)岩基。岩基是岩浆侵入地壳内凝结而成的岩体中规模最大的一种。它的出露面积可达数十万平方千米，基底埋藏很深。常见的岩基多数是由酸性岩浆凝结而成的花岗岩类岩体。岩基内常常含有围岩的崩落碎块，这些围岩碎块称为捕虏体。岩基埋藏深、范围大，岩浆冷却凝固速度慢，矿物结晶程度高。岩基与围岩接触部位，由于岩浆与围岩相互作用，该处矿物、岩石的成分非常复杂。

(2)岩株。岩株是分布范围较小，形态又不太规则的侵入岩体。有的岩株是岩基的突出部分。

(3)岩盘(岩盖)。岩盘是呈伞形或透镜状的侵入岩体。它是岩浆沿层状沉积岩的层面侵入后,因黏性大,流动不远而凝固的岩体。

(4)岩床。岩床是指黏性较小,流动性较大的基性岩浆沿沉积岩层面侵入,充填在岩层中间,形成的厚度较小而分布范围较广的岩体。岩床常常是基性浅成岩,如辉绿岩的产状。

(5)岩墙和岩脉。岩墙和岩脉是沿围岩裂隙或断裂带侵入凝固而成的岩体。当围岩是沉积岩时,岩墙和岩脉往往切割围岩的层理方向。这种岩体的分布范围变化较大,宽由数厘米到数十米不等,长由数米到数十千米不等。一般常将岩体窄小的称为岩脉,将岩体较宽且近于直立的称为岩墙。岩墙和岩脉多产生在围岩构造裂隙较多的地方,而且岩墙和岩脉本身由于岩体薄,与围岩接触的冷却面大,从而会产生很多的收缩拉力裂隙,所以岩墙和岩脉的发育地带往往是岩体稳定较差的地区,也是地下水活动较强的地区,这种地区往往会给隧道工程的施工造成困难。

2)喷出岩的产状

喷出岩的产状取决于岩浆的成分、黏性,通道的性质,围岩的构造,以及地表形态。常见的喷出岩产状有岩流、火山锥(岩钟)和熔岩台地等。

(1)岩流。岩流是岩浆喷出或溢出地表后在流动过程中凝结成的岩体。岩流的形状和分布范围与岩浆黏稠度及地面形态有密切关系。黏性小的基性岩浆,沿平坦或缓倾斜的地面流动,可以形成分布范围很大的岩流。例如印度德干高原的玄武岩流,厚度达 1800 m,面积近 60000 km^2;冰岛的玄武岩盖层,厚度竟达 3000 m。我国西南地区也广泛分布有二叠纪玄武岩流。由于火山喷发具有间歇性,所以岩流在垂直方向上往往具有不同喷发期的层状构造。

(2)火山锥(岩钟)及熔岩台地。黏性较大的岩浆喷出地表,流动性差,常和喷发的碎屑物质凝结在一起,形成锥状或钟状的山体,称为火山锥或岩钟。我国长白山主峰白头山就是由熔岩和喷发的碎屑组成的火山锥,山顶的天池为火山口湖。若岩浆喷发形式为较宁静的溢出,溢出地表的岩浆填充地表形成台状高地,称为熔岩台地。黑龙江德都县一带就是由玄武岩组成的熔岩台地,它分段横截讷谟尔河,形成五个串珠状分布的堰塞湖,人称五大莲池。附近的火烧山是 1720 年火山喷发时形成的截顶椭圆形火山锥,锥顶火山口深约 63 m。

3. 岩浆岩的结构、构造及矿物成分

1)岩浆岩的结构

岩浆岩的结构是指岩浆岩矿物的结晶状态及结晶程度,矿物晶粒的形状、大小(绝对大小和相对大小)和均匀性等晶粒的形态及相互关系。岩浆岩的结构特征与岩浆的化学成分及其凝结过程中的物理化学状态,如岩浆的温度、压力、黏度及冷却速度等因素有关。其中,冷却速度的影响较大,缓慢冷却时能形成自形程度高、晶形较好、颗粒粗大的矿物。若冷却速度快,短时间内会出现过多的矿物晶芽干扰其正常的结晶,则形成晶体颗粒细小、晶形不规则,自形程度低的矿物。因此,岩浆岩的结构特征是划分岩浆岩类型和鉴定岩浆岩的主要根据之一。

按照结晶程度可将岩浆岩结构分为三类。

(1)全晶质结构。岩石全部由结晶的矿物组成,常见于深成侵入岩中。

(2)玻璃质结构。岩石全部由玻璃质组成,是岩浆在温度骤降到岩浆的平衡结晶温度以下时形成的。玻璃质结构是喷出岩特有的结构。玻璃质岩石一般具有玻璃光泽、贝壳状断口,是一种稳定性较差的物质,它们还会向结晶质转化,所以玻璃质结构仅存在于新喷出的岩石中。

(3)半晶质结构。半晶质结构是岩石中同时存在结晶质和玻璃质的一种结晶结构。常见于喷出岩及部分浅成岩的岩体边缘部分。

按照矿物颗粒的绝对大小,可将岩浆岩的结构分为显晶质和隐晶质两类。

(1)显晶质结构。矿物颗粒粗大,晶粒较大、较均匀,凭肉眼或用一般的放大镜就能够辨认,结晶完整。

根据矿物颗粒直径的平均大小,又可进一步将显晶质结构分为粗粒结构(颗粒直径>5 mm)、中粒结构(颗粒直径 1~5 mm)、细粒结构(颗粒直径 0.1~1 mm)、微粒结构(颗粒直径<0.1 mm)。在深成侵入岩中常见显晶质结构。

若晶粒直径大于 10 mm 时称为伟晶结构。若岩石中的钾长石和石英夹生在一起,具有折角形或楔形的石英镶嵌在钾长石里,形似希伯来文字,这种特殊结构称为文象结构。

(2)隐晶质结构。矿物晶粒细微,晶粒只有在显微镜下可辨,结晶不完整,肉眼或一般的放大镜不能分辨,这种结构称为隐晶质结构,其是喷出岩和部分浅成岩的典型结构。

按照矿物晶粒的相对大小,可将岩浆岩的结构划分为等粒结构和不等粒结构两种。

(1)等粒结构。矿物晶粒大小近似相等。

(2)不等粒结构。晶粒大小不等,若岩石中两类矿物晶粒大小相差悬殊,则大晶粒矿物称为斑晶,细微晶粒矿物集合体称为基质。如果基质为显晶质而且其成分与斑晶成分近视时,称似斑状结构;如果基质为隐晶质或玻璃质时称斑状结构。斑状结构就是部分晶粒或较大晶粒嵌在小晶粒、隐晶质或非晶质中。在浅成侵入岩和部分火山岩中,常见隐晶质结构和斑状结构。非晶质(玻璃质)结构即无结晶状态,在火山熔岩中常见。

2)岩浆岩的构造

岩浆岩的构造是指岩石中各组成部分及不同矿物集合体之间的排列、分布与充填方式和外貌特征。常见的岩浆岩构造有下列几种。

(1)块状构造。矿物均匀分布在岩石中,结晶完整、明显,无定向排列现象,岩石呈匀称的块体,是岩浆岩中常见的典型构造。

(2)流纹构造。岩浆在流动过程中,一些柱状、针状矿物,因一些气孔及成分的不同而呈现不同颜色的岩浆,这些岩浆随流动形成矿物的定向排列,出现气孔拉长现象和不同颜色条带的相间排列,形成流纹构造。流纹构造常见于喷出岩中,有时也出现在浅成岩体的边缘部位。

(3)气孔构造及杏仁构造。喷出岩中常有圆形或被拉长的孔洞，称为气孔构造。它是熔岩凝结过程中气体逸出留下的空腔，若气孔后面被别的次生矿物所充填，则称为杏仁构造。

(4)层状构造。岩浆间歇性喷发，使熔岩和喷发的碎屑呈层状构造，它是喷出岩的宏观构造。

此外，还有斑杂构造(不同的成分，其粒度、结构、颜色、分布等很不均匀)，片麻状构造(矿物颗粒伸长、压扁、定向排列、颜色深、浅条带相间、互相平行)等。

3)岩浆岩的矿物成分

组成岩浆岩的矿物虽然种类繁多，但常见的主要矿物成分只有十几种(见表 1-7)。其中最常见的是石英、正长石、斜长石、云母、角闪石、辉石和橄榄石等几种。长石在岩浆岩中数量最多，占整个岩浆岩成分的 60% 以上，其次是石英。所以长石和石英是岩浆岩分类和鉴定的重要依据之一。

表 1-7　主要岩浆岩分类简表

颜色			浅色（浅灰、浅红、肉红色）→深色（深灰、深绿、黑色）			
岩类 (SiO$_2$含量)			酸性 (>65%)	中性 (65%~52%)	基性 (52%~45%)	超基性 (<45%)
主要矿物			含正长石		含斜长石	不含长石
次要矿物			石英 云母 角闪石	角闪石 黑云母 辉石	角闪石 辉石 橄榄石	辉石 角闪石 橄榄石	辉石 橄榄石
成因	结构	构造	岩石类型			
浸入岩	深成岩 等粒	块状	花岗岩	正长岩	闪长岩	辉长岩	橄榄岩、辉岩
	浅成岩 斑粒	块状	花岗斑岩	正长斑岩	玢岩	辉绿岩	少见
喷出岩	岩流 斑状、隐晶质	流纹、气孔状或杏仁状	流纹岩	粗面岩	安山岩	玄武岩	少见
	岩钟 玻璃质	流纹、气孔状或杏仁状	火山玻璃、黑曜岩、浮岩等			少见

根据造岩矿物在岩浆岩中的含量及其在分类命名中所起的作用，岩浆岩中的造岩矿物可分为主要矿物、次要矿物和副矿物三类。

(1)主要矿物。是岩石中含量较多，对划分岩石大类、确定岩石名称具有决定作用的矿物。例如显晶质钾长石和石英是花岗岩的主要矿物，二者缺一就不能定名为花岗岩。

(2)次要矿物。在岩石中含量较少，是确定大类中岩石种属的依据。如花岗岩中含有少量的角闪石，据此可以将岩石定名为角闪石花岗岩。

（3）副矿物。在岩石中含量极少，一般不超过 1%。如花岗岩中常含微量的磁铁矿、萤石，它们的存在与否，不影响岩石的分类和命名。

4. 岩浆岩的分类及命名

由于自然界里的岩浆岩种类繁多，相应的分类方法也很多，下面主要根据岩浆岩的产状、结构、构造、矿物成分、共生规律等特征进行分类。

（1）按生成环境和产状分类。岩浆活动只侵入到上部岩层，称侵入岩。按岩浆冷凝固结成岩处距地表的远近，可再分为深成岩、浅成岩、超浅成岩（又称次火山岩）。按侵入岩的产状形态及体积大小，可再分为岩基、岩株、岩脉、层状侵入体等。岩浆活动穿过上部岩层直冲出地表，称喷出岩（火山岩）。按喷出岩的产状形态可再分为火山锥、熔岩流（可形成山丘、垄岗、台地等）、火山碎屑、火山灰等。

（2）按物质成分和酸碱性分类。因为岩浆岩绝大多数属硅酸盐类物质，所以通常按岩石中 SiO_2 的含量分为以下几种。

SiO_2 含量＞70%，称酸性岩（硅铝质）。

SiO_2 含量为 65%～70%，称中酸性岩。

SiO_2 含量为 52%～65%，称中性岩或碱性岩（依据碱质 Na_2O+K_2O 的含量而定）。

SiO_2 含量为 45%～52%，称基性岩（铁镁质）。

SiO_2 含量＜45%，称超基性岩（超铁镁质）。

SiO_2 含量＜20%，属碳酸盐类。

岩浆岩的命名方法也很多，如根据岩石特征、标准产地、岩石中的主要矿物名称命名或直接由外文音译过来。我国一般是根据岩石中主要矿物成分及其性状特征和含量来命名的。先根据岩石的形成、主要矿物成分、结构、构造等，确定岩石的基本名称，如花岗岩、闪长岩、玄武岩、流纹岩等。岩石的基本名称中包含了主要矿物成分及特征。对于岩石中的次要矿物成分，命名时按含量多少将其矿物名称放在基本名称之前，含量相对越多的矿物名称越靠近岩石的基本名称。如角闪石黑云母花岗岩，这个名称说明，在花岗岩中的次要矿物成分中，黑云母矿物的含量高于角闪石。岩石更详细的命名则要考虑岩石的结构构造特征和颜色，结构构造特征在次要矿物之前，颜色又在结构构造前面，如肉红色球状黑云母花岗岩。球状构造是岩浆岩中的一种特殊构造。

对于火山碎屑岩，根据其碎屑的粒度、含量和成岩方式进行分类，如火山角砾岩、凝灰岩。

5. 主要岩浆岩举例

1）超基性岩类

超基性岩为硅酸不饱和岩石，不含或很少含长石（斜长石），几乎全部由铁镁等深色矿物组成，因此颜色很深。其比重较大，后期没有风化的比重达 3.27。超基性岩位于侵入体的最深部位，属深成侵入岩，所以地表分布很少，它的浅成岩和喷出岩也很少，偶尔见到有以橄榄石和辉石为主的细粒结构的苦橄玢岩。这类岩石抗风化能力较差，风化后强度显著降低。超基性岩往往与铬、铂、镍等金属矿床有关，主要的典型岩石有橄榄岩和辉岩。

(1)橄榄岩。主要矿物为橄榄石和少量辉石、角闪石，故岩石呈橄榄绿色。若辉石含量大于橄榄石时则称为辉岩。矿物全部为橄榄石时称为纯橄榄岩。因橄榄石易转化为蛇纹石和绿泥石，所以原生的新鲜橄榄岩较少见。

(2)辉岩。主要矿物为各种类型的辉石，常含有少量橄榄石，故为灰黑或黑绿色，全晶质粒状结构，块状构造。

这两类岩石在我国的分布很广，由于它们很坚硬，加工困难，故很少用作建筑石料。这两类岩石易风化，如橄榄岩易风化成蛇纹石、$Mg(OH)_2$、$MgCO_3$ 等，蛇纹石容易风化成滑石。由于岩性脆并易风化，故易透水，在水文工程上不宜应用。

2)基性岩类

这类岩石的主要矿物是辉石和斜长石，其次是角闪石、黑云母和橄榄石，有时含有蛇纹石、绿泥石、滑石等次生矿物。基性岩是比较常见的岩浆岩，特别是喷出的玄武岩在地表的分布很广。玄武岩的分布面积约为所有其他喷出岩分布面积总和的五倍。最常见的基性岩有辉长岩、辉绿岩和玄武岩。

(1)辉长岩。是深成侵入岩，主要矿物为斜长石和辉石，次要矿物为橄榄石、角闪石、黑云母。辉长岩的颜色为深灰、黑绿至黑色。多为中粒全晶质结构，块状构造，也常有条带状构造，是由深色的辉石和浅色的斜长石条带相间而成的。按照辉长岩的次要矿物成分，可以把辉长岩进一步划分为橄榄辉长岩、角闪辉长岩等。辉长岩的产状多为小型侵入体，也往往与超基性和中性岩等共生。

(2)辉绿岩。是浅成侵入岩，产状多为岩床、岩墙等小型侵入体。颜色多为暗绿或黑绿色。主要矿物由数量相近的辉石和斜长石组成，次要矿物为橄榄石、角闪石、黑云母。辉绿岩具有典型的辉绿结构，所谓辉绿结构，就是粒状的微晶辉石等暗色矿物充填于由微晶斜长石组成的空隙中。斑状结构明显的辉绿岩称为辉绿玢岩，也是常见的基性浅成岩。辉绿岩和辉绿玢岩蚀变后易产生绿泥石等次生矿物，从而降低它们的力学强度。辉绿岩也是很好的铸石原料。

(3)玄武岩。是喷出岩中分布最广泛的岩石，呈灰黑色、黑色或暗紫色。常有气孔构造和杏仁状构造，多为斑状或致密状隐晶结构，斑晶为斜长石、辉石和橄榄石。按照斑晶矿物成分，可将玄武岩划分为橄榄玄武岩、辉石玄武岩和斜长玄武岩三种类型。有时也根据玄武岩的构造特征定名，例如气孔状玄武岩等。玄武岩中的柱状节理发育得比较好，尤其是多孔的玄武岩，常形成集水体或透水体，也可成为油、气的通道或通道的底层、盖层。玄武岩在我国的分布很广，如二叠系峨眉山玄武岩，就广泛出露于西南地区各省。

前两类岩石坚固、美观、稳定性好、抗风化能力强、抗压强度高，经常用作建筑石料、装饰石料、园林造景石料等。致密的玄武岩抗压强度很高，常用作建筑石料。玄武岩是很好的铸石材料，铸石产品具有很强的耐酸、耐磨、抗压、绝缘、密封作用。还可将其制成玄武岩纤维，用于混凝土工程中。但玄武岩不是很稳定，容易风化成黏土矿物或富含铝铁的红土。

3）中性岩类

中性岩类是硅酸接近饱和，矿物种类较多的一大类岩石。由于本类岩石有向基性岩和酸性岩过渡的性质，所以概括地把本类岩石分为向基性岩过渡的闪长岩-安山岩类和向酸性岩过渡的正长岩-粗面岩类两大类。

闪长岩-安山岩类：由于闪长岩-安山岩的 SiO_2 含量较基性岩类高。所以闪长岩-安山岩类的特点是中性斜长石代替了基性斜长石，也可以说闪长岩-安山岩类是以斜长石为主的岩石。

（1）闪长岩。是深成侵入岩，呈灰色或灰绿色，全晶中、细粒结构，块状构造。主要矿物为角闪石和斜长石。闪长岩的次要矿物较为复杂：向基性岩过渡的闪长岩，它的次要矿物以辉石为主，故称辉石闪长岩；向酸性岩过渡的闪长岩，它的次要矿物为黑云母、正长石和石英，称为黑云母闪长岩。闪长岩的产状一般为岩株、岩床等较小型岩体。

（2）闪长玢岩。是浅成侵入岩，呈灰绿至灰褐色，有的也呈灰白色。矿物成分同闪长岩，是以斜长石为主的斑状结构，斑晶多为灰白色的板状斜长石，有时为黑色的柱状角闪石；基质为细晶或隐晶质，块状构造。闪长玢岩是相当于闪长岩的浅成岩。

以上两类中闪长岩的稳定性好、抗风化能力强、抗压强度高，是良好的建筑石料。闪长岩抗渗水能力也很强，是水工坝体的良好地基。如黄河三门峡大坝坝址的基岩即是闪长岩及闪长玢岩。又如济南北侧地下基岩是闪长岩，不透水，所以由泰山背斜渗流到济南的地下水流受阻后，就沿地层裂隙冒出地表成为泉，济南由此称为泉城。

（3）安山岩。是喷出岩，常为灰、灰棕、灰绿等色，有的也呈白红色，斑状结构、斑晶一般为斜长石，有时为角闪石。基质为稳晶质、半晶质或玻璃质，块状构造，有时含气孔，杏仁状构造也很明显。安山岩的主要矿物成分与闪长岩相似，颜色也相似，只是微观结构有些不同。安山岩分布很广，仅次于玄武岩。安山岩的稳定性较好，抗风化、抗压、耐酸性能都较好，常用作建筑石料。

安山岩与玄武岩在结构和形态上很相似，较难区别，手标本鉴定时主要是看它们细小斑晶的区别。如果斑晶中有一些是绿色的橄榄石或伊丁石（伊丁石是橄榄石蚀变后产生的次生矿物，伊丁石的特征为板块状，土红色有玻璃光泽）时，可定为玄武岩；另外斑晶的形态也不相同，安山岩的斜长石斑晶多为宽板状，玄武岩的斜长石斑晶多为长板状；安山岩的颜色一般较浅，多灰至灰绿色，玄武岩的色调较重多为深褐至黑色，有时有土红色斑点。如果斑晶和颜色都难于区别时，可概括地定为深色喷出岩。

正长岩-粗面岩类：正长岩-粗面岩类岩石的 SiO_2 含量略高于闪长岩-安山岩类。由于其浅色的硅铝酸矿物多于深色的铁镁矿物，所以颜色较浅。正长岩-粗面岩类的最主要矿物是正长石。

（1）正长岩。主要矿物为正长石、斜长石，次要矿物为角闪石、黑云母、辉石等。一般为肉红色或浅灰色，块状构造，中粗粒结构，有时也有以较大的正长石为斑晶的似斑状结构。正长岩的产状多为小型侵入体，有时也在花岗岩或闪长岩的边缘部位出现，分布面积较小。

（2）正长斑岩。相当于正长岩的浅成岩，块状构造，斑状结构。斑晶主要是正长石，有时也有斜长石斑晶。无斑晶的微晶粒结构称为微晶正长岩。

（3）粗面岩。相当于正长岩类的喷出岩。由于断裂面多粗糙不平故名粗面岩，浅红、灰白色，有时有气孔构造，斑状结构。正长石、斜长石、透长石（长石中的一种，具玻璃光泽，晶体透明）等斑晶散布在隐晶质基质中。

4）酸性岩类

酸性岩类为硅酸过饱和岩类。酸性岩中含有较多的石英、正长石、酸性斜长石等浅色矿物，一般约占 90%，在黑云母、角闪石等深色矿物中约占 10%。

酸性岩的侵入岩远多于喷出岩，多为巨大的深成侵入体——岩基。由于温度冷却缓慢，有利于结晶，故其多为粗大晶粒的显晶结构。常见的酸性岩有花岗岩、花岗斑岩、石英斑岩和流纹岩。

（1）花岗岩。是深成侵入岩，为灰白、肉红等色，全晶质粒状结构，典型的块状构造，主要矿物为石英、正长石、斜长石及暗色矿物黑云母、角闪石等。花岗岩中正长石的含量比一般斜长石的含量多，其约占全部长石总量的 2/3。石英呈白色，正长石多呈肉红色，也有灰白色的。在手标本上灰白色的正长石与斜长石不易区别，转动标本细心观察，可以发现晶面上有明暗相间、密集排列的细纹（聚片双晶）者就是斜长石。角闪石是深色矿物。花岗岩是侵入岩中分布最广的岩石。许多矿产的成因和分布都和花岗岩相关，在矿产地质方面具有重要意义。花岗岩致密、抗压强度高、抗侵蚀性强、抗风化性能强，在建筑和水利工程中用途极广，常用作承重石料和装饰材料。如黄河上游龙羊峡坝址、长江三峡大坝坝址的基岩就是花岗岩，其坚硬完整、透水性弱、稳定性好。花岗岩也常用作庄严性、纪念性建筑的石料，如北京天安门广场的人民英雄纪念碑就是用青岛崂山花岗岩制作而成的。南京的中山陵碑则是用福建产的淡绿色花岗岩制作而成的。著名的华山山脉就是超大型的花岗岩侵入岩林。花岗岩中常有别的岩脉或矿脉，地下水易沿裂隙活动，易使铁质氧化成褐铁矿（$mFe_2O_3 \cdot nH_2O$），这些都破坏了整体性和强度。花岗岩风化后变成高岭土矿或稀土矿，极具价值。

花岗岩在我国的分布很广，出露面积达 80 多万平方千米，是最常见的岩浆岩之一。

（2）文象花岗岩。主要矿物为石英和长石，相互交织生长在一起形成文象结构，具有这种结构特征的花岗岩为文象花岗岩。

（3）花岗斑岩。是浅成侵入岩，一般为灰红、浅红色，矿物成分与花岗岩相同，具有斑状结构。斑晶多以碱性长石（如正长石、钠长石）为主，石英为辅。基质为全晶质或隐晶质矿物。花岗斑岩的产状多为小型岩体，或在其他岩体的边缘部位出现。

（4）流纹岩。是喷出岩，其矿物成分与花岗岩相似，多为浅红或浅灰色，常有流纹状构造特征和板状节理，少数为深灰或砖红色。隐晶或斑状结构，斑晶主要是石英和透长石。基质由细粒石英、长石或玻璃质组成，块状构造，有时具有明显的流纹和气孔状构造。常见的产状有锥状岩钟和范围不大的岩流。

我国的流纹岩多分布在东南沿海地区，并经常与安山岩体同时存在。流纹岩与粗面岩的形态和结构很相似，所以手标本较难区别。但是，喷出岩一般都为斑状结构，可从斑晶成分上区分，粗面岩几乎不含石英或石英含量极少，而流纹岩有较多的石英斑晶。流纹岩的抗压强度较高，可用作建筑石料。流纹岩中原生节理发育，垂直方向和水平方向岩性不均匀，常与凝灰岩互层或有岩脉穿插。岩层破碎，风化带较深，易形成风化及泥化夹层，这些特性对岩体工程不利。气孔极多的流纹岩可称为浮石，即能够浮在水面，可用作轻骨料，并具有防火、防潮、隔音、隔热等特点。

（5）黑曜岩。是一种几乎全部由玻璃质组成的岩石，贝壳状断口，颜色由浅红、灰褐至黑色，比重较轻，为 2.13～2.42。

5）脉岩类

脉岩是岩浆活动时呈脉状侵入上部岩体形成的，在分布上常与浅成侵入岩相关，是一种形态特殊的小型侵入岩，经常呈脉状充填于岩体裂隙中。由于岩体窄小又接近地表，所以一般多为细粒、微晶或斑状结构，如花岗斑岩、闪长玢岩等。脉岩的长宽尺寸差别很大，长度延伸可达几千米，甚至几百千米。有的岩脉以浅色矿物为主，如伟晶花岗岩、细晶花岗岩，有的以深色矿物为主，如煌斑岩。但当岩浆中富含挥发性物质时，往往形成粗粒或巨粒的伟晶结构。脉岩的岩性很不均匀，岩脉和围岩的交界带都具有不同程度的变质作用，因而裂隙发育，常是渗水通道，对工程稳定性不利。有的脉岩不透水，如北京八达岭岩石为燕山期肉红色花岗斑岩，风化后多裂隙，其中有暗绿色的岩脉，由于其不透水，形成了阻水带（层），在此便出现涌泉，并积水成潭。肉红色花岗斑岩中的暗绿色岩脉，其外观形态好似青龙，故有青龙潭、青龙桥之称。

有些脉岩，如石英闪长斑岩、花岗闪长斑岩等，其中含有多种有益的微量元素，具有药用价值，可用于食疗，被称为麦饭石。和脉岩相关的矿产很多，常见的脉岩有煌斑岩、细晶岩和伟晶岩。

（1）煌斑岩。SiO_2 含量约 40%，故深色矿物含量很高。主要矿物为辉石、角闪石、黑云母等深色矿物，含少量斜长石、正长石和石英等浅色矿物。煌斑岩多为全晶质结构或斑状结构，当斑晶几乎全部由自形程度较高的暗色矿物组成时，称煌斑结构，其是煌斑岩的特征结构。煌斑岩偏中性或基性，它很不稳定，易风化。其中的矿物风化后，橄榄石变成蛇纹石，又进而变成滑石和碳酸岩；辉石和角闪石变成绿泥石；黑云母变成蛭石；长石变成高岭土等。

（2）细晶岩。主要矿物是正长石、斜长石和石英等浅色矿物，含量达 90% 以上，少量深色矿物有黑云母、角闪石和辉石等。细晶岩是具有典型的均匀细粒的他形晶结构，外貌酷似砂糖，不同于细粒花岗岩的结构。

（3）伟晶岩。是由富含挥发性组分的岩浆凝结而成的岩石，晶粒一般在 2 cm 以上，个别可达几米至十几米，如新疆的伟晶岩矿床曾开采过重达 9 t 的绿榴石晶体。矿物成分相当于花岗岩的伟晶岩称伟晶花岗岩，是常见的一种伟晶岩，其中含有电气石、黄玉、萤石等副矿物。伟晶岩常是重要矿床。

6）火山碎屑岩

火山碎屑岩是由火山喷发的不同粒度的碎屑物质经由熔结、压密固结、胶结作用等而成的岩石。这类岩石质松多孔、易风化、抗压强度不高。火山碎屑岩多分布在火山口附近，宏观上有成层构造，常见的火山碎屑岩有凝灰岩、火山角砾岩和集块岩。

（1）凝灰岩。是火山碎屑岩中最多的一种岩石。凝灰岩颗粒细，粒径＜2 mm的占90％以上。颜色较杂，多为灰白、灰绿、灰紫、褐黑等色。凝灰岩的碎屑呈角砾状，一般不紧密，宏观上具有不规则层状构造，易风化成蒙脱石黏土。凝灰岩研成粉末后，可作为水泥的掺加料，也可以和石灰混用，可大大提高水下硬化的性能并用于水下建筑材料。凝灰岩也可作为轻质建筑材料使用。凝灰岩风化后变为斑脱土，又称膨润土，这是重要的非金属矿产。

（2）集块岩。是火山爆发时降落在火山口附近的岩块，经压密、熔胶而成的岩石。大部分碎屑粒径＞100 mm。根据岩块的成分划分为玄武质集块岩、安山质集块岩、流纹质集块岩等。

（3）火山角砾岩。角砾岩较粗，有棱角，是由粒径在2～100 mm范围内的角砾状碎屑经历密压、熔胶而成的岩石。同集块岩一样，也可以分为玄武质、安山质或流纹质火山角砾岩。集块岩与火山角砾岩是较少见的岩类。

1.4.2　沉积岩

在地表或靠近地表的常温、常压条件下，由早期形成的岩石（岩浆岩、变质岩和古老的沉积岩）经风化作用（物理风化、化学风化、生物风化等）后，产生崩解、破碎、变质而形成碎屑物质和颗粒物质，这些物质又在各种自然力（水流、风、冰川、重力等）的搬运作用下，在新的条件及环境中沉积或堆积下来。这些碎屑和颗粒，有时还有生物残体碎屑的沉积物，经过地质历史上的压密、胶结、固结作用（成岩作用）而变硬，继而在海洋或陆地表面低凹地区沉积而形成新的岩石，称为沉积岩。沉积岩在数量上仅占地壳岩石总体积的7.9％，但它在地球表面的分布却非常广泛，占陆地面积的75％，绝大部分海洋底部也被沉积岩覆盖，其是三大类岩石中最常见的岩石。

1. 沉积岩的形成过程

沉积岩的形成大体分两种途径：一是在地表条件下，风化作用或火山作用的产物经机械搬运、沉积、固结成岩，以这种方式形成的沉积岩称碎屑岩。二是在地表常温、常压条件下由水溶液沉淀而形成化学岩，然而自然界大多水盆地的化学沉淀过程中都有生物参与，所以通常又将化学岩称为生物化学岩。因此沉积岩的形成包括沉积物的形成，沉积物的搬运与沉积，沉积物转化成沉积岩三个过程，即风化、搬运、沉积三个过程。它们是三个既连续，又互相独立的阶段，也是交互叠置的发展过程，特别是搬运作用和沉积作用，更是密切相关的。具体叙述如下。

1）沉积岩的物质来源

组成沉积岩的物质来源主要是先期岩石的风化产物，其次是生物堆积。生物堆积是指生物活动中产生的和由生物遗体中分解出来的有机物质的堆积。单纯的生物遗体堆积数量很少，仅在特殊环境中才能集中堆积形成岩石，如贝壳石灰岩、纺锤虫石灰岩等。

先期岩石的风化产物按其性质可以分为碎屑物质和非碎屑物质两类。

(1)碎屑物质。碎屑物质是先期岩石机械破碎的产物。如玄武岩、花岗岩等岩石碎屑和石英、长石、白云母等矿物碎屑。

(2)非碎屑物质。非碎屑物质包括真溶液和胶凝体两部分。先期岩石在化学分解过程中，较活泼的元素如 K、Na、Ca、Mg 等溶解于水中，构成离子状态的真溶液。当溶液的物理、化学条件改变时，就会使溶解物质沉积，形成新的沉积物，如方解石。Al、Fe、Si 等元素的氧化物虽然较难溶于水，但当它分散成细小的质点后，就能与分散媒——水构成胶体溶液，然后，在适当的条件下再形成新的沉积物——胶凝体，如蛋白石、褐铁矿(前者为二氧化硅的胶凝体，后者为氢氧化铁的胶凝体)。

上述的碎屑物质是沉积岩中碎屑岩的主要成分，非碎屑物质是黏土岩和化学岩的主要成分。

2)风化产物的搬运和沉积

先期岩石的风化产物除一小部分残留在原地，形成富含 Al 和 Fe 的残积物外，绝大部分的风化产物在空气、水、冰和重力等的作用下，被搬运到另外的地方，重新沉积成新的沉积物。

流体是搬运碎屑物质的主要动力。在搬运过程中，碎屑物质相互磨蚀使棱角逐渐消失，形成浑圆状的颗粒，这种颗粒的浑圆化程度称为磨圆度。由磨圆度可以了解沉积物的形成条件。

流体携带的碎屑颗粒在流速降低时，由于其形体大小、比重的差异，就会有次序地沉积下来，使沉积物具有一定的均一性，称为颗粒的分选性。

风化产物受自身重力的作用，由高处向低处移动，就是重力搬运。重力搬运的碎屑物，因搬运距离短，故形成无分选性的棱角状堆积物。

冰川在向下运动时，把冰川谷底及两侧谷坡的风化产物，以及坍落在冰川上的碎屑物携带着向山坡下搬运，到达冰川前缘，后因冰川融化而沉积下来，形成冰碛物，冰碛物的分选性和磨圆度极差。

3)成岩作用

风化形成的碎屑物质在各种动力的搬运下，被搬运到地表低凹的地方——主要是湖盆和海盆地沉积下来。沉积后的碎屑物处在一个新的，改变了的物理化学环境中，再经过一系列的变化，最后固结成坚硬的沉积岩。这个变化改造过程称为成岩作用。沉积物在固结成岩过程中的变化是很复杂的，主要有压固脱水、胶结、重结晶、形成新矿物等几种作用。

(1)压固脱水作用。先沉积在下部的沉积物在上覆沉积物重量的均匀压力下发生的排水固结现象称为固结脱水作用。强大的压力除了能使沉积物发生减少孔隙、增大密实度等物理变化外，在颗粒紧密接触处还能使其产生压溶现象等化学变化。例如砂岩中石英颗粒间的锯齿状接触线和石灰岩中的缝合线构造等，都是在压溶作用下形成的。

(2)胶结作用。胶结作用是碎屑岩在成岩过程中的重要环节，就是将松散的碎屑颗粒连接起来固结成岩石。最常见的胶结物有硅质的蛋白石、玉髓，钙质的方解石，铁质的氢氧化铁和氧化铁，硫酸质的石膏、硬石膏、重晶石，黏土质的高岭石等。

胶结物在岩石中很少是单一成分的，大多数是多种胶结物的综合胶结。

（3）重结晶作用。在溶解及固体扩散等作用下，沉积物中的非晶质的胶体能够陈化脱水转化成晶体，而原来的细微晶质颗粒在一定的条件下能够长成粗大的晶粒，这种转化称为重结晶。例如 $Si \cdot H_2O$ 陈化后变成蛋白石，蛋白石再继续脱水，便可形成玉髓直至晶体石英。

2. 沉积岩的结构及构造特征

沉积岩的结构就是指沉积岩组成成分中颗粒的形态、大小和连结形式，可分为颗粒碎屑结构、泥质结构、化学及生物化学结构（包括颗粒、晶粒结构、生物结构等）。它是划分沉积岩类型的主要依据之一。

沉积岩的原生构造是指沉积岩在成岩过程中所形成岩体的各个组成部分的空间分布和排列方式。由于沉积岩的形成环境和方式与岩浆岩不同，所以沉积岩的矿物成分、结构和构造也与岩浆岩不同，特别是沉积岩在产状上的成层构造，是沉积岩最显著的特征之一。因此，沉积岩的构造主要体现在层理和层面、接触面特征上。这是在沉积过程中形成的分层状况（不均匀）及层面、接触面的微起伏特征，还有其上的各种印痕或痕迹。沉积岩的构造还包括多孔状构造、致密状构造、结核构造、生物成因构造等。下面将分别介绍。

1）岩层和层理

在特征上与相邻层不同的沉积层称为岩层。岩层可以是一个单层，也可以是一组层。层理是指岩层中成分和结构不同的层交替时产生的纹理。每一个单元层理构造代表一个沉积动态的改变。

分隔不同性质的岩层界面称为层面。层面的形成标志着沉积作用的短暂停顿或间断，层面上往往分布有少量的黏土矿物或白云母等碎片，因而岩体容易沿层面劈开，构成岩体在强度上的弱面。水体也比较容易沿层面活动，故往往易形成岩体强度低下的软化带。

上下两个层面相间的一个层，是组成地层的基本单元。它是在一定的范围内，生成条件基本一致的情况下形成的。它可以帮助我们确定沉积岩的沉积环境，划分地层层序，进行不同地区的层位对比。因此研究地层和层理构造，不仅在工程地质上，而且在地质理论上都具有重要意义。

上下层面间的距离为层的厚度。根据单层厚度可将层划分为五种：巨厚层（层厚度＞1.0 m）、厚层（层厚度 1～0.5 m）、中厚层（层厚度 0.5～0.1 m）、薄层（层厚度 0.1～0.001 m）、微层（层厚度＜0.01 m）。

夹在厚层中间的薄层称为夹层。若岩层在横向延伸方向不大的范围内一侧逐渐变薄而消失，则称为层的尖灭。若两侧尖灭时，则称为透镜体层。

由于沉积环境和条件不同，层理构造有各种不同的形态和特征。

（1）水平层理。是在稳定的流体中或流速很小的流体中缓慢沉积而成的，岩层的细层界面平直，与层面一致并相互接近平行。

（2）波状层理。细层界面是波状起伏的，但总的方向与层面接近平行。波状层理是在流体摆动情况下形成的。

(3)单斜层理。细层界面向同一方向倾斜，它是在流体作定向运动时，底部沉积物波纹沿流体运动方向移动，形成的一系列平行陡坡的细层构造。

(4)交错层理。层系界面相互交切，成一定角度，各层系中，细层的倾斜方向不同，呈交错状。它是由于流体的运动方向交替变更，使底部沉积物细层作相应的改变而形成的。

(5)粒序层理。沉积物的颗粒粒度呈有规律地递变的，在多次重复出现时，有一定的韵律性。粒序层理是在流体动力条件逐次改变的情况下形成的，它反映了古地理和古自然环境的变化。

2)结核

结核是包裹在岩体中某些矿物集合体中的团块。结核的成分、结构和颜色等往往与围岩有较大的差异。结核一般是在地下水的活动及交代作用下形成的，常见的结核有硅质的、碳酸盐质的、磷酸盐质的、锰质的、金属硫化物和石膏等。结核在岩石中的分布多呈球状或断断续续的带状。

3)化石

埋藏在沉积岩中的各地质时期考古生物的遗体和遗迹，统称为古生物化石。如菊石群体化石。它们虽然保持着古生物的体态和构造，但它的有机质已被矿物质所代替。古生物化石是沉积岩独有的构造特征，是研究地史和生物进化的重要根据。

3. 沉积岩的矿物成分

沉积岩中的矿物成分可分为原生矿物、黏土矿物。在沉积过程中由化学、生物作用及生物化学作用形成的矿物，有 $CaCO_3$、$MgCO_3$、$CaSO_4$、$SiO_2 \cdot nH_2O$ 等。还有些起胶结作用的矿物成分，如黏土质、钙质、硅质、铁质等，其胶结方式可分为基底胶结(胶结物质包围着颗粒)、孔隙胶结(颗粒孔隙中充满着胶结物质)、接触胶结(只在颗粒的相互接触点处存在胶结作用)。

另外，沉积物在向沉积岩转化过程中，除了体积上的变化外，同时也形成了与新环境相适应的稳定矿物。例如海相碳酸盐沉积物中的文石或高镁方解石，在成岩过程中可转化成一般的方解石；SiO_2 交代碳酸盐矿物，可形成燧石结核或条带状燧石层等。在成岩过程中形成的新矿物，常见的有石英、黄铁矿、海绿石、方解石、白云石、黏土矿物、磷灰石、石膏和重晶石等。

4. 沉积岩的分类及命名

1)沉积岩的分类

如表 1-8 所示，根据沉积岩的成因、粒度、物质成分和结构特征，可将其分为以下几类。

(1)碎屑岩。如砾岩、砂岩、粉砂岩。

(2)黏土岩。如页岩、泥岩。

(3)化学及生物化学岩。如石灰岩、白云岩、盐岩、硅藻土。

表 1 - 8 沉积岩分类简表

分类名称	岩石名称	物质来源	沉积作用	结构特征	构造特征
碎屑岩	砾岩、角砾岩、砂岩	物理风化作用形成的碎屑	机械沉积作用为主	碎屑结构	层理构造、多孔构造
	火山角砾岩、凝灰岩	火山喷发的碎屑			
黏土岩	泥岩、页岩	化学风化作用形成的黏土矿物	机械沉积和胶体沉积作用	泥质结构	层理结构
化学及生物化学岩	石灰石、泥灰岩	母岩经化学分解生成的溶液和胶体溶液；生物化学作用形成的矿物和生物遗体	化学沉积、胶体沉积和生物沉积作用	化学结构和生物结构	层理构造、致密构造

注：（1）火山角砾岩是由角砾状的火山岩屑（粒径 100～2 mm）堆积而成的碎屑岩。

（2）凝灰岩是由火山灰（或粒径 2～0.5 mm 的火山岩屑）沉积而成的碎屑岩。

（3）泥岩呈厚层状；页岩则呈薄层状。泥岩和页岩具有典型的泥质结构，抵抗风化能力低，吸水性很强。

（4）泥灰岩是由 25%～60% 的黏土矿物和 40%～75% 的隐晶质方解石（少量白云石）组成的，它是泥岩和石灰石之间的过渡性岩石。

2）沉积岩的命名

对于碎屑岩，以颗粒的大小和含量比例确定名称：含量超过总重 50% 的颗粒名称，作为岩石的主名称或基本名称，如砾岩，表明其中含砾石（颗粒粒径＞2 mm）成分超过总重的 50%；其他次要颗粒含量占总重 25%～50% 者，则在基本名称前加"XX 质"，如砂质砾岩、泥质灰岩等；次要颗粒含量占总重 10%～25% 者，则以"含 XX"写在更前面，如含砂砾岩、含泥白云质石灰岩等。当颗粒含量较分散，缺乏主名称时，则用复合命名法表示，如中～细粒砂岩，中～粗粒砂岩等，其他次要颗粒成分仍按上述表示法写在复合命名之前。当颗粒含量更加分散时，则称为混合碎屑岩。在碎屑岩命名时，有时也要写出矿物成分和胶结物类型，如钙质石英砂岩、硅质石英砂岩等。

对于黏土岩的命名，常以混入物特征，如颗粒成分、胶结物质等写在基本名称之前，如砂质泥岩、粉砂质黏土岩、钙质页岩等。

对于化学及生物化学岩，命名时主要考虑化学成分、生物成因、矿物名称及含量比例等，如岩盐、石膏、海绵岩、含泥灰岩、白云质灰岩等。更进一步的命名则还应考虑结构构造、孔隙特征、颜色等。

5. 主要沉积岩举例

1）碎屑岩类

碎屑岩是由碎屑颗粒和胶结物两部分物质组成的。

（1）碎屑颗粒。主要是岩石物理风化的产物，是碎屑岩的骨架部分。这些碎屑颗粒大部分是耐风化的稳定型矿物和岩石碎屑。常见的矿物碎屑有石英、正长石、酸性斜长石、白云母等。常见的岩石碎屑多为隐晶质和细晶质的岩石碎块，如玄武岩、流纹岩、细晶岩、燧石岩、石英岩等。

(2)胶结物和胶结类型。大部分胶结物是从溶液中经化学沉积作用形成的，也有一部分胶结物是和碎屑一起由机械沉积作用形成的，如一些颗粒状黏土质物质。常见的胶结物有碳酸盐矿物方解石、白云石，氧化硅矿物蛋白石、石英，氧化铁矿物褐铁矿，硫酸盐矿物石膏和黏土质矿物高岭石等。胶结物的成分与碎屑岩的强度有密切关系，氧化硅质胶结的碎屑岩强度高，黏土质胶结的强度低。

同一种胶结物胶结的岩石，若胶结方式不同，即胶结类型不同时，岩石强度差异也很大。所谓胶结类型是指胶结物与碎屑颗粒之间的连结形式。常见的胶结类型有基底型胶结、孔隙型胶结和接触型胶结等三种。基底型胶结碎屑颗粒散布在胶结物中；孔隙型胶结碎屑颗粒相互接触，胶结物充填在孔隙中；接触型胶结，胶结物较少，仅存在于颗粒接触的地方。

碎屑岩的结构是指碎屑颗粒的粒级大小、形态和相互关系。一般按照碎屑颗粒粒级分成三种碎屑结构和三类碎屑岩：

砾状结构	粒径＞2 mm	砾岩
砂状结构	粒径 2～0.05 mm	砂岩
粉砂状结构	粒径 0.05～0.005 m	粉砂岩

(1)砾岩和角砾岩。颗粒粒径大于 2 mm 的碎屑含量占 50％以上，其余碎屑多数为砂粒，经胶结形成岩石。若砾石的磨圆度好，无棱角，且具有砾状结构，称为砾岩。若砾石的磨圆度不好，棱角明显，且具有角砾状结构，称为角砾岩。分布较广的还是河流地质作用成因的砾岩，但它们的胶结程度差别明显，有些有胶结(如黏土质、钙质胶结等)并伴随着压密固结作用，使砾岩成为坚固的整体。砾岩和角砾岩的产状多为层理构造不发育的厚层，有时具有斜层理和粒序层理。

砾岩、角砾岩是应用很广的建筑材料，如混凝土粗骨料。混凝土的生产工艺原理就是仿照具有胶结、压密固结的砾岩、角砾岩的形成过程。敦煌莫高窟是胶结不强的砾岩，整体性和强度不高，易风化。砾岩地层常成为含水层，以砾岩作为地基时，透水性强，工程上应予重视。

(2)砂岩。颗粒粒径 0.05～2.0 mm 的砂粒占总重的 50％以上，并由多种颗粒混和在一起，经过地质历史上的胶结、压密固结而形成的岩石。砂岩的分布面积很广，约占沉积岩总量的 1/3。砂岩的颗粒成分主要是石英，其次是长石(正长石居多数)白云母和少量其他岩屑，胶结物常见的有黏土质、钙质、硅质和铁质等。层理构造较发育，特别是交错层理极为常见。砂岩的粒度、颗粒磨圆度和分选性等特征变化很大，这与搬运介质的动力条件、搬运距离和沉积速度有关。

砂岩按颗粒粗细可分为粗砂岩(粒径 1～2 mm)、中砂岩(粒径 0.5～1 mm)、细砂岩(0.05～0.5 mm)等三种。按照矿物组成成分，又可将砂岩分为石英砂岩(石英颗粒占总重的 90％以上)、长石砂岩(长石颗粒超过总重的 25％，有些产地长石颗粒可达总重的 60%～70%以上)和杂砂岩三种。

石英砂岩。石英颗粒占 90%以上,一般大于 95%,长石含量和岩屑含量分别小于 5%。岩屑一般都是抗风化性能较强的硅质岩屑。胶结物多为硅质、钙质和铁质。硅质胶结的砂岩,当石英产生再生现象时,由于石英颗粒呈现紧密的镶嵌接触,使岩石变得非常密实坚硬,这种石英砂岩常称为沉积石英岩,沉积石英岩与变质石英岩的手标本,有时肉眼较难区别,这时要根据岩石的产状和变质情况来确定,若无变质现象,则为沉积石英岩。石英砂岩的颗粒较细,多为中～细粒结构,颗粒的磨圆度高,分选性好。石英砂岩的颜色一般多随胶结物的成分而不同,常见的有灰白、灰褐等色。

长石砂岩。主要由石英和长石颗粒组成。石英含量小于 50%,长石含量大于 25%,其他碎屑含量小于 25%。长石砂岩由于长石含量大,故多为浅灰红色、灰褐色,有时也随胶结物的成分而改变颜色。中～粗粒结构较多,分选性和磨圆度都居中等。

年代较久的长石砂岩,当石英和长石等矿物发生再生现象时,岩石就变得很坚实,表面形态很像花岗岩。这需要仔细观察颗粒有无磨圆现象及颗粒与胶结物的连接情况,以与花岗岩相区别。当然它们的野外产状是迥然不同的。

杂砂岩。杂砂岩的主要特征是它的结构和成分的不均一性。微粒成分除石英(25%～50%)和长石(15%～25%)外,暗色矿屑及各种类型岩屑含量较高,颗粒的粒度和形态变化较大,分选性和磨圆度也较差,有时含有较多的角砾状颗粒。颜色多样,有浅灰、浅红、褐红、深灰直至褐黑等色,层理构造明显,并常与其他砂岩或黏土岩成互层。

砂岩命名时,常要包括矿物成分和胶结物,如钙质石英砂岩、铁质石英砂岩等。若石英砂岩中石英含量大于 95%,则可以作为制造玻璃的原料,也可作为硅质耐火材料。砂岩是建筑工程上常用的石料,也是制作石磨和磨刀石的材料。长石砂岩常呈浅红色、砖红色、紫红色,既可用作建筑石料,又可用作装饰材料。紫红色长石风化成黏土后,是高级的制陶原料,例如宜兴陶土。

砂岩随着孔隙的多少和胶结特性不同,物理、力学性质变化很大,如吸水率、透水性、抗压强度及其他物理、力学指标等。砂岩抗风化性能不强,风化严重时,手指触摸就会引起砂粒脱落。如大同云岗石窟、北京卢沟桥上砂岩雕成的石狮子,风化都比较明显。

(3)粉砂岩。是由粒径为 0.05～0.005 mm 的粉砂颗粒(含量占总重 50%以上)组成的岩石,具有粉砂状结构。成分以石英颗粒为主,其次是长石、白云母等矿物颗粒及其他少量岩屑颗粒。胶结物多为钙质和铁质,偶见有硅质胶结的粉砂岩。钙质和铁质胶结物又常与泥质基质混杂在一起,故一般的粉砂岩强度较低。粉砂岩的产状多为层理发育的薄层,我国西北地区的固结黄土就是较典型的粉砂岩。

由于粉砂岩的颗粒细小,且含有泥质,所以肉眼鉴定手标本时不易与黏土岩相区别,但是粉砂岩的断裂面比黏土岩的断裂面粗糙且无滑感,粉砂岩饱水后无塑性,易崩解。黏土岩浸水后,软化变形大且有塑性。用高倍率放大镜可以看到粉砂岩中的石英颗粒和片状云母。

粉砂岩是在流体动力较弱，平稳缓慢地流动条件下形成的，常与砂岩和黏土岩成互层出露。粉砂岩实质上是砂岩和黏土岩中间的过渡型碎屑岩。由于颗粒细小，成分较单一，一般不再进一步分类，有时仅从胶结物上加以描述，如泥质粉砂岩和钙质粉砂岩等。

2）黏土岩类

黏土岩是由小于 0.005 mm 的黏土颗粒和少量粉砂颗粒组成的质地细腻的岩石，亦称泥质岩。黏土岩分布很广，数量很大，约占沉积岩总量的 60%，是最常见的一类沉积岩。绝大多数黏土岩是由母岩分解后产生的黏土矿物经机械沉积或从胶溶体中胶凝而成的。黏土岩中除了黏土矿物外，还有少量的细颗粒碎屑和在成岩过程中形成的自生矿物。黏土矿物是一大类成分和岩性都非常复杂的微晶矿物，常见的黏土矿物有高岭石、水云母和蒙脱石等。碎屑主要是石英、云母等微小颗粒。自生矿物常见的有褐铁矿、赤铁矿、玉髓、方解石、白云石、石膏等。按所含黏土矿物可分为高岭石黏土岩、伊利石黏土岩、蒙脱石黏土岩；按所含颗粒成分可分为泥质黏土岩、粉砂质黏土岩、含砂黏土岩。

黏土岩基本上都是泥状结构。偶见有粉砂泥状结构和特殊形态的鲕状或豆状结构。黏土岩层理构造较为发育，但层的厚度出入很大。层厚小于 1 cm 的称为页理。具有页理构造并已经固结的黏土岩称为页岩；无页理或页理极不明显的称为泥岩。

黏土岩由于黏土矿物成分复杂，颗粒细微而表面积大，吸水及脱水后变形显著。在开挖工程中，在黏土岩接触空气后或含水量变化明显时（失水或吸湿），也易产生崩解。往往给工程建筑造成严重影响，对工程很不利。黏土岩具有良好的可塑性和烧结性，是陶瓷工业、制造耐火材料的良好原料。

通常根据它的固结程度和页理发育情况，将黏土岩分为三类。

（1）黏土。是未经固结或弱固结的黏土岩，多为第四纪沉积物。黏土饱水软化后变形较大，并具有可塑性。一般根据所含主要黏土矿物成分划分成不同类型，常见的有高岭石黏土、蒙脱石黏土和水云母黏土三种。

高岭石黏土。主要由黏土矿物高岭石组成。高岭石黏土是铝硅酸盐矿物在温、湿条件下风化后形成的。颜色多为灰白或灰黄色，泥状或豆状结构，有滑感，断口呈贝壳状。干燥时吸水性强，饱水后软化但不急剧膨胀。高岭石黏土多用作瓷器原料。

多数高岭石黏土是经过水的搬运后在较稳定的水动力条件下沉积而成的，这种高岭石黏土有层理构造。

蒙脱石黏土。又称膨润土、斑脱岩。主要成分为黏土矿物蒙脱石及少量细颗粒石英等矿物。泥状至粉砂状结构。颜色一般多为灰白及灰红、灰黄色。蒙脱石黏土吸湿性很强，饱水后由于体积急剧膨胀，能对围岩或建筑物施加较大的膨胀压力。蒙脱石黏土的可塑性略低于高岭石黏土。由于蒙脱石黏土吸收性较强，故工业上常用作漂白剂或石油净化剂。

水云母黏土。水云母又称伊利石。水云母黏土的组成成分较复杂，除主要黏土矿物为水云母外常有其他多种黏土矿物及石英、长石、云母等细颗粒矿物。结构多呈粉砂状、吸水后具塑性，但体积膨胀不明显。颜色多为灰白、灰黄色。由于在成岩过程中高岭石和蒙脱石能转变成水云母，故水云母的分布范围较广，而且在其他类型黏土岩中作为次要矿物的数量也较多。

(2)泥岩和页岩。主要由小于 0.005 mm 的泥状颗粒和少量粉砂状颗粒经胶结、压密固结作用形成。泥状结构，也称黏土岩。泥岩的固结程度差些，没有层理，页岩的固结成岩作用较泥岩好，有明显的页状层理。泥岩和页岩的区别就在于页岩有明显的页理构造，而泥岩是块状构造，它们的成分基本相似，多以黏土矿物水云母和高岭石为主，并伴有部分自生矿物及粉砂质岩屑和有机物。当粉砂质含量较高并具有粉砂状结构时，可称为粉砂质泥岩或粉砂质页岩。也常按胶结物和混入物特征分类，如钙质页岩(或泥岩)、铁质页岩(或泥岩)、炭质页岩(或泥岩)、硅质页岩、油质页岩(造石油的岩石)等。泥岩和页岩的强度均较低，特别是页岩，具有强度上的不均匀性。泥岩和页岩饱水后易软化产生较大的变形。

泥岩和页岩，一般多根据它们的颜色、有机物成分和矿物进一步分类，如表 1－9 所示。

表 1－9　泥岩和页岩的成分及颜色特征

岩石名称		主　要　特　征
红色	页岩	含有较多的分散相氧化铁和粉砂，有时含钙质结核，多为干旱气候带氧化环境中的陆相沉积
	泥岩	
黑色	页岩	富含有机质，常有细分散或结核状黄铁矿，是在温、湿气候条件下的湖泊、沼泽等滞水体中较强的还原条件下形成的
	泥岩	
碳质	页岩	富含大量已经碳化了的分散相有机质，常有较多的植物化石，多形成于湖泊、沼泽中，往往与煤系地层共生。碳质页岩(或泥岩)与黑色页岩(或泥岩)的区别在于碳质页岩(或泥岩)能染手指
	泥岩	
钙质	页岩	主要成分是黏土矿物，并含有较多的细颗粒方解石。多呈灰黄、淡褐色。加盐酸发泡
	泥岩	
硅质	页岩	除黏土矿物外还含有大量化学沉积的隐晶质石英和玉髓，故质地坚硬。颜色多为灰色、灰褐等深色，外貌与燧石岩相似，但硬度比燧石低，小刀可以刻画
	泥岩	

这类岩石是不透水的，即属隔水层，它们遇水膨胀(蒙脱石黏土岩吸水膨胀率很大)的特性更增强了其隔水性。在水环境中，若其中的易溶矿物溶解，则出现溶孔、溶缝，可成为储水构造。黏土岩易风化，整体性差，强度不高，变形量大。以胶结作用为主固结成岩的黏土岩浸水易软化或膨胀、崩解。以压密作用为主固结成岩的黏土岩，在压力解除后，易产生释重裂隙或膨胀崩解。

3)化学岩及生物化学岩类

化学岩及生物化学岩是先期岩石分解后溶于溶液中的物质被搬运到沉积盆地后，再经化学或生物化学作用后沉淀而成的岩石。也有部分岩石是由生物骨骼或甲壳构成的。在盆地内沉积的沉积物，其在成岩过程中，如果受到波浪、水流的作用往往会产生二次搬运和沉积，所以常具有竹叶状、鲕状等特殊结构。

按照化学成分，可将化学岩及生物化学岩分为硅质岩类、碳酸盐岩类、铝质岩类、铁质岩类、磷质岩类、蒸发岩类（如石膏、岩盐等）及有机岩类（如煤岩）等七类。

上述七种岩类中，铁道工程大型建筑物经常用到的是硅质岩中的燧石岩和碳酸盐岩中的石灰岩、白云岩和泥灰岩。

(1)燧石岩。是硅质岩中较常见的一种。燧石岩质地致密脆硬，易产生贝壳状断口，颜色多为灰黑色。主要成分是蛋白石、玉髓和石英，隐晶结构或呈鲕状和团粒状。燧石岩多以结核状、透镜状或条带状分布于碳酸盐岩或泥岩、页岩岩层中。

(2)石灰岩。方解石成分占比为 $90\%\sim100\%$，只混有少量白云石、粉砂颗粒和黏土等。纯石灰岩的颜色为浅灰白色，当含有染色体杂质时，颜色变化较大，由灰红、灰褐直至灰黑色。硬度为 3.5，性脆，遇稀盐酸时猛烈发泡。

石灰岩有碎屑结构和非碎屑结构两种类型。碎屑成分为碳酸钙。碎屑来源：有的是由已沉积的碳酸钙沉积物被激流滚搓而成的内碎屑；有的是生物碎屑；有的是由水中的碳酸钙凝聚而成的鲕状或粒状集合体。碎屑间的填隙物质也是碳酸钙，它相当于胶结物。

由内碎屑构成的石灰岩称为内碎屑灰岩，如竹叶状灰岩。由生物碎屑构成的石灰岩称为生物碎屑灰岩。由鲕状结构或豆状结构构成的石灰岩称为鲕状灰岩或豆状灰岩。如果碎屑细小，肉眼看不清时，可用水润湿岩石表面或用稀盐酸腐蚀岩石表面，则碎屑特征便能显露出来。

非碎屑结构的石灰岩种类也很多，常见的有由小于 0.05 mm 的方解石晶粒组成的微晶石灰岩和由大于 0.05 mm 的方解石晶粒组成的结晶石灰岩两种。

(3)白云岩。白云岩的矿物成分中 $90\%\sim100\%$ 为白云石，仅含有少量的方解石和其他混杂物。白云岩的颜色一般较石灰岩浅，多为灰白或浅灰色，断口呈粒状，硬度略大于石灰岩，遇冷稀盐酸不起泡。

石灰岩和白云岩是碳酸盐岩中最主要的类型。最有利于碳酸盐岩发育的环境是具有丰富的生物和较浅的海水、湖水，生物是碳酸盐岩的造岩成分。在碳酸盐岩的成岩过程中，有机械作用（压密）、化学作用、生物作用、生物化学作用。这类岩石的主要矿物成分是方解石（$CaCO_3$）、白云石（$CaCO_3 \cdot MgCO_3$）、黏土矿物、生物残体及碎屑。石灰岩和白云岩的化学成分相近，形成条件也有密切的关系，所以白云岩和石灰岩之间存在有过渡型岩石。各种矿物成分的含量不同，形成了不同的岩石分类和命名。当石灰岩中白云石含量为 $10\%\sim50\%$ 时，称为白云质石灰岩；与之相反，若白云岩中方解石的含量为 $10\%\sim50\%$ 时，称为石灰质白云岩。石灰岩与白云岩之间的过渡型岩石如表 1-10 所示。

表 1 - 10　石灰岩与白云岩之间的过渡型岩石

岩石名称	方解石含量	白云石含量
石灰岩	100%～90%	0～10%
含白云质石灰岩	90%～75%	10%～25%
白云质石灰岩	75%～50%	25%～50%
石灰质白云岩	50%～25%	50%～75%
含石灰质白云岩	25%～10%	75%～90%
白云岩	10%～0	90%～100%

石灰岩、白云岩分布很广，是广泛应用的建筑石料。石灰岩随孔隙率、裂隙发育程度、风化程度、致密程度等不同，其物理、力学性质相差很大。致密、完整、风化轻微、裂隙不发育的石灰岩，强度很高。石灰岩最易受地下水的溶蚀而形成溶洞、暗河及各种岩溶地貌。石灰岩是烧制石灰的原料，也是生产水泥的原料之一。白云岩致密、强度高，常用作建筑石料、装饰石料和耐火材料。

（4）泥灰岩。碳酸盐岩石中常含有少量的细粒岩屑和黏土矿物，当黏土矿物含量为25%～50%时，则称为泥灰岩或泥质白云岩，它们是泥岩和石灰岩或白云岩之间的过渡型岩石，如表 1 - 11 所示。

表 1 - 11　石灰岩（白云岩）与泥岩之间的过渡型岩石

岩石名称	方解石（白云石）含量	黏土矿物含量
石灰岩（白云岩）	100%～90%	0～10%
含泥石灰岩（白云岩）	90%～75%	10%～25%
泥质石灰岩（白云岩）	75%～50%	25%～50%
石灰质（白云质）泥岩	50%～25%	50%～75%
含石灰质（白云质）泥岩	25%～10%	75%～90%
泥岩	10%～0	90%～100%

在野外工作时，如何区分石灰岩、白云岩和泥灰岩呢？一般可用5%～10%的稀盐酸进行简单的试验，并结合岩石特征来区分。

石灰岩：加酸剧烈发泡，并吱吱作响，颜色一般较深，多为深灰-灰黑色。

白云质石灰岩：加酸也生气泡，但响声很小，颜色灰黄，质地致密，常有贝壳状断口。

石灰质白云岩：加酸微微发泡，放在耳边会微微作响，颜色较浅，多为浅灰-黄色。

白云岩：加酸不发泡或发泡极微，将标本磨成粉末后加盐酸略发泡，断口粗糙呈粒状。

泥灰岩：由于含泥量大，加酸后在侵蚀面上能留下黄色泥质条带或泥膜。

（5）盐岩。属化学成因的岩石，由蒸发及沉淀作用生成，又称蒸发岩，即溶液中水分不断地蒸发，不同的矿物先后沉淀并固结成岩。在蒸发过程中，沉淀的先后顺序：方解石—白云石—普通石膏—无水石膏—芒硝（$Na_2SO_4 \cdot 10H_2O$）—岩盐（$NaCl$）—钾盐（KCl）—镁盐（$MgCl_2$）。由此可知，碳酸盐最先沉淀，说明它在液体中的溶解度最低；硫酸盐居中；氯化物沉淀最晚，说明它在液体中的溶解度最高。在盐岩中，有的可用作建筑石料，有的可用作肥料及化工原料，如氯盐、硫酸盐。在工程上，石膏地层很不稳定，遇水后形成新的结晶，体积膨胀明显。南京市地下深处有大面积且很厚的石膏地层，这也是资源。岩盐地层在地下水循环作用下也不稳定，易淋溶、淋滤。如在岩盐碎块上洒水，由于强烈的化学作用，会使其很快地固结成整体。如果没有地下水的作用，完整、深厚的岩盐地层将是储存核废料的良好场所。

（6）硅质岩。硅质岩是由化学、生物化学作用及某些火山作用形成的岩石。主要矿物成分有结晶的 SiO_2、玉髓（$SiO_2 \cdot 2H_2O$）、蛋白石（$SiO_2 \cdot nH_2O$）。这些矿物成分的某种组合形成燧石（撞击时可以取火）、碧玉等。在生物成因的硅质岩中，硅藻土应用很广，它由硅藻遗体聚集固结而成，矿物成分是蛋白石（$SiO_2 \cdot nH_2O$），呈浅色，常夹于其他沉积岩之间，软而轻，比重为 $0.4\sim0.9$，孔隙率可达 90% 以上，吸附性强，在工业上用作漂白剂，吸附杂质，在建筑上用作隔热、隔音材料。

1.4.3　变质岩

组成地壳的岩石，在地壳运动、演化过程中，由于所处的地质环境不断地改变，如在产生的高温、高压和岩浆活动作用下，产生变质，矿物重新结晶，生成新矿物，也改变了原来岩石的结构构造，产生了新的结构构造。这种由地球内力作用引起岩石产生结构、构造及矿物成分改变的地质作用称为变质作用。在变质作用下形成的岩石称为变质岩。变质岩的分布面积约占大陆面积的 1/5，特别是地史中古老的岩石，大部分是变质岩。例如地壳形成历史的 7/8 时间是前寒武纪，而前寒武纪的岩石几乎全部是变质岩。

由于变质岩的结构、构造、矿物成分较为复杂，裂隙也多，所以变质岩分布地区往往是工程地质条件恶劣地段。例如宝-成铁路宝鸡至略阳段的几处大型崩塌和滑坡，都是变质岩分布地带。

1. 变质作用的因素和类型

1）变质作用的因素

变质作用基本上是在岩石的固体状态下进行的。变质作用的因素也就是促进岩石变质的物理化学条件。变质作用的主要因素是高温、高压和化学性质活泼的流体。

（1）高温是变质作用中最主要和最积极的因素，大多数的变质作用是在高温条件下进行的。高温可以使矿物重新结晶或产生新矿物。高温可以增强元素的活力，促进矿物间的反应，加大结晶程度，从而改变原来岩石的结构。例如隐晶质结构的石灰岩经高温变质后可以转变成显晶质的大理岩。高温也可以改变矿物的结晶格架构造形成新矿物。例如黏土矿物高岭石经高温脱水后变质成红柱石和石英：

$$Al_4[Si_4O_{10}](OH)_8 \underset{放热}{\overset{吸热}{\rightleftharpoons}} 2Al_2[SiO_4]O+2SiO_2+4H_2O$$

高岭石 　　　　　　红柱石　　石英　　水

(2)压力作用往往是伴随温度同时进行的，根据作用在岩体上的压力性质，可以分为静压力和动压力两种形式。

静压力：即均向压力(均压)。均压是各个方向相等的围压，是由上面覆盖岩体的重量引起的，所以均压随深度的增加而加大。地壳深处的巨大压力能压缩岩体，使之变得密实坚硬，也可以使矿物中的原子、离子、分子间的距离缩小，改变矿物的结晶格架，形成体积小、密度大的新矿物。例如钠长石在高压下能形成硬玉和石英。

动压力：即作用于岩体的定向压力。动压力的大小与区域性构造作用和岩浆活动强度有关，所以动压力的性质和强度是有区域性的，在地壳垂直方向上的动压力对岩石变质的影响也不相同。靠近地壳表层，由于温度低、均压小，岩石基本上呈脆性状态，所以矿物在动压力作用下常产生晶格、晶体歪曲变形或破裂的机械破碎现象；地壳较深部位，由于均压大、温度高，岩石处于可塑状态，所以破碎现象不明显，变质作用主要表现在岩石的结构和构造的变化上。

矿物在动压力作用下，在与压力平行方向上，出现晶体停止生长或溶解现象；在与压力垂直方向上，晶体继续生长。结果在岩体中就出现了鳞片状绿泥石、云母，长柱状角闪石、阳起石等矿物的定向生长、排列现象。就是刚性较大的石英、长石等粒状矿物，有时也会出现晶体歪曲、拉裂、移动及或多或少的定向拉长等变形现象。

(3)化学性质活泼的流体在岩石变质过程中起着溶剂的作用。它们能促进岩石中某些成分的溶解和迁移。流体的主要成分是 H_2O、O_2、CO_2 等，有时还含有一定数量的 B、S 等更活泼的组成成分。这些物质很多是岩浆分化的后期产物，它们与围岩或同期岩浆已经凝结的矿物接触后，由于交替分解，其结果是全部或一部分原来的矿物被新形成的矿物所代替，这个变化过程称为交代作用。例如方解石受含有硫酸的水作用后被石膏所交代：

$$CaCO_3+H_2O+H_2SO_4 \longrightarrow CaSO_4 \cdot 2H_2O+CO_2$$

方解石 　　　　　　　　　石膏

2)变质作用的类型

根据不同的变质因素，可将变质作用划分为接触变质、气化热液变质和动力变质三种类型。

(1)接触变质作用。围岩受岩浆侵入体高温影响产生的变质作用称为接触变质作用。由于接触变质的主要变质因素是高温，所以又称为热力变质作用。接触变质的主要作用是促使矿物重结晶，从而改变岩石的结构和性质。例如隐晶结构的纯质石灰岩经接触变质后形成显晶结构的大理岩就是典型的接触变质型岩石。接触变质作用根据条件也可以产生新的矿物。例如：如果石灰岩中含有 MgO、FeO、Al_2O_3 等杂质时，变质后将变成含有石榴子石、硅灰石、橄榄石等接触变质矿物的深色大理岩。

(2)气化热液变质作用。化学性质活泼并含有挥发性组成成分的高热流体与围岩发生交代作用而产生的变质，称为接触气化热液变质或接触交代变质。气化热液变质的特征是新产生的矿物取代原来的矿物。例如花岗岩浆与石灰岩接触交代后能产生含 Ca、Fe、Al 等硅酸盐的硅卡岩。如果气化热液物质来自地壳深处，并广泛与各种岩石进行交代作用，则称之为交代蚀变作用。交代蚀变不但能产生新矿物，而且也能改变岩石的结构、构造及化学成分。例如花岗岩被交代蚀变后，石英和白云母取代长石，成为细粒云英岩。

（3）动力变质作用。是在地壳构造运动中产生定向压力下所产生的变质作用。动力变质过程中，不同性质的岩石会产生不同的效应。刚性岩石往往产生晶格变形、歪曲或滑动以至破碎等现象。柔性岩石或在高温下的刚性岩石易发生流塑性变形或产生流劈理、片理及复杂的小型褶曲。

动力变质带的分布往往与地区的断裂破碎带有一定关系。它们可能是大断裂带的局部，也可能是工程地质条件恶劣地段。

接触变质、交代变质和动力变质都是在某一种变质因素起主导作用的情况下发生的地质作用。它们的平面分布和涉及的深度都局限在一定范围内。岩体在强大压力和高温并伴有化学成分参与的情况下发生的变质称为区域变质。区域变质不但涉及范围广，而且是在地下较深的部位发生的，所以也叫深成变质。深成变质的岩石，结晶度高、片理发育、类型复杂，深部位变质带中往往有混合岩化现象。

2. 变质岩的结构、构造及矿物成分

变质岩除了具有在变质过程中形成的独特的结构、构造和矿物成分外，往往还保留有部分原岩的残余结构、构造和矿物成分，所以变质岩的结构、构造和矿物成分比岩浆岩、沉积岩复杂得多。

1）变质岩的结构特征

变质岩的结构主要就是变晶结构，包括重新结晶、晶格变化及变形、晶体形状及大小变化、晶体排列状态变化等。除变晶结构之外，还有碎裂结构（包括糜棱结构）、变余结构（即残留的原岩结构）。

（1）变晶结构。是岩石在固体状态下，经重结晶或变质结晶作用形成的结构。变晶结构是变质岩的特征性结构，所以大多数变质岩都有深、浅不同程度的变晶结构。变晶结构和岩浆岩的结晶结构有时用肉眼很难区别。这就需要观察岩石中有无变余结构和其他特征来鉴别。

（2）碎裂结构。岩体在承受定向压力或在剪切过程中，虽然多数矿物已发生碎裂变形，但基本还保有原来的形态，这种结构称为碎裂结构。碎裂结构中的大部分矿物在边缘部位已变形成锯齿状、角状或发生挠曲变形。

若应力非常大，所有矿物都被辗成微粒状，则称为糜棱结构。糜棱结构中的矿物微粒往往具有一定的方向性，与区域构造应力有一定关系。

（3）变余结构。变质岩中往往残留有原岩的部分结构，称为变余结构或残余结构。变质后的岩浆岩中常见有变余斑状结构。例如流纹岩变质后，其基质部分已基本变为石英、绢云母、绿泥石等，但原岩中的石英斑晶虽已有变形或碎裂的现象，但仍然较好地保留着。原岩为沉积岩的变余结构常见的有变余砾状结构、变余砂状结构。虽然胶结物大部分已变成绢云母、绿泥石等矿物，但砾石或砂粒往往还保留有原来的外形轮廓。

　　2）变质岩的构造特征

　　变质岩的构造特征是划分变质岩类型和鉴定变质岩的重要标志。变质岩的构造主要就是片理构造。在变质环境中，压力和温度出现各种组合关系，在适当的温度条件下，既有高的垂直压力，又有更高的侧向压力，能将矿物颗粒压扁，使之变成板状、片状，以及将其拉长并使其作定向排列，出现片状、片麻状、千枚状构造，形成劈理、片理、叶理、麻理等。除上述构造之外，还有斑状、块状构造及变余构造。

　　（1）板状构造。泥质岩或硅质岩承受定向压力后，产生一组密集且平坦的破裂面，岩石易沿此裂面剥成薄板，故称板状构造，剥离面上常出现重结晶的片状显微矿物。板状岩石变质程度轻微。

　　（2）千枚状构造。岩石基本上是由重结晶的矿物组成，并有定向排列现象。虽然矿物颗粒细小，肉眼不能分辨，但在自然剥离面上能清晰地看出强烈的片状矿物及纤维状矿物的丝绢光泽。具有千枚状构造的岩体常发育有细小岩层挠曲现象，有时在手标本上也可以看到。

　　（3）片状构造。片状矿物和柱状矿物都有定向性，基本上近于平行排列，这是岩体在承受定向压力时，由于矿物产生变形、挠曲、转动及压溶结晶而成的。片状构造发育的岩石，一般情况下都以某一种矿物为主，而且矿物颗粒都比较粗大，肉眼可以鉴定。片状构造是最常见的变质岩典型构造之一。

　　（4）片麻状构造。岩石为显晶质变晶结构。主要成分是石英、长石等粒状矿物，其矿物成分一般均为两种以上。近于平行排列的深色片状矿物及长柱状矿物数量较少，呈不连续的条带状，中间被浅色粒状矿物隔开。片麻状构造也是最常见的变质岩典型构造之一。

　　由于板状构造、千枚状构造、片状构造和片麻状构造在成因、形态和性质上是相似的，所以统称为片理构造。

　　（5）条带状构造和眼球状构造。条带状构造是指岩石中的矿物成分、颜色、颗粒或其他特征不同的组分，形成彼此相间、近于平行排列的条带，故称条带状构造。

　　眼球状构造则是指在定向排列的片状及长柱状矿物中，局部夹杂有刚性较大的矿物（如石英、长石等）块体且这些块体呈凸镜状或扁豆状，形似眼球，故名眼球状构造。

　　条带状构造和眼球状构造是在变质程度很深的变质岩中。或在混合岩化作用（介于岩浆作用和变质作用之间的一种地质造岩作用）下形成的混合岩中常见的一种构造形态。

　　（6）块状构造。矿物在岩体中均匀分布，构造均一，无定向排列现象或定向排列很不明显，这种较均匀的块体称为块状构造。

　　3）变质岩的矿物成分特征

　　变质岩中的矿物成分除残留一些原岩矿物成分之外，岩石在变质过程中还能形成变质岩所特有的矿物，如红柱石、硅灰石、石榴子石、滑石、绿泥石、十字石、阳起石、蛇纹石、石墨等。它们是区别于岩浆岩和沉积岩的特殊矿物，故又称特征性变质矿物。变质岩中发育较广泛的有纤维状、鳞片状、针状和长柱状矿物，如阳起石、绢云母等。此外，由于变质岩在形成过程中受到压力因素的影响，往往产生分子体积小、比重大的矿物，如石榴子石等。

3. 变质岩的分类及命名

变质岩的结构、构造和矿物成分都与岩浆岩和沉积岩不同，特别是构造特征和特征性变质矿物最为明显，它们是鉴定变质岩的主要依据。根据变质岩的构造、结构和矿物成分，将最常见的变质岩分类列于表1-12中。

表1-12　主要变质岩简表

名称	鉴 定 特 征				
	主要矿物	颜色	结构	构造	其他
片麻岩	长石、石英、云母	深、浅色相间	斑粒变晶	片麻状	
云母片岩	云母(有少量石英)	白色、银灰色	鳞片变晶	片状	有显著的丝绢光泽，质软易剥开
绿泥石片岩	绿泥石	绿色	鳞片变晶	鳞片状	
大理岩	方解石	白色、灰白色	等粒变晶	块状	滴稀盐酸起泡
石英岩	石英	白色、灰白色、淡红色	等粒变晶	块状	小刀刻划无痕

1)变质岩的分类

(1)动力变质及区域变质岩。在构造运动(如形成褶皱、断裂)中，高压作用过程主要是使岩石碎裂，也能使矿物分解和颗粒变形，如压扁、拉长、定向排列等。如果在构造运动过程中，高压是主要的，而高温及岩浆活动释放出来的热液、热气的作用不存在或不明显，有时也有可能使矿物发生变晶作用，可产生劈理构造。上述的作用过程，称为动力变质。一般的动力变质作用都和构造带相联系，呈带状分布。如果构造运动作用极强，规模极大，足以影响到一个区域，如造山运动、造陆运动、大裂谷形成，而且在大规模构造运动过程中，还伴随着温度作用的影响和岩浆活动，这就称为区域变质。在变质作用影响的区域内，可能是高温、高压(各向均压或定向压力)和岩浆活动释放出的热液、热气作用同时存在，也可能是压力和温度的各种组合，如高压高温、高压中温、高压低温、高温中压、高温低压，甚至有中压中温、低压低温区域。这类变质作用极强，也极复杂，能产生显著的质变、变晶作用，产生新矿物及片理构造。

(2)热力变质岩。这类岩石是指岩浆活动时温度很高，并从中释放出热液、热气。这类作用使围岩产生变质、变晶作用，产生新矿物，产生片理构造，这类变质作用称为热力变质。由于这种作用发生在岩浆活动和围岩的接触带上并在围岩中有一定的影响深度，所以热力变质又称为接触变质。

2)变质岩的命名

一般的动力变质岩可根据碎裂程度分别命名为构造角砾岩、碎裂岩、糜棱岩等。进一步命名时对于有一定粒度的构造角砾岩、碎裂岩(其碎裂程度高于角砾岩)，可将原岩名称放在前面，如花岗构造角砾岩、灰岩构造角砾岩、花岗碎裂岩、片麻碎裂岩等。对于糜棱岩，由于其破碎强烈，颗粒很细，进一步命名时可将主要矿物名称放在前面，如斜长石石英糜棱岩，含量多的矿物命名时更靠近基本名称。

区域变质岩和热力变质岩的命名方法相同，即根据岩石的形成、主要矿物成分、结构、构造等特征确定基本名称，如板岩、千枚岩、片岩、片麻岩、大理岩、石英岩等。命名时将主要矿物名称写在基本名称之前，次要矿物名称写在主要矿物名称之前，也可以将变质过程中产生的新的特有的矿物名称写在基本名称之前。如长石石英岩、红柱石云母片岩、黑云母角闪斜长片麻岩、方柱石大理岩、硅灰石大理岩等。有时也将特殊的构造特征写在基本名称之前，颜色写在构造之前，如灰绿色条带状大理岩等。

4. 主要变质岩举例

(1)板岩。是由黏土岩、黏土质粉砂岩、泥质岩或中酸性凝灰岩等经轻微区域变质作用后形成的的岩石。在这个变质过程中高压作用是主要的，变晶作用不明显。由于原岩矿物基本上没有重结晶，故变余结构明显。有时部分有重结晶现象而呈显微鳞片状变晶结构。其也可以由热力变质作用生成。板岩具有劈理(亦称板理)构造，可以劈成薄层，制成石板。板岩具板状构造，可沿板理剥成薄板。板面上有时能看到微细的云母及绿泥石等新生矿物。板岩的分类，一般是按照颜色及所含杂质来划分的，如灰色钙质板岩、黑色炭质板岩等。

(2)千枚岩。原岩同板岩，但变质程度明显高于板岩，也可以由热力变质作用生成，它是具有千枚状构造的浅变质岩。千枚岩中的原岩矿物基本上都会重结晶成显微鳞片状变晶结构，生成新矿物。其片理构造明显并有光泽，变质程度比板岩深。千枚岩也能分成薄片，但层面不如板岩平整光滑，薄片也比较破碎、比较软，用途不大。其主要矿物为小于 0.1 mm 的云母、绿泥石、角闪石、石英等新生矿物，片理面常呈挠曲状并有清晰的丝绢光泽。千枚岩一般按照所含主要矿物和颜色进一步划分，如灰色钙质千枚岩、灰绿色绿泥石千枚岩等。

板岩、千枚岩敲击有声，千枚岩片理面上有光泽，这些特征可以和页岩、泥岩相区别。板岩、千枚岩易发生层间滑动，抗风化能力低，易形成风化、泥化夹层，对工程不利。

(3)片岩。原岩有多种，如黏土岩、火山岩、基性及超基性岩、砂岩、碳酸盐岩等。片岩属强烈的区域变质岩，分布较广泛，原岩矿物已全部重新结晶，片理、叶理、片状构造和显晶质结构很明显，能分成薄片。常见的结构为鳞片状、纤维状和粒状变晶结构。片岩的矿物成分较为复杂，多由云母、绿泥石等片状矿物，阳起石、普通角闪石等柱状矿物和少量长石、石英等粒状矿物组成。有时也含有石榴子石、十字石等特征性变质矿物。

片岩的种类很多，一般是根据主要矿物或特征性矿物进一步划分的。常见的有云母片岩、绿泥石片岩、石英片岩、角闪石片岩、滑石片岩、蛇纹石片岩和石墨片岩等。

片岩较破碎，抗风化能力低，工程中用途很少。工程岩体中如有片岩夹层时，易渗水，形成风化、泥化夹层，对山体边坡稳定极为不利，经常造成滑动破坏。

（4）片麻岩。是具有片麻构造的深变质岩，属区域变质作用的产物，且比形成片岩的变质作用更加强烈。通常由岩浆岩经变质而成时称作正片麻岩，如花岗片麻岩；由沉积岩经变质而成时称作副片麻岩，如由砾岩变质形成的片麻岩。其为中、粗粒（一般大于 1 mm）粒状变晶结构，主要矿物为长石、石英、黑云母、角闪石等，形成了不连续的深、浅矿物相间的片麻状构造。长石和石英含量大于 50%，而长石含量又大于 25%。若长石含量减少，石英含量增加，则过渡为片岩。片麻岩有时会有石榴子石、硅线石等特征性变质矿物。

片麻岩和片岩的区别在于，片岩可沿片理分成薄片，而片麻岩不行。片麻岩富含长石，片理构造差，常呈现出黑白相间的断续条带状。这与在变质过程中矿物颗粒的压扁、拉长并作定向排列有关，这被称为片麻构造。片麻岩在我国分布很广，山东泰山及东北等地出产最多，它是常用的建筑石料。当压力垂直于片理方向时，片麻岩的强度比较高。

（5）混合岩。是地下深处重熔高温带的岩石经大量热液和熔浆及其携带物质的渗透、交代、贯入、混合等复杂的混合岩化作用后形成的岩石。混合岩的最大特征是在岩石中有局部重熔和流体相的出现。较易熔融的浅色长英矿物组合（脉体）和残留的难熔深色变质矿物组分（基质）混融在一体，形成典型的眼球状构造和条带状构造。

混合岩中常见的有眼球状混合岩、条带状混合岩和肠状混合岩。

（6）大理岩。是由石灰岩、白云岩等碳酸盐类岩石经区域变质或接触变质作用形成的岩石。有粒状变晶结构，呈块状、条带状构造，无片理。大理岩中的矿物成分主要是含量大于 50% 的方解石、白云石等碳酸盐矿物，常含些杂质，有时也含有少量的蛇纹石、金云母、镁橄榄石等特征性变质新矿物，故岩石磨光后有美丽的花纹。质地致密、结构均匀的细粒白色大理岩一般称为汉白玉，是常用的装饰和雕刻石料。

结晶完整、完全透明、纯度极高的方解石称为冰州石，经济价值极高。我国云南大理盛产优质大理岩，因此得名。大理岩常用作建筑装饰材料、雕塑材料，如洁白的细粒大理岩，又称为汉白玉。大理岩中常含一些杂质，当呈现出彩色的图案造型时，则更加美丽甚至成为珍宝。

（7）石英岩。是石英砂岩及其他硅质岩经区域变质或接触变质作用形成的岩石，石英含量大于 85%，故硬度高并有油脂光泽。具有粒状变晶结构，石英重结晶明显，块状构造，无片理。石英岩矿物成分除石英外，有时含有少量的长石、绿泥石、云母及角闪石等杂质及变质新矿物。

一些结晶完整、透明、质地很纯的石英岩称为水晶，其应用价值极高。石英岩很硬，难于开采和加工，建筑上应用很少，常用作雕塑材料。

（8）蛇纹岩。矿物成分绝大部分是蛇纹石，仅有少量的滑石、石棉、磁铁矿等其他矿物。蛇纹岩主要是由富含镁质的超基性岩经气化热液交代变质作用形成的岩石，暗绿色，块状构造，隐晶质结构，新鲜断裂面呈蜡状光泽。

（9）断层岩。包括断层角砾岩、断层碎裂岩、糜棱岩、断层泥。这类岩石是动力变质作用的结果，并出现在断层破碎带上。其工程性质常受地应力场（构造应力场）和渗流场的控制。角砾岩、碎裂岩是断层错动带中的岩石，由于在地壳构造运动(或动力变质作用)等高应力作用下，原岩受挤压而破碎成角砾状的碎块，后经胶结而成(碎裂岩的破碎程度高于角砾岩)。其矿物变质作用很弱，没有劈理、片理构造，所以原岩的一些特征仍能保存下来。具有角砾状或碎裂结构，块状构造。角砾岩、碎裂岩是原岩发生脆性破坏及变形的产物，有时也由溶液中的沉淀物胶结而成，它们出现在断层带上，呈带状分布。

　　断层错动带中的岩石在强大的压扭应力作用下破碎，并被研磨成粉状的岩屑，经高压结合成糜棱岩，具有典型的糜棱结构。它的变质程度大于角砾岩、碎裂岩。糜棱岩质地密实坚硬，一般多具有带状构造和定向性构造。这是由于长时间在强大的应力作用下，产生流、塑性变形，以及新生的或重结晶的矿物定向排列的结果。因此，糜棱岩是原岩发生塑性破坏和变形的产物，粒度很小，具有一定的变晶作用和明显的叶理构造。糜棱岩中常见的矿物除石英、长石外，还有绢云母、绿泥石、滑石等新生变质矿物。断层泥在断层两侧经强烈挤压搓揉，变成的细粒状、粉末状、黏土状物质，其矿物成分、结构、构造均与原岩有很大不同。

　　构造角砾岩和糜棱岩一般多分布在区域地质构造复杂的断裂带中(宽仅有数厘米至数米的狭长带)，在断层两侧比较窄的范围内呈带状分布，由于工程地质条件恶劣，往往给大型建筑物的施工带来较大的困难。但个别大型断裂带中也有分布较宽的情况，例如云南哀牢山红河断裂带中的糜棱岩竟宽达 1 km。

　　以上概括地讨论了三大类岩石的基本理论，并结合专业的要求对以肉眼鉴定为主的岩石的分类和命名作了较详细的叙述。利用简单工具的肉眼鉴定方法，使鉴定的精确程度和可能范围有一定的局限性。所以当有特殊要求或需要详细研究时，则需要利用偏光显微镜、费氏台、光谱分析、染色法、差热分析、同位素、电子探针、X 射线分析、电子显微镜等精确方法进行更详细、更精确的鉴定。

习　　题

1.1　何谓构造运动？简述构造运动的表现形式、方向、原因。

1.2　何谓地质作用？有哪几种类型？

1.3　矿物的主要性质有哪些？最主要的造岩矿物有哪几种？

1.4　什么叫黏土矿物？有哪些种类？分别有什么用途？

1.5　岩浆岩常见的矿物成分、结构、构造有哪些？岩浆岩的产状有哪些主要类型。

1.6　组成沉积岩的常见矿物、结构、构造特征是什么？

1.7　花岗岩、片麻岩、石灰岩、砂岩在土木工程中有什么用途？

1.8　简述常见变质岩石的特征。

第2章　地质构造与工程建设

思维导图 2-1

　　宇宙间的一切物质，从小的微尘沙粒到大的太阳都在不停地运动着，发展着。由各种岩石和土所组成的地壳也不例外。地壳是在不停地运动着的，只是运动速度十分缓慢，人们不易觉察出来。地震、火山喷发是剧烈的地壳运动，能给人们留下深刻印象，但它们发生的次数少，持续时间短暂。地壳的物质成分——矿物和岩石，地壳的表面形态——地形及内部构造，都在不断地发展变化着。地质构造就是由缓慢而长期的地壳运动引起的岩石变形、变位，是在漫长的地质历史发展过程中，在内、外力地质作用下，地壳不断运动演变所造成的种种地层形态（如地壳中岩体的位置、产状及其相互关系等）。其也是构造运动（地壳运动）在地壳及岩石圈中留下的形迹。地质构造形迹常是带状生成和分布的，所以又称为构造带。常见的地质构造有褶皱、断层和节理，断层和节理又统称断裂构造。因此，褶皱构造和断裂构造是地质构造的两大基本类型。

　　地质构造决定着场地岩土分布的均一性和岩体的工程地质性质。地下水的储存、分布和运动受地质构造的影响，场地稳定性、工程建筑物、隧道的稳定性，以及地震评价等都与地质构造密切相关，因而地质构造是评价建筑场地工程地质条件所应考虑的基本因素和重要方面。

2.1　地质构造的基本类型

2.1.1　岩层及其产状要素

　　岩层是指被两个平行或近于平行的界面所限制的，同一岩性组成的层状岩石。岩层的上下界面叫作层面，上层面又称顶面，下层面为底面。岩层顶、底面之间的垂直距离是岩层的厚度。有的岩层厚度比较稳定，在较大范围内变化不大，有的岩层受形成环境和形成方式的影响，岩层原始厚度变化较大。向一个方向变薄以致尖灭，岩层便成楔形体，如向两个方向尖灭，则成为透镜体，如图 2-1 所示。

　　原始沉积物，多是水平或近于水平的层状堆积物，经固结成岩作用形成坚硬岩层。如沉积岩是在比较广阔而平坦的沉积盆地（如海洋、湖泊）中一层一层堆积起来的，它们的原始产状大都是水平的。仅盆地边缘的沉积物在其层面稍有倾斜，这是局部现象。

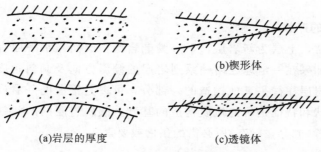

(a)岩层的厚度 　　　　　　(c)透镜体

图 2-1　岩层的厚度及其形态

岩层形成后，当它未受构造运动作用影响，或在大范围内受到垂直方向构造运动的影响，则沉积岩层基本上呈水平状态，在相当范围内连续分布，这种岩层称为水平岩层。当受到构造运动的影响，原始水平产状会发生变化，基本保持不变的仍呈水平产状，有的与水平面呈不同角度的倾斜，形成倾斜状态，称倾斜岩层。倾斜岩层往往是褶皱的一翼或断层的一盘(见图 2-2)，是由不均匀抬升或沉降所致。

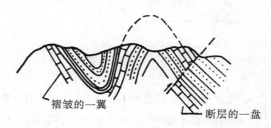

褶皱的一翼　　　　　　断层的一盘

图 2-2　倾斜岩层

1. 水平岩层

岩层形成后，受构造运动影响轻微，仍保持原始水平产状的岩层称为水平岩层。一般倾斜角度不超过 5°的岩层，均可称为水平岩层。水平岩层具有以下特征。

(1)时代新的岩层盖在老岩层之上。地形平坦地区，地表只见到同一岩层；地形起伏很大的地区，新岩层分布在山顶或分水岭上；低洼的河谷、沟底才可见到老岩层，即岩层时代越老出露位置越低，越新则分布的位置越高。

(2)水平岩层的地质界线(即岩层面与地面的交线)与地形等高线平行或重合，呈不规则的同心圈状或条带状，在沟、谷中呈锯齿状条带延伸，地质界线的转折尖端指向上游。水平岩层的分布形态完全受地形控制。

(3)水平岩层顶面与底面的高程差就是岩层的厚度。

(4)水平岩层的露头宽度(即岩层顶面和底面地质界线间的水平距离)与地面坡度、岩层厚度有关。地面坡度相同时，岩层厚度越大，露头宽度也越大，反之，露头宽度越小。岩层厚度一样时，地面坡度越平缓，露头宽度越大，反之，宽度越小。露头是一些暴露在地表的岩石。它们通常在山谷、河谷、陡崖，以及山腰和山顶这些位置出现。未经过人工作用而自然暴露的露头称天然露头，还有一些经人为作用暴露在路边、采石场和开挖基坑中的称人工露头。观察露头发现岩层除水平状态和倾斜状态外，还有直立状态。

2. 倾斜岩层的产状

岩层层序正常，上层为新岩层，下层为老岩层，层面与水平面有一定交角的岩层称为倾斜岩层。如果在一定地区内一系列岩层的倾斜方向及倾斜角度基本一致，又称单斜岩层。倾斜岩层往往是其他构造的一部分，可以是褶曲的一翼或断层的一盘。研究倾斜岩层的产状和特征是研究地质构造的基础。倾斜岩层的产状就是确定一个岩层或断裂面空间位置（或存在状态）所必需的条件或要素。

1）岩层产状要素

倾斜岩层在空间的位置与分布可以用走向、倾向、倾角三个数据定量地表示。走向、倾向、倾角称为岩层产状三要素，如图 2－3 所示。

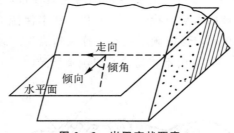

图 2－3　岩层产状要素

（1）走向。倾斜岩层面与水平面的交线叫作走向线，走向线两端延伸的方向就是岩层的走向。它表示岩层在空间的水平延伸方向。岩层走向可以由走向线任意一端的方向来表示，彼此相差 180°。

（2）倾向。垂直走向线，沿岩层面向下倾斜的直线叫作倾斜线，又称真倾斜，它在水平面上的投影线所指的方向为倾向，又称真倾向。沿着岩层面但不垂直走向线向下倾斜的直线为视倾斜线，其在水平面上的投影线所指的方向称为视倾向。

（3）倾角。真倾斜线与它在水平面上投影线的夹角叫作倾角，又称真倾角。视倾斜线与其投影线的夹角为视倾角。视倾角小于真倾角。

岩层真倾角与视倾角之间的关系，由图 2－4 可以说明。图中直角三角形 OAB 中 α 为真倾角，直角三角形 OBC 中 β 为视倾角，θ 是视倾向与走向间的夹角。由几何关系可知：

$$\tan\beta = \tan\alpha \cdot \sin\theta \qquad (2-1)$$

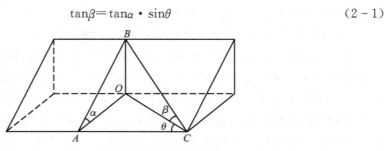

图 2－4　真倾角与视倾角关系

2)产状要素的测量方法及表示

如图 2-5 所示，产状要素是在野外用地质罗盘仪测得的。当然只能在岩层的出露面上进行测量，用罗盘仪可以定量地确定岩层的走向和倾向的方位及倾角的大小。产状要素表示方法：①走向/倾向（象限）、倾角，如 330°/WS∠30°；②倾向、倾角，如225°∠15°等。前者为象限角法，后者为方位角法。铁路部门多采用前一种方法。

在地质图上常用符号表示岩层产状，在测产状地点标记"⼊15°"，长线表示走向，短线表示倾向，数字为倾角。走向、倾向的方位与图 2-5 中的方位一致。

图 2-5　岩层的产状要素及其测量方法

3)倾斜岩层地质界线分布特征

倾斜岩层的地质界线一般是弯曲的，穿越不同的高程，在地质图上表现为与地形等高线相交。产状不同，地形迥异，其形态也不一样。倾斜岩层的倾角越小，地质界线受地形影响越大，越弯曲；倾角越大，受地形影响越小，地质界线趋向于直线。但是，地质界线的弯曲方向有一定规律可循，这个规律又称"V"字形法则。

(1)当岩层倾向与地面坡向相反时，岩层界线的"V"字形与地形等高线弯曲的"V"字形方向相同，但岩层界线弯曲程度较小，等高线弯曲程度较大。

(2)当岩层倾向与地面坡向相同，且岩层倾角大于地面坡度时，岩层地质界线与地形等高线弯曲方向相反，地质界线的"V"字形在沟谷中尖端指向下游，在山坡上，尖端指向山坡上方。

(3)当岩层倾向与地面坡向相同，但岩层倾角小于地面坡度时，岩层界线与等高线弯曲方向相同，但弯曲程度较等高线大。

3. 直立岩层

直立岩层地质界线在空间上是一条顺走向延伸的直线，不受地形影响。

2.1.2 褶皱

地壳中层状岩层在受到水平构造运动作用后，在未丧失连续性的情况下使原始水平产状的岩层弯曲起来，产生的弯曲变形统称为褶皱构造（见图2-6）。褶皱构造规模可大可小，大型褶皱可延伸几十甚至几百千米，小型褶皱可出现在一块手标本上。

通常把褶皱构造中一个单独的弯曲作为褶皱的基本单元，该基本单元称为褶曲。褶曲虽然有各式各样的形式，但基本形式只有两种，即背斜和向斜（见图2-7）。背斜在地形上是岩层向上拱起的弯曲，由中心部位即核部岩层生成地质年代较老到外侧岩层即翼部较新的岩层组成。正常情况下，两侧岩层倾向相背，横剖面呈凸起弯曲的形态。

向斜是岩层向下拗陷的弯曲，由中心部位即核部新岩层和翼部老岩层组成，正常情况下，两侧岩层倾向相背，横剖面呈向下凹曲的形态。

必须指出，在山区见到的褶曲，一般来说其形成的年代久远，由于长期暴露地表使得部分岩层，尤其是软质或裂隙发育的岩石受到风化和剥蚀作用的严重破坏而丧失了完整的褶曲形态。图2-8所示为一个褶皱构造。图中虚线表示原先的褶皱地形，依不同位置特征分别称为背斜轴、向斜轴、核部、翼部等。这种地形形成之后又会受到侵蚀、剥蚀、堆积、滑动、断裂等地质作用形成现代的地表ABCDE，这就有可能形成背斜谷、向斜山、顺层坡、切层坡等。

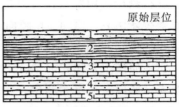
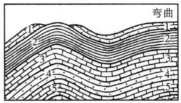
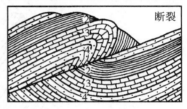

1、4—砂岩；2—页岩；3、5—石灰岩。

图2-6 地壳水平运动过程

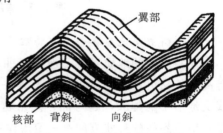

图2-7 背斜与向斜示意图

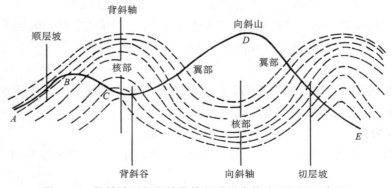

图2-8 褶皱地形经侵蚀及堆积后形成的地层剖面示意图

1. 褶曲要素

研究褶皱构造，需要对其形态特征进行描述。为此，对褶曲各个部分给予一定名称，叫作褶曲要素（见图 2-9）。褶曲要素包含如下部分。

（1）核部。指褶曲的中心部分，在背斜中。核部岩层相对较老，向斜则相反。

（2）翼。褶曲的两侧部分。

（3）轴面。通过核部大致平分褶曲两翼的一个假想的面，它可以是平面，也可以是曲面，可以是直立的面，也可以是倾斜的或平卧的面。

（4）轴线。是轴面和包括地面在内的任何平面的交线。若轴面是平面，则轴线为直线；若轴面是曲面，则轴线为曲线。轴线的方向代表褶皱的延伸方向。

（5）枢纽。是褶皱中同一层面上各最大弯曲点的联线。枢纽可以是直线，也可以是曲线或折线、水平线或倾斜线。

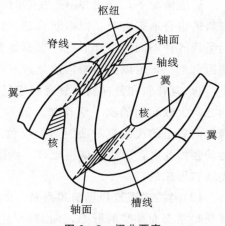

图 2-9　褶曲要素

（6）脊线和槽线。背斜弯曲的最高点叫作顶，在同一层面上顶的联线称为脊线。向斜弯曲最低点叫作槽，同一层面上槽的联线称为槽线。

2. 褶曲分类

褶曲的形态多种多样，不同形态的褶曲反映褶曲形成时的不同力学条件及成因。为便于研究，需对褶曲进行分类。下面仅介绍按褶曲横剖面形态及枢纽产状的分类方法。

1）按褶曲横剖面形态分类

根据褶曲轴面产状及两翼岩层产状的相互关系分类可分为以下几种类型。

（1）直立褶曲。轴面近于直立，两翼倾向相反，倾角大致相等，又称对称褶曲。

（2）倾斜褶曲。轴面倾斜，两翼倾向相反，倾角不等，即一翼陡，另一翼缓。

（3）倒转褶曲。轴面倾斜，两翼倾向相同，倾角不等。若倾角相等，则可称为等斜褶曲，是倒转褶曲中的一个特例。倒转褶曲中有一翼岩层是正常层位（即老岩层在下，新岩层在上），为正常翼，另一翼岩层反置，称倒转翼。

（4）平卧褶曲。轴面近于水平。

2）按枢纽的产状分类

（1）水平褶曲。枢纽水平。因此，这种褶曲中的岩层可以沿走向延伸很远，两翼岩层界线平行。

（2）倾伏褶曲。枢纽倾伏。两翼岩层界线不平行延伸，呈"之"字形分布。枢纽也可向两端同时倾伏。两翼岩层界线呈环状封闭。

如果枢纽向两端倾伏，形成长宽比为 10:1 至 3:1 之间的背斜或向斜，又称短轴背斜或向斜。若长宽比小于 3:1 的背斜称穹窿构造，则向斜为构造盆地。

一个褶曲的命名，应当同时考虑其横、纵断面上的形态特征，如命名为直立水平褶曲。

3）褶曲构造类型

一般情况下，褶曲并不是在空间以单个的背斜或向斜出现，而是以连续的多个背、向斜的组合形态出现，称褶皱构造。由于这种组合形态受地壳运动的影响不同，因而会呈现各种不同的组合形态。根据地壳运动的强烈程度，以及由此而形成的不同的褶曲组合形态，可以把褶皱构造分为下列几种。

（1）复背斜和复向斜。复背斜或复向斜是一个巨大的背斜或向斜。两翼有与轴面延伸方向大致相同的次一级褶皱。通常复背斜上的次级褶皱轴面向下收敛，构成扇形，而复向斜上的次级褶皱轴面向上收敛。复背斜和复向斜一般规模巨大，常出现在构造运动强烈地区，组成所谓褶皱带。我国的秦岭、天山、喜玛拉雅山等褶皱带都是由这类褶皱形成的。

（2）隔挡式褶皱和隔槽式褶皱。由一系列轴向平行的背、向斜组成的褶皱中，如果背斜呈紧密而狭窄的形态，向斜则呈平缓而开阔的形态，就称为隔挡式褶皱。隔槽式褶皱正好与上述情况相反，即背斜平缓开阔，向斜紧密狭窄。我国西南地区四川东部分布有隔挡式褶皱，贵州北部分布有隔槽式褶皱。

3. 褶曲构造的辨认特征

地质构造形态的研究必须在野外进行。为了在较小范围内获得尽可能多的地质资料，褶曲构造的研究通常沿横穿褶皱轴的路线进行观察。如果发现岩层有对称重复出露现象，可以确定有褶曲构造存在。然后确定岩层的新老时代关系：如果老岩层在中间，两侧为新岩层，对称重复分布，为背斜；如果中间为新岩层，老岩层对称重复排列在两侧，为向斜。

确定了背斜和向斜之后，还要进一步确定褶曲的类型，可从系统测量岩层产状和沿褶曲轴向追索岩层界线出露情况着手。如果岩层由中间向外倾斜（或向内倾斜），倾角大体相等时，为直立背斜（或向斜），倾角不等者，则为倾斜背斜（或向斜）；若岩层倾向同一侧，一翼岩层层位倒置，为倒转背斜（或向倾）。枢纽水平的褶曲，岩层界线沿褶曲轴平行分布，且和枢纽平行。若褶曲的枢纽为倾伏的，则两翼岩层走向不平行，必然在某一方向由一翼产状渐变为另一翼产状，背斜在倾伏端而向斜在仰起端产状发生渐变，因而岩层界线呈"之"字形弯曲。

4. 褶皱的工程地质评价

（1）岩层岩体破碎。形成褶皱时，自然力很强大，无论是在背斜区，还是向斜区或翼部，都会使岩层破碎，形成块体或层状，甚至形成角砾石。岩层的整体性破坏了，整体强度也就大大降低了，由此给工程带来许多不利影响。

（2）地貌特征。大的褶曲和褶皱就是造山运动，形成山地地貌。许多山脉（系）都是由褶皱形成的或和褶皱有关，如喜玛拉雅山、天山、昆仑山、祁连山、秦岭、六盘山、泰山等。

（3）岩性不均匀性。在褶皱地区，岩层的风化程度、风化深度不同，第四纪地层的厚薄也经常有明显差别。因此作为建筑物地基时就具有明显的不均匀性，因而带来沉降量的差异，对建筑物不利。

（4）岩层岩体不稳定性。在褶曲的两翼形成顺层坡或切层坡，当遇到工程开挖时，特别是在有渗流水的情况下，很容易产生滑坡。如天然坡度很陡，则可能产生崩塌。当岩层破碎又有渗流水时，极不稳定，由触发因素引起的破坏事故也很多。

（5）存在地应力。当初形成褶曲和褶皱时，岩层产生很大的变形，在变形岩体中就存在很大的变形能和应力，这种应力称为地应力。在后来的地质过程中能释放部分能量，而聚集的地应力仍然存在。例如，在背斜的顶部和向斜的底部均发生张裂，当在背斜区开挖隧道及进行地下工程时，张裂形成的块石能成为拱石，产生明显的拱支撑效应，这对工程稳定是有利的。当在向斜区开挖时，情形则相反，会产生大面积的崩落，对工程安全极不利。当在褶曲翼部进行地下工程时，也会因应力释放，使岩层滑向开挖空间或形成崩落或滑塌，造成地下工程支护结构上明显的偏压作用。

（6）渗水和汇水特征。因为岩层裂开甚至破碎，自然形成渗流通道，这就是裂隙水的运动。如水量很大，地下工程开挖时就可能出现涌水破坏或对已建成的地下工程支护结构形成明显的水压力，当局部岩体完整性良好时，在向斜区或背斜谷常会形成地下汇水区，也有可能形成层间承压水。

2.1.3　节理、劈理、片理

当岩石受力超过它的强度时，原有岩石的连续完整性遭到破坏，产生断裂变形。由断裂变形阶段产生的地质构造统称为断裂构造。其中，凡是断裂面两侧岩层沿着断裂面没有或没有发生明显位移的断裂称为节理；反之，沿断裂面发生较大相对位移的断裂称为断层。

1. 节理的成因、类型及特征

节理就是岩石中的裂隙。它切割岩石，破坏岩石的完整性，是影响工程建筑物稳定的重要因素。因岩层地壳运动引起的剪应力所形成的断裂称为剪节理。剪节理一般是闭合的，常呈两组平直相交的 X 形。岩层受力弯曲时，外凸部位由拉应力引起的断裂称为张节理，其裂隙明显，节理面粗糙。此外，由于岩浆冷凝收缩或因基岩风化作用产生的裂隙，统称为非构造节理。

在褶皱山区，岩层强烈破碎，顺向坡岩体易沿岩层层面和节理面滑动而丧失稳定性。此外，节理发育的岩体加速了风化作用的进行，从而使岩体的完整性大大降低。如新滩坝隧道中，紫红色砂、页岩夹灰岩的水平岩层中发育了两组平行隧道轴向的节理，延伸远，贯通性好，将拱顶水平岩层切割成倒楔形，引起岩块坍落，如图 2-10 所示。

节理分布极为普遍，几乎所有岩层中都有，只是

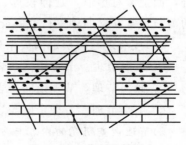

图 2-10　节理引起塌方

密集程度不同而已。国外把节理及各种影响岩层完整性的界面都称为不连续面，视岩层为不连续体。国内一些学者，从结构的观点出发，把包含节理在内的各种破裂面和连接软弱的面称为结构面，夹于结构面间的岩块称为结构体。岩块沿结构面易发生滑动、坍落，引起建筑物失稳。可见，节理的重要性已越来越引起人们的注意。

1)节理分类

节理的类型很多，可按成因、受力性质、几何形态(其与岩层走向的关系)分类。

(1)按成因可将节理分为三类。

① 次生节理。是岩石形成后，在外力因素作用下形成的节理，如风化作用、卸荷作用、工程震动作用等造成的节理。风化节理多分布在岩层的裸露部位或近地表处，向下延伸不深，无一定的方向性。

② 原生节理。是在成岩作用过程中形成的节理。例如岩浆冷却凝固成岩时形成的收缩节理，玄武岩中的柱状节理，沉积岩中的干缩节理等。

③ 构造节理。是由地壳构造运动造成的节理。其特征是分布广泛，延伸较长较深，可切穿不同的岩层，往往成组出现。在同一岩层中同时可以有几组节理，其中常有一组或两组较发育。如造山运动、褶皱运动等产生的节理。

(2)按受力性质，节理又可分为如下几种。

① 张节理。是因岩层承受的拉应力超过岩石的抗拉强度所形成的节理。节理面垂直拉应力方向。其特点是节理面多张开，延伸不深不远，节理面粗糙不平，表面无擦痕，如发生在砾岩中常绕过砾石裂开。褶曲轴部和倾伏端等拉应力集中处，张节理密集。

② 压性节理。当岩层受到强大的挤压作用时，会形成压性节理。此时，节理面的走向即区域构造线方向与最大主压应力方向垂直，如平行于褶皱轴面所形成的节理就包含压性节理。在岩层受到的很高的压力卸去之后，会出现卸荷节理(又称释重裂隙，也可以将这种卸荷节理当作张力作用的结果)，此时节理面也和压力方向垂直。压性节理面常呈微波状弯曲。在节理面两侧有时存在片状矿物(如云母、绿泥石)，这些片状矿物与节理面平行排列。压性节理面呈紧闭状态并密集成群的分布。

③ 剪节理。是剪应力超过岩石强度时所形成的节理。一般产生在与作用力大体成45°角的方向上，形成两组近似互相垂直的节理面。剪节理的特点是节理面平直，多闭合，面上常有擦痕，延伸较远，方向稳定，常切断砾岩中的砾石。发育在褶曲岩层中的剪节理常与褶曲轴平行或斜交。

(3)按节理与岩层走向关系分类。

① 走向节理。节理走向与岩层走向大致平行。

② 倾向节理。节理走向与岩层走向大致垂直。

③ 斜交节理。节理走向与岩层走向斜交。

2)节理调查研究的内容与方法

根据工作要求，节理的调查研究必须选择在充分反映节理特征的岩层出露点——露头上进行。其内容首先是野外观察，收集、测量所研究地区节理的各项必要资料和数据；其次是整理资料，编制各种节理统计分析图表；最后根据所得资料结合工程建筑物的情况作出评价。

节理调查的具体内容如下。

(1)测量节理产状。测量方法与测岩层产状相同。

(2)观察节理面张开程度和充填情况。节理面两壁宽度大于 5 mm 为宽张节理，宽度为 3~5 mm 为张开节理，1~3 mm 为微张节理，小于 1 mm 为密闭节理。

(3)开节理中有充填物的，应观察描述充填物的成分、特征、数量、胶结情况及性质等。对后期重新胶结的节理，应描述胶结物成分、胶结程度等。

(4)描述节理壁粗糙程度。节理壁粗糙程度影响节理面两侧岩块的滑移，与评价岩石稳定性有很大关系。粗糙度包含起伏度和粗糙度两层意义。起伏度指节理面较大范围内的凹凸程度，可分为平面形、波浪形、台阶形等数种类型。粗糙度是指节理表面的光滑程度，有光滑的、平坦的、粗糙的几种不同情况。

(5)观察节理充水情况。如干燥的、滴水的、流水的、饱水的等。水在节理面中尤如润滑剂，使岩块更易滑动。

(6)根据节理发育特征，确定节理成因。

(7)统计节理的密度、间距、数量，确定节理发育程度和节理的主导方向。

最简单的统计节理密度的方法是在垂直节理走向方向上取单位长度计算节理条数，以条/米表示。间距等于密度的倒数。根据岩层中节理发育特征，按表 2-1 确定节理发育程度。

节理十分发育的岩层，在露头上可以观察到数十条甚至数百条节理，它们的产状多变，为了确定它们的主导方向，必须对节理产状逐条进行测量统计，编制节理玫瑰花图、极点图或等密围，由图确定节理的密集程度及主导方向。

表 2-1　节理发育程度分级

发育程度等级	基　本　特　征
节理不发育	节理 1~2 组，规则，为构造型，间距在 1 m 以上，多为密闭节理。岩体切割呈巨块状
节理较发育	节理 2~3 组，呈 X 形，较规则，以构造型为主，多数间距大于 0.4 m，多为密闭节理，部分为微张节理，少有充填物。岩体切割呈大块状
节理发育	节理 3 组以上，不规则，呈 X 形或米字形，以构造型或风化型为主，多数间距小于 0.4 m，大部分为张开节理，部分有充填物。岩体切割呈块石、碎石状
节理很发育	节理 3 组以上，杂乱，以风化型和构造型为主，多数间距小于 0.2 m，以张开节理为主，一般有充填物。岩体切割呈碎石状

2. 劈理和片理的成因、类型及特征

岩体在构造运动作用下形成沿着一定方向，大致互相平行，很密集而又细微的裂面，因为岩体沿该面能劈成薄板，所以称此类裂面为劈理。一般情况下，劈理并不破坏岩体的连续完整性。劈理不像节理那样普遍而广泛地分布，劈理主要在变质岩中发育，也在构造活动比较强烈的其他岩层中存在。

片理是变质岩中特有的构造现象，强烈的变质作用使矿物压扁、拉长并定向排列，重新结晶，由此形成的互相平行、密集排列的薄片状构造形迹称为片理。当分层极薄，如纸片、鳞片状时，称为叶理。如果重新结晶的矿物成分呈条带状断续排列，则称为麻理。

劈理、片理的主要类型及特征如下。

(1)破劈理。由剪力或压剪作用产生，常常也把密集而平行的剪节理称为破劈理。破劈理的力学本质基本上属于脆性破坏。破劈理面平直光滑、互相平行、密集、延展稳定。

(2)流劈理。是变质岩中的构造现象，即在高温、高压作用下，岩石产生塑性流动或黏弹性、黏塑性变形，矿物颗粒出现压扁、拉长、转动、定向排列并存在不同程度的重结晶特征。当变质程度相对较小时，流劈理也称板劈理(或称板理)；当变质程度很大时，流劈理也称片理。流壁理的特征：矿物颗粒变形，定向排列，有不同程度的重结晶现象，流劈理非常密集、细小，劈理面光滑。

(3)滑劈理。简言之，破劈理和流劈理形成时，如沿层面产生了微小的相对滑移，就是滑劈理。在层面上可见滑动痕迹。

(4)片理。前已述及，片理是变质岩中特有的构造现象。当变质程度很大时形成的裂面就叫作片理，也称为流劈理。片理和劈理之间的主要区别就是形成它们的力学作用机理不同，变质的程度有差异。

3. 节理、劈理、片理的工程地质评价

(1)岩层破碎。由于断裂面明显或不明显的密集切割，岩体的整体性破坏了，强度也降低了。这对地下工程、隧道工程、大坝工程的安全都是不利的，易产生塌方、崩落、滑动。

(2)水的活动。节理-裂隙密集、连通，有利于水的渗流，构造裂隙水就是这种水。选择坝址和水库时就要注意漏水的情况，漏水有可能对地下工程造成涌水事故或造成水压力。由于水的运动加剧了对岩石的侵蚀，可能使裂隙扩展，甚至形成洞穴、暗河。水在岩体边坡中可以促成滑动，产生孔隙水压力，对边坡稳定极不利。

(3)节理-裂隙面的风化。岩体中的节理-裂隙发育、连通，加速了断裂面两侧岩体的风化，形成较深的风化带，如有地下水渗流，可能形成风化-软化夹层、泥化夹层，对工程不利。

(4)节理-裂隙面的张闭及充填。闭合的节理、劈理、片理面上有一定的摩擦作用，这是有利的。张节理中可能有泥土填充，形成软弱或泥化夹层。如果填充物质胶结作用很强，又无水的渗流作用，则不利因素会显得轻微些。

(5)断裂面的产状和工程的相对关系。如果断裂面以高倾角倾向铁路、公路、河流，则容易产生滑坡，在地下工程中容易产生偏压和崩塌，所以地下工程的走向应和所在小区域内主要断裂面的走向垂直，可减少事故的发生。

2.1.4　断层

岩体受力断裂使原有的连续完整性遭受破坏，沿断裂面两侧的岩块有明显相对位移的断裂构造称断层。断层往往由节理进一步发展而成。岩层中断层很常见，规模大小不一，对工程影响程度也不同，一些至今仍在活动的所谓活动断层常与地震直接有关。

断层面往往不是一个简单的平面而是有一定宽度的断层带。断层规模越大，这个带就越宽，破坏程度也越严重。工程设计原则上应避免将建筑物跨置在断层带上，尤其要注意避开近期活动的断层带。所以，调查活动断层的位置、活动特点和强烈程度对于工程建设有着重要的实际意义。

1. 断层要素

为了阐明断层的空间位置和断层面两侧岩层的相对运动关系，必须赋予断层各部分以各种名称，称为断层要素，如图 2-11 所示。

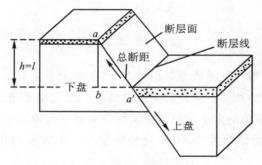

图 2-11　断层要素示意图

(1)断层面。岩层断裂并发生明显位移的破裂面称为断层面。它可以是平面或曲面。水平方向或地表以下，断层面的产状都可能发生变化。断层面产状用走向、倾向和倾角表示。判断断层类型和测定断层面产状是研究断层的重要工作之一。

有时，断层面并不是一个简单的破裂面，而是一条夹杂两侧岩石碎块的断层破碎带。断层规模不同，破碎带宽度可由几厘米、几米至几十米不等。

(2)断层线。断层面与地面的交线称为断层线，即断层面在地面的出露界线。它的延伸规律与倾斜岩层的"V"字形法则相同。受地形、断层面产状、形态的影响，断层线可以是直线，也可以是曲线。

(3)断盘。断层面两侧相对位移的岩层称断盘。位于断层面之上的称为上盘，位于断层面以下的称为下盘。

(4)断距。岩层断裂后相对移动的距离称断距，如图 2-11 所示。a 点和 a' 点在断层产生前是同一点，断层发生后 a' 点与 a 点沿断层面相对移动了一个距离 aa'，这个距离 aa' 称为总断距或真断距。总断距 aa' 在水平面上的投影距离 $a'b$ 称水平断距；垂直面上的投影距离 ab 称垂直断距。断层错动后，原来是同一层的层面之间的垂直距离 l

称岩层断距。

2. 断层基本类型

断层形态分类很多，有按断层走向与岩层走向的关系分类的，有按断层走向与褶曲轴关系分类的，但实际应用中，多采用按断层面两侧岩层相对位移关系进行分类。

按断层两侧岩层相对位移关系。断层可分为如下几种。

(1)正断层。下盘相对上升或上盘相对下降(简称上盘下降、下盘上升)的断层称为正断层，如图 2－12(a)所示。一般认为，正断层主要是地壳受水平方向的拉张力和重力作用形成的，故正断层有时也称重力断层。断层面倾角较陡，大于 45°，断层线较平直。

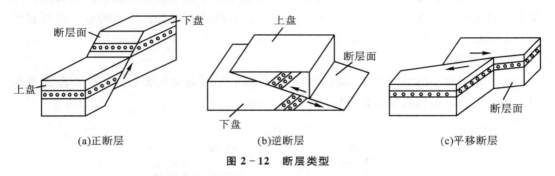

(a)正断层　　　　　　　　　(b)逆断层　　　　　　　　　(c)平移断层

图 2－12　断层类型

(2)逆断层。下盘相对下降或上盘相对上升(简称上盘上升、下盘下降)的断层称为逆断层。如图 2－12 (b)所示。逆断层主要是地壳岩层受水平挤压而形成的，断层两盘多闭合。根据断层面倾角的大小，逆断层又可分为如下几种。

① 冲断层。断层面倾角大于 45°。这种断层在很多方面与正断层相似，断层面陡峻，断层线比较直。

② 逆掩断层。断层面倾角在 25°～45°范围内。由于其与强烈褶皱有成因上的联系，往往是由倒转褶曲发展而成的。因此，逆掩断层面走向常与褶曲轴线一致，断层面倾斜与轴面倾斜大致平行。

(3)辗掩断层或推覆构造。断层面倾角小于 25°。一般为 10°～15°，是规模巨大的倾角平缓的逆断层。时常看到大规模辗掩断层中时代老的岩层推覆在新岩层之上。

(4)平移断层。如两断盘只作水平互错即只产生水平方向相对位移，称为平移断层，如图 2－12 (c)所示。这种断层主要是由水平剪切作用造成的，断层面倾角很大，常近于直立，断层面上多有近水平方向的擦痕。

断层可以单个出现，但在实际的地质环境中，单个的断层是较少的，常见多个断层的组合，即由若干条断层组合成一定形式出现。随着组合方式的不同，可形成不同的地形地貌。根据断层在剖面上的排列形式不同，有如下几种之分。

(1)阶梯状断层。如图 2－13 所示，由若干条产状大致相同的正断层平行排列组成，各断层的上盘向同一方向依次下降，使岩层呈阶梯状。

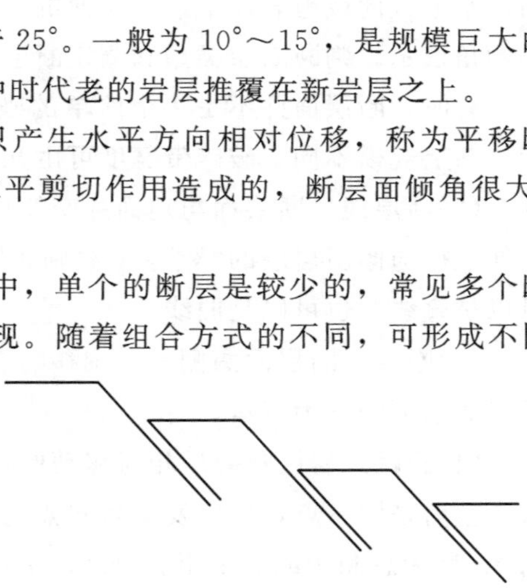

图 2－13　阶梯状断层

　　(2)地堑和地垒。地堑(断陷谷)是指两条走向大致平行的断层,其中间岩块为共同的下降盘,两边岩块为相对上升的断层组合形式,其空间组合形态就是盆地或断陷湖,如图 2－14(a)所示。地堑有条带形的,也有盆地形的。如长江、渭河、汾河都是条带形地堑,甘肃河西走廊、陆地大裂谷也是条带形地堑,青海湖盆地、吐鲁番盆地均属于断陷盆地。在断层的下沉带也能形成湖泊,如滇池、鄱阳湖、吐鲁番艾丁湖、山东微山湖等都是断陷湖,青藏高原上也有不少断陷湖。地垒(断块山)是指两条走向大致平行的断层具有共同的上升盘,其空间组合形态就是孤峰,如图 2－14 (b)所示。中国的许多山,如吕梁山、太行山、贺兰山、庐山、骊山、沂蒙山等都是断块山。地堑和地垒两侧的断层一般是正断层,往往不只是一条,而是由若干条断层组成阶梯状断层。

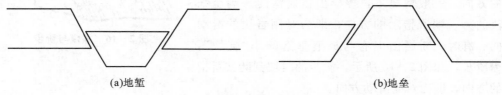

(a)地堑　　　　　　　　　　　　　　　　(b)地垒

图 2－14　正断层

　　(3)迭瓦式断层。由一系列平行的逆断层排列组成,从剖面上看,各断层的上盘依次上冲,构成迭瓦式构造,如图 2－15 所示。这种构造多发育在褶皱强烈地区。

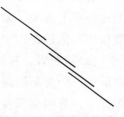

图 2－15　迭瓦式构造

3. 断层构造的辨认标志

　　确定一个地区是否有断层存在是野外地质工作的主要内容之一。首先通过野外观察,寻找断层存在的各种标志,判断有无断层,然后再确定断层面的产状及两盘岩层的相对运动方向,最后确定断层类型。断层存在的标志如下。

　　1)构造不连续

　　断层将岩层界线、褶曲轴线或先期形成的断层切断、错开,使地质界线或构造线出现不连续、突然中断和错开的现象。

　　2)岩层重复或缺失

　　岩层中产生断层后,常使岩层发生重复或缺失现象。断层与岩层二者产状不同,显示的标志也不同,详见表 2－2。

表 2－2　断层引起的岩层重复和缺失

断层类型	断层倾向与岩层倾向的关系					
	相反		相同			
			断层倾角大于岩层倾角		断层倾角小于岩层倾角	
	地面	上盘钻孔中	地面	上盘钻孔中	地面	上盘钻孔中
正断层	重复	缺失	缺失	缺失	重复	重复
逆断层	缺失	重复	重复	重复	缺失	缺失

必须指出，岩层的重复和缺失也可以由其他原因造成。如褶曲也使岩层重复出现，但是褶曲使岩层对称重复出现，断层造成岩层顺序重复出现。不整合也可造成岩层缺失，这种缺失往往是区域性的，较大面积地区内普遍缺失某些岩层，而断层造成的缺失是局部的，沿断层带才出现，在断层以外地区还可发现"缺失"的岩层。

3）断层伴生现象

(1) 擦痕。擦痕是断层两侧岩块错动时摩擦造成的痕迹，是断层面上常见的一种现象，常呈平行并比较均匀而细或粗的线条状，一端粗而深，另一端相对细而浅些。擦痕的方向指出了断层两盘相对滑动的方向。一般情况下，擦痕由粗而深的一端至细而浅的另一端所指示的方向，即为对侧岩块的滑动方向。有时，断层面上有与擦痕垂直的小"陡坎"，称为阶步，如图2-16所示，阶步的缓坡到陡坡所指示的方向，即为对侧滑动方向。

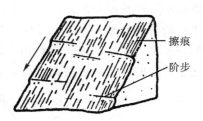

图 2-16　擦痕与阶步

有时断层面经压密滑动或反复辗磨形成光滑如镜的面，称为摩擦镜面。

必须指出，擦痕和阶步等不仅在断层面上存在，一些剪切面、岩层之间的滑动面上也会留下擦痕、阶步。因此，在野外观察时，不能单凭擦痕就肯定是断层，还须有断层的其他证据，才能确定。

(2) 构造岩。断层形成时，两盘岩块相互挤压、错动，使断层面附近的岩层破碎，常形成一个与断层面方向一致的破碎带。断层破碎带的宽度与岩性、断距及断层性质等有关，有的仅几厘米，有的达几十米至几百米，甚至更宽。破碎带中的岩石受断层作用，使原来岩石矿物破碎、变形，改变了原来岩石矿物的结构、构造，或形成新矿物称为构造岩，又称动力变质岩。构造岩的存在是断层的标志之一。按破碎程度不同，构造岩有构造角砾岩、碎裂岩、糜棱岩等不同类型。

(3) 牵引现象。是断层附近常见的一种构造现象，即在断层两侧发生相对滑动时，两侧岩层受拖拉、摩阻而发生弧形弯曲现象。弧形突出方向，指出了本盘岩层相对移动的方向。

4）断层的其他标志

断层往往在地形上有明显的表现，断层上升盘的断层面常在地形上形成陡崖，称断层崖。断层崖被流水侵蚀后，常常沿断层走向造成许多呈线状排列的三角面，称断层三角面，如图2-17所示。或由于断层带岩石破碎，经风化侵蚀后成为河谷、垭口等低洼地形。洼地进水成为湖泊。有时地下水沿断层带出露成泉，这些泉大致沿断层走向成线状排列。

图 2-17　断层崖、断层三角面

应该指出：一个山脉（系）的地质史都不是一次性的、单一的构造现象，在地质史上常有多次、几种构造现象的叠合和复合。因此，判断一个地区没有断层时，主要应根据构造不连续、岩层的重复或缺失这两个标志，孤立地、片面地强调某一个间接标志，会得出不正确的结论。

4. 断层的工程地质评价

1）断层破碎带

在断层破碎带内，岩体的整体性被破坏，大大降低了强度，断层岩的工程性质受地应力场和渗流场的控制。地基（如大坝坝基和大桥桥墩地基）中存在的断层及断层破碎带对其稳定性是不利的，必须采取措施以防止工程事故的出现。当地下工程穿越断层破碎带时，也最容易出事故，例如，天津引滦工程、成（都）昆（明）铁路、京广线衡（阳）广（州）段复线工程、南（宁）昆（明）铁路等工程中的隧道工程都穿越了若干条大断层，技术及施工人员采取了防范措施征服了这些断层破碎带。人们对于工程中可能穿越的断层破碎带应该极为重视、精心勘察、巧妙设计、安全施工。同时也应指出，凭着现代施工技术，完全可以克服遇到断层破碎带造成的困难，保证工程的进展。可以说，对于大型岩土工程，几乎都会遇到断层破碎带，如刘家峡大坝、龙羊峡大坝，甚至一些土石坝工程、铁路隧道、引水隧洞、城市（如渡口市、大同市、大连市等）建设都跨越了断层，最终也都克服了困难。在大型岩土工程中，如果想完全躲开断层常常是不可能的。

2）断层的活动性

有的断层早已停止活动，完全稳定了；有的断层还在继续活动；有的断层虽已稳定几百年甚至几千年，但又开始活动了；有的断层本来就是间歇性断层，这里还不包括新产生的断层。如果确定了某断层属活动断层，则重要的建筑工程和岩土工程应该适当避开，同时应加强观测，进行预报，以减少对人类造成的灾难。这样做，不仅因为它的活动性，也因为活动断层有可能变为发震断层。

3）断层与地下水

断层破碎带常是地下水的活动带，断层可能切断一层或多层地下水，产生水力联系。在水系循环作用下，可能沿断层带出现一系列泉水。对于地下工程来说沿断层破碎带活动的地下水，在施工开挖时可能出现涌水或涌泥，在使用期间会对支护结构造成水压力。

断层破碎带上的岩石在地下水的长期活动下既可能产生胶结作用，也可能产生溶滤作用。断层泥及致密的糜棱岩是不透水的，可能形成地下水的局部滞流汇集。

4）断层与地震

断层的孕育过程是个能量积累的过程，当岩体所受到的应力超过其强度极限时，就会突然产生大规模断裂，并产生相对运动，这就是断层。同时必然伴随着大规模的能量释放，并在极大的范围内产生强烈的震动，这就是断层和地震的关系。世界上的地震大部分属于这种构造断裂地震。如山东临沂地震与郯（城）庐（江）断裂有关；辽宁海城地震与营口断裂有关（营口断裂是郯庐断裂向北的延伸）；云南通海地震与曲江断裂有关；四川炉霍地震与鲜水河断裂有关等。

地震时又会使原来的断裂带延伸，例如，1931 年新疆富蕴地震（8.0 级）使原有断裂带延长了几百公里；1970 年云南通海地震（7.7 级）形成的新断裂带长度达 60 km。

断裂活动不仅可以切割建筑物，连规模宏大的长城也能被切断，例如，1939 年宁夏平罗地震（8.0 级），这次地震与贺兰山东麓大断裂有关，地震使石嘴山附近的明代长城断开，水平错距 1.45 m，垂直错距近 1.0 m。

5）断层与矿产

断层的概念首先是在采矿工程中建立起来的，断层和成矿、找矿、采矿都有极为密切的关系。如在郯庐断裂带上多次发现金刚石，甘肃金川矿区也处在断裂带上。当断裂带很长、很宽、很深时，称为大裂谷，这是多种矿产富集的地方，经济意义极大。如科罗拉多大裂谷、贝加尔大裂谷、攀西大裂谷、东非大裂谷等都是矿产资源极为丰富的构造带。

2.2　岩层岩体的接触关系

地层接触关系是构造运动最明显的综合表现。概括起来，地层（或岩石）的接触关系有以下几种。

（1）整合接触。是在构造运动处于稳定持续的沉积环境下形成的。整合接触表现为岩层依次连续沉积，没有间断，上下岩性和生物演化呈递变关系，相邻的新、老或上、下岩层产状基本一致，各层之间彼此平行。这种岩层之间的关系称为整合接触（见图 2-18（a））。

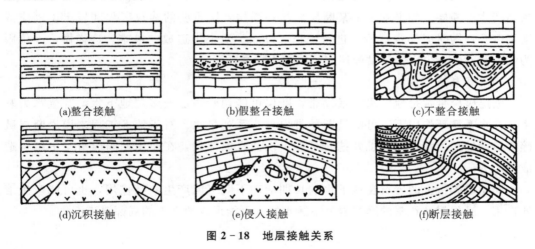

(a)整合接触　　　(b)假整合接触　　　(c)不整合接触

(d)沉积接触　　　(e)侵入接触　　　(f)断层接触

图 2-18　地层接触关系

（2）假整合接触（平行不整合接触）。新、老地层产状平行一致而地层时代不连续，即两套地层的产状基本相同，只是其间缺失了某些地层，标志着这期间地壳曾一度上升，上升时遭受风化剥蚀，形成具有一定程度起伏的剥蚀面。假整合接触又称平行不整合接触（见图 2-18（b））。

（3）不整合接触（角度不整合接触）。如果在沉积过程中受剧烈的构造运动影响，该地区地壳上升，致使老地层产生褶皱、断裂，地壳上升遭受风化剥蚀，形成剥蚀面，致使沉积中断一段时期，以后地壳再次下降至水面以下接受沉积，形成新地层。于是在上、下两套地层之间缺失一部分地层，这种沉积不连续的两套地层之间的接触关系为不整合接触(见图 2-18(c))。新、老地层产状不一致以角度相交，地层时代不连续，即上、下两套地层，不仅其间缺失地层而且二者产状也各不相同。不整合接触又称角度不整合接触。

以上岩层的接触关系，平行不整合说明在老地层沉积后地壳有过平缓的升降运动，不整合接触表明在沉积间断期间地壳发生褶皱、断裂使老地层变形，之后又沉积新地层。我国华北中石炭统与下部中奥陶统为假整合接触，四川盆地同下二叠统直接覆盖在志留系地层上亦为假整合接触，而马角坝地区侏罗系砂页岩层与其下老地层为不整合接触。

(4)沉积接触。表现为侵入体被沉积岩层直接覆盖，二者间有风化剥蚀面存在(见图 2-18(d))。

(5)侵入接触。是侵入体与被侵入围岩间的接触关系。侵入接触的主要标志是，侵入体边缘有捕房体，侵入体与围岩接触带有接触变质现象，侵入体与其围岩的接触界线多呈不规则状(见图 2-18(e))。

(6)断层接触。即地层与地层之间或地层与岩体之间，其接触面本身为断层面(见图 2-18(f))。

根据岩浆岩之间的相互穿插关系，也可以确定岩浆岩的相对年代。不同时代的岩层或岩体常被侵入岩侵入穿插，就侵入岩与围岩相比，侵入者时代新，被侵入者时代老，这就是切割律。两种生成年代不同的岩浆岩，互相贯穿的情况示于图 2-19 中。被切断的岩浆岩 1 形成在先，插入进来的岩浆岩 2 生成在后。图 2-20 表示了沉积岩与岩浆岩的关系，后期侵入的岩浆岩使先形成的沉积岩发生接触变质

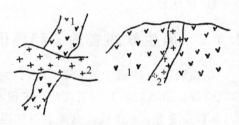

1—早期形成的岩浆岩；2—晚期形成的岩浆岩。

图 2-19　岩浆岩的穿插关系

(见图(a))，而覆盖在早期岩浆岩体上的沉积岩，其底部常含有早期岩浆岩风化剥蚀的残余物质，如沉积岩底部含岩浆岩砾石(见图(b))。

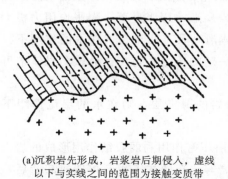
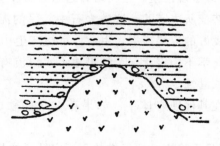

(a)沉积岩先形成，岩浆岩后期侵入，虚线　　　(b)岩浆岩先形成，沉积岩后沉积
以下与实线之间的范围为接触变质带

图 2-20　沉积岩与岩浆岩关系

另外，包裹者新，被包裹者老，如侵入体中捕虏体的形成年代要老于侵入体的。砾岩中砾石的形成年代比砾岩的老。对于有交切关系的地质体，砾岩与石灰岩为不整合接触关系，不整合面以下的岩层年代老。

2.3 软弱岩的工程评价

2.3.1 软弱岩的主要类型

软弱岩是工程地质和岩体工程中的重要研究对象，它对工程岩体的强度、变形、稳定性影响很大。

关于软弱岩的定义，通常认为：未风化岩块（石）饱和状态单轴抗压强度 $R_c <$ 30 MPa者，称为软弱岩。也有人主张将 $R_c < 20$ MPa 的称为软弱岩。软弱岩的主要类型可分为以下四类：

① 原生软弱岩；

② 弱面及夹层；

③ 构造破碎岩；

④ 风化岩。

2.3.2 原生软弱岩的工程评价

这类岩石包括黏土岩（弱固结）、页岩、泥岩、泥灰岩、凝灰岩、千枚岩、片岩、膨胀岩等。这类岩石具有下列对于工程不利的特点。

(1)强度低。总的说，这类岩石的强度低是由于其矿物组成及结构、构造特点所决定的，还受固结成岩作用程度的影响，也受成岩后所经历的地质作用（后生作用）的影响。这类岩石的抗压、抗剪强度都很低。

(2)较破碎。这种特征主要指千枚岩、片岩等，在岩体结构分类时，它们属于碎裂结构，在开挖临空面上容易产生塌方、渗水，对工程影响很大。

(3)水理性差。这类岩石遇水后易产生软化、崩解、膨胀，这是由物质成分及微观结构特征所决定的。这类岩石中较厚的泥岩层遇水膨胀显著，膨胀作用力极大，可使上下良好的岩层断裂，由此，可能产生山体滑动及工程地震。在水的作用下，软弱岩存在化学不稳定状况，如果地下水渗流有一定的压力，则在这类软弱岩体中可能形成管涌或潜蚀。

在其他硬岩体中，如果存在这些软弱岩的薄夹层，则在水的渗流作用下，极易滑动。

(4)不稳定。这里讲的不稳定针对的是由压密作用和弱胶结作用形成的岩石，如许多的黏土岩、页岩、泥岩、泥灰岩、凝灰岩等。有的在工程开挖造成卸荷后，立即产生密集的卸荷裂隙或称释重裂隙，随之崩解；有的则属于失水崩解（干裂、龟裂）。

(5)压缩模量小。这类岩石作为建筑物地基，尤其是作为大坝地基，很容易产生较大的沉降，而且是不均匀的，由此造成破坏。若在这类岩石中开挖洞体，则围岩容易向洞内产生较大的塑性变形，形成很大的塑性变形地压。

(6)具有流变性。这类岩石在受力条件下，流变特性明显，长期受力下强度降低，应力-应变关系很复杂。

2.3.3　弱面及夹层的工程评价

岩体中的各种结构面都可称为弱面，因为在这里介质不连续，而是做为界面、分割面存在，既破坏了岩体的完整性，又降低了岩体的强度。弱面在形成之后，又为其他进一步削弱岩体的地质作用，如流水作用、喀斯特作用、风化作用等提供了条件，这样，弱面就有可能演变成软弱夹层。所以，软弱夹层有原生型的，也有次生型(例如风化型)的和构造型的。对于真正的弱面(不是夹层)，其工程性质取决于弱面的闭合与张开、粗糙与光滑(摩擦作用与咬合作用)，以及贯通情况、密集情况、渗水情况和产状与工程体的关系等。

软弱夹层按成因、岩性及颗粒成分可分为原生软弱岩的薄夹层、碎块碎屑夹层(构造型)、夹泥层和泥化夹层(次生型)等。这里着重讲夹泥层和泥化夹层的工程性质。

1. 夹泥层和泥化夹层的形成

夹泥层是张开断裂(裂隙)中后来充填的泥土，薄厚程度取决于裂隙的张开程度，这里通常有渗流水。

泥化夹层是在强烈构造带(强烈的褶皱带和断层带)上受到挤压、错动作用的中心区形成的粉末、泥土状物质(也含有岩屑)，也称为泥化带(如断层泥)，再向外是劈理带和节理带。这三个分带显然受到的构造破坏或破碎程度不同，因此结构特征不同，物理、化学、力学特征也不同，受地下水的影响作用也不同。在劈理带和节理带，经外力地质作用可能形成碎块碎屑夹层。

在强风化蚀变带，经流水作用也能形成泥化夹层。

2. 夹泥层和泥化夹层的结构特征

在剧烈的挤压、错动作用下，原来的微观结构已完全破坏。用电子显微镜观察到：在错动面上有擦痕、微集结体和颗粒的定向排列，含有较多的黏土矿物和变质新矿物，其微观结构和黏性土已很接近。

3. 夹泥层和泥化夹层的水理特征

(1)泥化夹层遇水膨胀并产生膨胀压力，当含蒙脱石量较多时，膨胀作用更显著，对稳定性影响很大。

(2)夹泥层和泥化夹层的水渗透系数很小，几乎是不透水的。泥化带的渗透系数 $K=10^{-9} \sim 10^{-5}$ cm/s；劈理带的 $K=10^{-5} \sim 10^{-3}$ cm/s；节理带的 $K>10^{-3}$ cm/s，属透水性良好的岩体。工程中的水理破坏常常沿着分带的界面处发生，因为在分带的界面处除介质不连续、连结不牢外，水力坡降变化很大或发生突变，产生孔隙水压力，引起岩层滑动。

(3)当水的渗流速度较大时，在夹泥层和泥化夹层中易产生潜蚀破坏和冲刷破坏，常由此破坏了工程的稳定性，如产生沉陷及滑动。

(4)夹泥层和泥化夹层的物理力学性质。

① 黏粒含量高，通常含黏粒量大于 40%～50%，甚至高达 70%以上，所以比表面积很大。

② 天然含水量大，液限、塑限值均较高。塑性指数 I_P 值都大于 10，甚至更大。液性指数 I_L 值也大，常具有流动性。

③ 抗剪强度参数 C、φ 值很低，摩擦因数很小。

④ 变形量很大并且具有流变特征，长期受力下强度显著降低。

上述各项性质指标按发生变化的显著程度划分，都具有泥化带＞劈理带＞节理带的特点。

2.3.4 构造破碎岩的工程评价

构造破碎岩包括断层岩(断层角砾岩及碎裂岩、糜棱岩、断层泥)，强烈褶皱带形成的破碎岩，侵入岩及岩脉与围岩接触带上形成的构造破碎岩，剧烈变质作用和构造作用形成的片状破碎岩或云母、绿泥石富集带。这类岩石的特点如下。

(1)强度低。这类岩石属碎裂结构岩体，包括硬岩碎裂体和软岩碎裂体，其强度常相差悬殊。对于硬岩碎裂体而言，碎块之间的咬合及嵌固状况对强度影响很大。当断裂破碎带较宽时，危及工程安全。

(2)稳定性差。如地下工程开挖遇上较宽的断层破碎带、褶皱破碎带、岩脉破碎带、片岩地层，则很容易产生大规模塌方，甚至塌穿地表而成通天洞。破碎带如处在大坝底下，则压缩变形很不均匀。

(3)渗水及危害。破碎带大多是渗水通道，依据岩性会使碎块软化、崩解、膨胀、泥化，还会产生溶蚀作用。在地下工程开挖中，可能突然大量涌水或对支护结构造成很大的水压力。如在大坝底下，则会造成严重漏水，必须进行灌浆处理。

构造破碎岩还包括风化岩，这类岩石包括风化壳、风化带、风化夹层、假整合及不整合面上的风化层、风蚀岩体。风化夹层经流水作用也能变成泥化夹层。

2.4 地质构造对工程稳定性的影响

土木工程建筑物位置的选择是一项十分重要的工作，受多种因素支配，除了要考虑建筑物(构筑物)技术上的要求外，在某种程度上，建筑物所在地周围岩层构造形态对建筑物稳定也有一定的影响，具体案例见右侧二维码文件。

工程案例 2-1

图 2-21 表示岩层产状对路堑边坡稳定性的影响。图(a)为水平岩层，图(b)为直立岩层，图(c)为岩层倾向边坡内的情况，这三种情况对路堑边坡 AB 的稳定性无不利影响。图(d)表示岩层倾向与路堑边坡倾向相同，当边坡倾角小于或等于岩

层倾角时边坡稳定，大于岩层倾角时不利于边坡稳定。图(e)为岩层倾角小于自然边坡角，路堑边坡 AB 不稳定，岩层易沿层面滑动。

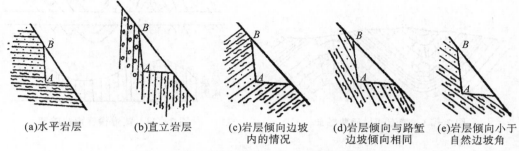

(a)水平岩层　　(b)直立岩层　　(c)岩层倾向边坡　　(d)岩层倾向与路堑　　(e)岩层倾向小于
　　　　　　　　　　　　　　　　　内的情况　　　　边坡倾向相同　　　　自然边坡角

图 2 - 21　岩层产状与路堑边坡稳定性的关系

隧道稳定情况与岩层产状关系表示在图 2 - 22 上。图(a)为隧道通过水平岩层，宜选择在岩性较好的岩层中通过，如在石灰岩或砂岩中在页岩层通过为好。图(b)为隧道轴向垂直岩层走向。隧道穿越不同岩层时，应注意不同岩层之间结合牢固程度的问题，尤其是软、硬岩层相间情况下，可能在拱顶发生顶层坍方。图(c)为隧道轴向平行岩层走向，岩层倾向洞内一侧易产生顺层坍塌并出现偏压问题。图(d)为隧道与一套倾斜岩层走向斜交，这是实践中遇到较多的一种情况。为了提高隧道稳定性，应尽可能使隧道方向与岩层走向的交角大些，从而减小横断面上岩层视倾角。

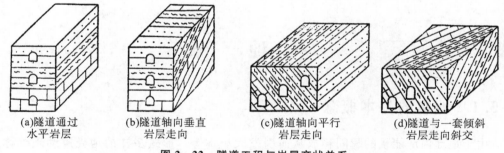

(a)隧道通过　　　　(b)隧道轴向垂直　　　(c)隧道轴向平行　　　(d)隧道与一套倾斜
　水平岩层　　　　　　岩层走向　　　　　　岩层走向　　　　　　岩层走向斜交

图 2 - 22　隧道工程与岩层产状关系

隧道通过褶曲构造时，通常尽量选择在翼部，情况与通过倾斜岩层相似。褶曲轴部岩层弯曲大、节理多，岩层挤压破碎，又是地下水流通的场所，对稳定性不利。当隧道轴与向斜轴一致时，易发生拱顶坍方和地下水的涌入；当轴向与背斜一致时，岩层产状自拱顶向两侧倾斜，拱顶岩层重量由于拱的作用都传递到两侧岩体。但背斜轴部岩层张节理较多，岩石破碎，也能引起局部不稳定，在条件许可下避免与褶曲轴重合，以垂直穿越褶曲轴为宜，如图 2 - 23、图 2 - 24 所示。隧道轴垂直穿过背斜时，隧道中间受到的岩层压力小，两端岩层压力大，穿过向斜时则相反。

工程建筑物的位置应尽力避开断层，特别是较大的断层。如图 2 - 25、图 2 - 26 所示情况是不允许的，应将工程建筑物位置选在断层破碎带以外。必须通过断层带时，线路方向与断层走向要垂直。

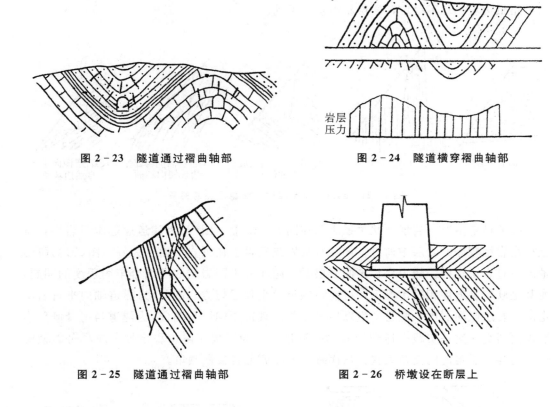

图 2-23　隧道通过褶曲轴部　　　　　图 2-24　隧道横穿褶曲轴部

岩层
压力

图 2-25　隧道通过褶曲轴部　　　　　图 2-26　桥墩设在断层上

2.5　地　　震

2.5.1　地震的基本概念

　　由于地球内部能量的瞬间释放从而引发大小不等、形式多样的地壳震动现象称为地震。地震是在地下深处，由于构造运动岩层突然破裂或塌陷，以及火山爆发等而产生震动，并以弹性波的形式传递到地表的现象。地震是一种地质现象，是地壳构造运动的一种表现，其发生迅速，振动剧烈，引起地表开裂、错动、隆起、喷水冒砂、滑坡等。强烈地震瞬时之间可使很大范围的城市和乡村沦为废墟，是一种破坏性很强的自然灾害。因此，在规划各种工程活动时，都必须考虑地震这样一个极其重要的环境地质因素，而在修建各种建筑物时，都必须考虑可能遭受的地震影响程度，并采取相应的防震措施。

　　地震主要是岩石圈内能量积累和释放的一种形式，是自然界经常发生的一种地质现象，也是新构造运动的重要表现形式。人为活动也可以引发地震，如爆破、地下核爆炸及大型水库蓄水（水库蓄水会增加地壳的压力）等诱发的地震。地球上差不多每天都会发生地震，每年平均发生数百万次。绝大多数地震是人所觉察不到的无感地震，而人所能感觉到的有感地震约为 5 万次每年，其中能造成严重灾害的大地震平均每年大约 10～20 次。

1. 地震的成因类型

地震按其成因可分为构造地震、火山地震、陷落地震和诱发地震。

(1)构造地震。由于地质构造作用所产生的地震称为构造地震。这种地震与构造运动的强弱直接相关，构造运动使组成地壳的岩层发生倾斜、褶皱、断裂、错动，以及诱发大规模岩浆活动等，在此过程中因应力释放、断层错动而造成地壳震动。构造地震是地震的最主要类型，它分布于新生代以来地质构造运动最为剧烈的地区，约占地震总数的 90%。构造地震中最为普遍的是由地壳断裂活动而引起的地震。这种地震绝大部分都是浅源地震，由于它距地表很近，因此对地面的影响最显著，一些破坏性巨大的地震都属于这种类型。构造地震机制有两种学说，一种是弹性回弹说，一种是黏滑说。弹性回弹说认为这种地震的形成是由于岩层在大地构造应力的作用下产生应变，积累了大量的弹性应变能，当应变一旦超过极限数值，岩层就突然破裂和位移，从而形成大的断裂，同时释放出大量的能量，以弹性波的形式引起地壳的震动，从而产生地震。黏滑说认为，在已有的大断层上，当断裂的两盘发生相对运动时，能够阻挡滑动作用，两盘的相对运动在那里就会受阻，局部的应力就越来越集中，一旦超过极限，阻挡的岩块被粉碎，地震就会发生。

(2)火山地震。火山地震是由火山活动引起的地震，即火山喷发和火山下面岩浆活动时引起能量运动，形成应力集中和释放的条件，而产生的地面震动。火山活动有时相当猛烈，但其波及的地区多局限于火山附近数十公里的范围。火山地震为数不多，约占地震总数的 7%。

(3)陷落地震。是由山崩或地面塌陷而引起的地震，故又称冲击地震，如溶洞崩落、采空区陷落、岩崩与大滑坡等均能引起这类轻微地震。这类地震的震级均很小，释放的能量也极其有限，且发生次数少，约占地震总数的 3%。

(4)诱发地震。人类工程活动，如修建水库、深井注水、开采石油、矿山抽水及地下核爆等，往往影响地层荷载的调整，改变原有的水文地质条件，加剧地下水纵深循环的动力作用，促进构造应力场的变化，导致这些地区频繁地发生地震。这些由人类工程活动导致的地震，称为诱发地震。随着人类工程活动的日益加剧，这类地震也越来越多引起人们的关注。

2. 地震分布

地震并不是均匀分布于地球的各个部分，而是集中于某些特定的条带上或板块边界上。这些地震集中分布的条带称为地震活动带或地震带。世界上主要有以下三大地震带。

(1)环太平洋地震带。分布在太平洋周围，从南美洲西部海岸起，经北美洲西部海岸、阿拉斯加、千岛群岛、日本列岛，至我国台湾省，再经菲律宾群岛转向印度尼西亚、新几内亚，直到新西兰。这是全球分布最广、地震最多的地震带，全球约 80% 的浅源地震和90%的中、深源地震都集中发生在此。其释放出来的地震能量约占全球所有地震释放能量的76%。

（2）欧亚地震带。主要分布西起大西洋的亚速岛，经意大利、土耳其、伊朗、印度北部，然后经我国西部和西南部，过缅甸后，呈弧形转向东，至印度尼西亚，与环太平洋地震带相接。

（3）大洋中脊地震活动带。此地震活动带蜿蜒于各大洋中间，几乎彼此相连，总长约65000 km，宽约1000～7000 km，其轴部宽100 km左右。大洋中脊地震活动带的地震活动性较前两个带要弱得多，而且均为浅源地震，尚未发生过特大的破坏性地震。

除以上三条主要地震带，世界上还有其他条形地震带，如大陆裂谷地震活动带。该带与上述三个带相比规模最小，不连续地分布于大陆内部。在地貌上常表现为深水湖，如东非裂谷、红海裂谷、贝加尔裂谷、亚丁湾裂谷等。

我国地处环太平洋地震带和欧亚地震带之间，东临环太平洋地震带，西部和西南部位于欧亚地震带，是世界上地震灾害最严重的一个国家。我国主要有如下五大地震带。

① 东南沿海及台湾地震带。以台湾的地震最频繁，属于环太平洋地震带。

② 郯城至庐江地震带。自安徽庐江往北至山东郯城一线，并越渤海，经营口再往北，与吉林舒兰、黑龙江依兰断裂连接，是我国东部的强地震带。

③ 华北地震带。北起燕山，南经山西到渭河平原，构成S形地震带。

④ 横贯中国的南北向地震带。北起贺兰山、六盘山，横越秦岭，通过甘肃文县，沿岷江向南，经四川盆地西缘，直达滇东地区，为一规模巨大的强烈地震带。

⑤ 西藏至滇西地震带。属于地中海至喜马拉雅地震带。

此外，还有河西走廊地震带、天山南北地震带及塔里木盆地南缘地震带等。

2.5.2 地震波、震级和地震烈度

地球内部引发地震的地方称为震源，即在地下发生震动并释放能量的源地，是地震能量积聚和释放之处。震源在地面上的垂直投影点称为震中。震中可以看作地面上震动的中心，震中附近地面振动最大，远离震中地面振动减弱。从震源到震中的距离称为震源深度，震源及震中的位置如图2-27所示。

地震按震源深度可以分为浅源地震、中源地震和深源地震三种。通常把震源深度在70 km以内的地震称为浅源地震，70～300 km的称为中源地震，300 km以上的称为深源地震。破坏性最大的地震震源深度多在10～20 km。目前已知震源深度最深的地震为1934年6月29日发生于印度尼西亚苏拉威西岛东边的6.9级地震，出现的最深地震是720 km。绝大部分的地震是浅源地震。地面上任何一个地方到震中的距离称为震中距。地面上地震影响相同点的连线称为等震线，如图2-27所示。

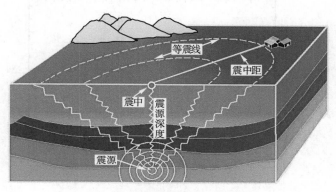

图 2 – 27　震源和震中示意图

震源所在地不光限于地壳和岩石圈范围内，有些也位于地幔内部。大多数地震属于浅源地震，约占地震总数的 72.5％。中源地震发生次数较少，约占地震总数的 23.5％，深源地震仅占地震总数的 4％。由于中、深源地震的震源深度较深，地震的能量耗散较大，因而危害较小。从观测点（如地震台）到震中的距离叫作震中距。通常把震中距小于 100 km 的地震叫作地方震；100～1000 km 的叫作近震，大于 1000 km 的叫作远震。一般距震中越远，地震危害越小。在同一地质构造带上或同一震源体内，却可发生一系列大大小小具有成因联系的地震，这样的一系列地震叫作地震序列。在一个地震序列中，如果有一次地震级别特别大，称为主震；在主震之前往往发生一系列微弱或级别较小的地震，称为前震；在主震之后也常常发生一系列级别低于主震的地震，称为余震。

1. 地震波

地震发生时，震源处产生剧烈震动，其应变能以弹性波的形式向四面八方传播，此弹性波称为地震波。地震波使地震具有巨大的破坏力，也使人们得以研究地球内部。地震波在地球内部传播时，称为体波。体波到达地面，经过反射、折射而沿地面附近传播时称为面波。

体波分为纵波和横波。纵波（P 波）是由震源传出的压缩波，质点的振动方向与波的前进方向一致，一疏一密向前推进，所以又称为疏密波，它周期短、振幅小。其传播速度是所有波当中最快的一个，震动的破坏力较小。横波（S 波）是由震源传出的剪切波，质点的振动方向与波的前进方向垂直，传播时介质体积不变，但形状改变，它周期较长、振幅较大。其传播速度较小，但震动的破坏力较大。

面波（L 波）是体波到达地面后激发的次生波，限于地面运动，在地面以下则迅速消失。震源愈深面波愈不发育。一般情况下，横波和面波到达时振动最强烈。建筑物的破坏通常是由横波和面波造成的。

典型的地震波记录如图 2 – 28 所示。地震时，纵波总是最先到达，其次是横波，然后是面波。纵波引起地面上下颠簸，横波引起地面水平摇摆，面波则引起地面波状起伏。横波和面波振幅较大，所以造成的破坏也最大。

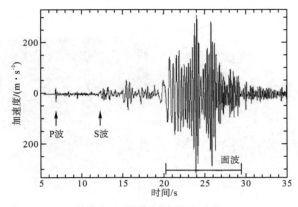

图 2 - 28 典型地震波记录

2. 地震震级

衡量地震的物理量主要有震级和烈度两种。地震震级是表示地震本身大小的尺度，是表征地震强弱程度的一个物理量，是由地震所释放出来的能量大小所决定的。可按震级对地震进行等级划分，它与地震释放出来的能量大小相关，释放出来的能量愈大则震级愈大。因为一次地震所释放的能量是固定的，所以一次地震只有一个震级。

震级是根据地震仪记录的地震波最大振幅经过计算求出的，是一个没有量纲的量，最早由美国学者里克特(C. F. Richter)于 1935 年提出，也被称为里氏震级。根据《地震震级的规定》(GB 17740—2017)，地震震级 M 用地震面波质点运动最大值$(A/T)_{max}$测定，并应根据多台的平均值确定。其震级计算公式为

$$M=\lg(A/T)_{max}+\sigma(\Delta) \tag{2-2}$$

式中，$\sigma(\Delta)$为量规函数，$\sigma(\Delta)=1.66\lg\Delta+3.5$；$A$ 为地震面波最大动位移，取两水平分向地动位移的标量和(μm)；T 为相应周期(s)，当测量最大地动位移的两水平分量时，要取同一时刻或周期相差在 1/8 周之内的振动；Δ 为震中距(以千米或球面大圆弧的度数为单位)。

震级与地震释放的能量之间有如下关系：

$$\lg E=1.5M+11.8 \tag{2-3}$$

式中，E 为地震释放的能量，单位为尔格(erg)，1 erg$=10^{-7}$ J。

根据上述关系，震级每增加一级，地震释放的能量约增大 32 倍。一个 6 级地震所释放出的能量为 6.3×10^{-13} J，相当于一个两万吨级的原子弹所释放的能量。震级与能量关系见表 2 - 3。

表 2 - 3 震级与能量的关系

震级	能量/J	震级	能量/J
1	2.0×10^{6}	6	6.3×10^{13}
2	6.3×10^{7}	7	2.0×10^{15}
3	2.0×10^{9}	8	6.3×10^{16}
4	6.3×10^{10}	8.5	3.55×10^{17}
5	2.0×10^{12}	8.9	1.4×10^{18}

按照震级大小，可以把地震划分为超微震、微震、弱震、强震和大震。超微震是震级小于 1 级的地震，人们感觉不到，只能用仪器测出。微震为震级大于 1 小于 3 的地震，同样感觉不到。弱震，又称小震，为震级大于 3 小于 5 的地震，人们可以感觉到，但一般不会造成破坏。强震，又称中震，震级大于 5 小于 7，可以造成不同程度的破坏。大地震是指 7 级及其以上的地震，常造成极大的破坏。我国的唐山地震是里氏 7.8 级，汶川地震是里氏 8.0 级。

3. 地震烈度

地震对地表和建筑物等破坏强弱的程度，称为地震烈度。一次地震只有一个震级，但同一次地震对不同地区的破坏程度不同，所以地震烈度有多个。距震中不同的距离，地面震动的强烈程度不同，根据人的感觉、家具及物品振动的情况、房屋及建筑物受破坏的程度和地面的破坏现象等进行划分，有不同的地震烈度区。地震烈度是相对于震中某点的某一范围内平均震动的水平而言的。地震烈度表是划分地震烈度的标准。有的小区震灾特轻，称为安全岛，有的小区震灾特重，称为场地效应。目前，我国发布的《中国地震烈度表》(GB/T 17742—2020)使用的是 12 度烈度表，其地震烈度与感受的对应关系见表 2-4。

表 2-4　地震烈度与感受的对应关系

地震烈度	感受
1 度	无感——仅仪器能记录到
2 度	微有感——个别敏感的人在完全静止中有感
3 度	少有感——室内少数人在静止中有感，悬挂物轻微摆动
4 度	多有感——室内大多数人，室外少数人有感，悬挂物摆动，不稳器皿作响
5 度	惊醒——室外大多数人有感，家畜不宁，门窗作响，墙壁表面出现裂纹
6 度	惊慌——人站立不稳，家畜外逃，器皿翻落，简陋棚舍损坏，陡坎滑坡
7 度	房屋损坏——房屋轻微损坏，牌坊、烟囱损坏，地表出现裂缝及喷砂冒水
8 度	建筑物破坏——房屋多有损坏，少数破坏，路基塌方，地下管道破裂
9 度	建筑物普遍破坏——房屋大多数破坏，少数倾倒，牌坊、烟囱等崩塌，铁轨弯曲
10 度	建筑物普遍摧毁——房屋倾倒，道路毁坏，山石大量崩塌，水面大浪扑岸
11 度	毁灭——房屋大量倒塌，路基堤岸大段崩毁，地表产生很大变化
12 度	山川易景——一切建筑物普遍毁坏，地形剧烈变化，动植物遭毁灭

地震烈度调查后，将烈度相同的点连成封闭的曲线叫作等震线，如图 2-27 所示。影响地震烈度的因素很多，首先是震级，其次依次为震源深度、震中距、土壤和地质条件、建筑物的性能、震源机制、地貌和地下水位等。一般说来，在其他条件相同的情况下，震级越大，震中烈度也越大，地震影响波及的范围也越广。如果震级相同，则震源越浅，对地表的破坏性也越大。

震级和烈度既有联系又有区别，它们各有自己的标准，不能混为一谈。震级是反映地震本身大小的等级的，只与地震释放的能量有关，而烈度则表示地面受到的影响和破坏的程度。一次地震只有一个震级，而烈度则各地不同。烈度不仅与震级有关，同时还与震源深度、震中距及地震波通过的介质条件等多种因素有关。

震级与烈度虽然都是描述地震强烈程度的指标，但烈度对工程抗震来说具有更为重要的作用。为了把地震烈度应用到工程实际中，地震烈度又分为基本烈度、场地烈度和设计烈度。

基本烈度是指一个地区未来 100 年内，在一般场地条件下可能遭遇的最大地震烈度，它是对地震危险性作出综合性平均估计和对未来地震破坏程度的预测，目的是作为工程设计的依据和抗震标准。基本烈度所指的地区并不是某一具体的工程场地，而是指一较大范围，如一个区或更广泛的地区，因此基本烈度又常常称为区域烈度。

场地烈度也称小区域烈度，提供的是地区内普遍遭遇的烈度，具体场地的地震烈度与地区内的平均烈度常常是有差别的。对许多地震的调查研究表明，在烈度高的地区内可以包含烈度较低的部分，而在烈度低的地区也可以包含烈度较高的部分，也就是地震中常出现"重灾区内有轻灾区，轻灾区内有重灾区"的情况。这种局部地区烈度上的差别，主要是受地质条件、地形地貌条件、水文地质条件不同而控制。

设计烈度是指抗震设计中实际采用的烈度。在场地烈度的基础上，考虑工程的重要性、抗震性和修复的难易程度，根据规范进一步调整，得到设计烈度，也称设防烈度或计算烈度。设防烈度是指国家审定的一个地区抗震设计实际采用的地震烈度。《建筑抗震设计规范》(GB 50011—2010)(2016 年版)提供了我国抗震区各县级及县级以上城镇的中心地区建筑工程抗震设计时所采用的抗震设防烈度，设计基本地震加速度值和所属的设计地震分组，以及抗震设防烈度和设计基本加速度取值的对应关系，详细可参考该规范及右侧二维码文件。

疑难释义 2—1

2.5.3　工程与震害

大地振动是地震最直观、最普遍的表现。在海底或滨海地区发生的强烈地震能引起巨大的海啸。在大陆地区发生的强烈地震会引发滑坡、崩塌、地裂缝等灾害。地震时，与工程建设有关的破坏分为地表破坏和次生灾害两类。

1）地表破坏

地震造成的与工程建设有关的破坏有地裂缝、震陷、地基液化、滑坡及塌方等。

（1）地裂缝。强地震作用下，常有地裂缝产生，根据其产生的机理不同，主要分为构造地裂缝和重力地裂缝两种。构造地裂缝与地质构造有关，是地壳深部断层错动延伸至地面的裂缝，缝长可达几千米到几十千米，缝宽几米到几十米。重力地裂缝是由于土质软硬不均及微地貌重力影响，在地震作用下形成的，与土质原稳定状态密切相关。这种裂缝在地震区分布极广，在道路、古河道、河堤、岸边、陡坡等土质松软潮湿处常见，其形状大小不一，规模较构造地裂缝小，缝长可由几米到几十米，深多为 1～2 m。地裂缝穿过的地方可引起房屋开裂和道路、桥梁等工程设施的破坏。

（2）震陷。地震时，地面产生的巨大的附加下沉称为震陷。震陷多发生在松软而压缩性强的土层中，如大面积回填土、松砂或饱和软黏土和淤泥质土层中。产生震陷的原因有多种，包括：松砂的震密；排水不良的饱和细砂和粉土由于震动液化而产生喷砂冒水，从而引起地面下陷；淤泥质软黏土在震动荷载作用下，土中应力增加，同时土的结构受到扰动，强度下降，使已有的塑性区进一步开展，土体向两侧挤出而引起震陷。此外，岩溶洞和采空区也容易发生震陷。

（3）地基液化。地基土的液化主要发生在饱和的粉、细砂及粉土中，是指地基、土体在地震作用下产生地表开裂、喷砂冒水、地基承载力下降，引起上部建筑物下陷、浮起、倾斜、开裂等震害的现象。产生液化的原因是在地震作用的短暂过程中，孔隙水压力骤然上升并来不及消散，有效应力降低至零，土体呈现出近乎液体的状态，强度完全丧失，即所谓液化。

（4）滑坡及塌方。强烈地震作用下，常引起边坡沿着一定的软弱面整体或分散地顺坡向下滑动的现象，称为滑坡。山地常出现山石崩裂、塌方等现象。大规模的滑坡可以掩埋村镇、中断交通、破坏水利工程、形成堰塞湖等，并且滑坡物质还可以与冰水、库水、暴雨等组成泥石流，对建筑物造成新的破坏。

2）次生灾害

次生灾害是直接灾害发生后，破坏了自然或社会原有的平衡或稳定状态，从而引发出的灾害。地震的次生灾害是指由地震间接产生的灾害，如地震诱发的火灾、水灾、有毒物质污染、海啸、瘟疫等。次生灾害造成的损失有时比地震直接产生的灾害造成的损失还要严重，尤其是在大城市。例如，1923 年日本东京大地震震倒房屋 13 万幢，而其诱发的火灾烧毁房屋达 45 万幢，此次灾害造成 10 万余人死亡，其中 90% 的死亡原因是火灾。

习　题

2.1 什么是褶皱？如何识别褶皱并判断其类型？

2.2 什么是岩层且类型有哪些？什么是岩层的产状及要素？

2.3 什么是岩层节理？试区别张节理与剪节理。

2.4 节理和矿物解理有什么区别？节理和风化有什么关系？

2.5 什么是断层及断层类型有哪些？其与地震的关系是什么？

2.6 什么是岩层的接触关系及其类型有哪些？

2.7 简述软弱岩的主要类型及工程评价。

2.8 什么是震级？什么是烈度？二者的区别是什么？

2.9 什么是区域地震基本烈度、场地烈度、设计烈度？

第3章 岩石风化和岩体工程性质

思维导图 3-1

3.1 岩石与岩体

3.1.1 概述

　　岩石和岩体是有区别的。通常所说的岩石是指在自然条件下由矿物或岩屑在地质作用下形成的天然物质或按一定的规律聚集而成的自然结合体，是没有包含显著软弱面的岩石材料，是组成岩体的最小单元。从工程上讲，岩石是指完整的块体，一般也把岩石称为岩块，如实验室用的岩石试样。

　　但是在地壳中除了含有完整的岩石块体外还含有各种节理、裂隙及孔隙等。此外，地层中还含有各种地质界面，如褶皱、断层、不整合接触等。所以岩体是在漫长的自然历史过程中经受了各种地质作用，并在地营力的长期作用下形成的，内部保留了各种各样的地质构造形迹的，具有一定工程性质的自然地质体。它由各种软弱结构面及其所切割的岩块（或称结构体）组成。因此，通常也把岩体称为多裂隙岩体。在实际工程中将在一定工程范围内的包含岩石块体、节理、断层等结构的自然地质体称为岩体。

　　所谓软弱结构面，又称不连续面，是岩体中的层面、软弱夹层、片理、劈理、节理、断层、裂隙等的统称。由于岩体中通常存在着多而显著的软弱面，致使岩体的强度低于岩石的强度，在沿软弱面方向上更是如此。显然，建筑物的地基或洞室围岩介质都是岩体，而不是单块的岩石。所以，对于建在岩体上或岩体中的各类工程的稳定起决定作用的是岩体强度，而不是岩石强度。因此，实际工程中不仅要深入研究岩石的物理力学性质，而且要深入研究岩体的工程性质。

3.1.2 岩石的主要物理性质

　　岩石的矿物成分、结构构造和成岩条件对岩石的物理性质也存在很大的影响。岩石的物理性质有相对密度、密度、重度、孔隙率、吸水率、硬度、电阻率、比热、热传导系数和声波特性等。其中最为常用的物理性质有岩石的相对密度、岩石的密度、岩石的重度和岩石的孔隙率。自然界主要岩石的物理性质如表 3-1 所示。

表 3 - 1　主要岩石的物理性质

岩石名称		相对密度	密度/(g·cm⁻³)	孔隙率/%	吸水率/%
岩浆岩	花岗岩	2.50~2.84	2.30~2.80	0.04~3.53	0.2~1.7
	花岗闪长岩	2.65~	2.65	1.5~1.8	1.5~1.8
	闪长岩	2.60~3.10	2.52~2.96	0.25~3.0	0.18~0.40
	流纹斑岩	2.62~2.65	2.58~2.51	0.9~2.30	0.14~0.35
	闪长玢岩	2.66~2.84	2.49~2.78	2.1~5.1	0.4~1.0
	辉绿岩	2.60~3.10	2.53~2.97	0.40~6.38	0.20~1.0
	玄武岩	2.50~3.10	2.53~3.10	0.35~3.0	0.39~0.80
	霏细岩	2.66~2.84	2.62~2.78	1.59~2.23	0.18~0.35
沉积岩	硅质砾岩	2.64~2.77	2.42~2.70	0.40~4.10	0.16~4.40
	石英砂岩	2.64~2.77	2.42~2.77	1.04~9.30	0.14~4.10
	泥质胶结砂岩	2.60~2.70	2.20~2.60	5.00~20.0	1.00~9.00
	致密石灰岩	2.70~2.80	2.60~2.77	1.00~3.5	0.20~3.00
	白云质灰岩	2.75	2.60~2.75	1.64~3.22	0.50~0.66
	泥质灰岩	2.70~2.75	2.45~2.65	1.00~3.00	2.00~4.00
变质岩	片麻岩(新鲜)	2.69~2.82	2.65~2.79	0.70~2.20	0.10~0.70
	石英、角闪石片岩	2.72~3.02	2.68~2.92	0.70~3.00	0.10~0.30
	云母、绿泥石片岩	2.75~2.83	2.69~2.76	0.80~2.10	0.10~0.60
	硅质板岩	2.74~2.81	2.71~2.75	0.30~3.80	0.70
	石英岩	2.70~2.75	2.65~2.75	0.50~2.80	0.10~0.40
	白云岩	2.78	2.70	0.3~25	

1. 岩石的相对密度

岩石的相对密度是指岩石固体部分的质量除以岩石固体部分的体积(不包括孔隙)，再与 4℃时水的密度相比。由于体积相同，可以换算得到岩石的相对密度是岩石固体部分的质量(不含孔隙)与同体积的纯水在 4℃时质量的比值，其为一无量纲量。用符号 d_s 表示，即

$$d_s = \frac{m_s}{V_s \rho_w} = \frac{m_s}{m_w} = \frac{\rho_s}{\rho_w} \tag{3-1}$$

式中，m_s、m_w 分别岩石固体部分的质量和 4℃时水的质量(g)；ρ_s、ρ_w 分别岩石固体部分的密度和 4℃时水的密度(g/cm³)，工程上常常使用的 ρ_w 为 1 g/cm³ 或 1000 kg/cm³；V_s 为岩石固体部分的体积(cm³)。

岩石相对密度的大小取决于组成岩石的矿物相对密度及其在岩石中的相对含量。组成岩石的矿物相对密度大、含量多，则岩石的相对密度大。一般岩石的相对密度在 2.65 左右，大的可达 3.3。

2. 岩石的密度

单位体积(包括岩石孔隙体积)的岩石质量称为岩石的密度。根据试样的含水情况不同,岩石密度可分为湿密度 ρ(或天然密度)、饱和密度 ρ_{sat} 及干密度 ρ_d。未说明含水状态时均是指天然密度,可用下式计算:

$$\rho = \frac{m}{V} \tag{3-2}$$

式中,ρ 为岩石的天然密度(g/cm³);m 为岩石的质量(g);V 为岩石的体积(cm³)。

岩石的饱和密度是指岩石中的孔隙都被水充填后单位体积的质量。岩石饱和密度用下式计算:

$$\rho_{sat} = \frac{m_s + V_v \rho_w}{V} \tag{3-3}$$

式中,ρ_{sat} 为岩石的饱和密度(g/cm³);m_s 为岩石中固体的质量(g);V_v 为岩石孔隙的体积(cm³);ρ_w 为岩石中水的密度(g/cm³)。

岩石的干密度是指岩石中的孔隙中的水全部被蒸发后,完全没有水存在时,其单位体积的质量。岩石的干密度用下式计算:

$$\rho_d = \frac{m_s}{V} \tag{3-4}$$

岩石的密度取决于组成岩石的矿物成分、孔隙大小及含水量的大小。岩石密度在一定程度上可反映出岩石的力学性质。通常,岩石的密度愈大,它的力学性质就愈好。常见岩石天然密度范围为 $2.1 \sim 2.8$ g/cm³。

3. 岩石的重度

岩石的重度是指岩石单位体积的重量。在数值上,它等于岩石试件的重量(含孔隙中水的重量)与其体积(含孔隙体积)之比,即

$$\gamma = \frac{W}{V} = \rho \cdot g \tag{3-5}$$

式中,γ 为岩石的重度(kN/m³);W 为岩石的重量(kN);V 为岩石的体积(m³)。

岩石的重度取决于岩石中矿物的相对密度、岩石的孔隙性及其含水情况。岩石中的孔隙全部被水充满时的重度称为岩石的饱和重度。岩石孔隙中完全没有水存在时的重度称为干重度。组成岩石的矿物相对密度大,或岩石中的孔隙性小,则岩石的重度大。对于同一种岩石,若重度有差异,则重度大的结构致密、孔隙性小,强度和稳定性相对较高。饱和重度 γ_{sat} 和干重度 γ_d 分别计算如下:

$$\gamma_{sat} = \rho_{sat} \cdot g \tag{3-6}$$

$$\gamma_d = \rho_d \cdot g \tag{3-7}$$

4. 岩石的孔隙率

岩石中的空隙包括孔隙和裂隙。岩石的空隙性是岩石的孔隙性和裂隙性的总称,可用空隙率、孔隙率、裂隙率来表示其发育程度。但是人们已习惯用孔隙性来代替空隙性,即用岩石的孔隙性反映岩石中孔隙、裂隙的发育程度。衡量岩石中裂隙发育程度的指标,也就是反映岩石孔隙性的物理参数主要有岩石孔隙率 n 及岩石孔隙比 e

两种。

岩石的孔隙率是指岩石中孔隙(含裂隙)的体积与岩石总体积的百分比,其计算公式为

$$n = \frac{V_v}{V} \times 100\%$$　　　　　　(3-8)

岩石的孔隙率愈大,其力学性质愈差。而岩石孔隙率的大小主要取决于岩石的结构构造,同时也受风化作用、岩浆作用、构造运动及变质作用的影响。由于岩石中孔隙、裂隙的发育程度变化很大,其孔隙率的变化也很大。

孔隙比是指孔隙的体积 V_v 和固体的体积 V_s 之比,计算公式为

$$e = \frac{V_v}{V_s} = \frac{n}{1-n}$$　　　　　　(3-9)

3.1.3　岩石的水理性质

岩石的水理性质是指岩石与水作用时所表现出的性质,主要有岩石的吸水性、透水性、溶解性、软化性、抗冻性等。

1. 岩石的吸水性

岩石吸收水分的性能称为岩石的吸水性。常以吸水率、饱和吸水率和饱水系数等指标来表示。

1)岩石的吸水率

岩石的吸水率是指在自然条件(也说常压)下岩石的吸水能力,以岩石试样所吸入水分的质量与干燥岩石试样固体质量之比的百分数表示,即

$$w_a = \frac{m_0 - m_s}{m_s} \times 100\%$$　　　　　　(3-10)

式中,w_a 为岩石的吸水率(%);m_0 为岩石在自然条件下的质量(kg);m_s 为干燥岩石的质量(kg)。

岩石吸水率的大小取决于岩石所含孔隙的数量、大小、开闭程度及其分布情况。岩石的吸水率愈大,水对岩石的侵蚀、软化作用就愈强,岩石强度和稳定性受水作用的影响也就愈显著。

岩石的吸水率可通过岩石饱和密度试验测定,是一个间接反映岩石内孔隙多少的指标。

2)岩石的饱和吸水率

岩石的饱和吸水率是指在高压(15 MPa)或抽真空或煮沸条件下岩石吸水饱和后,所吸水分的质量与干燥岩石质量的百分比,其表达式为

$$w_{sat} = \frac{m_{sat} - m_s}{m_s} \times 100\%$$　　　　　　(3-11)

式中,w_{sat} 为岩石的饱和吸水率(%);m_{sat} 为岩石吸水饱和后的质量(kg);m_s 为干燥岩石的质量(kg)。

3）岩石的饱水系数

岩石的吸水率与饱和吸水率的比值称为岩石的饱水系数，其大小与岩石的抗冻性有关。饱水系数越大，岩石越易被冻胀破坏，一般认为饱水系数小于 0.8 的岩石是抗冻的。

4）岩石的含水率

对于软岩来说岩石的含水率是一个比较重要的参数。组成软岩的矿物成分中往往含有较多的黏土矿物，而这些黏土矿物遇水软化后将对岩石的变形、强度有很大的影响。岩石的含水率 w 是指岩石孔隙中水的质量 m_w 与固体质量 m_s 之比的百分数，计算公式为

$$w = \frac{m_w}{m_s} \times 100\% \tag{3-12}$$

根据岩石含水状态的不同，可将岩石含水率分为天然状态下的含水率和饱和状态下的含水率等。与岩石含水率一样，岩石的吸水率对软岩是一个比较重要的参数。

2. 岩石的透水性

岩石的透水性是指在一定压力作用下，岩石允许水通过的能力。岩石透水性的大小主要取决于岩石中孔隙、裂隙的大小和连通情况。评价岩石透水性的指标是渗透系数（k）。一般来说，流体在天然岩体中的储存和运动是很复杂的问题，岩石的孔隙、裂隙非常细小且贯通性差，因此大多数岩石的透水性很差。因为天然岩体自身结构又比较复杂，流体在其中的运动难以观察和测试。但是，很多实验证明，当水力梯度在 $0.05 \sim 0.00005$ 的很大范围内变动时，达西定律仍然成立。不仅孔隙介质中的渗流，而且裂隙甚至岩溶裂隙中的渗流也符合达西定律，其表达式为

$$v = k \cdot i \tag{3-13}$$

式中，v 为渗流场中任一点的渗流速度（cm/s）；k 为渗透系数（cm/s）；i 为水力梯度。

3. 岩石的溶解性

岩石的溶解性是指岩石溶解于水的性质，常用溶解度或溶解速度来表示。常见的可溶性岩石有石灰岩、白云岩、石膏、岩盐等。岩石的溶解性主要取决于岩石的化学成分，但与水的性质也有密切的关系，如富含 CO_2 的水具有较大的溶解能力。从溶解度上看，硫酸盐岩大于碳酸盐岩，由于碳酸盐岩种类较多，其各类岩石溶解度随难溶性杂质的多少而定，石灰岩＞白云岩＞泥灰岩。从岩石结构分析，结晶质岩石晶粒愈大溶解度愈小，等粒岩比不等粒岩溶解度要小。

4. 岩石的软化性

岩石的软化性是指岩石在水的作用下，强度和稳定性降低的性质。岩石浸水后刚度和强度会发生不同程度的降低。岩石的软化性主要取决于岩石的矿物成分和结构构造特征。岩石中黏土矿物含量高、孔隙率大、吸水率高，则易与水作用而软化，使其强度和稳定性大大降低甚至丧失。

岩石的软化性常用软化系数进行描述，它是衡量岩石抗风化能力的一个指标。软化系数为岩石饱水状态下的极限抗压强度（一般指饱和单轴抗压强度）与岩石干燥状态

的极限抗压强度(单轴抗压强度)之比，即

$$K_R = \frac{R_{sat}}{R_d}$$ （3-14）

式中，K_R 为岩石的软化系数；R_{sat} 为岩石饱水状态的极限抗压强度(kPa)；R_d 为岩石干燥状态的极限抗压强度(kPa)。

　　岩石软化性的强弱主要与岩石的矿物成分、结构、构造等特征有关。岩石中黏土矿物的含水量越大、孔隙率越高，则遇水后越容易被软化，岩石浸水后的强度和稳定性损失越大，其软化系数越小。软化系数是一个小于或等于 1 的参数，其值越小表示水对岩石物理性质的影响越大。反之，其值越大，表明岩石材料的耐水性越好。显然，软化系数愈小，表示岩石在水的作用下的强度和稳定性愈差。一般岩石的饱和抗压强度都低于正常含水的抗压强度。也就是说，岩石都不同程度地具有软化性。工程上认为，当岩石软化系数等于或小于 0.75 时，应定为软化岩石，其软化性强，抗水、抗风化和抗冻性弱，工程性质较差，如黏土岩类；软化系数大于 0.75 的岩石被认为是软化性弱，抗水、抗风化和抗冻性强的岩石；未受风化影响的岩浆岩和某些变质岩、沉积岩的软化系数接近 1，是弱软化或不软化的岩石，其抗水、抗风化和抗冻性强。

　　5. 岩石的抗冻性

　　由于岩石中存在孔隙和裂隙，受高寒冰冻作用，孔隙和裂隙中的水易结冰，体积膨胀，则会对周围岩体产生较大的压力，使岩石的构造等遭到破坏。将岩石抵抗这种冰冻作用的能力称为岩石的抗冻性。因此，抗冻性是评价高寒冰冻地区岩石工程地质性质的一个重要指标。

　　岩石的抗冻性有不同的表示方法，一般用岩石在抗冻试验前后抗压强度的降低率表示。抗压强度降低率小于 25% 的岩石，认为是抗冻的；大于 25% 的岩石，认为是非抗冻的。

　　岩石的抗冻性与岩石的饱水系数、软化系数和气候条件有关。一般是饱水系数愈小，软化系数愈大，岩石的抗冻性愈强。温度起伏愈大，岩石反复冻融，其抗冻能力会降低。

3.1.4　岩石的力学性质

　　岩石在外力作用下表现出来的各种力学特性称为岩石的力学性质，也就是岩石抵抗外力作用的性能。由于岩石是由矿物颗粒或岩屑及肉眼难以觉察的微裂隙共同构成的，因而岩石是非均质，各向异性的固体材料。又由于岩石的结构、构造极为复杂，即使是同一类岩石，在不同的环境条件下所表现出来的力学性质也有较大的差异。

　　岩石的力学性质主要分为变形特性及强度特性两种。岩石在外力作用下，首先发生变形，当外力增加到某一数值时，岩石便开始被破坏。因此，岩石的力学指标包括岩石的变形指标和强度指标。岩石的变形特性是在指外力作用下岩石内部应力与自身变形之间的关系，岩石的强度特性是指岩石抵抗外部作用力产生破坏的能力。一般情况下，岩石的变形特性和强度特性具有一定的相关性。由于岩石自身的组成及结构非常复杂，这也导致岩石具有复杂的变形特性和强度特性。岩石在变形过程中，应力和应变关系可能是线性的也可能是非线性的，可能呈塑性破坏也可能呈脆性破坏。在实际工程中，一般将岩石的变形过程简化为线性（弹性）的。

1. 岩石的变形指标

岩石的变形指标主要有弹性模量、变形模量和泊松比。

1）岩石的弹性模量

岩石的弹性变形过程可以使用胡克定律来描述，其中包含弹性模量 E 和泊松比 υ 两个弹性变形参数。单向拉伸或压缩条件下，弹性模量可以写为岩石的应力和应变之比，这里弹性模量是应力与弹性应变的比值，即

$$E = \frac{\sigma}{\varepsilon_e} \tag{3-15}$$

式中，E 为岩石的弹性模量（Pa，kPa 或 MPa）；σ 为岩石内部的应力（Pa，kPa 或 MPa）；ε_e 为岩石的弹性应变。

2）岩石的变形模量

变形模量是应力与总应变的比值，即

$$E_0 = \frac{\sigma}{\varepsilon_p + \varepsilon_e} \tag{3-16}$$

式中，E_0 为岩石的变形模量（Pa、kPa 或 MPa）；σ 为岩石内部的应力（Pa、kPa 或 MPa）；ε_e 为岩石的弹性应变；ε_p 为岩石的塑性应变。

3）岩石的泊松比

泊松比为单向拉伸或压缩条件下，侧向应变与轴向应变之比。岩石在轴向压力的作用下，除产生纵向压缩外，还会产生横向膨胀。这种横向应变或侧向应变与纵向应变或轴向应变的比值，称为泊松比。即

$$\mu = \frac{\varepsilon_1}{\varepsilon} \tag{3-17}$$

式中，μ 为岩石的泊松比；ε_1 为岩石的横向应变；ε 为岩石的纵向应变。

泊松比越大，表示岩石受力作用后发生轴向变形过程中的横向变形也越大。岩石的泊松比一般在 0.2～0.4 范围内。

由于岩石具有非线性的变形特性，所以弹性模量和泊松比只在岩石初始弹性状态下才保持为常数。

2. 岩石的强度指标

岩石的强度是指在外力作用下岩石抵抗破坏的能力，它与外力的作用形式有关。岩石受力作用产生的破坏有压碎、剪断及拉断等，故岩石的强度主要包含抗压强度、抗剪强度及抗拉强度三种。

1）岩石的抗压强度

岩石的抗压强度是岩石试件在单轴压力下抵抗破坏的极限能力，或极限强度在数值上等于破坏时的最大压应力。岩石的抗压强度一般在实验室内使用压力机进行加压测定。抗压强度按下式计算：

$$\sigma_u = \frac{P}{A} \tag{3-18}$$

式中，σ_u 为岩石单轴抗压强度（Pa、kPa 或 MPa）；P 为岩石试件破坏时的压力（Pa、kPa 或 MPa）；A 为岩石的横断面受压面积（m^2）。

各种岩石抗压强度值差别很大，主要取决于岩石的结构和构造，同时受矿物成分和岩石生成条件的影响。按照岩石的单轴抗压强度可以将岩石分为三类：硬质岩（单轴抗压强度＞80 MPa）、中等坚硬岩（单轴抗压强度为 30～80 MPa）和软岩（单轴抗压强度＜30 MPa）。表 3-2 列出了一些岩石的抗压强度参考值。大量试验证明，影响岩石抗压强度的因素可分为两方面，一方面是岩石本身的因素，如矿物成分，结晶程度，颗粒大小，颗粒联接及胶结情况，密度及裂隙的特性、方向、风化程度和含水情况等；另一方面是试验方法上的因素或人为因素，如试件形状、尺寸、大小，试件加工情况和加荷速率等。

表 3-2　岩石的抗压强度参考值

岩石种类	抗压强度/MPa	岩石种类	抗压强度/MPa
粗玄岩	196～343	花岗岩	98～245
石英片岩	69～178	石灰岩	29～245
辉长岩	177～294	流纹斑岩	98～245
云母片岩	59～127	砂岩	19.6～196
闪长岩	177～294	大理岩	98～245
凝灰岩	59～167	泥灰岩	12～98
玄武岩	147～294	板岩	98～196
千枚岩	49～196	页岩	9.8～98
石英岩	147～294	白云岩	78～245
片麻岩	49～196	煤	4.9～49

2）岩石的抗剪强度

抗剪强度是岩石抵抗剪切破坏的极限能力，以岩石被剪破时的极限应力表示，它是岩石力学中重要的指标之一。岩石抗剪强度一般可由直剪试验和三轴压缩剪切试验测定。由于岩石自身的组成及结构比较复杂，其剪切破坏形式也多种多样。根据试验方法的不同，岩石抗剪强度又可细分为抗剪断强度、抗剪强度和抗切强度。

（1）抗剪断强度。是指完整的岩石试样在垂直压力作用下受剪切破坏时沿一定剪切面断裂。抗剪断强度可以写为

$$\tau_b = \sigma \tan\varphi + c \tag{3-19}$$

式中，τ_b 为岩石抗剪断强度（Pa、kPa 或 MPa）；σ 为岩石破裂面上的法向应力（Pa、kPa 或 MPa）；c、φ 分别为岩石的内聚力和内摩擦角；$\tan\varphi$ 为岩石的摩擦因子。

坚硬完整的岩石因有牢固的结晶联结或胶结联结，故其抗剪断强度一般都比较高。一些岩石的内摩擦角和内聚力如表 3-3 所示。

表 3-3　岩石的内摩擦角和内聚力

岩石种类	内摩擦角/(°)	内聚力/MPa	岩石种类	内摩擦角/(°)	内聚力/MPa
辉绿岩	55～60	24.5～58.8	砂 岩	35～50	7.85～39.2
大理岩	35～50	14.8～28.4	流纹岩	45～60	9.8～49
石英岩	50～60	19.6～58.8	片麻岩	30～50	2.9～4.9
石灰岩	35～50	9.8～49	玄武岩	48～55	19.6～58.8
辉长岩	50～55	9.8～49	片 岩	25～65	0.98～19.6
白云岩	35～50	19.6～49	安山岩	45～50	9.8～39
闪长岩	50～55	9.8～49	页 岩	15～30	2.9～19.6
砾 岩	35～50	7.85～49	板 岩	45～60	1.96～19.6
花岗岩	45～60	13.7～49			

（2）抗剪强度。这里指的是沿已有的破裂面发生剪切滑动时的指标。此时岩石的内聚力为零，即

$$\tau_c = \sigma \tan\varphi \tag{3-20}$$

显然，抗剪强度远远低于抗剪断强度。

（3）抗切强度。指当压应力等于零时的抗剪断强度，即

$$\tau_y = c \tag{3-21}$$

式中，τ_y 为岩石抗切强度（Pa、kPa 或 MPa）。

3）岩石的抗拉强度

抗拉强度是岩石力学性质中的一个重要指标之一。抗拉强度是岩石试件在单向拉伸作用时抵抗拉断破坏的极限能力或极限强度，等于拉断破坏时的最大拉应力，可写为

$$R_t = \frac{P_t}{A} \tag{3-22}$$

式中，R_t 为岩石的抗拉强度；P_t 为试件拉断破坏时的最大拉力；A 为试件中部的横截面积（m²）。

岩石的抗拉强度比其抗压强度要低得多。岩石的抗压强度最高，抗剪强度居中，抗拉强度最小。岩石越坚硬，三个值相差越大，软弱的岩石差别较小。岩石的抗剪强度和抗压强度是评价岩石稳定性的指标，是对岩石的稳定性进行定量分析的依据。由于岩石的抗拉强度很小，所以当岩层受到挤压形成褶皱时，常在弯曲变形较大的部位受到破坏，产生张拉裂隙。一些岩石的抗拉强度参考值如表 3-4 所示。

表 3-4　岩石的抗拉强度参考值

岩石种类	抗拉强度/MPa	岩石种类	抗拉强度/MPa
辉绿岩	7.85～11.77	石英岩	6.86～8.83
粗砂岩	3.9～4.9	石灰岩	2.9～4.9
细砂岩	7.85～11.77	玄武岩	6.86～7.85

续表

岩石种类	抗拉强度/MPa	岩石种类	抗拉强度/MPa
流纹岩	3.9~6.86	斑状花岗岩	2.9~4.9
铁质砂岩	6.86~8.83	中砂岩	4.9~6.86
大理岩	3.9~5.88	页岩	1.96~3.9
花岗岩	3.9~9.81	白垩	0.9

3.1.5　岩体的力学性质

1. 岩体的变形

岩体的变形与岩石的破坏相类似，完整的岩体的破坏过程为：裂隙压密阶段—弹性变形阶段—塑性变形阶段—破坏阶段—破坏后的残余强度阶段。因此，岩体的应力-应变曲线在初始阶段的形状与岩石的应力-应变曲线相似。只是出于结构面的切割作用，使应力-应变曲线中的压密阶段的变形更加明显，绝对的应变量大大增加。因而与岩石相比，岩体的弹性模量、峰值强度和残余强度都有所降低，泊松比则有所提高，各向异性将更加显著（具体见右侧二维码文件）。

疑难释义 3-1

2. 岩体的强度

由于实际工程中岩体是包含岩石块体、节理、断层等结构的自然地质体，因此岩体的强度特征很复杂。当岩体中含有一个结构面而受到外力作用时，结构面上将出现正应力 σ 和切应力 τ，σ 与 τ 值的大小将随主应力最大主平面与岩体内斜面的交角的变化而变化。因此，岩体的强度与岩石的各向异性、结构面强度、岩石强度密切相关。

3.2　岩石的风化作用

土是岩石风化的产物，而土的形成经历了漫长的地质历史过程。岩石风化成土一般经历如下风化过程：裸露于地表的岩石在温度和湿度不断发生变化的过程中反复产生不均匀的膨胀和收缩，并在此过程中产生了大量的裂隙。裂隙的产生为大气水和植物根系进入岩体内部提供了条件；进入岩体裂隙的大气水或凝结水在气温进一步下降时结冰膨胀，加之植物根系的生长、发育，劈裂作用使裂隙进一步扩展，并最终使原来完整的岩石崩解和碎裂；进一步，自然界的风、霜、雨、雪的侵蚀和重力作用使得已经成为十分破碎的表面岩石剥离，于是风化作用进一步向内部岩体中发展；被剥离的岩石碎块、岩屑等在雨、雪水及风力等的夹带下向别处搬运，并在地壳相对低洼的平缓地方堆积起来；在搬运过程中，土颗粒进一步破碎分散，并使其中较大的颗粒变得浑圆光滑。与此同时，空气中的二氧化碳、氧气、二氧化硫及地表水和地下水还会在与岩石及岩石颗粒的直接接触过程中发生一系列的化学反应，从而生成新的矿物。上述过程的循环进行会使已经破碎的岩石颗粒变得更加细小甚至非常细小，这就是岩石风化成土的过程。

我们将地壳表面的岩石，在太阳辐射、大气、水和生物活动等因素影响下，发生物理和化学的变化，致使岩体崩解、剥落、破碎以至逐渐分解、变质的作用，称为风化作用，而将被风化的岩石在风、雨及重力等的作用下从岩石母体上剥落成为破碎状的岩石块体或者岩屑的过程称为剥蚀。

根据风化作用的性质及其影响因素，岩石的风化作用可分为物理风化作用、化学风化作用及生物风化作用等三种类型。

3.2.1　物理风化作用

物理风化是风化的一种类型，这类风化作用的结果仅改变了原有岩石的连续性和完整性，不会改变岩石中原有的矿物成分。

1. 物理风化作用的概念

在地表或接近地表处，岩石、矿物中发生机械破碎而不改变其化学成分的过程（含植物根系的劈裂作用及搬动过程中的破碎、磨圆过程）称为物理风化作用或机械风化作用。

2. 物理风化作用的类型

1）岩石因释重而引起的膨胀崩解

原岩无论是岩浆岩、沉积岩还是变质岩，在其形成以后，都会因为上覆岩层而承受较大的静压力，一旦上覆岩层遭受剥蚀而卸荷时即岩石释重时，随之将产生向上或向外的膨胀力，形成一系列与地表平行的节理。处于地下深处承受较大静压力的岩石，其潜在的膨胀力是十分惊人的。岩石释重所形成的节理，又为水和空气的作用提供了活动空间，加剧了岩石的风化作用。

2）温度应力引起的胀缩作用

温度变化是导致物理风化的主要因素。白天岩石在阳光照射下，表层首先升温，由于岩石是热的不良导体，热传递很慢，使岩石内外之间出现温差，各部分膨胀程度不同。当岩石表面的膨胀程度大于内部膨胀程度时，便形成与表面平行的风化裂隙。晚上由于气温下降，岩石表面迅速降温，表面收缩，而白天吸收的太阳辐射热继续以缓慢速度向岩石内部传递，内部仍在缓慢地升温膨胀。这种表里不一致的膨胀、收缩经长期反复作用，使岩石形成与表面垂直的径向裂隙。久而久之，这些风化裂隙日益扩大、增多，导致岩石层层剥落，崩解破坏。花岗岩的球状风化就是这种作用的结果。

温度变化的速度对物理风化作用的强度有着重要的影响。温度变化速度愈快，收缩与膨胀交替愈快，岩石破裂愈迅速。温度变化的幅度对物理风化作用的强度也有着重要的影响，在昼夜温差变化剧烈的干旱地区，物理风化作用最为强烈，这种由于温度变化而产生的风化作用又称为温差风化作用。温度应力引起破坏的例子很多，如北京卢沟桥上石狮子的风化破坏。

3）水的冻结与融化

一旦岩石中出现了细微裂隙，大气降水就会渗入其中。当岩石温度低于 0 ℃时，存在于岩石裂隙中的液态水（雨水或融雪水）就会变为固态的冰，体积膨胀约为 9%，这对裂隙将产生很大的膨胀力。这个膨胀力可以达到 1.5×10^4 kPa，它使原有裂隙进一步扩大，并为更多水分进入岩体内部提供了通道，同时使岩体产生更多的新的裂隙。当温度升高至冰点以上时，冰又融化成水，体积减小，扩大的空隙中又会渗入水。年复一年，长期反复冻胀融化，就会使岩体逐渐崩解成碎块。这种物理风化作用又称为冰劈作用或冰冻风化作用。

　　4）盐类结晶作用

　　在干旱及半干旱地区，广泛地分布着各种可溶盐类。有些盐类具有很大的吸湿性，能从空气中吸收大量的水分而潮解，最后成为溶液。温度升高，水分蒸发，盐分又结晶析出，体积显著增大，挤压岩石。由于可溶盐溶液在岩石的孔隙和裂隙中结晶时的撑裂作用，使裂隙逐渐扩大，导致岩石松散破坏。盐类结晶对岩石所起的物理破坏作用主要取决于可溶盐的性质，同时与岩石孔隙度的大小和构造特征有很大的关系。硫酸盐的结晶膨胀最大。

　　物理风化的结果，首先是岩石的整体性遭到破坏，随着风化程度的增加，岩石逐渐成为岩石碎屑和松散的矿物颗粒。由于碎屑逐渐变细，使热力方面的矛盾逐渐缓和，因而物理风化随之相对削弱，但同时随着碎屑与大气、水、生物等营力接触的自由表面不断增大，使风化作用的性质发生相应地转化，在一定的条件下，化学风化作用将在风化过程中起主要作用。

3.2.2　化学风化作用

　　化学风化作用是风化作用中的另外一种类型，这类风化作用的结果不仅仅改变了原有岩石的连续性和完整性，而且在改变岩石物质状态的同时也改变了岩石中原有的矿物成分，如造园工程中用的太湖石就是太湖石经多种风化作用后形成的。

　　1. 化学风化作用的概念

　　在自然界水和空气的作用下，地表岩石发生化学成分改变，从而导致岩石破坏，称为化学风化作用。水引起的矿物溶解、再溶解、再结晶、水化、水解，以及大气引起的氧化、碳酸化、硫酸化等，均会使原有的岩石矿物成分发生改变，并产生新矿物，这类风化作用都属于化学风化作用，即化学风化是质变风化，是改变原来岩石物质成分的风化作用。

　　2. 化学风化作用的类型

　　同物理风化作用一样，化学风化作用也可被细分为若干类型，其中常见的有以下类型。

　　1）水的风化作用

　　水的风化作用可细分为溶解溶蚀作用、水化作用和水解作用。

　　（1）溶解溶蚀作用。水或水溶液直接溶解岩石中矿物的作用称为溶解作用。溶解作用的结果是使岩石中的易溶物质逐渐溶解而随水流失，难溶的物质则残留于原地。由于可溶物质被溶解流失，致使岩石孔隙增加，降低了颗粒之间的联系从而削弱了岩石的坚硬程度，更易遭受风化作用而破碎。在自然界中经常可以见到岩体中发育有很宽的水溶裂缝、沟渠、洞穴等各种空洞，严重时还会造成地表的塌陷，这种现象就是岩溶现象。石灰岩中形成溶洞的原因就是地下水对石灰岩的溶解作用，其化学反应式如下：

$$CaCO_3 + H_2O + CO_2 \longrightarrow Ca(HCO_3)_2$$

碳酸钙   重碳酸钙

即碳酸钙生成重碳酸钙后被水溶解带走,石灰岩便形成溶洞。

(2)水化作用。岩石中的某些矿物与水接触后,水分子便能够进入矿物的结晶体或微观结构内部成为结晶水,水分子的进入不仅改变了原有矿物的结构形态并增加了物质成分,也使其具有了某些新的性质,即原矿物在水的作用下变成了新的矿物,这种作用称为水化作用,如硬石膏($CaSO_4$)吸水后形成石膏($CaSO_4 \cdot 2H_2O$):

$$CaSO_4 + 2H_2O \longrightarrow CaSO_4 \cdot 2H_2O$$

水化作用的结果是产生了含水矿物,且含水矿物的硬度一般低于无水矿物。同时由于在水化过程中水分子进入物质成分中,引起了体积膨胀,对岩石具有一定的破坏用。上述硬石膏吸水形成石膏,其体积膨胀了 1.5 倍,产生的膨胀力导致岩石破裂。

(3)水解作用。某些矿物遇水后溶解,出现离解现象,其离解产物和一定量的水分发生物质重组(和水中的 H^+ 和 OH^- 发生了化学反应),形成了新的矿物,其结构形态也完全被改变,这种作用称为水解作用。如正长石水解为高岭石、石英及氢氧化钾:

$$K_2OAl_2O_3 6SiO_2 + 3H_2O \longrightarrow Al_2O_3 2SiO_2 2H_2O + 4SiO_2 + 2KOH$$

正长石   高岭石   石英

水解作用是硅酸盐类矿物最重要的一种化学风化方式。

2)气体的作用

气体对岩石的化学风化作用主要有以下几种。

(1)碳酸化作用。当水中溶有 CO_2 时,水溶液中会有碳酸根离子,其与矿物中的阳离子化合,形成易溶于水的碳酸盐,使水溶液对矿物的离解能力加强,化学风化速度加快,这种作用称为碳酸化作用。$Ca(OH)_2 + CO_2 \longrightarrow CaCO_3 + H_2O$ 为混凝土的碳酸化反应过程,其也是一种破坏作用。硅酸盐矿物经碳酸化作用,其中碱金属变成碳酸盐随水流失,如正长石经碳酸化作用形成碳酸钾、二氧化硅胶体及高岭石,其化学反应式为

$$2KAlSi_3O_3 + 11H_2O \longrightarrow Al_2Si_2O_5(OH)_4 + 4SiO_2 H_2O + 2KCO_3$$

(2)氧化作用。是地表极为普遍的一种自然现象。这种作用是岩石中的某些矿物与大气或水中的氧化合形成新矿物的过程。自然界中,有机化合物、低价氧化物、硫化物最容易遭受氧化作用。在湿润的情况下,氧化作用更为强烈。尤其是低价铁常被氧化成高价铁,如常见的黄铁矿被氧化成褐铁矿,同时形成腐蚀性较强的硫酸,腐蚀岩石中的其他矿物,致使岩石破坏,其反应式为

$$4FeS_2 + 15O_2 + 11H_2O \longrightarrow 2Fe_2O_3 \cdot 3H_2O + 8H_2SO_4$$

黄铁矿   褐铁矿

王安石在《九井》中写道"山川在理有崩竭,丘壑自古相盈虚,谁敢保此千秋后,天柱不折泉常倾"。本诗通过描述山体丘壑由于风化而出现崩解和盈虚,反映了自然界客观存在的规律性,还很有点辩证法的思维。

3.2.3 生物风化作用

岩石在动物、植物及微生物影响下发生的破坏作用称为生物风化作用。生物风化

作用有物理的和化学的两种形式。

1. 生物物理风化作用

生物物理风化作用是生物的活动对岩石产生机械破坏的作用。例如，树木生长过程中的根劈作用：岩石裂缝中除含有一定的水分外，还会充填入一定量的尘土，这样一来树木就可在其中生存，随着树木的成长，其根系也不断壮大；加之岩石表层裂隙中的水分有限，为了获取树木生长所需的充足的水分，岩石裂隙中的植物根系须更为发达；植物根系的生长壮大必然挤压岩石裂缝，使其扩大、增密，导致岩石风化。除植物外，穴居动物蚂蚁、蚯蚓等钻洞挖土，可不停地对岩石产生机械破坏，也使岩石破碎，土粒变细。

2. 生物化学风化作用

生物化学风化作用是生物的新陈代谢及死亡后遗体腐烂分解而产生的物质与岩石发生化学反应，促使岩石破坏的作用。例如，植物和细菌在新陈代谢过程中，通过分泌有机酸、碳酸、硝酸和氢氧化铵等溶液腐蚀岩石；动物、植物遗体腐烂可分解出有机酸和酸性气体（CO_2、H_2S）等，溶于水后可对岩石腐蚀破坏；遗体在还原环境中，可形成含钾盐、磷盐、氮的化合物和各种碳水化合物的腐殖质，腐殖质的存在可促进岩石物质的分解，对岩石起强烈的破坏作用。

3.3　影响风化作用的因素

影响岩石风化的因素很多，有岩性条件、地质构造、气候条件、地形地貌等。下面分别叙述之。

1. 岩性条件

岩性条件是影响岩石风化的内在因素。岩石的成因、矿物成分及结构构造对风化作用都有重要的影响。

1）岩石的成因

岩石的成因反映了它生成时的环境和条件。如果岩石生成的环境和条件与目前地表环境、条件接近，则岩石抵抗风化能力强，反之则容易风化。因此，喷出岩比浅成岩抗风化能力强，浅成岩又比深成岩抗风化能力强。一般情况下，沉积岩比岩浆岩和变质岩抗风化能力强。

2）矿物成分

岩石中的矿物成分不同，其结晶格架和化学活泼性也不同。岩石化学风化的本质是岩石中各种矿物成分的变质，物理风化同样与组成岩石的矿物成分有关。按抗风化的难易程度，可将矿物划分如下。

（1）稳定性矿物，如石英、白云母、正长石、酸性斜长石等。

（2）较稳定性矿物，如角闪石、辉石、黑云母等。

（3）不稳定性矿物，如黄铁矿、橄榄石、石膏等。

岩石中的不稳定性矿物含量越高，抗风化能力越低。

从矿物颜色来看，深色矿物风化快，浅色矿物风化慢。对碎屑岩和黏土岩来说，抗风化能力主要还取决于胶结物的种类，硅质胶结物、钙质胶结物、泥质胶结物的抗风化能力依次降低。

3) 岩石的结构和构造

一般来说，均匀、细粒结构岩石比粗粒结构岩石抗风化能力强，等粒构造岩石比不等粒构造岩石抗风化能力强，而隐晶质岩石最不易风化。从构造上看，具有各向异性的层理、片理状岩石较致密块状岩石易风化，而厚层、巨厚层岩石比薄层状岩石更耐风化。

2. 地质构造

地质构造是促使岩石风化的重要因素。地质构造发育的岩石，节理裂隙发育，易于风化破碎。岩石的裂隙、节理和破碎带等为各种风化因素侵入岩石内部提供了良好的通道，扩大了岩石与空气、水的接触面积，加深和加速了岩石的风化。因此，在褶曲核部、断层破碎带及其附近裂隙密集部位的岩石风化程度比完整的岩石严重。

3. 气候条件

气候条件主要体现在气温变化、降水和生物的繁殖情况上。不同的气候区，上述情况都会有显著的不同，所以岩石的风化类型和特点也有明显的差别。影响岩石风化的气候条件主要是温度和降水量。地表条件下温度每增加 10 ℃，化学反应速度增加一倍，水分充足有利于物质间的化学反应，故气候可控制风化作用的类型和风化速度。在不同的气候区，风化作用的类型及特点有明显的不同。在寒冷的极地和高山区，以物理风化为主；在热带湿润气候区各种风化类型都有，但化学风化和生物风化较显著。

4. 地形地貌

地形地貌可影响风化作用的速度、深度，以及风化产物的堆积厚度及分布情况。地形陡峭，切割深度很大的地区，以物理风化为主，岩石表面风化后岩屑不断崩落并被搬走，使新鲜岩石直接裸露出表面而遭受风化作用，且风化产物较薄。而在地形起伏较小，流水缓慢流经的地区，以化学风化为主，风化产物搬运距离小，风化比较彻底，所以风化产物较厚。如果在低洼处有沉积物覆盖的地区，岩石由于有覆盖物的保护而不易风化。

5. 其他因素

其他因素主要是由于人类活动而形成的各种影响风化的因素，如土壤、水体的酸化，重金属污染，放射性污染及水体富营养化，CO_2 的吸收/释放与全球气候的变化，这些因素对岩石风化产生了越来越大的作用。

3.4 岩石风化的工程评价

在工程上，岩石风化的情况可通过两个方面来表述，一个是岩石的风化程度，另一个是岩石层的风化深度或风化岩层的厚度。

3.4.1 岩石的风化程度

岩石风化后工程性质将发生不同程度的改变或变化，一般是向不利的方向发展的，这种变化的大小取决于风化程度的强弱。风化程度不同，岩石的物理力学性质改变大小也不同，岩石风化程度越严重，其强度损失越大。因此，岩土工程要求对岩石风化情况的描述不能仅限于对风化现象的一般描述，必须结合下面几种情况对风化程度进行评价。

1. 岩石矿物成分的变化

岩石矿物成分的变化直接关系着岩石的风化程度，特别要注意岩石中那些易于风化的各种矿物成分的变化。

2. 岩石矿物颜色的变化

岩石中矿物成分的变化首先反映在颜色上，未经风化的岩石色泽鲜艳，风化愈重，颜色愈暗淡。

3. 岩石的破碎程度

岩石的破碎程度是岩石风化程度分级中最重要标志之一。岩石风化破碎是由岩石中产生的大量风化裂隙所致的，因此要重点观察风化裂隙及裂隙中的次生充填物的情况，以判定岩石风化程度的强弱。

4. 岩石的坚硬程度

岩石风化程度愈重，其坚硬程度便愈低，整体性愈差，力学性质也相应愈差。

目前，根据《岩土工程勘察规范》(GB 50021—2001)(2009 年版)，岩石风化程度的分类详见表 3-5。

表 3-5　岩石按风化程度分类

风化程度	野外特征	风化程度参数指标	
		波速比 K_v	风化系数 K_f
未风化	岩质新鲜，偶见风化痕迹	0.9～1.0	0.9～1.0
微风化	结构基本未变，仅节理面有渲染或略有变色，有少量风化裂隙	0.8～0.9	0.8～0.9
中等风化	结构部分破坏，沿节理面有次生矿物，风化裂隙发育，岩体被切割成岩块，用镐难挖，岩芯钻方可钻进	0.6～0.8	0.4～0.8
强风化	结构大部分破坏，矿物成分显著变化，风化裂隙很发育，岩体破碎，用镐可挖，干钻不易钻进	0.4～0.6	<0.4
全风化	结构基本破坏，但尚可辨认，有残余结构强度，可用镐挖，干钻可钻进	0.2～0.4	—
残积土	组织结构全部破坏，已风化成土状，锹镐易挖掘，干钻易钻进，具可塑性	<0.2	—

注：(1)波速比 K_v 为风化岩石与新鲜岩石压缩波速度之比；

　　(2)风化系数 K_f 为风化岩石与新鲜岩石饱和单轴抗压强度之比；

　　(3)岩石风化程度，除按表列野外特征和定量指标划分外，也可根据当地经验划分；

　　(4)花岗石类岩石，可采用标准贯入试验划分，标准贯入击数 $N \geqslant 50$ 为强风化，$30 \leqslant N < 50$ 为全风化，$N < 30$ 为残积土；

　　(5)泥岩和半成岩，可不进行风化程度划分。

根据《有色金属工业岩土工程勘察规范》(GB 51099—2015),将岩石按硬质岩石和软质岩石进行风化程度分类,详见表3-6。

表3-6 按硬质岩石和软质岩石进行的风化程度分类

岩石类别	风化程度	野外特征	风化程度参数指标	
			波速比 K_v	风化系数 K_f
硬质岩石	未风化	岩质新鲜,未见风化痕迹	0.9~1.0	0.9~1.0
	微风化	组织结构基本未变,仅节理面有铁锰质渲染或矿物略有变色,有少量风化裂隙	0.8~0.9	0.8~0.9
	中等风化	组织结构部分破坏,矿物成分基本未变化,仅沿节理面出现次生矿物;风化裂隙发育,岩体被切割成20~50 cm的岩块,锤击声脆,且不易击碎;不能用镐挖掘,岩芯钻可钻进	0.6~0.8	0.4~0.8
	强风化	组织结构已大部分破坏,矿物成分已显著变化;长石、云母已风化成次生矿物;裂隙很发育,岩体破碎;岩体被切割成2~20 cm的岩块,可用手折断;用镐可挖掘,干钻不易钻进	0.4~0.6	<0.4
	全风化	结构已基本破坏,但尚可辨认,且有微弱的残余结构强度,可用镐挖,干钻可钻进	0.2~0.4	—
软质岩石	未风化	岩质新鲜,未见风化痕迹	0.9~1.0	0.9~1.0
	微风化	组织结构基本未变,仅节理面有铁锰质渲染或矿物略有变色,有少量风化裂隙	0.8~0.9	0.8~0.9
	中等风化	组织结构部分破坏,矿物成分发生变化,节理面附近的矿物已风化成土块;风化裂隙发育,岩体被切割成20~50 cm的岩块,锤击易碎;用镐难挖掘,岩芯钻可钻进	0.5~0.8	0.3~0.8
	强风化	组织结构已大部分破坏,矿物成分已显著变化,含大量黏土质黏土矿物;风化裂隙很发育,岩体破碎,岩体被切割成碎块,干时可用手折断或捏碎;浸水或干湿胶着时可较迅速地软化或崩解;用镐或锹可挖掘,干钻可钻进	0.3~0.6	<0.3
	全风化	结构已基本破坏,但尚可辨认,且有微弱残余结构强度,可用镐挖,干钻可钻进	0.1~0.3	—

注:同表3-5注的(1)~(4)项。

3.4.2　岩石的风化深度

由于岩石的风化作用一般是自地表逐渐向岩体内部进行的，因此愈靠近地表，风化作用就愈强烈，岩石的风化程度也愈严重；愈向岩石内部，岩石风化程度愈轻微，最后过渡到未经风化的新鲜岩石。在相同的外部自然条件下，同样种类的岩石风化层厚度愈大，其风化程度也就愈严重。风化时期有早有晚，风化形态多种多样，对工程处理有影响。

有的岩石风化速度很快，有的风化速度很慢，因岩性、矿物成分、水、环境而各不相同。但是，因为岩石随趋向内部深浅的这种风化程度变化是逐渐的，且是连续的，所以风化程度的下限也不十分明显。对于比较重要的工程建筑，把地面以下风化极严重、风化严重、风化较重和风化轻微四个带的总和作为岩石的风化深度，而对于地基及围岩要求不太高的一般工程建筑物则只包括前三个带，风化轻微带不算在内。

3.4.3　岩石风化的工程影响及评价

岩石受风化作用后，改变了物理化学性质。岩石的抗压和抗剪强度都随风化程度增加而降低，所以岩石风化程度愈强的地区，工程建筑物的地基承载力愈低，岩石的边坡愈不稳定。风化作用的强弱对工程设计和施工都有直接影响，因此工程建设前必须对岩石风化程度、深度和分布进行调查与评价。

岩石风化调查与评价主要有以下几个方面。

(1)查明风化程度，确定风化层的工程性质，以便考虑建筑物的结构形式和施工的方式。

(2)查明风化层厚度和分布，以便选择最适当的建筑地点，并确定加固地基的有效措施。

(3)查明风化速度和引起风化的主要因素，对那些直接影响工程质量和风化速度快的岩层，必须制定预防风化的正确措施。

(4)对风化层进行划分。由于次生矿物直接影响地基的稳定性，所以要求对次生矿物进行必要分析。

只有在进行了详细的调查与研究后，才能在工程建设中提出合理的防治风化作用的措施。

3.5　岩体的结构与工程性质

岩体是结构体与结构面的综合体。通常把结构体与结构面的相互组合关系称为岩体的结构。其中结构体是被各种构造形迹和裂隙分割而成的岩石块体；结构面就是指各种构造形迹或裂隙，如断裂面、接触面、界面等统称为结构面。由于各个地区岩体形成的历史不同，所经历的构造变形就有差异。即使在同一构造变动过程中，由于所处的位置不同，组成岩体的成分的不同，其褶皱、断裂的发展情况也不一样。岩体的生成、发展和演化历史的不同，使结构面的特性和空间组合，以及结构体的性质和形态差异较大，岩体的结构特性也就不同。因此，结构面的存在是岩体不同于岩石概念的根本原因，结构面是岩体的重要组成单元，而且岩体力学性质的变化大多取决于结构面的性质，而非岩石本身的性质。从工程方面讲，岩体力学要比岩石力学复杂得多，目前在岩石力学、工程力学的基础上，正在发展岩体力学的学科体系。

3.5.1　岩体结构面的成因类型

结构面不是几何学上的面，而往往是具有一定张开度的裂缝，或被一定物质充填具有一定厚度的层或带。它是在岩体形成过程中或生成以后所经历的漫长的地质历史时期中产生的。由于岩体的成因、形成时期和形成以后所处的自然环境各不相同，结构面的类型和特征也不同。根据成因，岩体结构面可分为原生结构面(沉积或成岩过程中产生的层面、夹层、冷凝节理等，变质作用下所产生的片理、片麻理等)、构造结构面(构造作用下形成的断层、节理等)、次生结构面(在外营力作用下形成的风化裂隙、卸荷裂隙等)。岩体结构面的类型及特征见表3-7。

表3-7　岩体结构面的成因类型及特征

成因类型		地质类型	分布状况及特征	工程地质评价
原生结构面	火成结构面	1. 侵入岩与围岩界面； 2. 岩脉界面； 3. 冷凝节理(张性)	延展性较强，比较稳定；冷凝节理短小而密集	沿结构面岩体破碎是渗水通道
	沉积结构面	1. 层理、层面； 2. 假整合、不整合面； 3. 软弱夹层； 4. 干缩裂隙	呈层状分布，延展性较强；陆相及三角洲地层中常有斜交层理、尖灭等层面，夹层较为平整；假整合和不整合较粗糙	结构面不均匀、不稳定，易产生较大沉降及滑动；假整合和不整合面常是含水层
	变质结构面	1. 板劈理； 2. 片理； 3. 片麻理； 4. 片岩弱夹层	分布密集，产状与岩层一致，走向与区域构造线一致，软弱夹层延展性较强；结构面平整、光滑，矿物颗粒被压扁、拉长，作定向排列、重新结晶等	岩体破碎，易滑动及塌方，水理性较差
构造结构面		1. 节理； 2. 破劈理； 3. 断层； 4. 褶皱中层间错动	张性节理较短，结构面粗糙，常有充填；结构面面延展性较强，常呈羽状分布；压性、剪性断裂规模很大，常有断裂破碎带	对岩体稳定影响较大，在褶皱带、断层带上常造成塌方、滑动、涌水；地应力(构造应力)大
次生结构面		1. 卸荷裂隙； 2. 风化裂隙或夹层； 3. 泥化夹层和夹泥层； 4. 震动裂隙； 5. 滑坡、崩塌、塌陷形成的裂隙	分布受地形地貌及原结构面控制，常不连续延展性较差；裂隙中常有泥质填充，水理性差	对工程稳定性有显著危害，强度低，变形不均匀、不稳定

按规模(主要是长度),可将结构面分为五级:几十至上百千米,十几千米,几千米,几米至几十米和厘米级。按性质,结构面可分为硬性(刚性)结构面和软弱结构面。按物质组成和微结构形态可将结构面分为原生软弱夹层、断层和层间错动破碎带、软弱泥化带(或夹层)等三种类型。

1. 原生结构面

原生结构面也称成岩结构面,它是岩石在成岩过程中形成的结构界面。自然界三种基本成因的岩类由于其组成物质成分、生成环境和生成方式都不相同,因而它们的成岩结构面各有不同的特点。

1)沉积结构面

沉积结构面是在沉积和成岩过程中所形成的物质分界面,包括:反映沉积间歇性的层面和层理;显示沉积间断的不整合面和假整合面;由于岩性变化所造成的原生软弱夹层等。其延展性一般很强,产状随岩层位置的变化而改变,且其特性随岩性、岩层厚度、水文地质条件和风化作用的不同而存在差异。工程实践中,最具有实际意义的是原生软弱夹层。沉积间断面即不整合面,是造山运动的标志,也可以是显示升降运动的假整合面。它们都具有一个共同点,即在沉积历史中都经历了相当长的风化过程,所以不但起伏不平,而且含有古风化的残积物,是形态多变的软弱带。

2)火成结构面

火成结构面是岩浆入侵、喷溢、冷凝过程中所形成的结构面,既包括大型岩浆岩体边缘的流动构造面、侵入岩体与围岩的接触界面、软弱的蚀变带、挤压破碎带,也包括岩浆岩体中冷凝的原生节理和岩浆间歇性喷溢所形成的软弱结构面等。

岩浆岩体中的结构面所具有的工程地质性质很不一样。流层、流线在新鲜岩体中不易剥开,但一旦经风化后就形成易于剥落的软弱面。冷凝原生节理常常是平行及垂直接触面的,平缓及高倾角的张裂隙。在浅成侵入岩体及火山岩体中还具有特殊的节理,如辉绿岩花岗岩中的球状节理等。这些结构面往往形成裂隙水的通道或被次生的泥质物所填充。

岩浆岩体与围岩的接触面有三种不同的类型,一种是混融接触面,其接触带岩体致密,工程地质条件良好;一种是裂隙接触带,其工程性质就较差;最后一种是接触破碎带,构成软弱结构面。由于接触面的形态、产状、规模及性质都与围岩和侵入岩体的性质有关,因此接触变质不仅可发生在围岩中,也可发生在侵入体边缘部位中。

3)变质结构面

变质结构面是在区域变质作用中形成的结构面,可分为变余结构面和变成结构面两大类。变余结构面主要是指在变质程度较浅的层状岩石中残留下来的原岩的层面,但由于经受了变质作用,在层面上往往有片状矿物不同程度的集中并呈定向排列。变成结构面或重结晶结构面,主要包括千枚状构造、片理和片麻理,可总称为结晶片理,其是由发生了深度的重结晶作用和变质结晶作用改变了原岩层理的面貌,使片状和柱状矿物大量集中并高度定向排列而形成的变质结构面。

2. 构造结构面

构造结构面是指在不同性质的构造应力作用下所产生的各类剪性、张性、压性、扭性结构面。它包括断层、层间错动带、节理、劈理或其他小型的构造动力结构面。

断层一般是指位移显著的构造结构面，其规模相差十分悬殊。研究构造断裂和断层破碎工程地质特征是一个极为重要的课题。

层间错动带是指岩层发生构造变动时，在派生力作用下岩层面之间产生相对的位移和滑动的地带。其使层面间形成碎屑状、片状或鳞片状的物质，并在地下水作用下产生泥化现象，构成软弱结构面。

节理的范围很有限，其实际上是一个面或者是一条缝隙。由于岩体中节理发育程度的不同，就造成了岩体中工程地质特性差异的分段性。

劈理影响着局部地段岩体的完整性及强度，其宽度与岩性的关系很大，如石灰岩的劈理间距可达 5~10 cm，而板岩劈理的间距可小至 1~2 mm。

3. 次生结构面

在地表条件下，由于外营力（如风化、人类活动等）的作用，在岩体中形成的结构面称为次生结构面，包括风化裂隙、卸荷裂隙等。它们的发育具有无序状、不平整及不连续等特点，并构成软弱结构面。

风化裂隙是由风化作用所形成的结构面，可以分为两种。第一种是单纯因温度变化导致岩体胀缩而产生的风化裂隙，分布范围主要限于风化带以内，其延伸较浅，规模较小，方向和产状都较紊乱。第二种是沿原有结构面经风化而成的，如原结构面为断层、岩脉或原生软弱夹层，经风化后形成风化软弱夹层或风化槽，因此它们可以延展到岩体较深的部位。

地壳急剧上升的高山峡谷地区的岩体受冲刷剥蚀，破坏了岩体中原始应力的平衡状态，导致岩体产生张性或剪性破裂而形成卸荷裂隙。垂直向卸荷形成了水平或近乎水平的卸荷裂隙。

当工程岩体中存在软弱结构面时，除了要研究它们的几何形态、结合状况、空间分布和填充物质等方面外，还要特别注意对其物质组成、厚度、微观结构、在地下水作用下工程地质性质（潜蚀、软化）的变化趋势、受力条件和所处的工程部位，以及它们的力学性质指标等，进行专门的试验研究，并对其对岩体稳定性的影响作出定量的分析评价，提出工程处理措施。

3.5.2　结构面的自然特征及其描述方法

结构面的成因复杂，而且后期又经历了不同性质、不同时期构造运动的改造和表生演化，造成了结构面自然特征的千差万别。因此，在工程地质实践中，对岩体结构面的现状亦即自然特征的研究具有重要的意义。关于结构面的自然特征一般从以下 10 个方面进行研究和描述。

1. 方位

方位即结构面在空间的存在和分布状态，用倾向的方位角和倾角来表示。对于工程结构，结构面的方位在很大程度上决定了其是否存在不稳定条件和过度变形的发展，这对建筑物的安全性有重要影响。结构面的方位还控制着岩块和岩体的破坏机制，影响到岩块和岩体的变形和强度性质。

2. 间距

间距是指相邻结构面之间的垂直距离，通常是指一个节理组的平均的或最常见的间距。结构面间距是反映岩体完整程度和岩石块体大小的重要指标。其中岩体的完整性在工程实践中还常采用表征结构面密集程度的裂隙度来表示。

裂隙度 K 是沿取样线方向单位长度上结构面的数量。设取样直线的长度为 L，沿 L 长度内出现的结构面数量为 n，则

$$K = \frac{n}{L} \tag{3-23}$$

沿取样线方向结构面的平均间距 d 为

$$d = \frac{1}{K} = \frac{L}{n} \tag{3-24}$$

当取样线垂直结构面时，则 d 即为结构面的垂直间距。

3. 延续性

延续性表征结构面的展布范围和延伸长度，它是岩体的一个非常重要的特性。然而在野外对其进行精确的测量是相当困难的，因为岩体的露头往往比延续的结构面面积或长度要小，因此一般只能进行估计。在研究岩体的延续性时，考虑结构面延伸度与岩体工程规模的相对大小更为重要。

4. 几何形态

结构面的几何形态按其规模可分为起伏度和粗糙度两类。粗糙度表征小规模的不规则凹凸点，在发生剪切位移时，它们将被剪坏。起伏度表征大规模的起伏，起伏度常用起伏角来表示；波状起伏的结构面则以波峰与波谷之间的距离表示起伏差。结构面的起伏度可分为平面、波浪形的和台阶形的三种；粗糙度也可分为粗糙的、平坦的和光滑的三级。

5. 结构面侧壁强度

结构面侧壁的抗压强度直接影响岩体的抗剪强度和变形性质。靠近地表的侧壁岩体常易遭受风化。由于风化作用，侧壁强度将远较深部新鲜岩块强度低。因此，在研究侧壁强度时，必须同时描述岩石类型和岩体风化的程度。

6. 张开度

裂缝张开度是指结构面相邻岩壁间的垂直距离。如果在岩壁之间具有黏土或其他充填物，则称为充填结构面的宽度。结构面的张开度通常很小，一般不大于 1 mm。

7. 充填物

充填物是指充填于结构面相邻岩壁间的物质，这些物质一般较母岩的强度低。典型的充填物有黏土、断层泥、砂、方解石、石膏等化学沉淀物质。碎屑物质仅起机械填充作用，而充填在裂隙中的方解石等则对结构面起胶结愈合作用。尽管有时充填物很薄，但对岩体侧壁的力学特性仍有很大的影响。

8. 渗流

渗流是指在单个结构面或整个岩体中所见到的水流情况。结构面是岩体中地下水流通的主要通道。研究结构面中是否存在渗流和渗流量的多少对于评价结构面的力学性质，以及判断施工的困难程度等都有重要的意义。

9. 节理组数

节理组数是指组成交叉节理系统的节理数目。根据结构面分布的规律性，可将其划分为系统的和随机的两大类型。原生结构面和某些次生结构面分布规律性较强，均属于前者。

10. 块体大小

在岩体结构研究中，由数组结构面切割而成的岩石块体，称为结构体。根据结构体的大小可分为断块体、山体、块体及岩块四级。

根据《工程岩体分级标准》(GB 50218—2014)，结构面的结合程度应按结构面特征划分，如表 3-8 所示。

表 3-8　结构面结合程度的划分

结合程度	结构面特征
结合好	张开度小于 1 mm，为硅质、铁质或钙质胶结，或结构面粗糙，无充填物； 张开度 1～3 mm，为硅质或铁质胶结； 张开度大于 3 mm，结构面粗糙，为硅质胶结
结合一般	张开度小于 1 mm，结构面平直，钙泥质胶结或无充填物； 张开度 1～3 mm，为钙质胶结； 张开度大于 3 mm，结构面粗糙，为铁质或钙质胶结
结合差	张开度 1～3 mm，结构面平直，为泥质或泥质和钙质胶结； 张开度大于 3 mm，多为泥质或岩屑充填
结合很差	泥质充填或泥夹岩屑充填，充填物厚度大于起伏差

3.5.3　岩体的结构类型

岩体中结构体的形状和大小是多种多样的，但根据其外形特征可大致分为柱状、块状、板状、楔形、菱形和锥形等六种基本形态。当岩体强烈变形破碎时，也可形成片状、碎块状、鳞片状等形式的结构体。随着结构面的分级，相应结构体也可分级。由于不同级别、不同性质、不同产状及不同发育程度的结构面的组合，结构体几何形态、单体大小也不同。按结构面和结构体的组合形式，尤其是结构面性状，岩体的主要结构类型有整体块状结构、层状结构、镶嵌结构(火成岩的侵入结构)、碎裂结构(微风化岩体)、散体结构(强风化岩石)等。根据《岩土工程勘察规范》(GB 50021—2001)(2009 年版)，岩体按结构类型划分及其工程特征如表 3-9 所示。

表 3 - 9　岩体按结构类型划分及其工程特征

岩体结构类型	岩体地质类型	结构体形状	结构面发育情况	岩土工程特征	可能发生的岩土工程问题
整体状结构	巨块状岩浆岩和变质岩，巨厚层沉积岩	巨块状	以层面和原生、构造节理为主，多呈闭合型，间距大于 1.5 m，一般为 1～2 组，无危险结构	岩体稳定，可视为均质弹性各向同性体	局部滑动或坍塌，深埋洞室的岩爆
块状结构	厚层状沉积岩，块状岩浆岩和变质岩	块状、柱状	有少量贯穿性节理裂隙，结构面间距 0.7～1.5 m，一般为 2～3 组，有少量分离体	结构面互相牵制，岩体基本稳定，接近弹性各向同性体	
层状结构	多韵律薄层、中厚层状沉积岩、副变质岩	层状、板状	有层理、片理、节理，常有层间错动	变形和强度受层面控制，可视为各向异性弹塑性体，稳定性较差	可沿结构面滑塌，软岩可产生塑性变形
碎裂状结构	构造影响严重的破碎岩层	碎块状	断层、节理、片理、层理发育，结构面间距 0.25～0.50 m，一般 3 组以上，有许多分离体	整体强度很低，并受软弱结构面控制，呈弹塑性体，稳定性很差	易发生规模较大的岩体失稳，地下水加剧失稳
散体状结构	断层破碎带，强风化及全风化带	碎屑状	构造和风化裂隙密集，结构面错综复杂，多填充黏性土，形成无序小块和碎屑	完整性遭极大破坏，稳定性极差，接近松散体介质	易发生规模较大的岩体失稳，地下水加剧失稳

　　另外，根据《水利水电工程地质勘察规范》(GB 50487—2008)、《工程岩体分级标准》(GB/T 50218—2014)，关于岩体结构分类及特征如表 3 - 10 所示。

表 3 - 10　岩体结构分类及特征

类型	亚类	岩体结构特征
块状结构	整体结构	岩体完整，呈巨块状，结构面不发育，间距大于 100 cm
	块状结构	岩体较完整，呈块状，结构面轻度发育，间距一般为 100～50 cm
	次块状结构	岩体较完整，呈次块状，结构面中等发育，间距一般为 50～30 cm
层状结构	巨厚层状结构	岩体完整，呈巨厚状，层面不发育，间距大于 100 cm
	厚层状结构	岩体较完整，呈厚层状，层面轻度发育，间距一般为 100～50 cm
	中厚层状结构	岩体较完整，呈中厚层状，层面中等发育，间距一般为 50～30 cm
	互层结构	岩体较完整或完整性差，呈互层状，层面较发育或发育，间距一般为 30～10 cm
	薄层结构	岩体完整性差，呈薄层状，层面发育，间距一般小于 10 cm

类型	亚类	岩体结构特征
镶嵌结构		岩体完整性差，岩块镶嵌紧密，结构面较发育到很发育，间距一般为 30～10 cm
碎裂结构	块裂结构	岩体完整性差，岩块间有岩屑和泥质物充填，嵌合中等紧密到较松弛，结构面较发育到很发育，间距一般为 30～10 cm
	碎裂结构	岩体破碎，结构面很发育，间距一般小于 10 cm
散体结构	碎块状结构	岩体破碎，岩块夹岩屑或泥质物
	碎屑状结构	岩体破碎，岩屑或泥质物夹岩块

不同的岩体结构类型具有不同的工程地质及水文地质特征，这些特征对岩体变形与破坏的机制、应力传播的规律、地下水的含水性和渗透性质，以及弹性波传播速度等都具有决定性作用。

国内外关于裂隙的工程评价方法大致分为两类。一类是地质评价如裂隙的长度、宽度、深度、有无充填、有无渗水等，这是定性评价。一类是定量评价如岩体面上每平方米内有几条裂隙，总长度多少，用弹性波速测量判断等。除了这些之外，还应注意裂隙的位置、产状和与工程的关系，更应注意大裂隙的危险作用，实践证明大裂隙出事故的概率很大。

3.5.4 岩体的工程性质

工程建设中常利用岩体作为大坝（或其他建筑物）的基础，地下洞室的围岩，道路、渠道、厂房等各种建筑物的边坡。作为工程岩体，受到工程活动的扰动（边界、环境和应力条件的改变，承受工程荷载），其性状会发生变化。了解和研究这些变化是正确、成功地利用岩体的关键。许多工程实践表明，在某些岩石的地下洞室、岩基或岩质边坡工程中发生的大规模岩体变形破坏，不是因为岩石的强度不够，而是因为岩体的整体强度不够，岩体中的结构面大大削弱了岩体的整体强度。

岩体的工程特性既与组成结构体的岩石的物理力学性质紧密相关，又与其中所包含的结构面的产状、规模、组合情况、密集程度、粗糙程度等关系密切。

与土体相比，岩体工程性质的特殊性主要表现在以下三个方面。

(1)不连续性。岩体是由不同规模、不同形态、不同成因、不同方向和不同序次的结构面及被结构面围成的结构体共同组成的综合体，岩体在几何上和工程性质上都具有不连续性。土力学可用材料力学、弹性力学求解，岩体力学甚至要用断裂力学求解，求解相当困难。

(2)各向异性。由于发育在岩体中的各种结构面均具有明显的方向性，受结构面的影响，岩体的工程性质呈现显著的各向异性。随着岩体中发育的结构面组数的增多，岩体工程性质的各向异性程度趋于减弱。

(3)非均一性。由于岩体工程性质的不连续、各向异性及岩体组成物质的非均质，加之结构面在岩体不同部位发育程度和分布规律的差异，不同工程部位的岩体常表现出不同的工程性质。

岩体工程性质的特殊性决定了岩体工程性质的复杂性，要求对岩体工程性质的研究和对岩体质量的评价应与土体及其他工程介质相区别。岩体质量评价就是针对不同类型岩体工程的特点，根据影响岩体稳定性的各种地质条件和组成岩体的岩石及结构面的物理力学特性，对工程岩体的综合性能进行评定，并划分成若干工程特性等级，从而为岩体工程建设提供最基础的决策依据。下面简要介绍岩体工程对岩体质量的评价。

1. 按岩体风化的评价

岩体风化可分为全风化、强风化、中等风化、微风化等，见表 3 - 5。定性地描述这些分化所形成的分化带所依据的是风化后的颜色、结构、构造，浸水的影响大小，敲击的声音，开挖的难易程度，物理、力学指标的降低程度等。

2. 按物理、力学指标评价

1）按岩体完整性指数分类

根据《岩土工程勘察规范》（GB 50021—2001）（2009 年版）和《工程岩体分级标准》（GB/T 50218—2014），按岩体完整性指数对岩体的完整程度分类，如表 3 - 11 所示。

表 3 - 11　岩体完整程度分类

岩体完整程度	完整	较完整	较破碎	破碎	极破碎
岩体完整性指数 k_v	＞0.75	0.75～0.55	0.55～0.35	0.35～0.15	≤0.15

表中完整性指数度 k_v 是指岩体弹性纵波速度与同一岩体中所包含的岩石弹性纵波速度之比的平方，即

$$k_v = \left(\frac{v_{pm}}{v_{pr}} \right)^2 \qquad (3-25)$$

式中，v_{pm} 为岩体弹性纵波速度（m/s）；v_{pr} 为岩石弹性纵波速度（m/s）。

2）按岩石饱和单轴抗压强度分类

根据《岩土工程勘察规范》（GB 50021—2001）（2009 年版），按岩石饱和单轴抗压强度对岩体的坚硬程度进行分类，如表 3 - 12 所示。

表 3 - 12　岩石坚硬程度分类

岩石坚硬程度	坚硬岩	较硬岩	较软岩	软岩	极软岩
岩石饱和单轴抗压强度 f_r/MPa	f_r＞60	30＜f_r≤60	15＜f_r≤30	5＜f_r≤15	f_r≤5

根据《工程岩体分级标准》（GB/T 50218—2014），岩石饱和单轴抗压强度 R_c 与岩石坚硬程度的对应关系可按表 3 - 13 确定。

表 3-13　R_c 与岩石坚硬程度的对应关系

岩石坚硬程度	硬质岩		软质岩		
	坚硬岩	较硬岩	较软岩	软岩	极软岩
岩石饱和单轴抗压强度 R_c/MPa	＞60	60～30	30～15	15～5	≤5

3)按岩石质量指标(RQD)分类

岩石质量指标(rock quality designation，RQD)是用来表示岩体良好度的一种指标。按岩石质量指标分类是笛尔(Deere)于 1964 年提出的。RQD 是根据钻探时的岩芯完好程度来判断岩体的质量，对岩体进行分类的，其定义是钻探岩芯柱状块体长度大于等于 10 cm 的累计长度占钻孔总长的百分比，一般用去掉百分号的百分比值来表示。根据《岩土工程勘察规范》(GB 50021—2001)(2009 年版)，分类标准如表 3-13 所示。

表 3-13　岩石坚硬程度划分

岩石坚硬程度	极差	差	较差	较好	好
RQD	＜25	25～50	50～75	75～90	＞90

对于不稳定岩体工程，一般有两种处理方法：一是将不良的岩体挖除，用混凝土或其他人工材料代替；二是采取工程措施加固不够坚固、稳定性不足的岩体。另外，还有两种岩体加固的手段：一是通过对岩体节理灌注各种浆液来加固岩体；二是用锚杆、锚索辅以喷射混凝土来加固。

3. 岩体质量评价及其分类的发展趋势

岩体质量评价及其分类将介绍如下。

(1)用多因素综合指标的岩体分类。

(2)向定性和定量相结合的方向发展。

(3)利用简易岩体力学测试来研究岩体特性，初步判别岩类，减少费用昂贵的大型试验，使岩体分类简单易行。

(4)重视新理论、新方法，特别是与电子计算机相关的理论与方法在岩体分类中的应用。

岩体在工程活动的作用下，由于应力条件的改变，结构面受地下水和空气的蚀变作用，其性状也会随时间发生改变，且比岩石本身的流变特性更为突出。因此，岩体工程采用何种施工方法和程序，都应结合时间这个因素考虑。工程岩体的稳定性不仅取决于开挖爆破的方法，也取决于施工的先后次序；岩体支护、加固的效果，不仅取决于支护、加固的方法，材料和数量，也取决于支护、加固的时机。

目前研究岩体变形的破坏机理，除了对实际工程现象进行观察、分析的定性方法外，还主要依靠数值模拟和物理模拟技术。由于工程岩体的不均匀性和不连续性，即使是现场大型力学性质试验得到的力学参数，对于工程规模的岩体，其代表性也很有限。对岩体性状的研究应当在工程的原型上进行检验。

3.6　岩溶及工程

我国是一个岩溶发育较完全的国家，可溶岩中以碳酸盐岩分布最为广泛，该类岩石在我国出露面积约为 12.5×10^6 km²。另外，我国贵州省面积的约 51%，广西壮族自治区面积的约 33%，都是出露的碳酸盐岩，因此岩溶研究具有十分重要的意义。

3.6.1　岩溶地貌与工程建设

岩溶现象是溶解性地下水对可溶性岩石长期进行化学侵蚀和机械侵蚀的地质现象。岩溶发育使岩体遭受破坏，在地表形成石芽、石林、孤峰及峰群、石沟、溶槽、落水洞、漏斗、塌陷、溶蚀凹地等，在地下形成溶缝、溶洞、土洞、暗河及溶洞中的石钟乳、石笋、石柱和各种造型等，这些就是岩溶地貌景观。如云南的石林，桂林的山水及云、贵、川、广西的溶洞等早已成为风景名胜，吸引了大批游客。

岩溶与人类发展关系密切，人类的祖先曾住在岩溶洞穴中。岩溶与工程建设密切相关，许多大中型的天然溶洞都已被各种类型的工程项目开发利用。一些矿产资源也与岩溶有关，岩溶水也是地下水的重要类型之一，矿泉、温泉也常与岩溶共生。在采矿工程、隧道工程及各类地下工程，以及拦河坝及水库建设中常出现岩溶渗漏水、大量涌水、溶蚀发育等造成的重大事故。在公路、铁路及城市建设中也经常存在岩溶发育造成的事故。岩溶区地层塌陷及由此而诱发的地震是人类遇到的自然地质灾害之一。

碳酸盐岩类溶于水的能力低于硫酸盐岩类。因为碳酸盐岩类在地壳表层及地表分布极广，所以石灰岩、白云岩中的岩溶现象最常见。我国南方石炭纪、二叠纪地层中的石灰岩，我国北方寒武纪、奥陶纪地层中的石灰层，岩溶发育比较充分，尤以广西、云南、贵州、四川等地的岩溶最为典型，最具代表性。

3.6.2　岩溶的形成条件

1. 岩溶水的溶蚀能力

岩溶水的溶蚀能力是岩溶发育的基本条件，可称为水化学条件。水的溶蚀能力的大小取决于水中所含 CO_2 的多少，其化学反应的基本过程为

$$CaCO_3 = Ca^{2+} + CO_3^{2-}$$

$$CO_2 + H_2O \Longleftrightarrow H_2CO_3 \Longleftrightarrow H^+ + HCO_3^-$$

$$H^+ + CO_3^{2-} = HCO_3^-$$

$$CaCO_3 + CO_2 + H_2O = Ca(HCO_3)_2 = Ca^{2+} + 2HCO_3^-$$

水中 CO_2 的来源主要是大气中的 CO_2 向水中和土壤中扩散。其扩散能力与压力成正比，与温度成反比。其扩散作用也和气候、植被、土壤类型、深度等有关。

水中 CO_2 的含量也包含土壤中和岩层中有机物和无机物的氧化和分解生成的 CO_2，

所以土壤中及地下水中 CO_2 的含量高于大气中的含量。

水中的其他离子，如 Cl^-、SO_4^{2-} 等的存在可以大大提高 $CaCO_3$ 的溶解度，有利于岩溶的发育。

2. 岩石成分的可溶性及岩石的透水性

岩石成分的可溶性及岩石的透水性是岩溶发育的内因。碳酸盐岩石的溶解度小于硫酸盐、盐酸盐岩石，因碳酸盐岩在地壳表层分布极广，所以在碳酸盐岩石中最常见岩溶发育。碳酸盐岩类按矿物成分分为石灰岩（$CaCO_3$）和白云岩（$CaCO_3 \cdot MgCO_3$）两大类及其间一系列的过渡类型。在碳酸盐岩石的矿物成分中 CaO/MgO 的比值越高，溶解度越大。如石灰岩的 CaO/MgO 大于 10，白云质石灰岩的 CaO/MgO 为 2.2～10，白云岩的 CaO/MgO 为 1.2～2.2。所以石灰岩中岩溶化发育比白云岩强烈。石灰岩质地越纯、岩层越厚，岩溶越发育。但岩石中总是含有杂质的，石灰岩、白云岩中含有的 Al_2O_3、Fe_2O_3、硅胶状的 SiO_2 等会使其溶解度降低，而所含的 $CaSO_4$、$CaSO_4 \cdot H_2O$、FeS_2（黄铁矿）等则有利于岩溶发育。

碳酸盐岩石的微观结构影响其可溶性，影响其岩溶发育，如颗粒、晶粒的大小及其组成的不均匀程度，晶格（晶架）的特性，微观结构中孔隙的大小及孔隙率等。随着白云石含量的增加，孔隙率就会增加，经过重结晶作用时，孔隙率也会增加。岩石孔隙率的增加加强了岩石的透水性，加快了溶蚀速度。

岩石及岩体的透水性明显影响其可溶性，影响其岩溶发育。透水性好，水和岩石的接触面积大，岩溶发育就快。岩石及岩体的透水性大小取决于岩石中的孔隙率及岩体中的裂隙发育程度。岩体中的裂隙发育程度越高，透水性越强，越有利于岩溶发育。裂隙的展布性、连通性强，透水性就强。但泥灰岩及石灰岩中有夹泥层、泥化夹层时，透水性就差。

3. 水的活动特性

水的循环流动及水动力条件也是岩溶发育的基本条件。气候温暖、潮湿、雨量充沛的地区水循环条件好，有利于岩溶发育。水动力条件愈好，活动愈强烈，岩溶愈发育。

水动力条件受到地形、地貌的影响，如分水岭地区岩溶发育轻微，靠近河谷地区岩溶发育较强烈。水的补给区与排泄区间的高差大，水的渗流速度快，地形切割深度大，沟谷密度大，有利于岩溶发育。根据水的流动状态可分为垂直渗流带（包气带中）、季节变动带（枯水、丰水期潜水面之间）、水平径流带（潜水面以下）及深部缓流带。水的循环流动速度快，$CaCO_3$ 就不易饱和，溶蚀能力强。水的流动速度快时，机械潜蚀作用也强。在垂直方向上，岩溶发育有随深度而减弱的规律。

4. 地质构造的影响

岩溶发育受断层破碎带、褶皱构造带、节理裂隙发育程度的影响，甚至是决定性作用。因为构造破碎带上的透水性好，排泄条件好，水动力作用强，因此岩溶发育的条件就好。岩溶发育的方向常与构造破碎带方向一致。在褶皱构造带上的背斜区，张裂隙发育，水流入渗后沿两翼运动，所以背斜部位是水的补给区；向斜部位是汇水区，常有承压水；两翼部位水的流动速度快，循环交替作用强烈。因此褶皱的两翼岩溶最发育，向斜区次之，背斜区岩溶现象轻微。

在可溶岩层上部有较厚的页岩、泥岩、泥灰岩覆盖时，阻止了水的渗流和循环运动，对岩溶发育不利。但当石灰岩中已发育成暗河、溶洞，其顶部的页岩、泥岩、泥灰岩层又不厚时，由于这些岩层强度低且处于溶洞顶板处，则容易塌陷，形成更大的溶洞。

3.6.3　岩溶发育的规律

1. 岩溶发育随深度的变化

一般地讲，岩溶发育随深度增加而减弱。因为自地表向下，水动力作用减弱，溶蚀能力降低，尤其到了区域最低的河流河床以下其发育更弱。地下水的流动速度决定于较大的地貌及地质构造条件。水流循环速度很慢时，岩溶发育程度就低，多数表现为溶隙、溶孔。但自然界的情况是复杂的，在特定的地貌、岩性、构造和水文地质条件下，在很深处也能形成大溶洞。古代的溶洞形成后地壳又下降，在现在看来其也在很深处。

2. 岩溶发育与气候带

在不同的现代气候带内，从热带到干旱带再到寒带，从盆地到平原再到高原区，都有岩溶现象存在，但呈现出不同的特色。同样是石灰岩，在不同的气候带内，温度不同，水的存在形式、成分及运动状态不同，对岩溶发育产生的影响就不同，使之显出不同的发育程度和特点。现代气候带与古代气候带又有差异，如现代高原寒冷地区的岩溶现象可能是在古代温暖湿润的气候带内形成的。

3. 岩溶发育的不均匀性及其分布

岩溶发育的不均匀性包括岩溶发育的速度、程度及时间、空间分布等方面的差异性。岩性及成分的不均匀，地质构造的区域性及分带性，水流循环、水中成分及水动力条件的不同，地貌形态、气候条件等造成了岩溶发育的不均匀性。如河流的不同河段，沿河流横向延伸的不同地貌区，岩溶发育不均匀。不同的地貌区，不同的气候带，岩溶发育不均匀。

岩溶发育的不均匀性还表现在时间的不连续性（分阶段）和多个时代岩溶发育的叠加及空间上多层溶洞的分布上。岩溶现象是在地质历史上形成并保留下来的。由于地壳的升降运动和水平运动及水位和水流条件的重大变化，不同时代都有岩溶现象形成。但其在时间上是不连续的，有的岩溶发育停止了，显出阶段性，有的岩溶发育刚刚开始或正处在发育期。所以同一个地质时代形成的溶洞在空间分布上层位不同或当初分布层位相同，由于地壳升降，现代的分布层位又不同了。在现代同一个空间层位上分布的溶洞又可能形成于不同的地质年代。对于同一个岩溶发育区，在不同的地质年代里都有岩溶不同程度的发育，虽然在时间上是不连续的，但不同时代岩溶发育的结果产生了叠加。

3.6.4 岩溶区的主要工程地质问题

1. 岩溶区的地基稳定

1) 在地表及地下浅层存在岩溶发育区的情况

地表存在的石芽或石芽群，应该清除，直至基底下一定的深度。然后在基底以下清除的部分应填以粗砂、碎石或土夹石，夯击密实，使基底下有一个比较均匀又有一定厚度的压缩层。

对于地表的溶槽（沟）和地下浅层的岩溶洞穴，如果其中有水，应该首先排水，然后以混凝土填塞。如果基底至洞穴顶板有足够的厚度，经过验算，并考虑到岩体风化、有无岩溶继续发育的可能性等因素，在确保稳定的前提下也可以不填塞。

对于落水洞中深大裂隙在地表的开口处，如有一定的开口宽度，可以用梁、板、拱等结构形式跨越。如果裂缝很窄，也可以用混凝土填塞。

2) 地表有一定厚度的土层覆盖，基岩较深处有溶洞的情况

在这种情况下，应首先查明溶洞的深度、大小、分布密度、发育阶段、洞中是否有水等情况。如果溶洞已停止发育并处在基底下很深处，对基础无影响时，则可以不采取工程措施处理。如果地下溶洞的存在对基础稳定有影响，或在基岩和覆土层交界处有水流侵蚀形成的基岩洞穴或土洞对基础稳定有影响时，就必须采取工程措施处理。如果溶洞中有水存在，则应先将水排出去并在来水方向用水泥砂浆灌注做成防水帷幕，阻止地下水的补给及岩溶的发育。然后可采用桩基础直达溶洞底部的稳定岩层上或直达土洞底下的基岩上。当基岩陡倾时，应注意水流沿基岩面活动会使岩溶在岩土交界带发育或在岩土界面处产生滑动。

当基岩深处的溶洞在继续发展、扩大侵蚀时，可引起上覆岩层和土层的沉降与开裂，造成建筑物及基础破坏、水库漏水等。严重时造成大规模地面塌陷，甚至形成塌陷地震。地面塌陷之后形成溶蚀凹地或谷地。如果塌陷堵塞了地下暗河，则水位迅速上升，可以形成岩溶湖。20 世纪 70 年代中期贵州省织金县内，溶洞塌陷连成一片，堵塞了暗河，水位上升后形成了一个很大的岩溶湖。

在公路、铁路路基下的溶洞，一旦塌陷，则会使路基破坏，造成极大危害。

2. 岩溶水的渗漏及防治

岩溶发育区，岩体中常有裂隙密布，纵横连通，有利于水的循环流动，也有利于岩溶发育。在岩溶发育区的水利工程如水库，就可能发生渗漏事故，甚至将水库中的水全部漏光。岩溶区的渗漏也包括向河水的补给及排泄。岩溶区渗漏水不仅影响了水库蓄水，更严重地是影响了水力发电和农业灌溉。按岩溶发育的程度可将岩层分为强烈岩溶化岩层、中等岩溶化岩层、轻微岩溶化岩层。石灰岩质地纯、岩层厚度大，岩溶化程度就高。石灰岩、白云岩互层或质地不纯，岩层不厚的其他岩层中，岩溶化程度就低或轻微。除岩溶化程度影响渗漏水之外，岩溶发育的阶段不同、岩溶洞穴的空间分布不同、地表岩溶和地下岩溶的类型不同等都会对渗漏水状况产生影响。

对岩溶区渗漏水采取的工程措施包括堵、灌、截、排等。堵就是用混凝土将渗漏

竖井、落水洞、溶洞堵塞，但当它们位于暗河附近时，则不能被堵塞，因为它们还承担着排泄暗河洪水的作用，水量较大。灌就是将溶蚀裂隙用水泥砂浆灌注，做成阻水帷幕，达到防渗目的。截就是对溶洞水平方向的漏水问题可修造混凝土截水墙，直接截断渗漏通道或将水域与渗漏水的洞穴隔离。排就是对建筑物地基附近的渗漏水用排水钻孔、减压井、排水沟等排水设施排到远处。对于水量大、流动性强的水只能用排水的方法处理。

3. 岩溶区的地下洞体稳定

地下洞体周围岩溶发育时，在地下开挖过程中洞周应力分布复杂化，可能造成洞体塌垮，使工程洞体与周围的岩溶洞穴连通，造成工程洞体规模和形状呈不规则扩大，这又加剧了洞周应力分布的不均匀性，使洞体衬砌困难，回填量大为增加。洞周有洞的情况，即使没有立即破坏洞体工程，也随时潜伏着危险。

影响岩溶区地下洞体稳定的另一个问题就是岩溶水的渗流及其造成的涌水、涌泥现象。岩溶水在地下洞体周围循环运行，会使岩溶现象继续发育或在开挖过程中出现涌水、涌泥现象，这些都会对地下洞体造成危害，甚至彻底破坏地下洞体。在桥梁基础下及隧道下的溶洞，如成昆铁路、南昆铁路下的溶洞等，都多次遇到了这种复杂情况，一旦洞穴塌陷，造成的破坏会更大。具体岩溶案例见右侧二维码文件。

工程案例 3-1

习　题

3.1　岩石与岩体有何区别与联系？

3.2　岩石的物理力学性质指标有哪些？各指标的含义是什么？

3.3　风化作用可分为哪几种类型？其影响因素有哪些？

3.4　区分化学风化中水化作用和水解作用的概念。

3.5　何谓结构面？其有哪些类型？

3.6　岩体结构有哪些主要类型？

3.7　简述岩溶的概念。

3.8　岩溶发育的基本条件是什么？

3.9　岩溶地区主要的工程地质问题有哪些？常见的防治措施有哪些？

第4章　第四纪地层和地貌

思维导图 4-1

在漫长的地质年代里，地壳经历了一系列复杂的演变过程，地质作用贯穿始终，形成了各种类型的地质构造和地貌及复杂多样的岩石和土。当我们见到一块矿石或岩石时，会想了解它们的生成距今多少年了，又如一个山系、一条河流的形成距今多少年了，因此时间的概念极其重要，所要考察的这些岩石或山系的形成年代就属于地质年代。因此一般地讲，地质年代就是地壳发展历史中某种运动方式、构造现象、沉积环境、生物进化、物质成分等相应的生成、形成距今的年代段落，并划分成相应的地质历史阶段。根据地质构造和地貌对建筑场地进行稳定性评价，以及按岩石和土的性质对地基的承载力和变形进行评价时，都需要具备地质年代的知识。

4.1　地质年代

地表的岩石及岩层中的各种地质构造形态都是过去地质历史时期内演变发展的结果。地史学就是研究地球（当前主要研究地壳）发展历史的科学。

在漫长的地质历史中，要想查明各种地质作用的发生和发展过程，首先必须建立统一的，便于不同地区对比的时间系统，也就是确立地质时代。岩层是地质历史时期遗留下来的唯一可供研究的材料。在地质学上地质时代系统是以相对年代和绝对年代两种方法计算时间的。根据各种岩层的相对新老关系，形成的先后顺序建立的地质时代系统称为相对地质年代，它只表示时间的前后顺序，不包含各个时代延续的长短。到了19世纪末期，放射性元素的发现为测定地质时代提供了物理基础。放射性元素是不稳定的，在天然条件下会发生衰变，在衰变过程中，放射性元素的原子核失去粒子，蜕变为其他稳定元素的原子。因为它们的衰变速度不受温度、压力等环境影响，应用放射性衰变可以很准确地测定地质年代，这样测得的年代为绝对地质年代。它表示地质事件发生至今的年龄（或同位素年龄）。工程地质工作中主要运用的是相对地质年代。构造形态分析以划分岩层年代为出发点。如果脱离具体的时空环境，不可能对建筑场地的工程地质条件进行正确评价，可见掌握必要的地史学基本概念是工程地质工作的基础。

4.1.1 绝对地质年代

绝对地质年代是用某种仪器和方法，经过测定岩石或实物样品中某些物质及其特性指标之后，依据相应的原理计算出来的年龄并用数字范围表示。其原理是元素在周期表中按照元素的原子序数（即核电荷数）依次排列。原子序数相同，质量不同的元素称为同位素，它们的化学性质基本相同，占据周期表中同一位置。能自发地放射出射线（各种粒子）的同位素叫作放射性同位素，不放射射线的叫作稳定同位素。利用岩石中所含的某些放射性同位素（如 ^{235}U、^{238}U、^{232}Th、^{40}K、^{87}Rb、^{14}C 等）的蜕变规律，可以测定岩石形成的绝对年龄，即同位素年龄。例如，某种岩石含有放射性同位素铀，自岩石生成之日起，岩石中的铀原子就开始连续不断地发生衰变，这种衰变过程不受温度、压力、磁场和电场等外界因素影响，即以一定衰变常数进行衰变。一定数量的铀原子每年可放出一定数量的氦原子，生成一定量的铅原子。测定岩石中所含铀和铅的原子量，就可计算岩石的同位素年龄。

自发现了元素的放射性后，同位素地质年代测定方法便得到越来越广泛的应用。基于放射性元素具有固定的衰变系数（衰变系数 λ 代表每年每克母体同位素能产生的子体同位素的克数），且矿物中放射性同位素蜕变后剩余的母体同位素含量（N）与蜕变而成的子体同位素含量（D）可以测出，根据公式（4-1），就可以计算出该矿物从其形成到现在的实际年龄 t，即岩石的绝对年代。

$$t = \ln(1 + D/N)/\lambda \tag{4-1}$$

通常用来测定地质年代的放射性同位素有钾-氩、铷-锶、钴-铅和 ^{14}C 等。其中 ^{14}C 专用于测定最新地质事件和大部分考古材料的年代。其余几种主要用来测定较古老岩石的地质年龄。下面介绍几种测定年代的方法。

1. 铀-铅法

铀（U）是一种放射性元素，天然铀是两种长寿命同位素 ^{235}U 和 ^{238}U 的混合物，^{235}U 占 0.7%，^{238}U 占 99.3%。这两种同位素都经过一系列 α 和 β 衰变，最后变成铅（Pb），在衰变过程中也生成氦。^{235}U 的半衰期是 7.13×10^8 年，^{238}U 的半衰期是 4.51×10^9 年，因为衰变速度慢，所以可利用它们来测定岩石的年龄。只要测得岩石样品中放射性铀的原子数和衰变产物铅的原子数，就可按下式计算它的年龄：

$$t_{206} = \ln(1 + {}^{206}Pb/{}^{238}U)/\lambda_{238} \tag{4-2}$$

$$t_{207} = \ln(1 + {}^{207}Pb/{}^{235}U)/\lambda_{235} \tag{4-3}$$

式中，t_{206}、t_{207} 为岩石样品的年龄；^{206}Pb、^{207}Pb 为铅同位素的原子数；^{238}U、^{235}U 为铀同位素的原子数；λ_{238} 为 ^{238}U 的衰变常数，即单位时间内有多少原子发生衰变，$\lambda_{238} = 1.55 \times 10^{-10}/a$；$\lambda_{235}$ 为 ^{235}U 的衰变常数，$\lambda_{235} = 9.85 \times 10^{-10}/a$。

2. 钾-氩法

钾（K）在矿物和岩石中是一种常见元素，在地壳中约占总元素的 2.8%，钾的同位

素 ^{40}K 是放射性的，占钾总重量的 0.012%。^{40}K 有两种衰变方式：约有 89% 衰变成 ^{40}Ca，衰变常数用 λ_β 表示；约有 11% 衰变成 ^{40}Ar(Ar 是氩的化学符号)，衰变常数用 λ_e 表示。可以用 ^{40}K–^{40}Ar 的衰变关系来测定年代，其计算公式为

$$t=\ln\{1+[(\lambda_\beta+\lambda_e)/\lambda_e]\times(Ar^{40}/K^{40})\} \tag{4-4}$$

式中，t 为岩石样品的年龄；Ar^{40}、K^{40} 为 ^{40}Ar 和 ^{40}K 的原子数；λ_β 为衰变常数，$\lambda_\beta=4.72\times10^{-10}/a$；$\lambda_e$ 为衰变常数，$\lambda_e=0.585\times10^{-10}/a$。

应该指出，上述用放射性同位素测定并计算得到的年龄，只代表岩石发生的最后一次结晶作用的年龄，即上述年龄只是岩石存在的最小年龄。一种岩石，在它初形成之后，若又发生熔融或受到新的深度变质作用而重新结晶，则其内部的封闭体系就会受到破坏，放射性时钟就会失灵，岩石年龄的测定就混乱了。怎样测得岩石的真实年龄、最大年龄，仍然是地质学的一个难题。目前在地球上各大州都找到了年龄为 30 亿年以上的岩石，其中在几个地方也找到了年龄约为 38 亿年的岩石。如格陵兰岛西南部的片麻岩，年龄为 3 9 亿 8 千万年 ±170 百万年；我国河北迁西、辽宁清源附近有 30 亿年的古老岩石，在鞍山和冀东一带，也找到了年龄约为 38 亿年的岩石。

3. 古地磁法

黏土、岩石内部都含有少量的磁性物质，如 Fe_3O_4、Fe_2O_3。当将其加热到 675 ℃或更高时，原有的磁性全部消失了。因为地球也有磁场，所以它们在地磁场中冷却时，又会具有磁性，其方向与地磁场相同，强度与地磁场强度成正比。这种磁性称为热剩余磁性，用英文缩写 TRM 表示。这种热剩余磁性一旦形成，就很稳定。如果以后又遇到高温，但只要不超过 675 ℃或遇到的磁场强度不是太大的话，TRM 虽然会受到干扰，但可以用一定的技术把磁性干扰清除掉。

古人生活、活动留下的炉灶、砖瓦、陶器、陶窑、火烧土等遗址、遗物，都是经火烧过的，因而都具有 TRM，其方向与加热后冷却时的地磁场方向一致，强度与当时的地磁场强度成正比。如果已经掌握了某地区地磁场方向和强度随地质年代变化的关系图或曲线，就可以测定上述火烧过的遗址、遗物中的 TRM，从而可以断定遗址遗物的遗存年代。

在含磁性物质中除了热剩余磁性之外，还有碎屑及颗粒物质在沉积过程中形成的沉积剩余磁性，磁性矿物发生化学变化形成新矿物时所具有的化学剩余磁性等，它们都具有和 TRM 相类似的特性，都被用来确定第四纪沉积物及古人活动遗址、遗物的形成年代。如在黄土地层学研究中用剩余磁性原理测得某地黄土样品的年龄为 120 万年～240 万年。

4. ^{14}C 法

该法适用的测量年代范围约为 5.0 万年～6.0 万年。在碳的同位素中，^{14}C 具有放射性，其半衰期分 5570±30 年和 5730±40 年两种情况。目前，我国统一使用的 ^{14}C 的半衰期为 5730 年。这个半衰期和地球的年龄相比是很小的，但自然界存在着保持一定水

平的^{14}C 的条件，即^{14}C 的衰变和产生处于某种平衡状态，保持一定的水平。^{14}C 的来源是高空大气层，在那里宇宙射线中子和大气氮核作用生成了^{14}C。法国人利比发现了这一现象，并解决了在实验中的检测技术问题，由此建立了^{14}C 年代测定法，并广泛地用于第四纪晚期的地质学、古生物学、考古学的研究中。

植物通过光合作用将 CO_2 合成植物组织，动物以植物为食时，就使生物界混入了^{14}C。随着动物的排泄及死亡、植物的腐烂及沉积，也就使^{14}C 进入了土壤。海洋生物和海底沉积物中也含有^{14}C。生物体在生命过程中，^{14}C 的含量不断衰减，又不断得到补充。但生物体一旦死亡，^{14}C 的含量就得不到补充了，其含量不断降低，显著地低于生命过程中^{14}C 的含量。假定生物体在生命过程中^{14}C 的含量古今都一样，则测出现代生物体中的^{14}C 含量和古代生物遗体中的^{14}C 含量的差别，就可以判定古代生物遗体死亡至今的时间。计算公式为

$$t = T \times \ln(N_0/N_t) \tag{4-5}$$

式中，t 为样品的年龄；T 为^{14}C 的平均寿命，$T=1/\lambda$，λ 为^{14}C 的衰变常数，取 $T>8000$ 年；N_0 为样品原始的^{14}C 含量（用现代生物体中的^{14}C 含量代替）；N_t 为古代样品现有的^{14}C 含量。

4.1.2　相对地质年代

相对地质年代在地史的分析中广为应用。它是将地壳发展演变的历史，根据与古生物的演化、地层与岩层形成的序列、重大地壳构造运动相对应或以它们为参照物划分的地质历史的一些自然阶段，如恐龙时代等。

根据相对地质年代的划分，在野外工作中就可以用岩层对比法和古生物化石对比法确定地层、岩层的地质年代。由于地质构造的复杂性，现场情况是千变万化的，要确切地确定某个地层、岩层的地质年代，也不是一件容易的事。因此相对地质年代，主要是依据地层层序律、生物演化律和岩层间相互关系等来确定的。

1. 地层层序律

地层层序律是确定地层相对年代的基本方法。地史学中把某一地质时代所形成的岩层称为该时代的地层。沉积岩原始沉积时总是一层一层沉积的，它们的正常层序是先沉积的老地层在下，后沉积的新地层在上。未经过构造运动改造的层状岩层大多是水平岩层。水平岩层的层序为每一层都比它下伏的相邻层新而比它上覆的相邻层老，为下老上新。对于后期经受构造运动影响，岩层发生变形、倾斜，但在变动不剧烈未发生倒转的情况下，倾斜面以上的岩层新，倾斜面以下的岩层老。根据地层层序律可以确定其相对新、老关系。对于经受了比较强烈、复杂的构造运动，岩层变形复杂，岩层层序颠倒，正常层序被破坏（称地层倒转），则老岩层就会覆盖在新岩层之上。这时要仔细研究沉积岩的泥裂、波痕、逆变层理、交错层等原生构造，利用沉积岩的层面特征判断岩层的顶面或底面，由此确定岩层的上、下层序。

2. 生物演化律(生物层序律)

沉积岩中保存的地质时期生物遗体和遗迹称为化石。由于各地质历史时期内生存在地球上的动植物死亡后的遗体或它们活动的遗迹，被埋藏在泥砂等沉积物中，当这些沉积物固结成岩石时，这些古代生物的坚硬部分，如动物的骨骼、介壳，植物的根茎、枝叶，以及生物活动时的遗迹(如动物的足迹)，被后期的矿物质如 $CaCO_3$、SiO_2 等交代、充填，而生成了保持原来生物形态的石化物质，称古生物化石。化石的成分常常已变为矿物质，但原来生物骨骼或介壳等硬件部分的形态和内部构造却在化石里保存了下来。据研究，在漫长的地质历史时期，生物演化遵循从无到有，从简单到复杂，由低级到高级的不可逆转的规律。也就是说，老地层中保存有简单、低级的化石，新地层中含有复杂而高级的化石。所以不同地质时期的岩层中含有不同类型的化石及其组合。而在相同地质时期的相同地理环境下形成的地层，如果原先的海洋和陆地是相通的，则都含有相同的化石。根据地层中化石的种属，可以确定地层的生成层序，这就是生物层序律。这个方法又称古生物学方法。但是，有些生物生存、延续时间较长，不同地质时期中都有分布，用这些化石确定地层的相对年代就包含着不确定性。因此，寻找和采集在地质历史上延续时间短、演化快、分布广、数量多的古生物化石标本即标准化石，作为确定地层相对年代的依据，具有决定性意义。

3. 岩层间相互关系

在地质历史发展演化各个阶段，构造运动贯穿始终，由于构造运动的性质不同或所形成的地质构造特征不同，往往造成新老地层之间具有不同的相互接触关系。

4.1.3 地质年代表

为了科研和工程应用上的方便，应用上述方法，对全世界地层进行对比研究，综合考虑地层形成顺序、生物演化的阶段、构造运动及古地理特征等因素，把地壳形成至今的地质历史(自然历史)划分为若干大、小段落(阶段)，分别确定名称，以表格形式表达出来，这就是地质年代表，见表 4-1。该表中既包括了绝对地质年代，又包括了相对地质年代。

从地质年代表中可以看出，地质历史划分为两大阶段，即由老到新的隐生宙和显生宙。宙以下分为代，隐生宙分为太古代和元古代，显生宙分为古生代、中生代和新生代。代以下再细分为纪，如中生代分为三叠纪、侏罗纪、白垩纪。纪又细分为世及期。宙、代、纪、世、期是国际统一规定的名称和时代划分单位。每个地质年代中形成的地层均有相应的地层单位。如三叠纪是时代单位，三叠纪形成的地层称三叠系，系就是地层单位。地质年代和地层的单位、顺序及名称的对应关系列于表 4-2 中。

表4-1　地质年代表

相对地质年代				绝对地质年代 同位素年龄/百万年 Ma		构造阶段		生物演化阶段		中国主要地质、生物现象
宙(宇)	代(界)	纪(系)	世(统)	时间间距	距今年龄	大阶段	小阶段	动物	植物	地质、生物现象
Phanerozoic 显生宙(PH)	新生代(Kz) Cenozoic (费利普斯于1841年命名)	第四纪(Q) Quaternary	全新世(Q₄/Qₕ) Holocene	约2~3	0.012	联合古陆解体	(新阿尔卑斯阶段) 喜马拉雅阶段	人类出现	被子植物繁盛	
			更新世(Q₁,Q₂,Q₃/Qₚ) Pleistocene		2.48(1.64)					冰川广布,黄土生成
		第三纪 Tertiary	晚第三纪(N) 上新世(N₂) Pliocene	2.82	5.3			哺乳动物繁盛		西部造山运动,东部低平,湖沼广布
			中新世(N₁) Miocene	18	23.3					
			早第三纪(E) 渐新世(E₃) Oligocene	13.2	36.5					哺乳类分化
			始新世(E₂) Eocene	16.5	53					蔬果繁盛,哺乳类急速发展
			古新世(E₁) Palaeocene	12	65					(我国尚无古新世地层发现)
	中生代(Mz) Mesozoic (费利普斯于1841年命名)	白垩纪(K) Cretaceous	晚白垩世(K₂)	70	135(140)		(老阿尔卑斯阶段) 燕山阶段	爬行动物繁盛	裸子植物繁盛	造山作用强烈,火成岩活动矿产生成
			早白垩世(K₁)							
		侏罗纪(J) Jurassic	晚侏罗世(J₃)							恐龙极盛,中国南山俱成,大陆煤田生成
			中侏罗世(J₂)							
			早侏罗世(J₁)	73	208					
		三叠纪(T) Triassic	晚三叠世(T₃)				印支阶段			中国南部最后一次海侵,恐龙哺乳类发育
			中三叠世(T₂)							
			早三叠世(T₁)	42	250					

注：无脊椎动物继续演化发展（贯穿于动物演化阶段）。

续表

相对地质年代				绝对地质年代 同位素年龄/百万年 Ma		构造阶段		生物演化阶段		中国主要地质、生物现象
宙(宇)	代(界)	纪(系)	世(统)	时间间距	距今年龄	大阶段	小阶段	动物	植物	
显生宙 Phanerozoic 宙 (PH)	古生代 (Pz) Palaeozoic 晚古生代(Pz₂)	二叠纪(P) Permian	晚二叠世(P₂)	40	290	联合古陆形成	印支—海西阶段	两栖动物繁盛		世界冰川广布,新南最大海侵,造山作用强烈
			早二叠世(P₁)						蕨类植物繁盛	气候温热,煤田生成,爬行类昆虫发生,地形低平,珊瑚礁发育
		石炭纪 Carboniferous	晚石炭世(C₃)	72	362(355)		海西阶段			
			中石炭世(C₂)							
			早石炭世(C₁)							
		泥盆纪(D) Devonian	晚泥盆世(D₃)	47	409			鱼类繁盛	裸蕨植物繁盛	森林发育,腕足类鱼类板盛,两栖类发育
			中泥盆世(D₂)							
			早泥盆世(D₁)							
	早古生代 (Pz₁)	志留纪(S) Silurian	晚志留世(S₃)	30	439		加里东阶段	海生无脊椎动物繁盛		珊瑚礁发育,气候局部干燥,造山运动强烈
			中志留世(S₂)							
			早志留世(S₁)							
		奥陶纪(O) Ordovician	晚奥陶世(O₃)	71	510				藻类及菌类繁盛	地热低平,海水广布,无脊椎动物极繁,末期华北升起
			中奥陶世(O₂)							
			早奥陶世(O₁)							
		寒武纪(∈) Cambrian	晚寒武世(∈₃)	60	570(600)			硬壳动物繁盛		浅海广布,生物开始大量发展
			中寒武世(∈₂)							
			早寒武世(∈₁)							
元古宙(PT) Precambrian	元古代(Pt) Proterozoic 新元古代 (Pt₃)	震旦纪(Z/Sn) Sinian		230	800	地台形成	晋宁阶段	裸露动物繁盛		地形不平,冰川广布,晚期海侵加广
		青白口纪		200	1000				真核生物出现	沉积深厚造山变质强烈,火成岩活动产生
	中元古代 (Pt₂)	蓟县纪		400	1400					
		长城纪		400	1800				(绿藻)	
	古元古代 (Pt₁)			700	2500					

续表

宙(字)	相对地质年代 代(界)		纪(系)	世(统)	绝对地质年代 同位素年龄/百万年 Ma 时间间距	距今年龄	构造阶段 大阶段	小阶段	生物演化阶段 动物	植物	中国主要 地质、生物现象
太古宙 (AR) Archaean	太古代 (Ar) Archaeozoic	新太古代 (Ar₂)			500	3000		吕梁阶段		原核生出现	早期基性喷发,继以造山作用,变质强烈,花岗岩侵入
		古太古代 (Ar₁)			800	3800		2800	生命现象开始出现		
冥古宙 (HD)						4600	陆核形成				地壳局部变动,大陆开始形成

注:表中震旦纪、青白口纪、蓟县纪、长城纪,只限于国内使用

表 4 - 2 地质年代和地层单位、顺序、名称的对应关系

地质年代单位	代	纪	世	期
地层单位	界	系	统	阶(层)

1. 太古代(界、Ar)

太古界在我国主要分布于华北地区,主要岩石为各类片岩、片麻岩。在冀东迁西地区发现的同位素年龄为 34.3~36.7 亿年的变质岩,是我国目前已知的最老地层。

太古代时地球上可能已有原始生物,但至今尚未发现当时存留的可靠化石。太古代末有一次强烈的地壳运动,我国称五台运动,表现为元古界不整合覆于太古界之上,同时有花岗岩侵入。

2. 元古代(界、Pt)

元古界在我国主要分布于华北及长江流域,此外还分布在塔里木盆地及天山、昆仑山、祁连山等地。元古界分上、下两部分,下部为下元古界,为浅变质的沉积岩或沉积-火山岩系;上部称震旦系,由未变质的砂岩、石英岩、硅质灰岩(产藻类化石)和白云岩组成。早元古代末期的地壳运动称吕梁运动,该运动使震旦系与下元古界呈角度不整合接触。

3. 古生代(界、Pz)

古生代是地球上生物繁盛的时代,所以从寒武纪开始,就可以利用古生物化石来划分地层。古生代地层主要为石灰岩、白云岩、碎屑岩等海洋环境沉积岩。中、上石炭统和上二叠统的一些地区含煤。二叠纪末部分地区上升成为陆地。

早古生代的地壳运动称为加里东运动。其表现在我国南方则为泥盆系与前泥盆系,为角度不整合接触。二叠纪末期地壳运动影响广泛,内蒙部分山脉、天山、昆仑山都是地壳在当时发生强烈褶皱而上升成山的,并伴有岩浆活动,称之为海西运动。

古生代末,海水消退,中国大陆雏形出现。

4.2 第四纪地层的划分及其研究内容

第四纪是新生代中最新近的一个纪,也是包括现代在内的地质发展历史的最新时期。由原岩风化产物——碎屑物质,经各种外力地质作用(剥蚀、搬运、沉积)形成尚未胶结硬化的沉积物(层),通称"第四纪沉积物(层)"或"土"。它沉积在地表,覆盖在基岩之上,各种建筑物往往就建造在它的上面,因此对第四纪沉积物(层)的工程性质要仔细进行研究。第四纪的下限一般定为二百万年。第四纪地质年代中"世"分为更新世和全新世,将更新世又分为早、中、晚三个世,它们的划分及绝对年代见表 4 - 3。

表 4-3　第四纪地质年代

纪（系）	世（统）		距今年代/百万年
第四纪（系）Q	全新世（统）Q_h 或 Q_4		0.025
	更新世（统）Q_p	晚更新世（上更新统）Q_3	0.150
		中更新世（中更新统）Q_2	0.730
		早更新世（下更新统）Q_1	2.000

4.2.1　第四纪的概念和研究内容

在地质历史上，第四纪是迄今最后一个比较大的地质阶段。以前有第三纪，更早些时候，还有第二纪、第一纪（原始纪）。随着地质科学的发展，一些概念和它的含义也在变化，第二纪、第一纪的名称不用了，地质年代的划分逐渐形成了。

1. 第四纪下界的确定

这个问题多少年来一直是个有争议的问题。综合中国和国际上的科研成果，关于第四纪下界的确定，有下述几种意见。

(1)1948 年第 18 届国际地质会议确定将意大利北部陆相的维拉费朗地层和海相的卡拉布里地层作为第四纪下界。法国的沃里斯地层、非洲坦桑尼亚奥尔都维峡谷地层与维拉费朗地层属同期地层。用钾-氩法测定其距今（一般以 1950 年为准）约为 160～188 万年。

(2)1977 年国际第四纪协会建议以意大利克罗托尼以南的费林卡地层剖面作为第四纪下界。用钾-氩法测定其距今约 240～250 万年。此时气候明显变冷。

(3)中国地质学术界认为，中国以晚泥河湾地层（河北省阳原县桑干河畔）、上三门地层（河南省三门峡黄河岸）、晚期元谋地层（云南省元谋县境内）作为第四纪下界，距今约 200～250 万年。

随着古动物化石的不断发现，产生了另一种意见，即若以早泥河湾地层、下三门地层、早期元谋地层、陕西渭南游河地层、甘肃灵台雷家河地层作为第四纪下界，则距今 300～350 万年。通常我们讲第四纪下界距今约 200～300 万年。

上述确定第四纪下界的主要依据是古生物化石、古人类和遗址、古气候特征等。如以陆生哺乳动物如马和牛的出现（新生种）作为第四纪的开始，则距今约 200 万年。如以东非坦桑尼亚、肯尼亚、埃塞俄比亚等地发现的古人类，尤其以中国云南境内发现的古人类及遗址作为第四纪的开始，则距今约 300～400 万年，甚至更早些。从古气候方面讲，大家普遍认为第四纪的开始以气候明显变冷为重要标志，即开始出现了大陆冰川作用，上述的几种第四纪下界划分都遵照了这一点。

由上可知，从不同的学术领域，不同国家不同地点的典型地层进行研究，很难对第四纪下界有一个统一的确切的年代描述。由于问题的复杂性和地质考古资料的不足，这是可以理解的。

2. 第四纪的研究内容

1）第四纪沉积物

第四纪以来有各种类型的沉积物出现，由于沉积时间相对较短，它们基本上未固结成岩而呈松散的颗粒状态，这就是土。它们类型复杂、变化多端。第四纪沉积物的类型及分布，无论在空间上，还是在时间上都有一定的规律。其发育主要受气候、地貌、新构造运动的影响。

2）第四纪地层序列及划分

这是第四纪研究的一个基本问题。许多国家都有自己的区域性地层表或标准地层剖面。第四纪地质是一门综合性的多学科研究体系。第四纪地层划分影响很大，如第四纪的沉积物、年代学、气候学、生物进化、人类学、海平面升降、新构造运动、生态环境演化等都和地层序列有关，其表现出一定的规律性及显著的阶段性。

3）第四纪气候学

第四纪初的气候是以显著变冷为特征的，这是和第三纪的明显区别之一。第四纪以来的气候经历了复杂的演变，对人类的生存和发展至关重要。

（1）第四纪亚洲大陆东部的季风气候对我国影响很大。

（2）第四纪气候直接和第四纪冰川有关，冰川的影响也是多方面的。

（3）第四纪气候和第四纪海平面升降、海浸、海退有关。科学研究表明：在大约1.5～1.8万年前，在大规模的海浸之后又发生了大规模海退，海退之后的海平面比现在的海平面约低130 m，今天的大陆架当时都在陆地上。沿海一带形成了大面积的深厚的海、陆相交互地层。

（4）第四纪气候与中国的黄土地层的形成密切相关。

（5）第四纪气候与沙漠的形成及环境的变化密切相关。这已经成为当今世界极为关注的问题之一。

4）第四纪生物进化及人类进化

第四纪是脊椎动物、哺乳动物高度发展的时代，古生物化石是第四纪地层划分的主要依据之一。第四纪是人类出现、进化发展的时代，有人建议把第四纪改为人类纪或升为人生代。研究人类进化是第四纪研究的重要内容。

5）第四纪新构造运动

第四纪的新构造运动（地壳运动）很活跃，活动方式包括断裂、褶曲、水平运动、垂直运动、海平面及海岸线变化、地震、火山等，直至现代仍在频繁活动，对人类生存和社会发展影响极大。

3. 第四纪研究的意义

1）开发矿产

第四纪沉积物中蕴藏着各种矿产，如砂金、砂锡、稀土矿、钨矿、钛铁矿等多种金属矿产都与第四纪冰川运动的研磨作用及水流淘洗作用有关。弄清了这些矿产的成因及形成矿床的地形地貌，才能有效地进行探矿。第四纪地层中还有许多非金属矿产，如石油、金刚砂、石英砂、石膏、芒硝、高岭土、膨润土、硅藻土等，这些都和第四纪的气候条件、水力条件及它们的变化情况有关，这些都是正确探矿的依据。

2）水文地质问题

人类所需的供水主要依靠地下水资源，大量的地下水贮存在第四纪沉积物中。现在全世界和全中国许多地方都严重缺水。许多地方由于缺水，已严重影响到人民生活和经济发展，如我国华北平原、宁夏南部等，有些地方由于干旱缺水，大面积土地正在变成沙漠。所以可以说，找水的意义不亚于找矿。第四纪沉积物的成因、年代、类型、厚度及形成之后的演变等对地下水形成、贮存、分布、水量、水质、水的运动、补给、排泄等的影响很大。

海平面变迁使沿海地区地下水变质，有的地方发生海水倒灌陆地地下水。地下水位的大面积大幅度变化对岩溶地区影响很大，改变了区域的水系循环，影响着地下水的地质作用，也对经济发展和人民生活产生了重要影响。

应该注意人类对自然界的反作用，如大气污染，包括降水、地表水系、地下水系在内的水质污染，地下水位大面积、大幅度降低，土地沙漠化，生态环境恶化等都和水有关。

3）工程地质与工程安全

在各类工程中，如水坝、水库、港湾、铁路、公路、隧道、电站（厂）、各类工业与民用建筑、各类地下工程、城市建设等都需要对第四纪沉积物的地质、地层特征，物理、力学性质有充分的了解，为设计、施工提供可靠的依据。又如滑坡、崩塌、泥石流等工程事故或自然灾害的研究及防灾减灾等都必须有可靠的第四纪工程地质研究基础。如我国晋东南的铁路建设中，顺层滑坡破坏特别多，经研究查明在第三纪末这里是湖泊沉积的黏土地层，后来受新构造运动的影响发生了很大的倾斜，其产状和铁路选线的相对关系极为不利，这就是大规模顺层滑坡破坏的原因。在这个基础上制定工程对策，就有了科学的基础。缺乏工程地质研究的大中型工程活动，很容易导致劳民伤财的后果，损失很大。

工程案例 4-1

虎丘塔案例视频

体现中国人民智慧结晶的虎丘塔案例见右侧二维码文件。

4）新构造运动与环境问题

第四纪的新构造运动比较明显。断层的活动性、地震活动、地貌变化、地面沉降、地面裂缝、海岸线变化等都是重大问题。这对于环境地质、环境地貌、城市规划、大型工程的可行性研究都有重大影响或起着决定性作用。新构造运动的迹象对地震预报也很重要。

5）第四纪地层中的微量元素研究

这项研究属于地球化学中的研究项目。地层中和水中微量元素的种类及含量可简称为水土质量。过去所谓的水土不服，许多地方病、怪病的真正原因，现已查明都和当地的水中、土中（由此延伸到农产品中）所含的人体内所需要的微量元素的种类和含量有关。人体中所需要的微量元素，缺了不行，少了不行，多了也不行。这方面的研究已取得了许多突破性的进展。微量元素的存在种类、分布、含量，影响人口质量，影响儿童发育，影响人民健康，甚至危及人的生命。微量元素的状况对植物、动物的发育、生长也有重要影响。

4.2.2 第四纪新构造运动

　　大约在二百多万年前地球上出现了人类。北京附近周口店的石灰岩洞穴中发现了大约生活在四五十万年前的"北京猿人"头盖骨化石及其使用过的工具。第四纪时期地壳有过强烈的活动，为了与第四纪以前的地壳运动相区别，把第四纪以来发生的地壳运动称为新构造运动。地球上巨大块体大规模的水平运动、火山喷发、地震等都是地壳运动的表现。第四纪气候多变，曾多次出现大规模冰川。地区新构造运动的特征是工程区域稳定性问题评价中的一个基本要素。

　　1. 第四纪气候与冰川活动

　　第四纪气候冷暖变化频繁。气候寒冷时期冰雪覆盖面积扩大，冰川作用强烈发生，称为冰期。气候温暖时期，冰川面积缩小，称为间冰期。第四纪冰期在晚新生代冰期中规模最大，地球上的高、中纬度地区普遍为巨厚冰流覆盖。第四纪气候干燥，因而当时沙漠面积扩大。中国大陆在冰期时，海平面下降，渤海、东海、黄海均为陆地，台湾与大陆相连，气候干燥、风沙盛行、黄土堆积作用强烈。第四纪冰川不仅规模大而且作用频繁。根据深海沉积物研究，第四纪冰川作用有 20 次之多，而近 80 万年每10 万年有一次冰期和间冰期。

　　2. 板块构造

　　20 世纪 40 年代以来，人类进行了大规模海底地质调查，获得大量成果，诞生了全球构造理论——板块构造学说。

　　1915 年德国的魏根纳提出了大陆漂移说，他认为：大约距今 1.5 亿年前，地球表面有个统一的大陆，他称之为联合古陆，联合古陆周围全是海洋，从侏罗纪开始，联合古陆分裂成几块并各自漂移，最终形成现今大陆和海洋的分布。奥地利地质学家休斯对大陆漂移学说作了进一步推论，认为古大陆不是一个而是两个，北半球的一个称劳亚古陆，南半球的一个称冈瓦纳大陆。大陆漂移说的主导思想是正确的，但限于当时地质科学发展水平而未得到普遍接受。

　　50～60 年代大量的科学观测资料使得大陆漂移说重新出现在大众的视野。60 年代末形成的板块构造理论把大陆、海洋、地震、火山及地壳以下的上地幔活动有机地联系起来，使之形成一个完整的地球动力系统。

　　板块学说认为：刚性的岩石圈分裂成六个大的地壳块体（板块），它们驮在软流圈上做大规模水平运动；各板块进线结合地带是相对活动的区域，表现为强烈的火山（岩浆）活动、地震和构造变形等，而板块内部是相对稳定区域。全球划分出的六大板块是：太平洋板块、美洲板块、非洲板块、印度洋板块、南极洲板块、欧亚板块，以及六个小型板块，共十二个板块。

　　相邻板块间的结合情况有三种类型：

　　（1）岛弧和海沟。表现为大洋地壳沿海沟插入地下，构成消减带，并引起火山作用、地震及挤压应力作用。如太平洋板块与欧亚板块间的情况。

（2）洋中脊。是地壳生成的地方，表现为拉张应力。如非洲板块与美洲板块之间的情况。

（3）转换断层。是横穿过洋中脊的大断裂，表现为剪切应力作用。

板块间的接合带与现代地震、火山活动带一致。板块构造学说极好地解释了地震的成因和分布。

4.3　第四纪沉积物类型

由原岩风化产物经各种外力地质作用而成的沉积物，至今其沉积历史不长，所以只能形成未经胶结硬化的沉积物，也就是通常所说的"第四纪沉积物"或"土"。不同成因类型的第四纪沉积物，各具有一定的分布规律和工程地质特征，以下分别介绍其中主要的几种。

4.3.1　残积物、坡积物和洪积物

1. 残积物（Q^{el}）

残积物是残留在原地未被搬运的那一部分原岩风化剥蚀后的产物，而另一部分则被风和降水所带走。它的分布主要受地形的控制。在宽广的分水岭上，由雨水产生的地表送流速度很小，风化产物易于保留，残积物层就比较厚（见图 4 - 1），在平缓的山坡上也常有残积物覆盖。

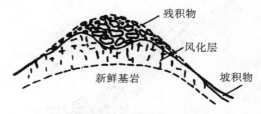

图 4 - 1　残积物（层）断面

由于风化剥蚀产物是未经搬运的，颗粒不可能被磨圆或分选，因此没有层理构造。残积物与基岩之间没有明显的界限，通常经过一个基岩风化层（带）而直接过渡到新鲜岩石。残积物有时与强风化层很难区分。一般说来，残积物是由雨雪水流将细颗粒带走后残留的较粗颗粒的堆积物。风化层则虽受风化作用的影响，但它是未被剥蚀搬运的基岩风化产物。残积物中残留碎屑的矿物成分很大程度上与下卧基岩相一致，这是鉴定残积物的主要根据。例如砂岩风化剥蚀后生成的残积物多为砂岩碎块。根据这个道理可按地面残积物的成分推测下卧基岩的种类。反之，也可按基岩分布的规律推测其风化产物的特征。山区的残积物因原始地形变化很大且岩层风化程度不一，所以其厚度在小范围内变化极大。由于残积物没有层理构造，均质性很差，因而土的物理力学性质很不一致；同时多为棱角状的粗颗粒土，其孔隙度较大，作为建筑物地基使用

容易引起不均匀沉降。

不同岩类具有不同的风化特征，如块状构造的花岗岩，多沿节理裂隙风化，风化厚度大，且以球状风化为主。当岩石在大气、水、生物等外力地质作用下发生风化，使其结构、矿物成分、物理、力学、化学性质等产生不同程度的变异，则将其称为风化岩。岩石已达到完全风化而未经搬运的碎屑物称为残积土。我国南方花岗岩分布较广，如深圳地区其约占 60%的区域面积，花岗岩残积土的厚度在 15～40 m 范围内，是该区城市建筑物基础的主要持力层。

花岗岩残积土是在化学风化作用下淋滤形成的产物，其矿物成分与原岩虽有本质的不同，但多保留在原位并具有它的原始形状，其中不易风化的石英颗粒更是如此。所以花岗岩残积土一般仍保持其原岩粒状结构，具有相当高的结构强度，外表看起来很像岩石。对其采用一般的室内土工试验方法测得的物理力学性质进行分析发现，其工程性质较差，表现在高孔隙比、高压缩性等方面。但从原位测试分析发现，它表现为承载力较高、压缩性较低。

2. 坡积物（Q^{dl}）

坡积物是雨雪水流的地质作用将高处岩石风化产物缓慢地洗刷剥蚀，顺着斜坡向下逐渐移动，沉积在较平缓的山坡上而形成的沉积物。它一般分布在坡腰上或坡脚下，其上部与残积物相接（见图 4-2）。坡积物底部的倾斜度决定于基岩的倾斜程度，而表面倾斜度则与生成的时间有关，时间越长，搬运、沉积在山坡下部的物质就越厚，表面倾斜度就越小。

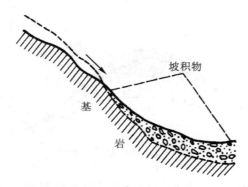

图 4-2　坡积物（层）断面

坡积物质随斜坡自上而下呈现由粗而细的分选现象，其矿物成分与下卧基岩没有直接关系，这是它与残积物明显的区别。

由于坡积物形成于山坡，常常发生沿下卧基岩倾斜面的滑动。还由于组成物质粗细颗粒混杂，土质不均匀，且其厚度变化很大（上部有时不足一米，下部可达几十米），尤其是新近堆积的坡积物，土质疏松，压缩性较高。

3. 洪积物（Q^{pl}）

由暴雨或大量融雪骤然集聚而成的暂时性山洪急流具有很大的剥蚀和搬运能力。它冲刷地表时，挟带的大量碎屑物质堆积于山谷冲沟出口或山前倾斜平原而形成洪积物(见图 4-3)。山洪流出沟谷口后,由于流速骤减,被搬运的粗碎屑物质(如块石、砾石、粗砂等)首先大量堆积下来,离山渐远,洪积物的颗粒随之变细,其分布范围也逐渐扩大。其地貌特征为靠山近处窄而陡,离山较远宽而缓,形如锥体,故称为洪积扇(锥)。由相邻沟谷口的洪积扇组成洪积扇群如图 4-4 所示。如果其逐渐扩大以至连接起来,则形成洪积冲积平原的地貌单元。

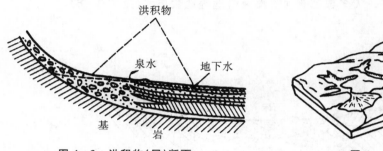

图 4-3　洪积物(层)断面

图 4-4　洪积扇群

洪积物的颗粒虽因搬运过程中的分选作用而呈现上述随离山远近而变的现象,但由于搬运距离短,颗粒的磨圆度仍不佳。此外,山洪是周期性产生的,每次的大小不尽相同,堆积下来的物质也不一样。因此,洪积物常呈现不规则交错的层理构造,如具有夹层、尖灭或透镜体等产状(见图 4-5)。图 4-3 为一典型的洪积物断面。由于靠近山地的洪积物的颗粒较粗,地下水位埋藏较深,土的承载力一般较高,常为良好的天然地基;离山较远地段较细的洪积物,其成分均匀、厚度较大,由于其形成过程中受到周期性干旱的影响,细小的黏土颗粒发生凝聚作用,同时析出可溶性盐类,使土质较为密实,通常也是良好的地基。在上述两部分的过渡地带,常常由于地下水溢出地表而造成宽广的沼泽地带,因此土质软弱而承载力较低。

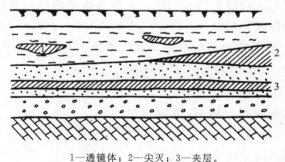

1—透镜体;2—尖灭;3—夹层。

图 4-5　土的层理构造

4.3.2　冲积物(Q^{al})

冲积物是河流流水的地质作用将两岸基岩及其上部覆盖的坡积物、洪积物剥蚀后搬运、沉积在河流坡降平缓地带形成的沉积物。其特点是呈现出明显的层理构造。由于搬运作用显著，碎屑物质由带棱角颗粒（块石、碎石及角砾）经滚磨、碰撞逐渐形成亚圆形或圆形颗粒（漂石、卵石、圆砾），其搬运距离越长，则沉积的物质越细。典型的冲积物是形成于河谷（河流流水侵蚀地表形成的槽形凹地）内的沉积物，可分为平原河谷冲积物和山区河谷冲积物等类型。

1. 平原河谷冲积物

平原河谷除河床外，大多数都有河漫滩及阶地等地貌单元（见图4-6）。

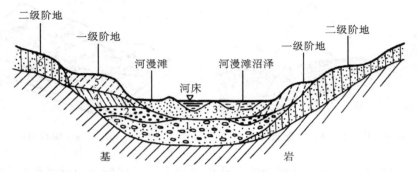

1—砾卵石；2—中粗砂；3—粉细砂；4—粉质黏土；5—粉土；6—黄土；7—淤泥。

图4-6 平原河谷横断面示例（垂直比例尺放大）

平原河流常以侧向侵蚀为主，因而河谷不深而宽度很大。正常流量时，河水仅在河床中流动，河床两侧则是宽广的河漫滩。只在洪水期中，河水才溢出河床，泛滥于河漫滩之上。

河流（谷）阶地是在地壳的升降运动与河流的侵蚀、沉积等作用相互配合下形成的，位于河漫滩以上的阶地状平台。图4-6所示的河流阶地，其形成过程大致如下：当地壳下降，河流坡度变小，发生沉积作用，河谷中的冲积层增厚；地壳上升时，则河流因竖向侵蚀作用增强而下切原有的冲积层，在河谷内冲刷出一条较窄的河床，新河床两侧原有的冲积物，即成为阶地。如果地壳交替发生多次升降运动，就可以形成多级阶地，由河漫滩向上依次称为一级阶地、二级阶地、三级阶地等，阶地的位置越高，其形成的年代则越早。如黄河在兰州附近就有六级阶地。

2. 山区河谷冲积层

在山区，河谷两岸陡削，大多仅有河谷阶地（见图4-7）。地表水和地下水基本上都流向河床。山区河流流速很大故沉积物质较粗，大多为砂粒所填充的卵石、圆砾等。山间盆地和宽谷中有河漫滩冲积物，其分选性较差，具有透镜体和倾斜层理构造，厚度不大。在高阶地往往是岩石或坚硬土层，作为地基，其工程地质条件很好。

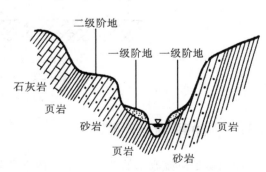

图4-7 山区河谷横断面示例

4.3.3 其他沉积物

除了上述四种成因类型的沉积物外，还有海洋沉积物（Q^m）、湖泊沉积物（Q^l）、冰川沉积物（Q^{gl}）及风积物（Q^{eol}）等，它们分别是由海洋、湖泊、冰川及风等的地质作用形成的。下面只简略介绍海洋沉积物和湖泊沉积物。

1. 海洋沉积物（海相沉积物）

海洋按海水深度及海底地形划分为滨海带（指海水高潮位时淹没，而低潮位时露出的地带）、浅海区（指大陆架，水深约 $0\sim200$ m，宽度约 $100\sim200$ km）、陡坡区（指大陆陆坡，即浅海区与深海区之间过渡的陡坡地带，水深约 $200\sim1000$ m，宽度约 $100\sim200$ km）及深海区（海洋底盘，水深超过 1000 m），如图 4-8 所示。与上述海洋分区相应的四种海相沉积物如下。

滨海沉积物。主要由卵石、圆砾和砂等粉碎屑物质组成（可能有黏性土夹层），具有基本水平或缓倾斜的层理构造，在砂层中常有波浪作用留下的痕迹。作为地基，其强度尚高，但透水性较大。黏性土夹层干时强度较高，但遇水软化后，强度很低。由于海水大量含盐，因而使形成的黏土具有较大的膨胀性。

浅海沉积物。主要由细颗粒砂土、黏性土、淤泥和生物化学沉积物（硅质和石灰质等）组成。离海岸愈远，沉积物的颗粒愈细小。浅海沉积物具有层理构造，其中砂土较滨海带更为疏松，因而压缩性高且不均匀；一般近代黏土质沉积物的密度小、含水量高，因而其压缩性大、强度低。

陆坡和深海沉积物主要是有机质软泥，成分均一。

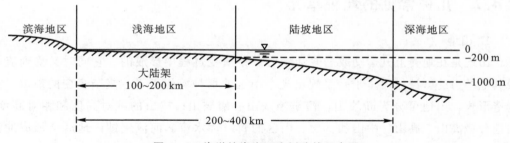

图 4-8 海洋按海水深度划分的示意图

2. 湖泊沉积物

湖泊沉积物可分为湖边沉积物和湖心沉积物。湖泊如逐渐淤塞，则可演变成沼泽，形成沼泽沉积物。

湖边沉积物主要由湖浪冲蚀湖岸，破坏岸壁形成的碎屑物质组成的。在近岸带沉积的多数是粗颗粒的卵石、圆砾和砂土；远岸带沉积的则是细颗粒的砂土和黏性土。湖边沉积物具有明显的斜层理构造。作为地基时，近岸带有较高的承载力，远岸带则差些。

湖心沉积物是由河流和湖流挟带的细小悬浮颗粒到达湖心后沉积形成的，主要是黏土和淤泥，常夹有细砂、粉砂薄层，称为带状黏土。这种黏土压缩性高、强度低。

沼泽沉积物又称沼泽土，主要是由含有半腐烂的植物残余体——泥炭组成的。泥炭的特征：①含水量极高（可达百分之百），因为腐殖质是吸水能力极高的物质；②透水性很低；③压缩性很高且不均匀，承载能力很低。因此，永久性建筑物不宜以泥炭层作为地基。腐殖质含量低的泥炭，当其含水量稍低时，则有一定的承载能力，但必须注意地基沉降问题。

4.4 地貌学简论

4.4.1 地形和地貌的定义

场地的地形地貌特征是勘察中最初判别建筑场地复杂程度的重要依据，对建筑物的布局及各种建筑物的型式、规模，以及施工条件也有直接影响，并在很大程度上决定着勘察的工作方法和工作量。

地形指的是地表形态的外部特征，如高低起伏、坡度大小和空间分布等。但是，如果研究地形形成的地质原因和年代，以及其在漫长的地质历史中不断演化的过程和将来的发展趋势，那么，这种从地质学和地理学观点考察的地表形态就叫作地貌。在岩土工程勘察中，常按地形的成因类型、形态类型等进行地貌单元的划分。由于每种地貌单元都有其形成和演化的历史过程，反映出不同的特征和性质，所以，在建筑场址选择、地基处理及勘察工作的安排时，都要考虑地貌条件。

4.4.2 几种常见的地貌单元

1. 山地

山地是在地壳上升运动或岩浆活动等复杂演变过程中形成的。它同时又受到流水及其他外力的剥蚀作用，于是呈现出现今山区的那种崎岖不平、复杂多变的地貌。按构造形式，山地可分为断块山、褶皱断块山、褶皱山；按山的绝对高度和相对高度，山地分最高山、高山、中山和低山。山区的暂时性水流和河流侵蚀山地后会形成冲沟和河谷，并在山坡、山麓和河谷堆积了坡积物、洪积物和冲积物，从而形成了各种侵蚀和堆积地貌，如河谷阶地、洪积锥等。

从事山区建设，要注意周围地质环境对建筑物安全是否有影响，如山崩、斜坡岩体的滑动、山洪暴发等不良地质现象的危害。山区建筑物多位于山区河谷阶地（见图 4-7），要注意阶地内有时有局部软土分布。

2. 丘陵

丘陵是山地经过外力地质作用长期剥蚀切割而形成的外貌低矮平缓的起伏地形。丘陵地区的基岩一般埋藏较浅。丘顶裸露，岩石风化严重，有时表层为残积物所覆盖；谷底则往往堆积有较厚的洪积物或坡积物；边缘地带则常堆积有结构疏松的新近坡积物。在丘陵地区的挖方地段，岩石外露，承载力高，填方地段的承载力则较低，因此要特别注意丘陵地区的地基软硬不均及边坡稳定性等问题。

3. 平原

平原是高度变化微小，表面平坦或者只有轻微波状起伏的地区。在我国东部地区大河流的中下游，河谷非常开阔，沉积作用十分强烈。每当雨季到来的时候，洪水溢出河床，淹没河床以外的广大面积并沉积细小的物质，形成一片广阔的冲积平原。冲积平原的基岩一般埋藏较深，第四纪沉积层很厚，其中细颗粒的含量大，地下水位高，地基土的承载力较低，但由于地形平坦，地层常较均匀，所以一般常被选作建筑场地。在冲积平原上，凡是地形比较低洼或水草茂盛的地段（可能是过去的河漫滩、湖泊或牛轭湖），常分布有较厚的带状淤泥，对工程建设不利。

下面介绍土木工程中常遇到的滑坡、崩塌等不良地质作用造成的地质灾害。

4.5　滑　　坡

4.5.1　滑坡概述

斜坡上的岩（土）体在重力作用下，沿着斜坡内部一个或几个贯通的剪切破坏滑动面或滑动带，整体地、缓慢地向下滑动的现象叫作滑坡。我国一些地区，民间俗称滑坡为"地滑""龙爬"或"垮山"。

滑坡是土木工程建设中经常碰到的工程地质问题之一。在斜坡破坏形式中，滑坡分布最广且危害也是最大的，是山区主要的地质灾害之一。1981 年宝成线北段暴雨成灾，引起大量的滑坡、泥石流，整段路基被毁，桥梁冲垮，中断行车数月，一些地段不得不作局部改建，损失巨大。抢建工程，历时四年之久才结束。

显而易见，在修建工程时，要完全避免通过滑坡地区是不可能的。这就要求在勘测设计阶段，勘测人员对工程通过地区作精密细致的调查，查明已经出现的滑坡和施工时可能引起的滑坡，认真分析滑坡滑动的原因，预测滑坡发生、发展的过程，做到事先识别滑坡，防患于未然。对已有的滑坡，做好监测工作，制订整治措施，确保工程的安全。滑坡的规模变化很大，较大的滑坡体体积可达数十亿立方米。1985 年 6 月 12 日长江西陵峡新滩北岸，发生 3000 万 m^3 的大滑坡，由于预报及时、准确，事先作好了撤离工作，避免了人员伤亡。

要正确地识别滑坡，就要知道滑坡的形态特征。一般滑坡在滑动过程中，常常在地面留下一系列滑动后的形态，这些形态特征可以作为判断是否有滑坡存在的可靠标志。

通常一个发育完全的，比较典型的滑坡，具有的形态特征如图 4-9 和图 4-10 所示。其中滑坡体、滑坡床和滑动面是最主要的滑坡形态要素；其次还有滑坡周界、滑坡后壁、滑坡裂隙、滑坡台阶、滑坡舌等。除这些要素外，还有一些现象是滑坡体的标志，如滑坡鼓丘、滑坡泉、滑坡沼泽、马刀树、醉汉林等。上述滑坡标志一般只在发育完全的新生滑坡中才具备。自然界许多滑坡由于发育不全或经过长期改造，常常会消失掉一种或多种要素，应注意观察和识别。

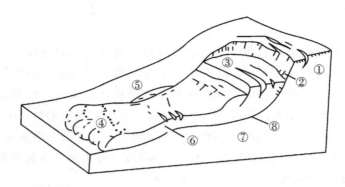

①—后缘环状拉裂缝；②—滑坡壁；③—拉张裂隙及滑坡台阶；④—滑坡舌及鼓张
裂隙；⑤—滑坡侧壁及羽状裂隙；⑥—滑坡体；⑦—滑坡床；⑧—滑动面(带)。

图 4 - 9　滑坡形态要素示意图

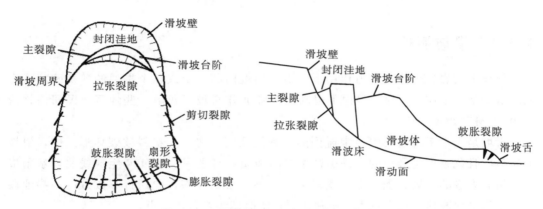

图 4 - 10　滑坡面(左)、剖面(右)形态特征

(1)滑坡体。脱离斜坡向下滑动的那部分岩、土体叫作滑坡体。滑坡体上的岩、土虽然经过了滑动，但仍大体上保持原有的层位关系和节理、构造特点。滑坡体和周围没有滑动部分的分界线叫作滑坡周界。滑坡体的体积大小不等，小的仅十几到几十立方米，大型滑坡可达几百万至几千万立方米，甚至有的可达数亿立方米。

(2)滑动面(带)。滑坡体滑动时与其下不动部分之间形成一个分界面，滑坡体沿着这个面下滑，此面就是滑动面，滑动面以下稳定不动的岩体叫作滑坡床。有些滑坡有明显的滑动面；有些滑坡可以有几个滑动面；也有一些滑坡没有明显的滑动面，只是在滑坡床以上有一层数厘米至数米的软塑状的岩、土体，叫作滑动带。

由于组成滑坡的物质成分不同，滑动面可以是各不相同的，但大多数滑动面是由黏土夹层或其他软弱岩所构成，如页岩、泥岩、千枚岩、片岩等。滑动时产生的强烈摩擦，往往使滑动面光亮如镜，有时能见到清晰的滑动擦痕。

滑坡勘探的一项重要工作就是寻找滑动面，确定滑动面的位置，为经济、合理地设计挡墙、抗滑桩等防护工程提供依据。

(3)滑坡壁。滑坡体后缘与不滑动部分断开处形成的高约数十厘米至数十米的陡壁叫作滑坡壁。实际上，滑坡壁就是滑动面在滑体上部地面上外露部分。

(4)滑坡台阶。滑坡体上因多次滑坡或滑体各部分滑动程度的差异，常形成阶梯状的地面叫作滑坡台阶。在两个台阶相连处可以形成反坡地形，该处因排水不利常积水成"湿地"。

(5)滑坡裂隙。滑坡体各部分向下滑动的速度不同，受力不匀，可以形成一系列不同性质的裂隙。

滑体后缘受拉力作用后会形成平行后缘滑坡壁的弧形拉张裂隙，通常把拉张裂隙的最外一条，即与滑坡壁重合的裂隙叫作滑坡主裂隙。

滑体两侧受边缘未滑动部分的牵制，可以形成与滑壁成锐角的剪切裂隙。

滑体的前缘由于岩、土体的黏滞性和摩擦造成的阻力，滑体隆起形成滑坡鼓丘，在滑坡鼓丘附近出现张开的膨胀裂隙，其方向垂直滑动方向。滑坡的最前缘如舌状向前伸出的部分叫作滑坡舌。滑坡在前缘向两侧扩散时，形成张开的平行滑动方向的张开裂隙，在滑坡舌部呈放射状。

上述滑坡形态特征，并非在每个滑坡体上都能见到，可能有的形态发育完善就明显，有些形态发育不完善或根本不发育就见不到。此外，只有刚滑动不久的滑坡体上才具有这些形态，很久以前滑动的老滑坡，由于流水的冲刷，人为改造，滑坡形态逐渐变得模糊，以致不易观察出来。这时就需要仔细调查分析并对比周围的地形，才能识别。

有时，滑坡体上的房屋或树木因滑动而产生房屋开裂、树木歪斜、倾倒的现象（所谓醉汉林现象、马刀树现象，见图 4－11），也可帮助判断斜坡是否发生过滑动。

(a)醉汉林　　　　　　　　　　　　　　　　(b)马刀树

图 4－11　滑坡体表面植被示意图

在野外，判断斜坡上是否有滑坡，必须综合多种形态特征，结合地形地质条件进行分析，仅仅根据一两个形态特征作出判断，可能得出错误的结论。

滑坡的识别方法主要有三种：①利用遥感资料（如大比例尺航片，彩色红外照片）来识别；②通过地面调查与测绘来识别；③采用勘探方法来查明。以上三种方法是互相配合使用的。地面调查是最主要的识别滑坡的方法，因为它能直接观察到滑坡各要素，并可收集到滑动证据。还可以用取样测试等勘探方法取得进一步的详细资料（如确定滑坡稳定性的计算参数等），以进一步评价滑坡的稳定性。研究斜坡和滑坡的主要目的是确定其稳定性，稳定性研究也是研究斜坡和滑坡的中心内容之一。斜坡和滑坡的稳定性研究又包括两方面内容：稳定性影响因素的确定和稳定性评价。

4.5.2　滑坡形成条件及滑坡分类

1. 影响斜坡稳定性的因素

影响斜坡稳定性的因素十分复杂，大体可分为两大类：一类为主导因素，即长期起作用的因素，其中有岩、土体的类型和性质，地质构造，以及岩、土体的结构、风化作用、地下水活动等。另一类为触发因素，即临时起作用的因素，如地震、洪水、暴雨、人类工程活动等。软弱岩、土体易形成滑坡。斜坡中的软弱面和斜坡的临空面的几何关系对斜坡稳定性也很重要，当斜坡的主要软弱面（如层面、断层面）的倾向和斜坡临空面倾向一致且软弱面倾角小于坡面倾角时极易产生滑坡。降雨时滑坡的发生率比不下雨时要大得多，因为水渗入岩、土体时会逐渐降低其强度，导致斜坡的抗滑力减少最终发生滑动，所以暴雨极易诱发滑坡灾害。由于人类工程活动的规模与频率愈来愈大，由此造成的滑坡事件呈与日俱增的趋势，如路堑滑坡，在开挖路基时，往往使边坡角变陡，坡脚失去支撑而产生滑坡。上述影响斜坡稳定性的因素对评价斜坡稳定性至关重要。

2. 滑坡形成条件

为了说明滑坡发生的条件，我们首先分析斜坡的受力情况。

图 4-12 为一个均匀土质斜坡，处于临界状态（极限平衡状态），为了便于分析，假设可能发生滑动的滑动面 ABEC 为圆柱面，滑动面圆心为 O，自 O 点作垂线 OE，将斜坡分为两部分，右侧 ABEGD 部分在自重 P 的作用下，将沿着滑动面往下滑动，是斜坡体的滑动部分。左侧 ECG 位于坡脚，自重为 Q，起抵抗滑动的作用，是抗滑部分。

作用在斜坡上的力（此处力都处理为标量）有：

P——ABEGD 部分自重,对于 O 点的力臂为 a；

Q——ECG 部分自重,对 O 点力臂为 b；

τ——作用在单位滑动面上的抗剪力,至 O 点力臂为 R；

$\sum\tau$——沿 ABEC 整个滑动面的抗剪力之和。

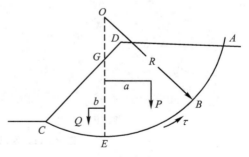

图 4-12　斜坡受力分析

由静力平衡条件可知，所有作用在斜坡上的力，对于任意一点的力矩之和应等于零（如图中所有力对于 O 点的力矩），则

$$P \cdot a - Q \cdot b - \sum\tau \cdot R = 0 \qquad (4-6)$$

或 $$P \cdot a = Q \cdot b + \sum\tau \cdot R$$

令 $K = \dfrac{Q \cdot b + \sum\tau \cdot R}{P \cdot a}$，K 为稳定系数。则由式(4-6)可知,K>1时,即抗滑力矩大于

滑动力矩,斜坡处于稳定状态;$K < 1$ 时,斜坡发生滑动;$K = 1$,斜坡处于临界状态。

通过上面的分析,可以把滑坡发生条件归结为两点。一是促使斜坡滑动的下滑力必须超过抗滑力;二是形成一个贯通的滑动面。当斜坡体内某一部位的下滑力超过抗剪力时,发生局部的岩、土体剪切破坏,其宏观表现是地面出现裂缝(也可以不出现),只有这种破坏继续延伸,扩展到整个斜坡体内,形成一个上、下贯通的破裂面时,斜坡才可能沿此面滑动。如果斜坡上部开始发生局部破坏,然后再向下发展,则形成推动式滑坡。反之,破坏发生在斜坡前部,逐渐向上扩展,即形成牵引式滑坡。

滑坡发生条件受岩石类型、斜坡几何形状、水的活动和人为因素等多种因素影响。

斜坡的岩石组成有两种类型,一种是坚硬的岩石,如致密坚硬的花岗岩、石英岩和石灰岩等,它们的抗剪强度大,能够经受很大的剪切力而不变形,由这些岩石组成的斜坡很少发生滑动,只有当这些岩体内部具有较弱夹层及软弱结构面,而且这些层、面倾向斜坡外,倾角小于坡角,发展成贯通的滑动面,构成有利于滑动的势态时,才能形成滑坡。另一种是软质岩石和土,如页岩、泥岩、千枚岩及各种成因的第四纪松散沉积物,它们的抗剪强度低,多含黏土矿物,在水的作用下膨胀,可塑,强度显著降低,易于变形,沿着第四纪沉积物与基岩接触面和软质岩石中多个结构面构成的易于滑动的组合面,常常容易产生滑坡。

斜坡内部应力直接受斜坡外形的控制,外形不同的斜坡其内部应力状态不同(见图 4 – 13)。一旦改变斜坡的外形,就必然引起内部应力的调整,或者促使滑坡的产生,或者有利于斜坡的稳定。有许多滑坡就是由于斜坡坡脚受到河流冲刷,失去支撑而发生滑动的。

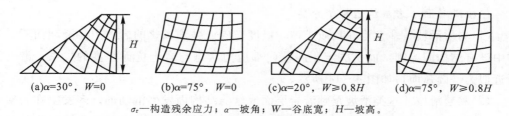

(a)$\alpha = 30°$，$W = 0$　　(b)$\alpha = 75°$，$W = 0$　　(c)$\alpha = 20°$，$W \geqslant 0.8H$　　(d)$\alpha = 75°$，$W \geqslant 0.8H$

σ_r—构造残余应力；α—坡角；W—谷底宽；H—坡高。

图 4 – 13　斜坡主应力迹线示意图($\sigma_r = 0$)

滑坡的发生大多与水的活动有密切关系。大气降水、地表水渗入斜坡内,岩、土体的重量增大,例如,斜坡上黏土干重度(γ_d)为 11.2 kN/m³,孔隙率(n)为 42%,土体饱和后重度为 $\gamma_{sat} = \gamma_d + \gamma_w n = 15.4$ kN/m³(γ_w 为水重度,为 10 kN/m³)。被水浸泡的岩、土体膨胀,软化,后者变为可塑,甚至流动状态。渗流在岩、土体裂隙、孔隙中的水具有较大的动水压力。在水的作用下,斜坡岩体强度降低,下滑力增大。统计资料表明,滑坡多集中发生在雨季,据贵州某地统计,发生在雨季的滑坡量占全年滑坡量的百分之九十四,故有"大雨大滑,小雨小滑,无雨不滑"之说。

地下水是促使滑坡滑动的重要因素,多数或大多数滑坡的失稳与地下水的活动有关。如甘洛车站 1 号滑坡是侏罗系粉砂岩、泥岩和页岩组成的岩质滑坡。滑体内地下水丰富,稳定流量大于 2.5 L/s,自然排泄不畅。据滑动带土石实验指标验算,浸水与不浸水条件下其稳定系数分别为小于 1 和大于 1，如不采取排水措施，则滑坡不稳定。由于滑动带以下有透水性良好的古河床砂卵石层，用钻孔作垂直排水后滑坡趋于稳定。

　　施工、开挖路堑、堆土筑堤等常常导致斜坡滑动。这是由于切坡不当，破坏了斜坡支撑，或者任意在斜坡上堆填土、石方，增加了荷重，改变了斜坡的原始平衡条件造成的。据川黔线资料，施工前赶水至贵阳段 51 个地质不良工点中滑坡只有 3 处，目前建筑段共有滑坡 70 处，这些滑坡绝大多数是施工期间发生的，说明人为因素对滑坡的产生有着十分重大的影响。

　　近几年来，我国一些地区多次发生地震，都引起大量的滑坡发生，如 1973 年四川炉霍地震中，沿鲜水河谷发生 133 起滑坡。地震诱发滑坡，是指斜坡岩、土体结构在地震的反复振动下破坏，抗剪强度降低，沿着岩、土体中已有较弱面或新产生的软弱面发生滑坡。一般认为，强度在五至六级以上的地震就能引起滑坡。

　　列车振动有时也能促使斜坡滑动，1952 年宝天线上一列火车刚通过滑坡地区，斜坡就发生了滑动。

3. 滑坡分类

　　自然界滑坡数量繁多，发育在各种不同的斜坡上，组成的岩石类型又不尽相同，滑动时表现出各不相同的特点。为了更好地认识和治理滑坡，对滑坡作用的各种环境和现象特征及形成滑坡的各种因素进行概括，以便反映出各类滑坡的特征及其发生、发展的规律，从而有效地预防滑坡的发生，或在滑坡发生之后有效地治理它，减少它的危害，这就是滑坡分类的目的。

　　滑坡分类的方案很多，依据的原则、指标和目的不同。下面重点介绍几种分类。

　　1)按滑动面与岩层构造特征分类

　　(1)均质滑坡。多发生在均质土体，极度破碎或强烈风化的岩体中，滑动面不受岩体中已有结构面控制，而是决定于斜坡内部应力状态与岩土抗剪强度的关系。滑动面常近似为一圆弧面，如图 4－14 所示。

　　(2)顺层滑坡。这类滑坡是顺着岩层面或软弱结构面发生滑动的，多发生在岩层走向与斜坡走向一致，倾角小于坡角，倾向坡外的条件下。也可以是沿着坡积物与基岩接触面发生。顺层滑坡在岩质边坡中较常见，有时岩层倾角仅 10°左右即可滑动，如图 4－15 所示。

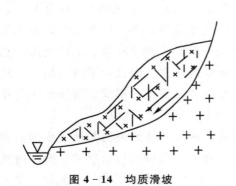

图 4－14　均质滑坡　　　　　　　　图 4－15　顺层滑坡

（3）切层滑坡。滑动面切过岩层面，沿着断裂面、节理面等软弱结构面组成的面滑动。湘黔线镇远车站大罗汉山滑坡就是切层滑坡，滑动面为垂直或斜交岩层面的节理面，倾角如图 4-16 所示。

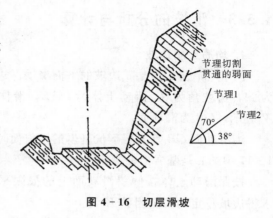

图 4-16　切层滑坡

2）按滑动时力的作用分类

按滑动时力的作用可将滑坡分为①推动式滑坡；②牵引式滑坡。推动式滑坡一般用卸荷的办法治理，牵引式多采用支挡结构整治。

3）我国铁路部门的分类

我国铁路部门按"组成滑体的物质""主滑面成因类型""滑体厚度"这三方面提出的分类，见表 4-4。

表 4-4　滑坡分类

按组成滑体的物质分类	按主滑面成因类型分类	按滑坡厚度分类
1. 黏性土滑坡	1. 堆积面滑坡	1. 巨厚层滑坡（>50 m）
2. 黄土滑坡	2. 层面滑坡	2. 厚层滑坡（20~50 m）
3. 堆积土滑坡	3. 构造面滑坡	3. 中层滑坡（6~20 m）
4. 堆填土滑坡	4. 同生面滑坡	4. 浅层滑坡（<6 m）
5. 破碎岩石滑坡		
6. 岩石滑坡		

4）中科院四川省地理研究所的分类

中科院四川省地理研究所根据滑坡的物质组成与地质构造的关系，将我国滑坡划分为以下几种类型。

（1）覆盖层滑坡。①黏性土滑坡；②黄土滑坡；③碎石土滑坡；④风化壳滑坡。

（2）基岩滑坡。①软岩挤出滑坡；②硬岩构造滑坡。

（3）特殊滑坡。①融冻滑坡；②灵敏黏土滑坡；③陷落滑坡。

上述各种滑坡中，还可以根据其规模大小和滑坡体的厚度分为小型、中型、大型、超大型（巨型）滑坡及浅层、中层、深层、超深层滑坡，其数量指标区别如表 4-5 所示。

表 4-5　滑坡等级及其数量指标

等级	体积	等级	厚度
小型滑坡	小于 3 万 m³	浅层滑坡	浅于 3 m
中型滑坡	3~5 万 m³	中层滑坡	3~15 m
大型滑坡	50~300 万 m³	深层滑坡	15~30 m
超大型滑坡	大于 300 万 m³	超深层滑坡	深于 30 m

4.5.3 滑坡的分析与计算

1. 均质土质边坡

图 4-17 所示为土质边坡的平面滑动。边坡高度为 H，边坡角为 β。滑动土体为 OAB，滑体重量用 W 表示，OB 为滑动面。

当滑动面 OB 是土层下伏基岩的倾斜面时，则图 4-17 中的 α 是基岩面的倾角。

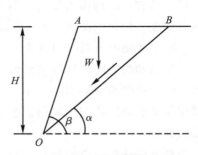

图 4-17 土质边坡的平面滑动

按照滑动土体在倾斜滑动面上的极限平衡原理求得边坡稳定的安全因数 K 为

$$K=\frac{\tan\varphi}{\tan a}+\frac{2C\sin\beta}{\gamma H\sin a\sin(\beta-a)} \tag{4-7}$$

工程上要求 K 取为 $1.1\sim1.5$。当 $K=1.0$ 时，得到边坡临界高度 H_{cr} 为

$$H_{cr}=\frac{2C\sin\beta\cos\varphi}{\gamma\sin(\beta-a)\sin(a-\varphi)} \tag{4-8}$$

在式(4-7)、式(4-8)中：γ 是滑动土体的重度；C、φ 分别是滑动面上的黏聚力和摩擦角；$\tan\varphi$ 是摩擦因数。其他符号均示于图 4-17 中。

当基岩埋藏得很深时，边坡破坏是在土体内部新生成一个滑动面，该滑动面对水平面的倾角为 α，如图 4-17 所示。此时滑动面的确切位置是未知的，必须确定最危险的即最可能的滑动面位置。在式(4-8)中，令

$$\frac{\partial H_{cr}}{\partial \alpha}=0 \tag{4-9}$$

由式(4-9)求出与 H_{cr} 的极值对应的滑动面倾角 α 为

$$\alpha=\frac{\beta+\varphi}{2} \tag{4-10}$$

将式(4-10)代入式(4-7)得到

$$K=\frac{\tan\varphi}{\tan\left(\dfrac{\beta+\varphi}{2}\right)}+\frac{4C\sin\beta}{\gamma H(\cos\varphi-\cos\beta)} \tag{4-11}$$

将式(4-10)代入式(4-8)，即在式(4-11)中令 $K=1.0$ 时得到

$$H_{cr}=\frac{2C\sin\beta\cos\varphi}{\gamma\sin^2\left(\dfrac{\beta-\varphi}{2}\right)} \tag{4-12}$$

在式(4-11)、式(4-12)中：γ 是滑动土体的重度；C、φ 分别是土体内滑动面上的黏聚力和土的内摩擦角；$\tan\varphi$ 是内摩擦因数。

在式(4-12)中，若 $\beta=90°$，就是直立边坡。以 $\beta=90°$ 代入式(4-12)中得到土质直立边坡的最大高度为

$$H_{cr/\beta=90°}=\frac{4C}{\gamma}\tan\left(45°+\frac{\varphi}{2}\right) \tag{4-13}$$

根据弹塑性力学理论可以证明：式（4-13）是直立边坡的上限高度。直立边坡的下限高度为

$$H_{\text{下限}/\beta=90°}=\frac{2C}{\gamma}\tan\left(45°+\frac{\varphi}{2}\right) \tag{4-14}$$

式（4-14）也可由朗肯土压力理论求得。

对于比较高而陡的土质边坡，坡顶会出现拉裂缝，如图 4-18 所示。边坡高度为 H，边坡角为 β，边坡顶部有竖向裂缝，深度为 Z，滑动土体为 $OABC$，滑体重量用 W 表示。

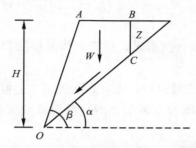

图 4-18 土质边坡（顶部有裂缝）平面滑动

图 4-18 的滑动面仍为平面滑动面，滑动面 OC 对水平面的倾角为 α，滑动土体顶部的宽度为

$$AB=(H-Z)\operatorname{arctan}\alpha-H\cot\beta \tag{4-15}$$

滑动土体顶部的裂缝深度为

$$Z=nH \quad (n<1.0) \tag{4-16}$$

或

$$Z=\frac{2C}{\gamma}\tan\left(45°+\frac{\varphi}{2}\right) \tag{4-17}$$

式（4-17）的推导可参见朗肯土压力理论。

滑动土体自重 W 为

$$W=\frac{1}{2}\gamma H^{2}\left\{\left[1-\left(\frac{Z}{H}\right)^{2}\right]\cot\alpha-\cot\beta\right\} \tag{4-18}$$

此时边坡稳定的安全因数为

$$K=\frac{W\cos\alpha\tan\varphi+C\dfrac{H-Z}{\sin\alpha}}{W\sin\alpha} \tag{4-19}$$

当 $K=1.0$ 时，得到临界边坡高度为

$$H_{\text{cr}}=\frac{2C(1-n)\cos\varphi}{\gamma\left[(1-n^{2})\cos\alpha-\cot\beta\sin\alpha\right]\sin(\alpha-\varphi)} \tag{4-20}$$

如是土体沿着下伏基岩面滑动，则式（4-20）中的 α 即为下伏基岩面的倾角；C、φ 为滑动面上的黏聚力和摩擦角。

在式（4-20）中，如 $n=0$ 即坡顶无裂缝，以 $n=0$ 代入则得到式（4-8）。

当为深厚土层滑坡时，则在土层内部会新生成一个滑动面，该滑动面对水平面的

倾角为 α，在式（4-19）中令 $\dfrac{\partial H_{cr}}{\partial \alpha}=0$，求出与 H_{cr} 相应的滑动面倾角 α 为

$$\alpha=\frac{\cot[(1-n^2)\tan\beta]+\varphi}{2} \qquad (4-21)$$

将计算出的 α 值代入式（4-20），就消去了式中的 α 值，得到了深厚土层边坡安全因数 $K=1.0$ 时的临界高度。此时，式中的 C、φ 为土体内滑动面上的黏聚力和土的内摩擦角。

在边坡顶部有竖向裂缝时，很可能成为渗水通道，严重时使坡体内部产生孔隙水压力，对边坡稳定极为不利，要特别注意做好边坡的防水排水工作。

2. 层状岩质边坡

岩质边坡除特殊情况（如典型崩塌、破碎岩体的切层滑坡等）外，多数都是沿层间软弱面或软弱夹层滑动的。

如图 4-19 所示的层状岩质边坡，边坡高度为 H、边坡角为 β、层状岩体倾角为 α。设滑动体为 OAB，滑动面 OB 是层状岩体中的软弱面或软弱薄夹层。此时，边坡的极限高度可按下式近似计算：

$$H_{cr}=\frac{C\cos\varphi}{\gamma\cos\beta\sin(\beta-\varphi)\left[1-\sqrt{\dfrac{\tan\beta}{\tan\alpha}}\right]} \qquad (4-22)$$

式中，C、φ 是滑动面上的黏聚力和摩擦角；其他符号示于图 4-19 中。

如果滑动面不是 OB 而是 DE，则按式（4-22）计算出的边坡临界高度 H_{cr} 应自 D 点向上计算。

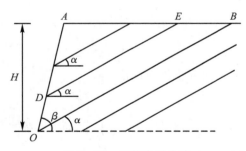

图 4-19　层状岩质边坡

3. 圆弧滑动面的分析与计算

把边坡破坏时的滑动面假定为平面，对于均质土边坡而言是一种简化的做法。把滑动面假定为圆弧面可使分析结果得到改进。按圆弧滑动面分析边坡稳定时有两种方法：一种是条分法；另一种是稳定数法，即将计算分析资料整理成曲线图供直接查用。条分法又可分为简单条分法（瑞典条分法）、毕肖普条分法、普遍条分法。本书只讲简单条分法，其他各方法可参见有关土力学或边坡的著作。

条分法的概念和基本步骤是在 1916 年由瑞典铁路工程师彼得森提出的。1922—1927 年瑞典铁路工程师费伦纽斯提出了改进意见，解决了用作图法确定滑动圆弧圆心及最危险滑动面的方法。使条分法得到了推广应用。

如图 4-20 所示，边坡高度为 H，边坡角为 β，滑动土体为 ABD，AD 为圆弧滑动面，圆弧的圆心在 O 点。将滑动土体沿竖向切成若干土条（化整为零），忽略各土条之间的相互作用力即割断它们之间的联系，只将它们看作为若干各自孤立的土条，即为简单条分。研究每一个土条的极限平衡，再积零为整推广到圆弧滑动面上整个滑动体的极限平衡，这也是有限单元法的最初思路。如图 4-20 所示，取出第 i 个土条，它的自重为 W_i，土条底面沿滑动面的长度为 l_i，本来滑动面是曲线，当土条宽度 b 不大时，圆弧线可用直线代替。l_i 段对水平面的倾角为 α_i，忽略相邻土条之间的相互作用力，得到简单条分法边坡稳定分析的安全因数为

$$K = \frac{\sum [W_i \cos\alpha_i \tan\varphi + C l_i]}{\sum W_i \sin\alpha_i} \qquad (4-23)$$

式中，K 为安全因数，要求 K 取为 $1.1\sim1.5$；C、φ 为土的黏聚力和内摩擦角，取为常数；其他符号均示于图 4-20 中。

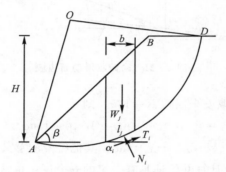

图 4-20　圆弧滑动面条分法

简单条分法忽略了相邻土条之间的相互作用力，这是其不足之处。相邻土条之间存在法向作用力和切向作用力。考虑了这些作用力进行的边坡稳定分析就是复杂条分法，如前述的毕肖普条分法及普遍条分法。

图 4-20 中所示的圆弧滑动面是假定的，不是真实的滑动面。在实际工程中如何确定最危险即最可能的滑动面呢？这是边坡稳定分析的关键。实际工作中要用试算法，即假定许多可能的滑动面，分别计算出安全因数和最小安全因数对应的那个滑动面就是最危险滑动面即最可能的滑动面，这个工作过程叫作试算法。简单条分法是通过作图法完成试算过程的，虽然有人进行过一些改进，但计算量仍然极大。现在可以用有限单元法及计算机进行分析。试算法的具体工作方法可参见有关土力学或边坡的著作，也可以根据工程地质分析或工作经验确定最危险滑动面的位置和形状，可以节省试算时间，也可以提高边坡稳定分析结果的可靠度。

4. 台阶状滑动面的分析与计算

图 4-21 所示为台阶状滑动面边坡。在岩土介质不均匀的岩质边坡，边坡面陡缓不均匀的边坡及大型边坡中，台阶状滑动面比较常见。从剖面上看，滑动面是一条折线，折线中的每一段对水平面的倾角不同，根据极限平衡，用不平衡推力传递法计算第 i 个

土体条块单元对沿滑动面方向相邻单元的推力 P_i 为

$$P_i = P_{i-1}\theta + W_i\sin\alpha_i - \frac{W_i\cos\alpha_i\tan\varphi}{K} - \frac{Cl_i}{K} \tag{4-24}$$

其中，K 为滑动安全因数；C、φ 为滑动面上的黏聚力和摩擦角；$\tan\varphi$ 为摩擦因数；其他符号的意义均见图 4-21。

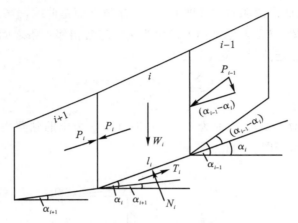

图 4-21　台阶状滑动面边坡

在式(4-24)中，若取安全因数 $K=1.0$，则

$$P_i = P_{i-1}\theta' + W_i\sin\alpha_i - W_i\cos\alpha_i\tan\varphi - Cl_i \tag{4-25}$$

式中，$\theta' = \cos(\alpha_{i-1} - \alpha_i) - \sin(\alpha_{i-1} - \alpha_i)\tan\varphi$；其他符号的意义同式(4-24)。

工程应用中为了简化计算并保证具有一定的安全度，也常采用下面的形式：

$$P_i = P_{i-1}\theta' + KW_i\sin\alpha_i - W_i\cos\alpha_i\tan\varphi - Cl_i \tag{4-26}$$

式中，各符号的意义同式(4-25)。

上面的式(4-24)、式(4-25)、式(4-26)就是沿滑动面方向由上而下传递的不平衡推力。这种方法本质上也是条分法的应用。

当相邻两个计算单元底面倾角一致时，如 $\alpha_{i-1} = \alpha_i$，则式(4-24)、式(4-25)、式(4-26)中的 $\theta = \theta' = 1.0$，此时公式得到了简化。

当滑动面(折线)很长，各单元底面倾角相差明显，或出现平台段($\alpha_i = 0$)或出现负坡段即出现该分段滑动面的倾向和滑动方向相反等情况时，则计算出的向下传递的不平衡推力 P_i 可能小于等于 0，这就说明该单元(段)以上边坡是稳定的。此时应从第 $i+1$ 单元重新开始自上而下逐个计算，和上部的稳定段无关。如按上述公式计算出的 $P_i > 0$，对于滑动面(折线)很长的边坡，可以分段设置挡土墙或抗滑桩，计算出的 P_i 就是作用在挡土墙或抗滑桩上的推力。

不平衡推力传递法也是条分法和极限平衡原理的应用。和简单条分法相比，这种方法考虑了相邻土体单元之间的作用力，如图 4-21 中的 P_{i-1}、P_i，因为这些作用力是斜向的，所以同时包括了相邻土体单元之间的法向和切向作用力。但又假定 P_{i-1}、P_i 等都和各自相应的土体单元层面平行并假定作用点位置在相邻单元界面高度的中点，这些关于作用力方向和作用点位置的假定又是不严格的。

4.5.4　滑坡防治原则

防止滑坡的原则是针对引起斜坡发生滑动的各种因素，采取一系列的工程措施来抵挡和消除引起滑动的因素，防止滑坡继续滑动。为了预防和阻止斜坡变形破坏对人民生命与财产造成的损失，需要采取预防与治理措施，并应贯彻"以防为主，及时治理"的原则。防治斜坡变形破坏措施的依据主要是提高抗滑力和减小下滑力。

整治滑坡前，一定要作详细的工程地质调查，查明滑动原因，针对主要问题，采取相应治理措施。一般说来，滑坡的发生、发展有个过程，如能在滑动初期立即整治，就比较容易，工程量小，收效快；滑坡发展时间越长，滑坡越严重，整治也越困难。因此，整治滑坡要及时，一次根治，不留后患。

滑坡很少由一种因素引起，常常是多种因素综合作用的结果，需要采用综合措施进行治理。目前常用的整治措施有三类：①排除或减轻水对滑坡的危害，即排除滑坡地区的地表水、地下水和防止水对坡脚的冲刷；②改变滑坡体外形，降低滑坡重心及修建支挡建筑物以增大抗滑力，即增加滑坡的重力平衡条件；③改变滑动带土、石的性质，提高其抗剪强度。主要的防治措施如下所示。

1. 排水

滑坡的滑动与水有密切关系，由于地表水或地下水渗入坡体，特别是渗入斜坡潜在滑动面时，会使潜在滑动面上的抗滑力大大降低从而产生滑坡，所以要尽量防止水进入斜坡体。因此，排除滑坡范围内、外的地表水和地下水，防止它们渗入滑体内，是十分重要的。具体方法有：在坡顶开挖排水沟，特别是在斜坡变形区四周开挖排水沟，拦截地表水的渗入。此外还可采用地下廊道等措施对滑坡体进行排水；对滑体以外的地表水要截流旁引，阻止其流入滑坡内，为此在滑体以外一定范围修筑环形截水沟；对滑体以内的地表水，要防止它渗入滑体，尽快地把地表水汇集起来并引出滑体外；要尽可能利用滑体上的自然沟谷修筑树枝状排水系统，将水迅速引出滑体，如图 4-22 所示。

滑体内的地下水通常是由滑体外围水源补给的，排除地下水首先要截断滑体外流入的地下水。截水盲沟是很有效的一种措施，这种盲沟多修筑在滑坡可能发展的范围以外约 5 m 的稳定地段中，呈环状或折线状布置，与地下水流向正交。

截水盲沟由集水和排水两部分构成，如图 4-23 所示。为了使迎水面既接受上部来水，又不使泥砂流入沟内，

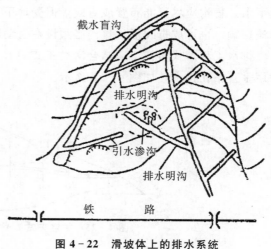

图 4-22　滑坡体上的排水系统

在上沟壁用不同粒径的砂砾石做成反滤层或用预制的渗水混凝土块砌筑，而背水面为了防止水透过盲沟又渗入滑体，用黏土或浆砌片石把下沟壁做成隔渗层。为了防止地表水、泥砂进入沟内堵塞填料，在沟顶上方也设隔渗层。渗沟汇集的地下水从沟底排水孔排出。较深的盲沟，为了维修和疏通的需要，排水孔断面应大些，并在直线段每隔 30～50 m 处及盲沟的转折点、变坡点处设置检查井。

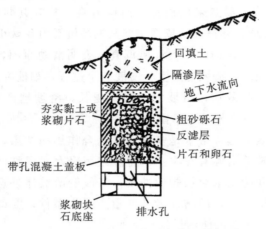

图 4-23　截水盲沟构造

对滑坡体内的地下水应以疏干、引流为原则。一般采用兼有排水和支撑作用的支撑盲沟。沟的位置平行滑动方向，设置在有地下水出露处，修筑成 YIY、IYI、YYY、III 形，如图 4-24 所示。

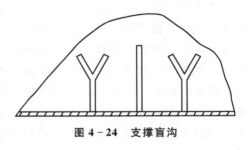

图 4-24　支撑盲沟

当滑体厚度大，地下水埋藏较深(如超过 20 m)时，采用埋于地下较深的盲沟排除深部地下水。盲沟应尽可能布置成直线，但受地下水流影响，也可成折线形。盲沟必须设在滑动面下，以免受滑体滑动的破坏。

排水工程形式多样，应结合滑坡工点具体条件灵活运用，前述甘洛车站 L 号滑坡采用垂直钻孔排水，如图 4-25 所示。

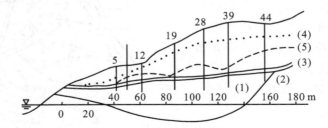

图 4-25　甘洛车站 L 号滑坡垂直钻孔排水

2. 刷方减重、修建支挡建筑物

当滑坡上部的滑动推力较大时，可采用刷方减重方法把滑坡上部的土体清除掉，如滑坡体前缘有弃土条件时，可将上部减重的土体堆在坡前，起反压作用。据研究，将滑动土体的 40% 从坡顶转移到坡脚，斜坡稳定性可增加 10%，刷方减重施工方便，技术简单，虽然工作量大，但其仍是滑坡整治中常被采用的方法，若能配合其他措施则整治滑坡的效果会更好。刷方减重可起到减载与反压作用。减载主要是将较陡的边坡变缓或将滑坡体后缘的岩土体削去一部分，以达到减少下滑力的目的。反压是将削减下来的岩土体堆积在坡脚的阻滑部位。减载与反压往往配合运用，使之达到既降低下滑力，又增加阻滑力的良好效果。

当边坡过高过陡不宜采用减重的方法时，也可以把边坡修成台阶式，以增加其稳定性（见图 4 - 26）。

支挡工程是防治斜坡变形破坏最主要的一种工程措施，它可以改善斜坡的力学平衡条件，以达到抵抗其变形破坏的目的。支挡建筑物的结构、种类很多，一些新颖、轻便的支挡建筑物迅速得到发展、推广，常用的有锚固、挡墙和抗滑桩等。应用最广的是抗滑挡土墙。采用挡土墙整治滑坡时，必须查明滑坡性质及滑动面的层数和位置，计算滑坡推力，挡墙的基础应设在滑动面以下的稳定岩层上，墙后设置排水沟，如图 4 - 27 所示。

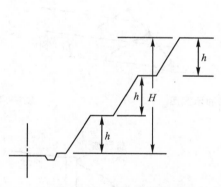

图 4 - 26　台阶式边坡

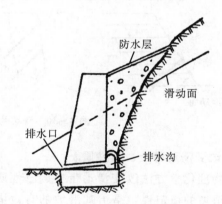

图 4 - 27　抗滑挡土墙

抗滑桩和锚杆加固是近年来发展的一种新颖支挡建筑物，适用于中、浅层滑坡工点。抗滑桩由单桩布置成柱排或互相间隔的形式，如图 4 - 28 所示。桩基础应深入岩层或稳定的土层中，锚固深度视岩、土性质，滑动推力，桩前被动土压力等而定。

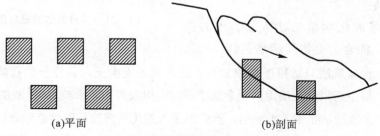

(a)平面　　　　　　　(b)剖面

图 4 - 28　抗滑桩示意图

滑坡地区一般不宜修建明洞，在经过必要的地质勘探和各种可能的方案比较后，亦可用明洞作为抗滑的主体结构，辅以其他工程措施的综合整治办法，如阿底滑坡，施工时开挖路堑导致老滑坡复活，后将路堑改成抗滑明洞通过滑坡地区，如图4-29所示。

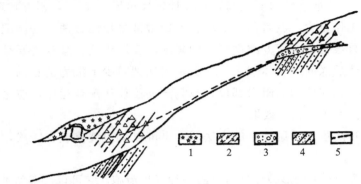

1—填筑土；2—洪积、坡积砂黏土夹碎、块石；3—冲积砂卵石层；4—砂页岩互层；
5—推测滑动面。

图4-29　阿底滑坡断面

滑坡的锚杆锚固如图4-30所示，滑坡的抗滑桩加固如图4-31所示。

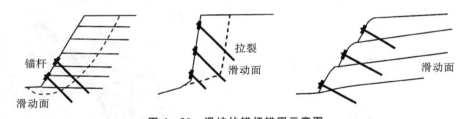

图4-30　滑坡的锚杆锚固示意图

3. 改变滑动带土、石性质

用物理化学方法改变滑动带土、石性质以提高滑坡的稳定性，是治理滑坡的有效措施。如在斜坡面上喷水泥浆，以胶结边坡表面的松散岩土体，防止地表水向坡体入渗。改良土、石性质的方法很多，下面简要地介绍几种。

1）灌浆法

用水泥浆或化学浆液注入岩、土的裂隙、孔隙中，将岩、土体胶结成整体，使之

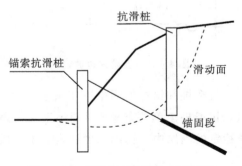

图4-31　滑坡的抗滑桩加固示意图

提高强度。水泥灌浆法只适用于裂隙岩石、砾石、砂土类土，黏性土的孔隙小，水泥浆液不易注入，很少采用此法加固。化学灌浆材料应用较多的是水玻璃（硅酸钠浆液，$Na_2O \cdot nSiO_2$），首先通过钻孔压入水玻璃，然后再压入氯化钙溶液，两种浆液起化学反应产生硅胶，将土颗粒胶结起来，使其成为紧密完整的不透水体。其化学反应式如下：

$$Na_2O \cdot nSiO_2 + CaCl_2 + mH_2O \longrightarrow nSiO_2(m-1)H_2O + Ca(OH)_2 + 2NaCl$$

由于水玻璃的流动性小，因此只适用于加固砂性土。

2）电渗排水和电化学加固法

电渗排水是利用电渗透原理在饱水的黏土中插入两个电极，并通以直流电，在电流的作用下，土中水向阴极汇聚，由阴极金属过滤管中排出，达到疏干、加固土体的目的。

电化学加固法是用滤水铁管作阳极，铁棒作阴极，从铁管中灌入药品（水玻璃、氯化钙），并通以直流电，电流使土中水分从阳极移向阴极，药品随水移动，进入土中细微孔隙，起加固作用，如图 4-32 所示。

3）焙烧法

焙烧法是利用导洞在坡脚焙烧滑带土，达到一定温度后，使土变得像砖一样坚实。为了使焙烧的土体成拱形，导洞平面要布置成曲线形，如图 4-33 所示。由于这种方法工序复杂，成本较高，很少被采用。

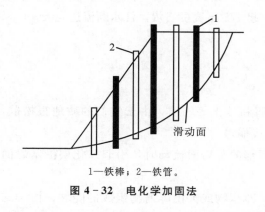

1—铁棒；2—铁管。

图 4-32　电化学加固法

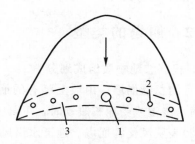

1—中心烟道；2—垂直风道；3—焙烧导洞。

图 4-33　焙烧导洞

以上几种防治措施往往综合运用以达到更好的防治效果。当不稳定斜坡治理困难或治理费用很高而不可行时，可采取回避措施，如公路、铁路线的改道，工程选址时避开危险地段等。

4.6　崩　　塌

4.6.1　崩塌落石的概念

斜坡岩、土体沿陡倾的拉裂面破坏，突然脱离母体而快速移动、翻滚和坠落的现象称为崩塌。崩塌一般发生在高陡斜坡的坡肩部位，斜坡上的岩体受重力的影响，突然脱离坡体而崩落，崩塌体以垂直方向运动为主，无依附面，发生突然，运动快速。崩落过程中岩块翻滚、跳跃，互相撞击，破碎，最后堆积在坡脚。个别岩块从坡顶岩体上脱落下来，称为落石。稳定的斜坡受风化作用的影响，在岩体表面很小范围内有小块的岩片、岩屑分离下来的现象也称为剥落。

崩塌一般发生在坚硬脆性岩体中，因这类岩体能形成高陡的斜坡，斜坡前缘由于应力重分布和卸荷等原因，会产生长而深的拉张裂缝，并与其他断裂面组合，逐渐形成连续贯通的分离面，在触发作用下发生崩塌。崩塌的形成和地形直接相关，一般发生在高陡斜坡的前缘。地形切割愈强，高差愈大，形成崩塌的可能性愈大，破坏也愈严重。风化作用对崩塌的形成也有一定影响。风化作用能使斜坡前缘各种成因的裂隙加深加宽，对崩塌的发生起催化作用。此外，崩塌还与裂隙水压力，采矿、地震或爆破震动等触发因素有密切关系。

崩塌现象大多发生在山区，是山区铁路常见的病害之一，严重威胁行车安全。据成昆线不完全统计，沿线崩塌、落石工点约 500 余处。在其勘测设计阶段，研究人员对崩塌、落石地段曾进行过多次研究，采取了相应的工程措施，但通车后仍然时有危害，有的地段甚至比较严重，为此，接长、增建的明洞有 445 m，问题仍未完全解决，可见崩塌、落石的严重性。崩塌的规模相差十分悬殊，小型崩塌仅几立方米至十几立方米，大型崩塌可达几百至几千立方米，甚至几万至几十万立方米。1967 年四川雅砻江的一次崩塌中，落下的岩块约 6800 万 m^3，在河谷中堆起 175 m 高的石堤，江水断流达九天。

4.6.2　崩塌的类型

1. 根据坡地物质组成划分

(1)崩积物崩塌。山坡上已有的崩塌岩屑和沙土等物质，由于它们的质地很松散，当有雨水浸湿或受地震震动时，可再一次形成崩塌。

(2)表层风化物崩塌。地下水沿风化层下部的基岩面流动时，引起风化层沿基岩面崩塌。

(3)沉积物崩塌。有些由厚层的冰积物、冲积物或火山碎屑物组成的陡坡，由于结构舒散，形成崩塌。

(4)基岩崩塌。在基岩山坡面上，常沿节理面、地层面或断层面等发生崩塌。

2. 根据移动形式和速度划分

(1)散落型崩塌。在节理或断层发育的陡坡，或是软硬岩层相间的陡坡，或是由松散沉积物组成的陡坡，常形成散落型崩塌。

(2)滑动型崩塌。沿某一滑动面发生崩塌，有时崩塌体保持了整体形态，和滑坡很相似，但垂直移动距离往往大于水平移动距离。

(3)流动型崩塌。松散岩屑、砂、黏土，受水浸湿后产生流动崩塌。这种类型的崩塌和泥石流很相似，称为崩塌型泥石流。

4.6.3　崩塌形成条件

(1)崩塌多发生在地形起伏差较大的高陡斜坡地区，一般坡度大于 55°，高度大于 30 m。处于高陡斜坡上的岩体，在风化作用、构造作用等地质作用下岩体破碎，块体间的相互连结力减弱，岩体处于极不稳定状态。一但坡脚开挖路堑，形成陡峻的边坡，即破坏了斜坡岩体的平衡状态，岩体中的应力则要重新调整。当引起崩塌的岩体重力超过了崩塌的抗力时，就会产生崩塌。

（2）岩体内由于构造作用和非构造成因存在着多种节理、裂隙和软弱夹层等结构面，对崩塌的形成起着极大的影响。结构面将岩体分割成没有连结或连结十分微弱的不连续体，为产生崩塌创造了条件。

结构面的倾斜方向与崩塌的产生有着十分密切的关系，当结构面处于最不利位置时，容易发生崩塌。图 4 - 34 所示边坡岩体内，有一组倾向相背的高角度结构面和一组倾向路堑的结构面，崩塌体就沿着两组结构面贯穿成的最不利位置面崩落。

与斜坡斜交的两组结构面和斜坡面共同形成一个倾向线路的楔形体，沿着两组结构面的交线方向容易发生崩塌，如图 4 - 35 所示。

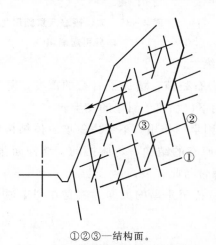

①②③—结构面。

图 4 - 34　结构面贯通形成崩塌

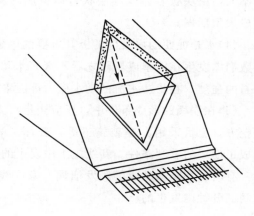

图 4 - 35　沿两组结构面交线方向崩塌

当岩层倾向坡内，倾角大于 45°，小于自然坡度，且有一组倾向坡外的结构面存在时，容易发生崩塌，如图 4 - 36 所示。

此外，斜坡内部虽然没有节理、裂隙等分割性的结构面，但附近有断层破碎带、软弱夹层等差异性结构面存在时，也能产生崩塌，如图 4 - 37 所示。

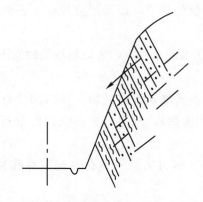

图 4 - 36　岩层倾向山坡内，一组结构面
倾向坡外引起崩塌

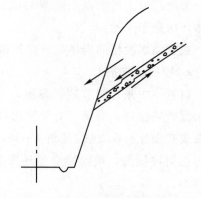

图 4 - 37　断层破碎带引起崩塌

（3）岩石性质与天然斜坡形态之间有着内在的联系。斜坡的形态和坡度在一定程度上受岩石性质的控制。陡峻的斜坡地区出露的都是坚硬抗风化能力强的硬质岩石。而易风化的软质岩石则形成低缓的斜坡。所以崩塌现象都发生在硬岩石组成的高陡斜坡地段，而在软弱岩石组成的低缓斜坡地区少见。当斜坡上出露的岩体为硬岩、软岩相间成层时，在同样的条件下，软岩遭受风化后，坡面向后退缩。硬岩突出悬空而崩塌（见图 4-38）。这种崩塌规模一般不大，由块状岩体或厚层状岩体组成的斜坡往往形成大型崩塌。

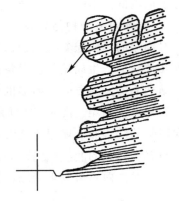

图 4-38　软、硬岩互层因风化差异引起崩塌

（4）水是促使崩塌发生的极其重要的因素，绝大多数崩塌发生在雨季或暴雨之后不久。水渗入岩石裂隙，增加了岩石的重度，降低了岩石的强度，在渗透水流的动水压力等因素作用下，加速了崩塌的发生。

（5）在崩塌的形成条件中，还应当指出人为因素的作用。不考虑斜坡岩体结构的任意挖方，盲目采用大爆破施工等，破坏了岩体原有的结构，岩体松动，结构面张开，造成了崩塌的有利条件。新线施工中发生的崩塌常与此有关。

有时，列车振动也能触发崩塌，京广线永济桥至乐昌的大崩塌就是在列车通过后的两三分钟内发生的。

4.6.3　防治崩塌的措施

崩塌的危害性很大，其崩塌体可直接危害生命与财产安全。为防止崩塌的发生，或使崩落物不危及工程安全。提出具体措施前，对崩塌的形成条件应作详细的调查，了解崩塌发生的原因，针对问题采取相应措施，常用的工程措施如下所述。

1. 清除危岩、排水

清除斜坡上可能发生坠落的危岩和行将失稳的孤石，以及严重风化、丧失强度的岩体，防患于未然。

在有崩塌险情的岩体上方修筑截水沟，防止地表水渗入，清除崩塌的触发因素。

2. 镶补、支护

对岩体中张开的节理、裂隙，为防止其扩展而加速岩体崩塌，可以用片石填塞及用水泥砂浆镶补、勾缝。对于突出在悬崖外的"探头石"或底部失去支撑的危石，用废钢轨或浆砌片石垛支撑（见图 4-39）。

在斜坡较高，坡面陡立的地段采用支护墙，既可防岩石风化又起支撑作用（见图 4-40）。

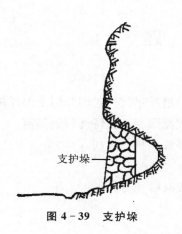

图 4-39　支护垛　　　　　　　　图 4-40　支护墙

3. 拦挡

规模较小的崩塌、落石经常砸坏钢轨，掩埋线路，可在山坡上或路基旁设拦石墙，如图 4-41 所示。

对于规模较大，发生频繁的崩塌，可以修建明洞、棚洞等遮挡建筑（见图 4-42）。

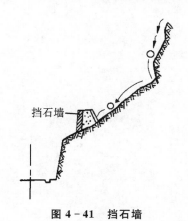

图 4-41　挡石墙　　　　　　　　图 4-42　防崩塌明洞

4. 绕避

对于规模巨大，工程上难于处理的大型崩塌地段，为确保线路运营安全，应予绕避。例如成昆线原猴子岩隧道进口前地段，玄武岩沿柱状节理形成大崩塌，因治理困难，将线路内移以使隧道通过。

崩塌一般是突发性灾害事件，需提前采取预防措施，在潜在崩塌区应进行必要的工程地质测绘，查明产生崩塌的条件及其规模范围等，对崩塌进行评价并采取相应的防治措施。当崩塌区下方有工程设施和居民点时，应对岩体张裂缝进行监测。如崩塌会产生较大危害时，应首先进行避让，如果不具备避让条件，则应进行治理，如清除斜坡上的多面临

疑难释义 4-1

空岩体和危险岩体，对潜在崩塌区进行加固（如锚杆加固）等。崩塌、滑坡和泥石流的区别与联系见右侧二维码文件。

习　题

4.1　第四纪地层如何划分？

4.2　什么是绝对地质年代？什么是相对地质年代？它们分别是怎样确定的？

4.3　第四纪沉积物有哪些类型及其形成原因、工程特性分别如何？

4.4　试比较冲积物和洪积物，残积物和坡积物的异同。

4.5　简述常见的地貌单元及其特点。

4.6　滑坡的形态特征有哪些？滑坡一般有哪些分类？

4.7　崩塌形成的条件有哪些？

4.8　滑坡与崩塌有什么异同？

第5章　水的地质作用

思维导图5-1

在自然界中，水的分布是十分广泛的。大气圈、水圈、生物圈和地球内部不仅都有水的存在，而且水是处于不断运动、互相转化的过程中的。自然界中水的循环就反映了其形式之间的相互联系。在太阳热的作用下，从水面、岩（土）表面和植物叶面蒸发的水，以水蒸气的形式上升到大气圈中；又能在适宜的条件下凝结成雨、雪、霜、雹等降到地面或水面上。降到地面上的水，一部分形成地表水，一部分渗入地下形成地下水，还有一部分再度蒸发返回到大气中。而地下水在地下渗流一段距离后又可能溢出地表，形成地表水。

地下水是贮存于地面以下的岩石空隙或含水地层中的水，是地球水圈的重要组成部分。地下水的分布十分广泛，不仅在潮湿地区，在干旱的沙漠、高寒极地等地区也同样存在地下水。分布于地表以下各层圈中的地下水与周围物质进行各种物理和化学作用，从而不断地改造着周围的地质环境，同时也改造地下水本身，这种水与环境介质相互作用的过程称为地下水的地质作用。地下水地质作用的形式和强度与多种因素有关，如环境的温度、压力、水与周围岩土的物理化学性质、地下水的埋藏深度等。在可溶性岩石分布的地区，常可看到发育有各种奇特的洞穴和溶蚀地貌景观，这主要是地下水溶蚀作用的结果。

5.1　地下水的基本概念

地下水是贮存于地面以下岩土空隙或含水地层中的水，是地球水圈的重要组成部分。地下水的分布十分广泛，不仅在潮湿地区，在干旱的沙漠、高寒极地等地区也同样存在地下水。

5.1.1　岩土的空隙及地下水的存在形式

1. 岩土的空隙

地下水存在于岩土的空隙之中。地壳表层 10 km 以下的范围内，都或多或少存在着空隙，特别是浅部 1～2 km 范围内，空隙分布较为普遍。岩土的空隙既是地下水的储存场所，又是地下水的渗透通道，空隙的多少、大小及其分布规律，决定着地下水分布与渗透的特点。

根据岩土空隙的成因不同，可把空隙分为孔隙、裂隙和溶隙三大类（见图 5-1）。

  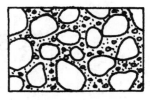

(a)分选良好排列疏松的砂　　　(b)分选良好排列紧密的砂　　　(c)分选不良含泥、砂的砾石

 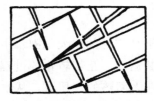 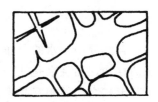

(d)部分胶结的砂岩　　　　　(e)具有裂隙的岩石　　　　　(f)具有溶隙的可溶岩

图 5-1　空隙

1）孔隙

松散岩土（如黏土、砂土、砾石等）中颗粒或颗粒集合体之间存在的空隙称为孔隙。孔隙发育程度用孔隙率（n）表示。所谓孔隙率是指孔隙体积（V_n）与包括孔隙在内的岩石总体积（V）的比值，用小数或百分数表示，即

$$n = \frac{V_n}{V} \quad \text{或} \quad n = \frac{V_n}{V} \times 100\% \tag{5-1}$$

孔隙率的大小主要取决于岩土的密实程度及分选性。此外，颗粒形状和胶结程度对孔隙率也有影响。岩土越疏松，分选性越好（见图 5-1(a)），孔隙率越大。反之，岩土越紧密（见图 5-1(b)）或分选性越差（见图 5-1(c)），孔隙率越小。孔隙若被胶结物充填（见图 5-1(d)），则孔隙率变小。

几种典型松散岩土的孔隙率参考值见表 5-1。

表 5-1　孔隙率的参考值

	砾石	砂	粉砂	黏土
孔隙率/%	25～40	25～50	35～50	40～70

2）裂隙

坚硬岩石受地壳运动及其他内外地质营力作用的影响产生的空隙称为裂隙（见图 5-1(e)）。裂隙发育程度用裂隙率（K_t）表示。所谓裂隙率是指裂隙体积（V_t）与包括裂隙体积在内的岩石总体积（V）的比值，用小数或百分数表示如下：

$$K_t = \frac{V_t}{V} \quad \text{或} \quad K_t = \frac{V_t}{V} \times 100\% \tag{5-2}$$

3）溶隙

可溶岩（石灰岩、白云岩等）中的裂隙经地下水流长期溶蚀而形成的空隙称为溶隙（见图 5-1（f）），这种地质现象称为岩溶（喀斯特）。溶隙的发育程度用溶隙率（K_k）表示。所谓溶隙率（K_k）是指溶隙的体积（V_k）与包括溶隙在内的岩石总体积（V）的比值，用小数或百分数表示如下：

$$K_k = \frac{V_k}{V} \quad 或 \quad K_k = \frac{V_k}{V} \times 100\% \tag{5-3}$$

研究岩土的空隙时，不仅要研究空隙的多少，还要研究空隙的大小，空隙间的连通性和分布规律。松散土孔隙的大小和分布都比较均匀，且连通性好，所以，孔隙率可表征一定范围内孔隙的发育情况；岩石裂隙无论其宽度、长度和连通性差异均很大，分布也不均匀，因此，裂隙率只能代表被测定范围内裂隙的发育程度；溶隙大小相差悬殊，分布很不均匀，连通性更差，所以，溶隙率的代表性更差。

2. 地下水的存在形式

根据水在空隙中的物理状态、水与岩土颗粒的相互作用等特征，一般将水在空隙中存在的形式分为五种，即气态水、结合水、重力水、毛细水、固态水。

重力水存在于岩土颗粒之间，结合水层之外，它不受颗粒静电引力的影响，可在重力作用下运动。一般所指的地下水如井水、泉水、基坑水等都是重力水，它具有液态水的一般特征，可传递静水压力。重力水能产生浮托力及孔隙水压力。流动的重力水在运动过程中会产生动水压力。重力水具有溶解能力，会对岩石产生化学潜蚀，导致岩土的成分及结构的破坏。

地下水以多种形式存在于地表以下的地层当中，可分为结合水（强结合水与弱结合水）、液态水（重力水与毛细水）、气态水与固态水几种类型。

1）结合水

结合水是指受松散岩石颗粒表面及坚硬岩石孔隙壁面的静电引力大于水分子自身的重力的那部分水。此部分水束缚于固相表面，不能在自身重力影响下运动。由于固相表面对水分子的吸引力自内向外逐渐减弱，结合水的物理性质也随之发生变化。其中，接近固相表面的结合水称为强结合水，强结合水的外层称之为弱结合水。强结合水不能流动，但可转化为气态水而移动；弱结合水分子排列不如强结合水规则和紧密，溶解矿物质的能力较低，并且能够被植物吸收利用。

2）重力水

重力水是指距离固相表面较远的那部分水，重力对它的影响大于固体表面对它的静电引力，因而能在自身重力作用下运动。重力水中紧靠弱结合水的那部分水，仍然受固体引力的影响，在流动时呈层流状态。远离固体表面的重力水不受固体引力的影响，只受重力控制，在流速较大时容易转为紊流运动。岩石或土壤孔隙中的重力水能够自由流动，比如井、泉中取用的地下水都属于重力水。

3）毛细水

毛细水是指存在于地下水面以上的松散岩石或土壤细小孔隙中的水。这部分水由于毛细力的作用,从地下水面沿着细小孔隙上升到一定高度形成了毛细水带,并随着地下水面的升降而上下移动。

4)气态水与固态水

气态水可以随空气流动而流动,即使空气不流动,它也能从水汽压力大的地方向水汽压力小的地方移动。气态水在一定的温度、压力条件下,与液态水相互转化,两者之间保持动态平衡。当地层中的温度低于0℃时,孔隙中的液态水转为固态水,在我国北方冬季常形成冻土。东北和青藏高原,一部分地层中贮存的地下水多年保持固态,成为多年冻土。

5.1.2 包气带、饱水带和地下水

在地表以下一定深度,岩石或土壤中的孔隙被重力水所充满并形成地下水面(见图5-2)。地表以下至地下水面间的岩土层空隙中没有充满液态水,包含有与大气相通的气体,该地带称为包气带。包气带近地表部分,主要赋存气态水和结合水,靠近下部接近饱水带的部位,由于毛细作用,水从地下水面上升到一定高度,形成一个毛细水上升带。雨后不久或有结露水时包气带中还赋存有正在下渗的过路水,这叫悬挂毛细水。此外地表水入渗后包气带中还会有正在下渗的重力水。地表附近土壤层中所含的地下水亦称土壤水。

地下水面以下则称为饱水带。饱水带中的岩土空隙中全部充满了液态水,有重力水,也有结合水。

从地面向下挖掘时可以看到,靠近地面处土层往往是干燥的,含水很少;向下岩土层逐渐变湿,但在坑中没水;再向下挖掘时,可以发现壁坑及坑底有水渗出,坑里很快出现水面,该水面即为地下水位面。

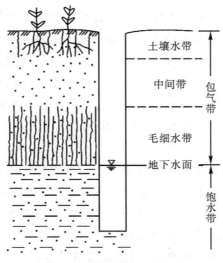

图5-2 包气带与饱水带

5.1.3　含水层与隔水层

岩石中含有各种状态的地下水，由于各类岩石的水理性质不同，根据岩层给出和透过重力水的能力，可将各类岩石层划分为含水层和隔水层。

所谓含水层，是指能够给出并透过饱含重力水的岩土层。其不仅可以储存水，并且水可以在其中运移。因此，构成含水层的条件，一是岩石中要有空隙存在，并充满足够数量的重力水；二是这些重力水能够在岩石空隙中自由运动。

隔水层是指不能给出并透过水的岩土层。隔水层还包括那些给出与透过水的数量是微不足道的岩土层，也就是说，隔水层有的可以含水，但是不具有允许相当数量的水透过的性能，例如黏土就是这样的隔水层。表5-2是常压下岩土按透水程度的分类。

表 5-2　岩土按透水程度的分类

透水程度	渗透系数 $K/(\text{m} \cdot \text{d}^{-1})$	岩土名称
良透水的	>10	砾石、粗砂、岩溶发育的岩石、裂隙发育且很宽的岩石
透水的	10~1.0	粗砂、中砂、细砂、裂隙岩石
弱透水的	1.0~0.01	黏质粉土、细裂隙岩石
微透水的	0.01~0.001	粉砂、粉质黏土、微裂隙岩石
不透水的	<0.001	黏土、页岩

实际上，含水层和隔水层的划分是相对的。如粗砂层中的泥质粉砂夹层，由于粗砂的透水和给水能力较泥质粉砂大得多，相对而言，泥质粉砂可视为隔水层。但是，若泥质粉砂夹在黏土层中，由于其透水和给水能力均比黏土强，则此时泥质粉砂就应视为含水层了。

另外，含水层与隔水层在一定条件下是可以相互转化的。例如，一般条件下，黏土层起着隔水的作用，但是在较大的水头差的作用下，由于黏土层中部分结合水发生运动，黏土层便能透水，并给出一定数量的水。

5.1.4　含水层形成的条件及类型

1. 含水层的形成条件

含水层的形成受很多因素的影响，当岩层具有地下水储存和运动的空间，有储存地下水的地质条件，并有一定的补给水量时即可形成含水层。

（1）岩层的空隙性是构成含水层的先决条件。岩层空隙越大，重力水所占的比例越大，在空隙中运动时所受到的阻力越小，透水性便越好。

（2）须具有一定的有利于聚集和储存地下水的地质条件，才能使具有空隙的岩土层含水。当空隙岩层下伏或侧向有隔水层时，可使运动在岩层空隙中的地下水长期储存起来，并使其充满岩层空隙而形成含水层。

(3)须具有充足的地下水补给来源,才能使具有一定地质条件的空隙岩层有水而构成含水层。故具有一定的补给水量,不仅是形成含水层的一个重要条件,更是关系到含水层水量多少的一个主要因素。

2. 含水层的类型

1)按含水层的空隙性质划分

(1)孔隙含水层。指地下水储存于松散孔隙岩土层,即含水层由松散的孔隙岩土层构成。常见的有砂层、砾石层、砂砾石层、风化岩等。

(2)裂隙含水层。指地下水储存于坚硬岩石层中,储水的空隙为各种地质成因的裂隙。如风化裂隙发育、玄武岩中的成岩裂隙发育、构造裂隙发育的地层等。

(3)岩溶含水层。指由可溶性岩石中具有岩溶的岩层构成的含水层。当可溶岩中的可溶性盐分溶解于水之后形成空隙,就有了储存和运移地下水的空间,其在一定的地质条件下储水,并能有充足的水分补给,即形成了岩溶含水层。

2)按含水层的埋藏条件划分

(1)无压含水层。指被重力水所饱和的那部分岩层,其上无连续,稳定的隔水层分布。无压含水层中的地下水具有自由水面,该水面就是含水层的上界面。

(2)承压含水层。储存于两个稳定隔水层之间,并被具有一定压力水头的重力水所充满的岩层,即承压含水层中的任一点的水头压力都大于大气压力,大于静水压力。

3)按含水层的渗透性能的空间变化划分

(1)均质含水层。指含水层的渗透性是各向同性的,与空间坐标无关,近于常数。

(2)非均质含水层。指含水层的渗透性是各向异性的,它随渗透区域的坐标而变化。

实际上,自然界中所有的含水层都是非均质的,但是当岩层的渗透性随空间位置变化不大时,或在一定的区域范围内岩层的渗透性能在各个方向上变化不大时,该含水层或该区域的含水层可视为均质含水层。这样产生的误差不大,也便于对问题研究予以必要的简化。

5.2 地下水的物理化学性质

1. 地下水的物理性质

地下水的物理性质有温度、颜色、透明度、气味、味道、导电性及放射性等。纯净的地下水应是无色、无味、无臭味和透明的,当含有某些化学成分和悬浮物时其物理性质会改变。

2. 地下水的化学成分

地下水沿着岩石的孔隙、裂隙或溶隙渗流的过程中,能溶解岩石中的可溶物质,因而具有复杂的化学成分。

(1)主要气体成分。地下水中常见的气体有 N_2、O_2、CO_2、H_2S。一般情况下,地下水的气体含量为每升只有几毫克到几十毫克。

（2）主要离子成分。地下水中的阳离子主要有 H^+、Na^+、K^+、NH_4^+、Ca^{2+}、Mg^{2+}、Fe^{3+} 和 Fe^{2+} 等；阴离子主要有 OH^-、Cl^-、SO_4^{2-}、NO_3^-、NO_3^-、HCO_3^-、CO_3^{2-}、SiO_3^{2-} 和 PO_4^{3-} 等。但一般情况下在地下水化学成分中占主要地位的是以下八种离子：Na^+、K^+、NH_4^+、Ca^{2+}、Mg^{2+}、Cl^-、SO_4^{2-} 和 HCO_3^-，它们是人们评价地下水化学成分的主要项目。

（3）胶体成分与有机质。地下水中以未离解的化合物构成的胶体主要有 $Fe(OH)_3$、$Al(OH)_3$ 和 H_2SiO_3 等。

3. 地下水的腐蚀性

地下水含有各种化学成分，当某些成分含量过多时，会腐蚀混凝土、石料及金属管道而造成危害。下面仅介绍地下水对混凝土的腐蚀作用。

地下水中硫酸根离子 SO_4^{2-} 的含量过多时，将与水泥硬化后生成的 $Ca(OH)_2$ 反应，生成石膏结晶 $CaSO_4 \cdot 2H_2O$。石膏再与混凝土中的铝酸四钙 $4CaO \cdot Al_2O_3$ 反应，生成铝和钙的复硫酸盐 $3CaCO_3 \cdot Al_2O_3 \cdot 3CaSO_3 \cdot 31H_2O$，这一化合物的体积比化合前膨胀了 2.5 倍，能破坏混凝土的结构。

氢离子浓度（负对数值）$pH < 7$ 的酸性地下水对混凝土中 $Ca(OH)_2$ 及 $CaCO_3$ 起溶解破坏作用。

地下水中游离的 CO_2 可与混凝土中的 $Ca(OH)_2$ 化合，生成一层 $CaCO_3$ 硬壳，对混凝土起保护作用。但 CO_2 含量过多时，又会与 $CaCO_3$ 化合，生成 $Ca(HCO_3)_2$ 而溶于水。这种过多的、能与 $CaCO_3$ 起作用的那一部分游离 CO_2 称为腐蚀性二氧化碳。

在评价地下水是否具有腐蚀性时，应结合场地的地质条件和物理风化条件综合考虑。《岩土工程勘察规范》（GB 50021—2001）（2009 年版）中有详细的评定标准和宜采用的抗腐蚀水泥品种及其他防护措施。

5.3　地下水的补给和循环

5.3.1　地下水的补给

1. 大气降水补给地下水

地下水主要来源于大气降水。降水后，一部分转为地表径流，一部分被植被截留，其余渗入包气带。渗入的水量，一部分通过蒸发又返回大气圈，一部分滞留于包气带中，其余的补给地下水。渗入补给含水层的水量约占降水量的 $20\% \sim 50\%$。降水渗入地下的速率随着降水过程的延长而降低。降水初期，其向地下的渗入很快，随着降水时间的延长，自地表向下出现了以下三个分区。

（1）完全饱和带。是地表下深度不大，甚至是较薄的一层。

（2）传输带。该带内含水量并不完全饱和，大致只相当于饱和含水量的 80%，但含水量已不能再增加，只是将渗入的水向下传输。

（3）湿润带。该带在传输带以下，其含水量自上而下逐渐降低。湿润带的下缘称为湿锋面，在这里出现含水量的突变现象。随着降水期的延长，传输带变厚，湿润带及湿锋面下移，直至包气带中下降毛细水的水头，至此，渗入速率趋于常数即等于岩土地层的渗透系数。

在降水后的包气带中，水的下渗方式是一个复杂的运动。一般地讲有两种下渗方式：一种是像活塞一样，新渗入的水推压先前存在的水，作面状下移，这种方式常发生在孔隙大小及其分布都比较均匀的地层中；另一种是渗入水流不作面状推进，而是沿着某些较大孔道如根孔、竖向节理下渗，黄土地区降水对地下水的补给就是这样的。大气降水可以下渗到很深处。

影响大气降水对地下水补给的因素很多，如降水特征、蒸发强度、包气带的岩性及厚度、毛细水状况、地形、地貌、植被状况等。降水特征包括降水量、强度及分布。降水量小时大部分滞留在包气带中，降水量大时才能实际补给地下水。降水强度大于地面渗入速率时，就能产生地表径流，绵绵细雨才能大部分渗入地下。降水量分布不均时，在旱季及非雨季，蒸发量就会大大增加，地下水位降低，包气带中的含水量也降低，甚至可能降低到小于最大持水能力。包气带的透水性好，有利于降水的下渗，包气带透水性不好就会使降水转为地面径流。包气带厚度大时，其中滞留的水量就多，不利于补给地下水；包气带厚度小时，如上升毛细水带离地表近时，则会大大降低渗入速率，使降水转为地表径流。地形为陡坡时，径流量大，水土流失严重，下渗水量减少。地形为缓坡时情况会好一些。但如果地区岩溶化岩层分布广泛，则虽然山陡，由于渗流较快，降水也能大量补给地下水。森林植被滞蓄降水明显，由此减少了地表径流，增加了渗入水量。

2. 地表水补给地下水

地表水和大气降水是补给地下水的两种主要来源。地表水主要指河流，雨季的沟谷、溪流排水，高山冰雪融化水及湖水，海水等。每一条河流都在其流域面积内通过地表径流汇水。河流对地下水的补给情况依河段不同而不同。河流上游，由于山区河谷深切，河水面可能低于地下水位面，此时河流对地下水起不到补给作用，而只起排泄作用。在山前平原、山麓地带，由于河流沉积作用的加强，使河水面高于地下水位面，因而河流对地下水起补给作用。在冲积平原和盆地内部，随年份不同，季节不同，河水面与地下水位面的相对高低关系常有变化，如某些地区河床高出地面成为地上河，此时河水经常补给地下水。

在高大山区，冰雪融化水和冰川融化水也是地下水的补给来源之一，例如，河西走廊、新疆等地就是如此。

在一定条件下，湖泊对湖区周围的地下水，海洋对沿海地区的地下水都可能起到补给作用。

大气降水补给地下水是大面积的，但有间歇性，只有在雨季才能补给。地表河流、湖泊对地下水的补给常发生在局部区域，但在时间上常是连续的经常性的补给。

3. 凝结水补给地下水

空气中湿气的饱和含量（饱和湿度）随温度的降低而降低。当温度不断降低时，超过饱和含量的那部分湿气就会凝结成水，气态变成液态，这叫凝结作用。夏季气温高，空气中的湿气量大，压力也大，包气带中的水气压力小，并随深度增加不断减小，所以含大量湿气的空气在压力差作用下进入包气带中，在不断深入地下的过程中，由于温度降低，湿度由原来的不饱和达到饱和直至过饱和，超过饱和含量的那部分湿气就凝结成水，液态水继续下渗补给地下水。一般情况下，这种补给量不大，但在沙漠地区，由于昼夜温差大，凝结水补给量就不可忽视。我国内蒙沙漠地带，在风成细沙的不同深度处均有凝结水的存在。

4. 含水层之间的补给

这种补给并没有增加地下水的总量，只是改变了地下水的分布。两个含水层之间有水头差（压力差）时，压力大的含水层就会补给压力小的含水层，例如，承压水补给潜水。两个含水层之间（例如，承压水层与潜水层之间，承压水层互相之间）如果有隔水层，而隔水层不是连续、完整的分布，则其缺失部分称为天窗，这个天窗就成为两个含水层之间的水力联系通道。如果隔水层是连续，完整分布时，则切断隔水层的断层处就成为导水断层，不同含水层之间就会产生补给关系。穿越隔水层的钻孔也能起导水作用。即使隔水层没有受到任何自然的、人为的破坏，因为隔水层的隔水性能都不是绝对的，在存在压力差的情况下，许多隔水层实际上变成了半隔水-半透水层或弱透水层。含水层之间通过这种弱透水层发生的补给称为越流。

5. 人工方式补给地下水

人工方式补给地下水是指人工建造水库、灌溉、排放生产及生活废水、专门设计地下水回灌工程等，属于渗漏补给。对于这种补给方式，应该特别注意两个问题：一是水库工程失效，二是这种补给对地下水质可能产生污染。

5.3.2　地下水的排泄

含水层失去水量的过程称为地下水的排泄。排泄出路与排泄方式有以下几种。

1. 泉

地下水的天然出露处，当地形地貌表面与地下水含水层相切时，地下水就出露成泉。在山区、丘陵区的沟谷、山坡、山麓地带常可见到泉。依靠上层滞水和潜水补给的泉称为下降泉，依靠承压水补给的泉称为上升泉。在地形地貌、地质构造、岩性及水文地质等各种条件的配合下，就能形成大规模的泉水出露。例如，山东济南称为泉城（详见右侧二维码文件），在济南市区 2.6 km² 的范围内共出露有 106 处泉眼。这是因为济南以南为泰山背斜区，倾向济南，岩体中的水沿裂隙向北流到济南地下。济南市区北侧地下的基岩为闪长岩、辉长岩的侵入体，不透水，由此汇聚在济南市地下的水，在压力差（水头差）作用下沿地层裂隙出露成泉，成为济南市的供水水源，总涌水量可达到 5 m³/s。

工程案例 5-1

2. 泄流

泄流是地下水向河流的排泄即地下水补给河流。有时地下水也在河底、湖底、海底排泄。在枯水季节，河流水的大部或全部是靠地下水的泄流来补给的。

3. 蒸发

蒸发是一种垂直排泄方式，可分为地面蒸发和植物叶面蒸发。在地下水位以上存在一个毛细水带，如果地下水位不深，毛细水带接近地面，空气相对湿度较低时，地下水就通过上升毛细水不断地蒸发，毛细水上升高度越高，距地表越近，空气越干燥时，蒸发作用就越强。水分蒸发后在毛细水带上部就形成一个盐分富集区，造成土壤盐碱化。我国西北干旱地区的一些山间盆地，气候干燥，地下水的矿化度很高（即地下水中含盐分很多），而四川西部的平原区，虽然地下水位较浅，但因空气相对湿度高，所以蒸发作用弱，地下水的矿化度就低。蒸发作用的影响深度通常为 $4\sim5$ m，在潜水水位里深度大于 1.5 m 后，蒸发作用就比较弱了。

植物的叶面蒸发也很重要。植物繁茂的地区，通过叶面的蒸发量通常为裸露土壤的两倍（当然，植物首先可以大大增加土壤的持水量，并可影响气温差），甚至超过露天水面的蒸发量。小麦生长过程中的总耗水量可达小麦籽粒重量的 $1200\sim1500$ 倍，树木生长的耗水量也很大，一颗成年的柳树，每年耗水约 90 t。我国南方有一种大叶桉树，树冠很大，一颗中型大叶桉树每天要从土壤中吸水约 $5.0\sim6.0$ t。植物的根系能将很深处的地下水吸上来，又通过植物的叶面蒸发。

4. 其他

①地下水由一个含水层向另一个含水层的排泄（补给）。②人工排泄，这是指打井抽水，通过井渠灌溉方式排泄地下水。

5.3.3　地下水的径流

地下水从补给区流向排泄区，这个过程称为地下水径流。地表上的排泄区总是在地势较低的地方。地下水的径流方向一般是由高处流向低处。地下水径流是一个复杂的径流系统，既有水的水平运动，又有水的垂直运动，更有水的复合运动。以华北平原为例，在总的地形地势控制下由山前平原向滨海方向径流，在径流过程中局部地区也存在上、下含水层之间的越流补给。地下水径流过程还受到人类活动的影响。例如，在华北平原上打井的数量特别多，在其影响下含水系统的水头会重新分布，径流方向也会发生变化，形成新的径流系统。

地下水径流的强度可用单位时间内通过单位断面上的流量来表示，径流强度与含水层的透水性及自补给区到排泄区的水头差成正比，与径流距离成反比。地下水补给丰富，水头差大，透水性好时，径流强度就大，水的矿化度就低。在干旱地区，地下水补给量少，蒸发量大，这时，地下水径流就较弱甚至微弱，矿化度增高，尤其在排泄区，地下水中含盐量高，土壤盐碱化程度高。

在承压水及断裂构造复杂的条件下，地下水径流状况也会比较复杂。

5.4　地下水按埋藏条件的分类

一般说来，建筑场地的水文地质条件主要包括地下水的埋藏条件，地下水位及其动态变化，地下水化学成分及其对混凝土的腐蚀性等。能储存地下水的地质构造称为出储水构造，也就是含水层与隔水层相互组合形成的能储存地下水的地质环境，即地下水的不同埋藏条件。

按照地下水埋藏条件的不同，把地下水分为上层滞水、潜水和承压水三种类型（见图 5 - 3）。

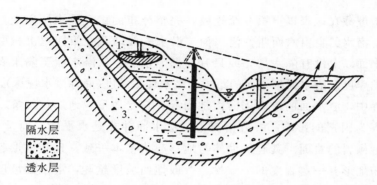

1—上层滞水；2—潜水；3—承压水。

图 5 - 3　各种类型地下水埋藏示意图

5.4.1　上层滞水

上层滞水是指埋藏在地表浅处，局部隔水透镜体的上部，且具有自由水面的重力水。也就是当包气带中有局部隔水层存在时，局部隔水层上部的透水层中会积聚具有自由水面的重力水，称为上层滞水（见图 5 - 4）。上层滞水不仅可以在松散沉积层中形成，在基岩地区亦同样可以形成。

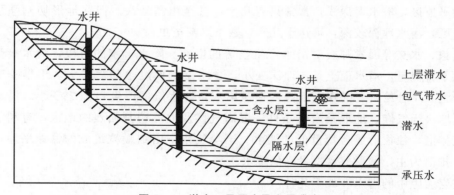

图 5 - 4　潜水、承压水及上层滞水

上层滞水接近地表，它的分布范围有限，其来源主要是由大气降水或地表水入渗的补给，同时也在原地以蒸发或向隔水层四周散流的形式而排泄。因此，它的动态变化与气候、隔水透镜体厚度及分布范围等因素有关。上层滞水在雨季时获得补给并积存一定水量，旱季时水量会逐渐耗失，因此其水量较小并且动态变化幅度较大，只有在缺水的地区才会选择上层滞水作为小型供水水源或暂时性供水水源。

上层滞水地带只有在融雪或大量降水后才能聚集较多的水，因而只能作为季节性的或临时性的水源。

5.4.2 潜水

潜水是指埋藏在地表以下第一个连续，完整分布的稳定隔水层以上，具有自由水面的重力水。潜水的自由水面叫作潜水面。潜水一般埋藏在第四纪沉积层及基岩的风化层中。潜水面以上没有隔水层，或只有局部隔水层。从潜水面至隔水底板的距离为潜水含水层的厚度。潜水面到地面的距离为潜水埋藏深度（简称潜水埋深）。

在自然界中，潜水面的形状因时因地而异，它受地形、地质、气象、水文等各种自然因素和人为因素的影响。一般情况下，潜水面并非是水平的，而是呈波状起伏，向着邻近洼地倾斜的曲面。其起伏大体与地形起伏基本一致，且较地形起伏平缓。潜水面的形状与地形有一定程度的一致性，一般地面坡度越陡，潜水面坡度也越大；但潜水面坡度总是小于相应的地面坡度，其形状比地形要平缓得多。

由于潜水含水层与包气带直接连通，因此潜水可以通过包气带接受大气降水及地表水的补给。潜水直接受雨水渗透或河流渗入土中而得到补给，同时也直接由于蒸发或流入河流而排泄，它的分布区与补给区是一致的。因此，潜水水位的变化直接受气候条件变化的影响。

潜水可以在重力作用下由水位高处向水位低处流动。潜水除了流入其他含水层以外，首先会流动到地形低洼处，以泉或泄流等形式排泄，此为潜水的径流排泄；二是通过地表蒸发或植物蒸腾的形式进入大气，此为潜水的蒸发排泄。潜水不仅可以分布于松散沉积物的孔隙中，也分布于裸露基岩浅部的裂隙和溶穴中。一般来说，在地形平坦的平原区，潜水埋深浅，常常只有几米，甚至出露地表。但在地形切割强烈的高原、山区，潜水埋深较深，可达十几米，数十米甚至更深。

气象、水文等因素都会对潜水产生显著的影响。降水丰富的时段，潜水接受的补给量大于排泄量，潜水面上升，埋深变小，含水层的厚度也随之增大。干旱季节潜水的排泄量大于补给量，潜水面下降，埋深增大，含水层的厚度也随之变小。潜水的水质主要取决于气候、地形及岩性条件。湿润气候及地形切割强烈的地区，有利于潜水的径流排泄，往往形成含盐量低的淡水。干旱气候下由细颗粒组成的盆地平原，潜水以蒸发排泄为主，常形成含盐量高的咸水。

基岩裂隙中的潜水有如下几种。

（1）风化裂隙水。风化裂隙分布在基岩表面，延伸短，无确定方向，但均匀密集相互连通并向下逐渐消失，因此风化裂隙水一般呈层状，具有统一水面。

（2）成岩裂隙水。成岩裂隙在水平和垂直方向都较均匀，相互连通，成岩裂隙水基本与风化裂隙水相似。

（3）构造裂隙水。构造裂隙水分布不均，连通性差，有的呈层状，有的呈带状，因此构造裂隙水较为复杂，呈层状的水或呈带状的水有时互不连通，无统一水面。

综上，潜水的基本特征如下。

（1）潜水具有自由水面，为无压水。在重力作用下可以由水位高处向水位低处渗流，形成潜水径流。

（2）潜水的分布区和补给区基本是一致的。在一般情况下，大气降水、地表水可通过包气带入渗直接补给潜水。

（3）潜水的动态（如水位、水量、水温、水质等随时间的变化）随季节不同而有明显变化。

（4）在潜水含水层之上因无连续隔水层覆盖，一般埋藏较浅，因此容易受到污染。

5.4.3　承压水

承压水是指充满于上、下两个连续的稳定隔水层之间的含水层中，具有一定压力水头的重力水，它承受一定的静水压力。在地面打井至承压水层时，水便在井中上升甚至喷出地表，形成所谓自流井。当两个隔水层之间未充满水时，称为层间水，无压。承压含水层上部的隔水层称作隔水顶板，下部的隔水层称作隔水底板。由于承压水的上面存在隔水顶板，其埋藏区与地表补给区不一致。因此，承压水的动态变化受局部气候因素影响不明显。

隔水顶底板之间的距离为承压含水层的厚度。承压性是承压水的一个重要特征。埋设于两个隔水层之间的含水层属承压区，两端出露于地表部分为非承压区。含水层从出露位置较高的补给区获得补给，从出露位置较低的排泄区排泄。由于受来自出露区地下水的静水压力作用，承压区含水层中不仅充满了水，而且含水层中的水承受大气压以外的附加压强，当钻孔揭穿隔水层顶板时，钻孔中的水位将上升到含水层顶板以上一定高度才静止下来，钻孔中静止水位到含水层顶面之间的距离称为承压高度。孔中静止水位的高程就是承压水在该点的侧压水位，侧压水位高于地表的范围是承压水的自溢区，在自溢区的井孔能够自喷出水。如图 5-5 所示，含水层中心部分埋设于

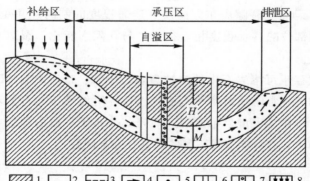

1—隔水层；2—含水层；3—潜水位及承压水测压水位；4—地下水流向；5—泉；
6—水井；7—自喷井；8—大气降水补给；H—压力水头高度；M—含水层厚度。

图 5-5　自流盆地中的承压水

隔水层之下，其两端出露于地表。含水层从出露位置较高的补给区（潜水分布区）获得补给，地下水向另一侧排泄区径流排泄，中间是承压区。当含水层顶底板为弱透水层时，除了含水层出露的补给区，它还可以从上下部含水层获得越流补给，也可以向上下部含水层进行越流排泄。无论哪一种情况，承压水参与水循环都不如潜水积极。因此，水文、气象因素的变化对承压水影响较小，承压水的动态特性比较稳定。虽然承压水不容易补充、恢复，但由于其含水层厚度通常较大，故其资源往往具有多年调节的性质。

综上，承压水的基本特征如下。

① 承压水具有承压性能，其顶面为非自由水面。

② 承压水分布区与补给区不一致。

③ 承压水动态受气象、水文因素的季节性变化影响不显著。

④ 承压水的厚度稳定不变，不受季节变化的影响。

⑤ 承压水的水质不易受到污染。

5.5 地下水按含水介质分类

按含水介质的不同可将地下水划分为孔隙水、裂隙水和岩溶水三种类型。

孔隙水主要赋存于松散沉积物颗粒构成的孔隙中，并且通常以连续的层状分布。与裂隙水、岩溶水相比，孔隙水的水量分布较为均匀，并构成具有统一水力联系的层状含水层。由于松散沉积物的成因类型不同，其形成过程也受到不同的水力条件的控制，因而其岩性和地貌呈现有规律的变化，也决定了赋存其中的地下水的特征。例如，山前洪积扇、盆地与冲积平原、湖泊沉积及黄土高原中的地下水，其分布状况、补给、径流、排泄与水质等均有所差异。

裂隙水是指贮存于岩石裂隙中的地下水。由于岩石裂隙成因不同，致使岩石的裂隙率大小、裂隙的张开程度、连通情况常常存在很大差异，因此裂隙水的分布一般很不均匀。裂隙水的运动受裂隙展布方向及其连通程度的制约，并受补给条件的影响，所以裂隙水在不同部位的富水程度相差很大。与孔隙水相比，裂隙水表现出强烈的不均匀性和各向异性。

岩溶水是指贮存于可溶岩石中的溶蚀裂隙、溶穴、暗河中的地下水。岩溶水的分布较裂隙水更不均匀，常常相对集中且流动迅速，可能承压亦可能不承压。岩溶水的水量比较丰富，常可作为大型供水水源。而当其分布于矿层的顶板或底板时，常常成为采矿的障碍或隐患，有可能造成矿洞的塌落及突水问题。

1. 孔隙水

孔隙水存在于松散岩层的孔隙中，这些松散岩层包括第四纪地层和坚硬基岩的风化壳。它多呈均匀而连续的层状分布。孔隙水的存在条件和特征取决于岩石的孔隙情况，因为岩石孔隙的大小和多少不仅关系到岩石透水性的好坏，而且也直接影响到岩石中地下水量的多少，以及地下水在岩石中的运动条件和地下水的水质。一般情况下，岩石颗粒大而均匀，则含水层孔隙也大、透水性好，地下水水量大、运动快、水质好；反之，则含水层孔隙小、透水性差，地下水运动慢、水质差、水量也小。

孔隙水由于埋藏条件不同，可形成上层滞水、潜水或承压水，即分别称为孔隙-上层滞水、孔隙-潜水和孔隙-承压水。

2. 裂隙水

埋藏在坚硬岩石裂隙中的地下水称为裂隙水。它主要分布在山区和第四纪地层松散覆盖层下面的基岩中，裂隙的性质和发育程度决定了裂隙水的存在和富水性。岩石的裂隙按成因可分为风化裂隙、成岩裂隙和构造裂隙三种类型，相应地也将裂隙水分为三种，即风化裂隙水、成岩裂隙水和构造裂隙水。

（1）风化裂隙水。赋存在风化裂隙中的水为风化裂隙水。风化裂隙是由岩石的风化作用形成的，其特点是广泛地分布于出露基岩的表面，延伸短，无确定方向，发育密集而均匀，构成彼此连通的裂隙体系，一般发育深度为几米到几十米，少数也可深达百米以上，水平方向透水性均匀，垂直方向随深度而减弱。风化裂隙水绝大部分为潜水，具有统一的水面，多分布于出露基岩的表层，其下新鲜的基岩为含水层的下限。风化裂隙水的补给来源主要为大气降水，其补给量的大小受气候及地形因素的影响很大，气候潮湿多雨和地形平缓地区，风化裂隙水较丰富，常以泉的形式排泄于河流中。

（2）成岩裂隙水。成岩裂隙为岩石在形成过程中所产生的空隙，一般常见于岩浆岩中。喷出岩类的成岩裂隙尤以玄武岩最为发育，这一类裂隙在水平和垂直方向上都较均匀，亦有固定层位，彼此相互连通。侵入岩体中的成岩裂隙，通常在其与围岩接触的部分最为发育。而赋存在成岩裂隙中的地下水称为成岩裂隙水。

喷出岩中的成岩裂隙常呈层状分布，当其出露地表，接受大气降水补给时，形成层状潜水。它与风化裂隙中的潜水相似，所不同的是分布不广，水量往往较大，裂隙不随深度减弱，而下伏隔水层一般为其他的不透水岩层。侵入岩中的裂隙，特别是在与围岩接触的地方，常由于裂隙发育而形成富水带。

成岩裂隙中的地下水水量有时可以很大，在疏干和利用上，皆不可忽视，特别是在工程建设时，更应予以重视。

（3）构造裂隙水。构造裂隙是由于岩石受构造运动应力作用所形成的，而赋存于其中的地下水就称为构造裂隙水。由于构造裂隙较为复杂，构造裂隙水的变化也较大，一般按裂隙分布的产状，又将构造裂隙水分为层状裂隙水和脉状裂隙水两类。

层状裂隙水埋藏于沉积岩、变质岩的节理及片理等裂隙中。由于这类裂隙常发育均匀，能形成相互连通的含水层，具有统一的水面，可视为潜水含水层。当其上部被新的沉积层所覆盖时，就可以形成层状裂隙承压水。脉状裂隙水往往存在于断层破碎带中，通常为承压水性质，在地形低洼处，常沿断层带以泉的形式排泄。其富水性决定于断层性质、两盘岩性及次生充填情况。经研究证明，一般情况下，压性断层所产生的破碎带不仅规模较小，而且两盘的裂隙一般都是闭合的，裂隙的富水性较差。当遇到规模较大的张性断层时，两盘又是坚硬脆性岩石，则不仅破碎带规模大，且裂隙的张开性也好，富水性强。当这样的断层沟通含水层或地表水体时，断层带特别是富水优势断裂带兼具贮水空间、集水廊道及导水通道的功能，对地下工程建设危害较大，必须给予高度重视。

3. 岩溶水

埋藏于溶隙中的重力水称为岩溶水(喀斯特水)。岩溶水可以是潜水，也可以是承压水。一般说来，在裸露的石灰岩分布区的岩溶水主要是潜水；当岩溶化岩层被其他岩层所覆盖时，岩溶潜水可能转变为岩溶承压水。

岩溶的发育特点也决定了岩溶水的特征。岩溶水具有水量大，运动快，在垂直和水平方向上分布不均匀的特性，其动态变化受气候影响显著。由于溶隙较孔隙、裂隙大得多，能迅速接受大气降水补给，因此水位年变幅有时可达数十米。大量岩溶水以地下径流的形式流向低处，集中排泄，即在谷地或是非岩溶化岩层接触处以成群的泉水出露地表，水量可达每秒数百升，甚至每秒数立方米。

若土木工程建筑地基内有岩溶水活动，不但在施工中会有突然涌水的事故发生，而且对建筑物的稳定性也有很大影响。因此，在建筑场地和地基选择时应进行工程地质勘察，针对岩溶水的情况，用排除、截源、改道等方法处理，如挖排水、截水沟，筑挡水坝，开凿输水隧洞改道等。

通过以上分析可知，孔隙水主要赋存于松散沉积物颗粒构成的孔隙中，并且通常以连续的层状分布。与裂隙水、岩溶水相比，孔隙水的水量分布较为均匀，并构成具有统一水力联系的层状含水层。由于松散沉积物的成因类型不同，其形成过程也受到不同的水力条件的控制，因而其岩性和地貌呈现有规律的变化，也决定了赋存其中的地下水的特征。例如，山前洪积扇、盆地与冲积平原、湖泊沉积及黄土高原中的地下水，其分布状况、补给、径流、排泄与水质等均有所差异。裂隙水贮存于岩石裂隙中的地下水。由于岩石裂隙成因不同，致使岩石的裂隙率大小、裂隙的张开程度、连通情况常常存在很大差异，因此裂隙水的分布一般很不均匀。裂隙水的运动受裂隙展布方向及其连通程度的制约，并受补给条件的影响，所以裂隙水在不同部位的富水程度相差很大。与孔隙水相比，裂隙水表现出强烈的不均匀性和各向异性。岩溶水为贮存于可溶岩石中的溶蚀裂隙、溶穴、暗河中的地下水。岩溶水的分布较裂隙水更不均匀，常常相对集中且流动迅速，可能承压亦可能不承压。岩溶水的水量比较丰富，常可作为大型供水水源。而当其分布于矿层的顶板或底板时，常常成为采矿的障碍或隐患，有可能造成矿洞的塌落及突水问题。

5.6　地表水的地质作用

水是大自然的重要组成部分，也是孕育生命的源泉。地球表面积的 3/4 都被水覆盖，但绝大多数是海水，地表流动的淡水仅占地球水总量的 0.26%。地表水区域是人类文明的发源地，今天大的江河流域依然是人口密度最大的地区。河流的生态资源、环境资源、交通航运、水力发电、农业灌溉及砂矿资源等对人类都具有重要的意义。

然而地表水除了给人类带来重大的利益之外也带来了严重的灾害，如洪水、泥石流等自然灾害每年给人类带来巨大的损失。

　　地表水可分为面流、洪流和河流三大类。面流和洪流是在降雨或降雨后的一段时间内才有的暂时性流水。面流是雨水、冰雪融水在地表斜坡形成的薄层片状细流，因此又叫作片流。当面流增大到一定程度就会自动在斜坡低洼处汇集成线状的较强的洪流。洪流往往是间歇性的，在雨水集中的季节易形成洪流。由降水或由地下涌出地表的水，汇集在地面低洼处，在重力作用下经常地或周期地沿流水本身造成的沟谷流动，从而形成河流。

　　河流具有相对固定的河道，并有经常性流水。它的水源往往是多方面的，雨水、冰雪融水和地下水甚至湖水都可以成为水源。例如我国长江的发源地是唐古拉山主峰格拉丹冬雪山西南麓的姜根迪如冰川，它的融水汇成了长江的源头，而沿途则不断有雨水、地下水、支流及冲沟的地面流水的补给，最后汇合成长江。河流沿途接纳很多支流，并形成复杂的干支流网络系统，这就是水系。一些河流以海洋为最后的归宿，另一些河流注入内陆湖泊或沼泽，或因渗漏、蒸发而消失于荒漠中，于是分别形成外流河和内陆河。被河水开凿和改造的线状谷地称为河谷，河谷两侧的斜坡称谷坡，由谷坡所限定的平坦部分称为谷底。谷坡、谷底及河床统称为河谷要素（见图 5-6）。河谷形态受河流流经地段岩性、地形坡度、地质构造及地壳运动等因素的影响，往往可以反映河流发展阶段。河流的侵蚀作用主要分为垂直侵蚀、向源侵蚀及侧向侵蚀作用。

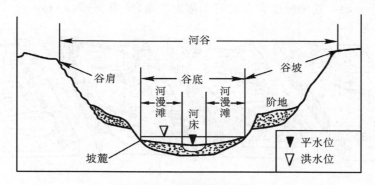

图 5-6　河谷要素示意图

1. 河流的垂直侵蚀作用（下蚀作用）

　　河水在重力作用下沿具有一定坡度的河床流动，即产生一定的动能。河流流速主要受河床坡度、河水水量及河谷宽窄变化等因素的影响。相同水量的河流进入狭窄河段时河水水流集中且流速增加，而进入宽阔河段时河水的水流分散且流速降低。由于重力作用，河水及其携带的碎屑物质会对河床产生削切作用从而降低河床加深河谷。河流在水流作用下垂直向下切割岩石并使河道不断加深的过程称为河流的垂直侵蚀作用，也称下蚀作用。当河流从坚硬完整的岩层流过松软的岩层时，松软的岩层受水流侵蚀的作用容易形成具有一定落差的跌水陡坎，这种河流形态称为瀑布。

2. 河流的向源侵蚀作用

河流的侵蚀作用使河床的坡度变大，河流流速加大，从而进一步加强了河流的侵蚀作用。河流对河床的侵蚀由下游逐渐向上游发展的过程称为河流的向源侵蚀作用。河流的向源侵蚀作用，使河谷不断向源头发展，并逐渐加宽河谷到分水岭。侵蚀能力较强的水系，可以把另一侧侵蚀能力较弱的水系的上游支流劫夺过来，这种现象叫作河流袭夺。当发生河流袭夺现象时被夺河流的上游或支流会流入另一个水系，因而被夺河流的水量会大为减少，甚至出现干涸的河段。河流袭夺以后，形成袭夺河与被夺河。被夺河的下游，因上游改道，源头截断，称为断头河。

3. 河流的侧向侵蚀作用

当河流进入弯道时，河水主流线（流速最大点的连线）因惯性而逐渐向凹岸偏移直至河弯的顶部（见图5-7(a)）。弯曲河段凹岸的河床受河流横向作用冲刷强烈，水流不断掏空凹岸的岸脚，使河岸失去平衡发生崩塌（见图5-7(b)）。洪水期凹岸附近深槽河床产生回流，发生淤积，洪峰过后洪水淤积的岸脚泥沙又重新遭受冲刷。在凹岸不断崩塌、后退的同时，水流从上游搬运来的泥沙和凹岸崩塌垮落的碎屑物被带到凸岸进行沉积，结果凸岸不断向前伸长，弯曲河段的曲率半径不断减小，使河弯更加弯曲，这种连续弯曲的河谷称作河曲（见图5-7(c)）。在曲流河段的任何一岸，其凹岸和凸岸都是交替相间出现的。在凹岸后退、凸岸前伸的同时，河曲不断向下游蠕移，河谷越来越宽，河床在宽阔的谷底上迂回曲折地摆动，河床形态变得极度弯曲，犹如长蛇在宽阔谷底爬行一般，这种极度弯曲的河床称为蛇曲（见图5-7(d)）。

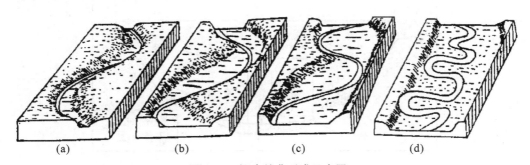

(a)   (b)   (c)   (d)

图5-7　河床蛇曲形成示意图

蛇曲河的出现，代表着河流侧向侵蚀作用已到达晚期，河床只占据谷底的一小部分，河流的长度却不断增长，河床的比降减小，河流动能大大减弱。在极为弯曲蜿蜒的河段，凹岸曲顶及其下方会迅速崩塌后退，使河弯的弯曲度更大，相邻河弯会愈加靠近，导致上一个河弯的下游部分与下河弯的上游部分非常逼近，形成狭窄的曲颈。由于洪水暴发等原因，水流会冲溃曲颈并径直流入下一河弯，这种现象叫作河流的裁弯取直。河流的裁弯取直会形成一个相对平衡的水域，新河道带来的悬浮质将原来河弯两端不断壅塞，使河谷中出现形如牛轭的湖泊，称为牛轭湖。牛轭湖的形成见右侧二维码文件。

疑难释义5-1

5.7 地下水的运动

5.7.1 结合水的运动规律

在一定的条件下弱结合水能够产生运动。对于砂粒,不含弱结合水;对于黏性土颗粒,存在不同厚度的弱结合水水膜。用黏土试样做室内渗透试验,可以得出如图 5-8 所示的试验曲线。根据试验结果可知,当水力坡降很小时,渗流不能实现或只有很微弱的渗流,这时参与渗流运动的水可能只有土粒结合水膜之间很少量的自由水,此时土颗粒间孔隙基本上被结合水充满,结合水因受到土颗粒的吸附作用还不能参与运动。在水力坡降值逐渐增大时,结合水膜的外层开始参与运动,随着水力坡降的继续增大,参与运动的弱结合水越来越多,但因结合水离土粒表面越近,受到的吸附作用越强,所以当水力坡降增大到一定程度时,能参与运动的弱结合水不再增加,趋于定值,此时渗透系数也成为定值。自此,渗流运动速度 v 和水力坡降 i 具有线性关系,适用于达西定律,如图 5-8 所示。从图中可知:$v-i$ 曲线的初始段是非线性的,所以初始段的渗流属于非达西渗流。

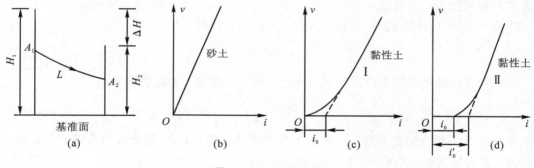

图 5-8 $v-i$ 关系图

结合水(主要指弱结合水)是一种非线性黏性流体(非牛顿流体),其性质介于固体与液体之间,水头压力差必须克服上述介质的抗剪强度才能流动。应该指出:结合水的运动规律,除初始阶段之外,其他阶段虽然适用于达西定律,但这种情况下的渗透系数 K 值必须通过试验测定。

5.7.2 包气带水的运动规律

包气带是复杂的三相体系,除了固体、液体之外,还有气体。包气带中水分的运动条件要比饱水带中水分的运动复杂得多。包气带中的水可分为结合水、毛细水及降水、地表水,它们在包气带中向下渗流。

1. 毛细水的运动规律

自地下水位面向上,水分沿着土颗粒间适度大小的孔隙上升到一定的高度,这称为上升毛细水。这是土力学借用物理学上的毛细现象术语，但是土力学中的毛细水现象远不如物理学中的毛细现象那样严格。毛细水现象的产生与水的表面张力有关。当液体与固体之间存在浸润作用时，水首先沿着土颗粒之间的孔隙壁上升，形成一个凹液面，因为液体都有力图缩小其表面积的趋势即存在表面张力作用，例如一个水滴，总是力图成为球状，因在同体积的各种形状中，球体的表面积最小。按照在表面张力作用下液体缩小其表面积的作用趋势，凹液面中部就力图与周边即与孔隙壁处的水面抬平，随着这种抬平作用的增长，孔隙壁周边处的水又上升，又形成一个更高的凹液面，新的凹液面中部又要和周边抬平，这样反复升高，就能使毛细水不断上升，最后达到一个稳定的高度，同时形成一个稳定的凹液面。毛细水上升到最后能达到的高度表明：水的表面张力和毛细水上升后水柱的重量达到了平衡，方程式为

$$\pi d T_s = \frac{\pi d^2}{4} h_c \gamma_w \qquad (5-4)$$

由此得出

$$h_c = \frac{4 T_s}{\gamma_w d} \qquad (5-5)$$

式中，h_c 为毛细水的上升高度(cm)；γ_w 为水的重度，水的密度随温度而变化，取 $g=1000$ cm/s^2，当温度 $T=20$ ℃时，$\gamma_w = 9.98 \times 10^{-3}$ N/cm^3；d 为毛细管直径(cm)；T_s 为水的表面张力，它也随温度而变化，当 $T=20$ ℃时，$T_s = 0.73$ mN/cm。

将 $T=20$ ℃时的 γ_w 和 T_s 值代人式(5-5)中，得到

$$h_c \approx \frac{0.30}{d} \qquad (5-6)$$

因为土中的毛细管直径 d 值很难确定，所以又提出了经验公式：

$$h_c = \frac{C}{e d_{10}} \qquad (5-7)$$

式中，h_c 为毛细水的上升高度(cm)；e 为土样的孔隙比；d_{10} 为土样的有效粒径(cm)；C 为经验计算系数，取 $C=0.1 \sim 0.5$ cm^2。

根据工程经验及计算，毛细水的上升高度可参考表 5-3。黏土由于在其颗粒周围吸附一层结合水膜，影响毛细水弯液面的形成，使毛细水的上升高度受到影响。

表 5-3　毛细水上升高度

土的名称	毛细水上升高度/cm
中、粗砂	0.03~0.10
细砂	0.1~0.5
粉砂	0.5~2.00
粉土(松)	2.0~5.00
粉土(密)	5.0~15.0
黏土质粉土	15.0~50.0

在凹液面的情况下，表面张力会对液体表面产生一个负压强(应力)即拉应力或吸

力。在表面张力作用下，毛细水的水头高度 h_c 是一个负压力水头。

2. 降水及地表水在包气带中向下渗流的运动规律

在包气带中，水的渗透系数 K 是个变量，随土中含水量的降低而变小，渗透系数是含水量的函数，可以表示为 $K = f(w)$ 或 $K(w)$。因为当土中含水量低时，实际上过水断面很小，水的流动途径也弯弯曲曲，在流动过程中受到的阻力也较大，所以渗透系数 K 与含水量之间呈非线性关系。降水及地表水通过包气带向下渗流时，属于水的非饱和流动，一般认为仍可适用达西定律，此时的渗透系数 K 值必须通过试验测定。设水自地表向下渗入到深度 z 时，包气带中的下降毛细水头为 h_c，此时渗入的总水头为 $(z + h_c)$，所以渗入速度按达西定律表示为

$$v = K(w)\frac{z + h_c}{z} \quad 或 \quad v = K(w)\left(1 + \frac{h_c}{z}\right) \tag{5-8}$$

在渗入初始阶段，由于 z 值很小，水力梯度 $i = \left(1 + \frac{h_c}{z}\right)$ 的值很大，所以渗入速度很快，这正符合降雨初期水向地下渗入的实际情况，随着渗入时间的延长，z 值越来越大，$\frac{h_c}{z}$ 值就越来越小，直至趋于零。当 z 值很大时，已到了饱水带，此时 $K(w)$ 也成为常数，所以式(5-8)就变成了 $v = K$，即渗入速度也成为常数。当降水强度大于渗入速度时或当降水时间很长时，就有一部分水不能渗入而转为地表径流。

5.7.3　地下水运动的基本方式

通常说的地下水是指地下水位以下(饱水带)的重力水。除特殊情况外，地下水总是处在运动状态之中。从不同的方面可将地下水的运动方式进行分类。

1. 按地下水的流线形态分

1) 层流

在地下水渗流过程中，水中质点形成的流线互相平行，上、下、左、右不相混交；下部的泥土色翻不上来，漂在水流表面的树叶或轻东西始终处在表面层而不被翻滚到下部，经过空间某处之流速均匀，水流平稳，在过水断面上中间流速大，两侧流速小。具有上述水流特征时称为层流。如河床平直的江河段水流，农业灌溉渠道平直段的水流等都是层流。地下水在土的孔隙中的流动也属层流，流速较慢，坡度不大，流动平稳。地下水在基岩中远离构造破碎带的比较细小的节理裂隙中的渗流也属于层流。

2) 紊流

在地下水渗流过程中，水中质点形成的流线互相混交，呈曲折、混杂、不规则的运动，存在跌水和漩涡，这种水流称为紊流，也称湍流。当水做紊流运动时，水流速度较大，所受阻力也较大，消耗能量多，经过空间某处之瞬时速度随时间而变(包括大小和方向)，瞬时动水压力也随时间而变。在构造破碎带内，由于裂隙很发育，断裂面纵横切割、互相贯通，水在其中的流动属紊流。在裂隙发育、很发育的岩体中，在具有大裂隙的岩体中及洞穴中流动的水大多数属紊流。在土层中当发生流砂现象时，水的流动属紊流。在土层中打井抽水时或在矿井中排水时，离井口近处，水位下降快，

流速大，常属紊流；但在远离井口的地方，流速缓慢而平稳，又会转化为层流。

层流与紊流之间没有严格的界限，在典型的层流与紊流之间，存在一个较大的过渡区。

2. 按水流特征随时间的变化状况分

1)稳定流运动

发生渗流的区域称为渗流场。在渗流场中，如果任一点的流速、流向、水位、水压力等运动特征(要素)不随时间而改变，则称为稳定流运动。当地下水的补给与排泄取得平衡时，例如井中的抽水量与补给量平衡时，在连续抽水的情况下，井中水位和降水漏斗的形状及大小均保持不变，这便叫作稳定流动。严格地讲，很难有真正的稳定流运动，在一些情况下可近似作为稳定流运动看待。

2)非稳定流运动

在渗流场中，任一点的流速、流向、水位、水压等运动要素均随时间而变化，则称为非稳定流运动。如在稳定流中，$\frac{\partial u}{\partial t}=0$，在非稳定流中，$\frac{\partial u}{\partial t}\neq 0$(上式中 u 是水压力，t 是时间)。地下水的运动在大多数情况下属于非稳定流运动。

3. 按水流在空间上的分布状况分

1)一维流动

一维流动即单向流动。例如，等厚承压含水层中地下水只能沿一个方向流动；饱和软黏土地层施加大面积竖向荷载迫使地层中的水由顶面排出，这也是一维流动。

2)二维流动

地下水的流动和两个坐标方向有关。例如，当河流流向平行于山体走向时，山体中的含水层对河水的补给属于二维流动。在存在地上河的地区(黄河下游)，堤内河水对堤外地下水的补给也属于二维流动。水流质点的变化和横断面上的两个坐标方向都有关。

3)三维流动

水的流动沿三个坐标轴方向都有分速度时称为三维流动。例如打井时打穿了承压含水层的顶板，在不完整井的情况下水流属三维流动；在完整井的情况下水流属二维流动。在潜水层中打井抽水时，若是不完整井，水流属三维流动，当为完整井时，在直角坐标系中水流属于三维流动，在圆柱状坐标系(空间轴对称)中水流属于二维运动。

5.8　地下水与工程

5.8.1　潜蚀和流砂

1. 潜蚀

1)潜蚀的概念

在渗流情况下，地下水对岩土的矿物、化学成分产生溶蚀、溶滤后，这些成分被带走以及水流将细小颗粒从较大颗粒的孔隙中直接带走，这种作用称为潜蚀，前者称化学潜蚀，后者称机械潜蚀。久而久之，潜蚀作用会在岩土内部形成管状流水孔道直到渗流出口处或形成孔穴、洞穴等，严重时造成岩土体的塌陷变形或滑动。这些作用过程及其结果称为潜蚀破坏。潜蚀是在岩土体内部进行的水土流失，在渗流出口处表现为管状涌水并带出细小颗粒，所以潜蚀也称管涌。在实际工程中，机械潜蚀和化学潜蚀或以某一种为主或二者并存。

2）潜蚀造成的破坏

（1）边坡及堤坝的塌陷及滑动。潜蚀的形成和长期存在，使土（石）体的孔隙比增大，质地疏松，内部出现管孔、洞穴，在渗流压力及渗流冲刷作用下，造成明显的内部水土流失，在渗流出口处形成泉涌现象。在浮力、静水压力和渗流的共同作用下，严重地恶化了土的物理、力学指标，降低了土体强度，破坏了土体的整体性，容易造成边坡及堤坝的塌陷变形和滑动破坏或整体溃决。滑动破坏可由土体软化、抗剪强度降低引起，也可能先在土体内部形成滑动面或在坡脚处淘空而引起失稳。

（2）溶洞、土洞的形成及破坏。水在岩体裂隙中渗流形成的潜蚀作用（包括机械潜蚀和化学潜蚀（化学风化））可以使岩石的矿物、化学成分流失，使裂隙扩展、连通。久而久之形成一些岩体中的洞穴和溶洞。按岩石的可溶性比较：碳酸盐岩的可溶性最低，硫酸盐岩居中，盐酸盐岩的可溶性最高，因为在地壳表层碳酸盐岩的分布极广，所以石灰岩中见到的溶洞就比较多见。岩体中洞穴、溶洞的形成，广义地讲，也是岩体内部长期水土流失的结果，这里所说的长期是指地质年代。岩体中形成洞穴，特别是形成溶洞之后，改变了岩体的受力条件，在一定条件下，有的出现了塌陷，有的则保存了下来。

潜蚀在土体中能形成土洞。土洞的形成和发展与当地的地貌、土层、土质、地质构造、水的活动（包括地下水和地表水）状况有关，也与当地的岩溶发育状况有关。最重要的是水的活动状况和土质条件。土洞多发育在黏性土、粉土、红黏土及黄土中。土的颗粒组成特征、土中的黏粒含量及胶结物含量、土的密实度、土的透水性及水理性质（如湿化崩解）等都直接影响着土洞的形成，这也是广义的水土流失的结果。

地表水流沿着孔隙及裂隙下渗，由分散的网状细流可能汇成脉状水流。由渗流压力及冲蚀、冲刷作用形成洞穴，以致进一步造成塌陷。在地下水位反复升降幅度较大的区域，以及在干旱、半干旱地区，年降雨强度分布极不均匀。例如，在黄土地区的岩土层交界面附近区域，由于地表水、地下水对松软土质的潜蚀作用（包括机械潜蚀和化学潜蚀），在近地表处形成的土洞可能引起地表塌陷，形成碟形凹地。在地下深处形成的土洞可能引起土洞上方及洞周边的塌落及滑塌，一般不引起地表塌陷。当地表塌陷或洞顶、洞壁塌落、滑塌后又对水的渗流起到堵塞作用，所以土洞的发育不是连续的，具有明显的阶段特性。

土洞的发育比岩体中的溶洞快得多。土洞的破坏作用很明显。如在地基中有未查明的土洞或在建筑物完成之后形成了土洞，对地基的稳定性危害极大。在地下工程周围如有潜蚀作用形成的土洞，则会明显地改变地下工程洞周围的受力条件。地下工洞周围岩（土）中若出现塌落和滑塌，对地下工程的稳定极为不利，严重时可造成地下工程上方的岩土体塌陷直至影响到地表。

常年抽水的深井，在降水漏斗范围内，潜蚀作用也很明显，也会造成降水漏斗范围内的塌陷和不均匀沉降。

3）潜蚀的防治

（1）改变渗流条件。这是根本的防治措施，如降低水头差，延长渗流路径，在地基中及地下工程洞周围进行灌浆固结处理。

（2）控制排水及在出水口处设置反（倒）滤层。排水的过程及出水口处的处理是很重要的。如控制抽、排水速度和时间，在渗流的边坡、堤岸坡脚处采取防冲刷、防淘空的措施（包括造型设计和材料选择），在渗流出口处设置反（倒）滤层等都可防止细小颗粒被水流带走。所谓倒滤层是指在渗流出口处，自来水方向到排水方向或自下而上分层铺设不同粒径的土石料，细粒料在下面（或来水方向），粗粒料在上面（或排水方向），至少分为三层。这样被渗流水携带的细小颗粒就会受到阻挡，也可能细小颗粒被带到粗粒料的孔隙中停下来，因为在渗流出口处，水已经没有压力了。细小颗粒不被带走，也就避免了潜蚀破坏。

2. 流砂

1）流砂现象

在实际工程中自下而上的渗流情况很多，例如，地基中有承压含水层，降低地下水位时钢板桩内侧的渗流；在渗流出口处倒滤层中的渗流；在饱和软黏土地基上加载，把地基中的水自下而上挤出来形成的渗流。渗流自下而上，动水压力（渗流压力）当然也是自下而上作用在土粒上，动水压力 $G_d = \gamma_w i$，在水下的土，其自重减去浮力后用浮重度 γ' 表示。此时，动水压力方向和重力方向相反，当动水压力 $G_d = \gamma_w i$ 大于等于 γ' 时，土颗粒完全失重，随渗流水一起悬浮和上涌，也完全失去了抗剪强度。这时的表土层就变得完全像液体一样，即地层遭到破坏，产生流荡、大规模涌水、涌土，于是工程场地受到严重破坏。上述这种破坏现象称为流土。因为流土现象比较容易在粉细砂、粉土地层中发生，所以工程上常称为流砂。在黏土中，因渗透系数 K 值太小，黏土颗粒间的联结强度较高，所以不易发生流土。对于中、粗砂及砾砂，其颗粒较大，要使较大的颗粒产生流动、悬浮，必须有较大的渗流速度及渗流压力，工程中通常达不到那么大的值。

2）流砂的防治

（1）如果在勘察工作中已发现存在流砂地层，应采用特殊的施工方案或特殊的施工措施，或在基坑开挖时通过设计计算，防止流砂出现。例如采用冻结法施工就是从施工方案上防止了流砂破坏。

（2）采用特殊的施工技术措施改变渗流条件。通常采用的施工技术措施有降低地下水位，减少水头差；打钢板桩或设防渗墙，改变或延长渗流路径。上述措施都可以降低水力梯度，是防止流砂的有效措施。

（3）在工程现场防治、控制流砂。在工程现场开挖基坑中，一旦突然出现了流砂现象，应采取紧急措施。这时不能采用抽排水措施，否则只会加剧破坏。应向流砂出现地点抛填粗砂、碎石、砖及砌块等。这样做一方面以抛填料的自重作为压重以平衡动水压力；另一方面可以造成类似倒滤层的抛填顺序以防止土颗粒被带走，基坑内造成一定的积水（清水）在一定程度上也降低了水头差。

5.8.2　孔隙水压力、变形稳定和砂土液化

1. 孔隙水压力与饱和黏性土地基的固结沉降

饱和黏性土地基属两相物质状态，上部荷载及基础自重作用下的沉降极为缓慢，过程很长。这是因为在荷载作用初期，地基中的水排出很慢（黏性土的渗透系数极小），孔隙水分担着大部分荷载。相应地，土的颗粒骨架分担的荷载只有少部分，这部分应力称为有效应力。"有效"的含义是指只有这部分应力才能使主颗粒沿力的作用方向移动，使土的颗粒骨架发生压缩或剪切变形，有效应力即指对变形有效。随着时间的推移，地基中的水逐渐被排出，孔隙水分担的荷载比例即孔隙水压力逐渐下降，水排出去了，一部分孔隙才真正空了，土的颗粒骨架进一步受到压缩或有效应力逐渐增长。压缩的本质就是孔隙中的水排出去了，孔隙逐渐空了，孔隙体积受到压缩而逐渐变小，土粒的间距逐渐变小引起土的颗粒骨架产生压缩变形，这种变形过程就称为地基沉降。在沉降过程中，直到孔隙水不再分担荷载，即孔隙水压力 $u=0$ 时，荷载全部由土的颗粒骨架承担即有效应力等于总应力。由式 $\sigma=\sigma'+u$ 可知，当 $u=0$ 时，$\sigma'=\sigma$。土的颗粒骨架类似弹簧受力，其应力 $p=k\cdot s$，s 为压缩量，k 为弹簧的刚度系数，p 为和 s 相应的应力。当土的颗粒骨架压缩变形达到一定值时，其中产生的应力 p 和总应力相等，即 $p=\sigma$。此时处于平衡状态，孔隙水不再受压，土的颗粒骨架不再变形，这就是地基沉降稳定了。上述整个过程称为饱和黏性土地基在荷载作用下的固结。由上可知，在一定荷载作用下，固结就是孔隙水压力由大到小不断消散直至 $u=0$，而其有效应力由小到大不断增长直至 $\sigma'=\sigma$ 的过程。在一定的荷载作用下，固结完成了，沉降也就稳定了。这时土中仍有一定的含水量，仍是饱和状态，只是 $u=0$。如果荷载继续增加，则固结过程就会继续进行，直到在新增大的荷载下又达到 $u=0$、$\sigma'=\sigma$ 的结果即固结完成。

对于非饱和黏性土地基的固结沉降，在一定的荷载作用下，孔隙水也分担一部分荷载，只是这种情况下，总应力是有效应力、孔隙水压力、孔隙气压力三部分之和，比饱和土的固结要复杂得多。在这种情况下，对于三部分应力，从测试到理论计算，目前还没有一个成熟的大家公认的办法。

在实际工程中的大多数情况下，孔隙水压力要通过实测确定。只在简单情况下，才能通过理论计算求出解析解的结果。

2. 孔隙水压力与边坡稳定

水在边坡稳定分析中起着极重要的作用，其作用方式是多种多样的。当边坡体内有渗流存在时或在河岸、堤坝中存在渗流时，就存在渗流压力，也可称孔隙水压力。可以作出渗流流网，依流网确定某点处的渗流压力。孔隙水压力的存在使有效应力降

低，抗剪强度降低，容易产生边坡滑动破坏。

在筑造河岸堤坝、海滨防波堤时，都是就地取土（黏性土）堆筑。当土料含水量高，达到饱和或接近饱和时，随着堆筑堤坝高度的不断增大，下部土体就承受着越来越大的上部土体的荷载，这个荷载也是由土的颗粒骨架和孔隙水共同分担的。如果堤坝堆筑速度快即荷载增长快，而下部土体中的水分又不能较快排出去，则荷载的增长就使得孔隙水压力增长较快而有效压力增长较慢。此时土的抗剪强度可表达为

$$s = \sigma' \tan\varphi + C = (\sigma - u)\tan\varphi + C \tag{5-9}$$

式中，σ、σ' 为切面上的法向总应力及法向有效应力（Pa）；u 为孔隙水压力（Pa）；C、φ 为土的黏聚力和内摩擦角。

由式（5-9）可知，孔隙水压力越大，有效应力 σ' 就越小，土的抗剪强度就越小。由于土体中排水很慢，土体的固结及抗剪强度的增长速度明显小于荷载的增长速度或小于剪应力的增长速度，如不注意控制，堤坝就会大面积滑塌而前功尽弃。例如，1958 年天津在海河入海口附近区域筑堤，就地取的土属饱和黏土，由于堆筑速度太快，黏土中排水很慢，所以当堤堆筑到 9.0 m 高时，孔隙水压力观测孔中的压力水头已达 7.3 m 高，可见孔隙水压力很高而有效压力很小，土抗剪强度的增长远小于荷载增长或小于剪应力的增长。当时由于重视不够，在这种危险情况下还继续堆筑，结果造成了大面积滑场，约 1.7×10^5 m³ 的土瞬间沿堤塌下来。以上例子是个很大的教训。在饱和黏性土场地上分期加载的工程中，必须加强排水措施，监控孔隙水压力的变化情况，在堆填过程中一定要使有效应力的增长明显大于孔隙水压力的增长，使土的抗剪强度的增长大于荷载的增长或大于剪应力的增长，只有这样，才能保证工程安全的进行。

在河岸、湖岸、水库岸边坡中，当水位较高时，水对边坡存在较大的静水压力，土体内部也存在孔隙水压力，二者处于某种平衡状态。当水位快速大幅度下降时，边坡土体就失去了静水压力的侧压力作用，但土体内部的孔隙水压力消散较慢，二者失去了平衡，土体的抗剪强度低，由此会产生边坡大滑塌。

5.8.3　地下水和地下作业区的稳定

地下水对地下作业区的安全稳定至关重要，常常由于地下水的活动引起许多工程事故的发生，尤其是深埋地下工程，其常常处在含水地层以下。

1. 地下水易使洞周围岩软化

当地下工程处在软弱岩体中时，如泥岩、泥灰岩、页岩、片岩、凝灰岩、较弱夹层、风化岩等，地下水在围岩中长期存在并不断运动，除对岩石产生化学风化和潜蚀之外，还容易使岩石软化。软弱岩在饱水软化后，强度明显降低，容易造成洞壁塌落和滑塌直至破坏整个地下洞体。有些软弱岩在水的作用下，洞周围岩向洞内产生显著的塑性变形，使洞体断面变形或缩小，以致不能正常施工。

2. 地下水在洞周岩体裂隙中渗流

地下水在岩体裂隙中渗流，不少情况下属紊流，流速大，动水压力大，水流的冲蚀、冲刷作用较强。这种作用大大增强了裂隙两侧岩体之间的滑润作用，尤其在有软

岩薄夹层的情况下，如云母薄层、绿泥石薄层、片岩薄层等，很容易使岩体滑动。水流作用也使已具有一定胶结作用的软弱夹层受到破坏，如被冲蚀、冲刷掉而形成大缝，或受水的作用软弱夹层变成泥化夹层，产生岩体滑动或冒落大块石头。当围岩节理裂隙很发育使岩体很破碎时，以及主要裂隙的产状及交互切割状况和洞轴布置的关系相对不利时，容易产生大规模破坏或一旦某处产生破坏容易引起连锁反应式的破坏。

3. 暗河及岩溶发育的影响

在岩溶区，常有地下暗河。有人认为溶洞是早期暗河的遗迹。有的溶洞中有水的存在和水的运动，仍处在发育阶段。不论是已经稳定的或还正在发育的洞穴，如果它处在地下工程洞体周围较近处，都会对洞周围岩的受力状态产生重要影响，严重时造成围岩的破坏或引起大规模的涌水、涌泥。

4. 洞壁滴漏水、涌水与塌陷

洞壁长期滴漏水容易导致冒落及滑塌，应查明水文地质条件，采取抽排的措施，避免重大破坏事故的发生。

围岩向洞内涌水、涌泥是重大事故，容易发生该类事故的工程地质地段和水文地质特征有以下几种。

1）构造断裂带、破碎带及岩脉带

从实际工程事故看，在大部分情况下，地下水、地表水、大气降水等常通过构造断裂带、破碎带及岩脉带涌入洞中。当洞体上方上述地段的地表处呈槽谷地貌时，则汇水涌水更加严重。

2）采空区围岩变形、洞内涌水及地表塌陷

在采空区上方，由于地质构造和开采引起的应力变化两方面不利因素的组合，常出现冒落带、裂隙带、岩（土）地层下陷位移带。在该区域内由于岩层断裂、松动、变形等，可能切断含水层，造成向洞内大规模涌水、涌泥的现象，至少为地下水、地表水、大气降水下渗涌入洞内提供了良好通道。有时在采空区底板下有承压含水层，当水压很大或开采作业使隔水顶板产生裂隙裂缝时，也会向洞内涌水，甚至产生洞内底板断裂，大规模涌水、涌泥现象。

3）特殊地质构造地段

当地下工程洞体上方存在隔水层时，本来可以阻隔地表水、大气降水下渗，但隔水层的尖灭处、局部缺失处（天窗）和地表水发生水力联系，使得洞体掘进时洞内漏水甚至涌泥。

当洞体上方含水岩层及强透水地层大面积裸露时，或地下工程洞体与地表河流之间有裂隙连通时，也常常造成洞内涌水。

4）人类工程活动造成的涌水

在地下工程洞体上方如有勘探钻孔封闭不良时，便容易成为渗水通道，向洞内漏水、涌泥。在一些老矿区，历史上常留下一些废弃的巷道和采石场，这些地方常成为积水区。如新的采矿区位于上述积水区下方时，就容易造成洞内涌水，甚至其中带着石块、有害气体等，来势凶猛。例如，山东淄博煤田老矿区，在历史留下的几千个中小型巷道和采场里，共积水达几千万立方米，河北峰蜂煤矿也有类似情况，都曾造成过严重的突然向洞内涌水的事故。

5. 抽、排水引起的破坏

有些矿区，矿层处在含水地层中和含水地层之下，进行水下开采时，需要降低地下水位，对采区进行抽排水疏干。当抽排水时间很长时容易引起地表下沉、开裂、塌陷，由此给开采作业带来许多破坏。

5.9　地下水污染和特殊地下水

5.9.1　地下水污染的概念及特点

《中华人民共和国水污染防治法》规定："水污染是指水体因某种物质的介入，而导致其化学、物理、生物或者放射性等方面特性的改变，从而影响水的有效利用，危害人体健康或者破坏生态环境，造成水质恶化的现象"。

地下水污染是整个水体污染的一部分。地表水、地下水、大气降水有互相转化的关系。在人类活动的影响下，某些污染物质、微生物或热能以各种形式、通过各种途径进入地下水体，使水质恶化，影响其在国民经济建设及人民生活中的正常利用甚至危害人民健康，破坏生态平衡，损害环境的现象统称地下水污染。

地下水污染与地表水污染有一些明显不同的特点。由于污染物进入含水层的过程及在含水层中运动的过程都比较缓慢，具有渐进性，不容易及时发现。待发现后已经有了一定的污染程度，而且要判断污染源和污染途径比判断地表水的污染要难得多。尤其是地下水污染以后难以及时消除，即使在排除了污染源，弄清了污染途径之后，已经污染的状况仍会长期存在，难以在短时间内净化它。

如果在含水层上部或在含水层的补给区存在较厚的细颗粒松散地层，这是相对有利的，因为细小的颗粒可以滤去较粗粒的污染物质并可吸附包括菌类在内的一些污染物、有毒物等。包气带中的微生物活动还能使污染物中的一些有机物分解为无害物。较厚的细颗粒地层的上述作用起到了水质净化器的某种作用，避免了地下水的深层污染和深度污染，如污水灌溉、农药、化肥造成的污染可大体控制在地下浅层。上述作用主要是对孔隙水而言的，对较宽大裂隙中的水及岩溶水就不存在上述的有利作用了。

5.9.2　污染源、污染物、污染途径与方式

1. 污染源

各种污染的来源即产生污染物的源头称污染源。污染源可分为四类。

(1)生活污染源。主要指城市(镇)生活污水和生活垃圾。

(2)工业污染源。主要指工业污水和工业垃圾，如排放的废渣、废水、废气和放射性物质。工业部门中经常造成污染的有冶金工业、化学工业、造纸工业、纺织印染工

业、皮革工业、机械工业、电子工业、石油化工工业、采矿工业、建筑工业、建材工业、食品工业、核工等。还应指出：近些年来全国各地广泛发展起来的县及乡、镇工业企业，常常是造成水质污染的污染源。

（3）农业污染源。主要指农药、化肥、肥料用人类及动物的排泄物、杀虫剂、污水灌溉、动物尸骨等。农药、化肥，以及杀虫剂的大量长期的使用对发展农业起到了积极作用，但也付出了巨大的代价，造成了水质污染甚至土质变坏，甚至生态环境也受到了危害。

（4）环境污染源。主要指天然咸水、苦水含水层，海水对地下水的侵入，矿区排水，疏干地层排放的水等。

2. 污染物

引起地下水污染的各种物质或能量，称为污染物。污染物可分为三类。

（1）无机污染物。常量组分中最常见的污染物情况有非适量的 Cl^-、NO_3^-，pH 值过大或过小，硬度及矿化度过高；微量组分中的非金属污染物有砷、硒、磷酸盐、氰化物等；微量组分中的金属污染物有铬、汞、镉、锌、铜、铁、锰等；还有放射性污染物。

（2）有机污染物。目前在已污染的地下水中检测发现的有机污染物常有酚类化合物、氰化物、农药等。

（3）病原体污染物。目前在已污染的地下水中检测发现的这类污染物有大肠杆菌、伤寒杆菌、呼吸道病杆菌、肝炎菌等。

3. 地下水的污染途径与方式

地下水的污染途径可分为以下四类。

（1）连续渗入污染。受到污染的地表水下渗、地下排污管道的渗漏、废水聚集地的渗入、化学液库的渗漏等都是常年连续渗入地下，会污染上层滞水和潜水。

（2）间歇性渗入污染。大气降水对固体废料堆积的淋滤作用，对矿区排水疏干地段的淋滤作用，大气降水及农田灌溉对农田及化肥、农药的淋滤作用等都能造成上层滞水和潜水的污染，这类污染显然不是连续的，而是间歇性地作用。

（3）地下水径流污染。指地下水在径流过程中形成的污染或已有污染的加剧。如地下水流经矿床、含放射性物质的地层、岩溶区、废水处理用的井或池附近，又如海水入侵。这类污染途径可造成潜水及承压水的污染。

（4）越流污染。越流是通过弱透水层或半隔水-半透水层中的渗流。越流过程中的污染扩大了水体污染的范围，能使潜水及承压水受到污染。

地下水的污染方式可分为直接污染和间接污染。直接污染指污染物从污染源出发，随水在流动过程中直接使水质污染，这是较常见的污染方式。间接污染是指污染物找不到直接污染源或在能找到的污染源中，污染物含量很低，与污染水体中污染物的实际含量相差很远。这种污染情况是在水体污染过程中或在污染水体的流动过程中又产生了各种化学反应及物理化学作用，新生成了一些污染物，这是一种缓慢而复杂的过程。这种间接污染方式加剧了污染的程度。

5.9.3 地下水污染的监测和水资源的保护

1. 地下水污染的监测

水污染的监测包括两个方面，一是及时发现污染迹象，例如，直接观测到人们的健康出现异常、林木、庄稼、植物的生长发育受到危害等。另一方面是取水样进行化验分析，确定各类污染物，并按不同类型（部门）的水质标准做出分项评价和综合评价。具体工作参照有关的标准或规定执行。

2. 地下水资源的保护

水污染的监测也是保护地下水资源的重要方面。根据监测中发现的各类污染物做出水质评价后，还要确定污染途径，找到污染源。应按照国家有关法令和地方有关法规进行治理，净化水资源。净化水资源是一项复杂而困难的工作。保护水资源不受污染，这是更重要的工作，防重于治。在进行城市规划时，应将可能的污染源（工业布局）及居民点布置在远离地下水含水层的补给区，或布置在河流的下游方向。这就必须清楚当地地下水含水层的类型及分布，补给区、径流区、排泄区的位置。在城市规划时就要统一规划污染物的排放系统，建立治理污染的工厂，如污水处理厂、废渣处理厂等。对一些严重的污染源，在工程规划与设计中应同时考虑防治污染的工程项目和设施，如对废气、废水、废渣应先经处理后再排放出去，避免水质遭受污染，否则就又造成了先污染后治理或不治理的严重局面。在这方面若目光短浅、急功近利都会后患无穷，必然要付出更大的治理代价。

对于由于当地地层岩性、地质构造、地形地貌及自然环境因素造成的地下水污染，治理与保护更加困难，须更加重视。

5.9.4 特殊地下水

1. 地下热水

1）地温梯度及地热来源

（1）地温梯度。自地表向下，按温度变化可分为变温带、常温带、升温带。上部的变温带包括随日温差产生温度变化的日变温带和随年温差产生温度变化的年变温带。日变温带的影响深度约为 1～2 m；年变温带的影响深度约为 15～30 m。在年变温带之下是年常温带，其厚度很小。粗略估计年常温带的温度大体相当于当地的多年年平均气温。在年常温带之下就是升温带。随着深度增加，地温不断提高，地下水温也在不断提高，这种变化规律称为地温梯度，可以用每延伸 100 m 地下水温的升高值（摄氏度）来表示。不同地区的地温梯度变化幅度很大，变化幅度约为 $(0.6\sim10)℃/100\ m$，通常采用的地温梯度平均值约为 $3℃/100\ m$。有些地方地温梯度很高，地下水温度很高，这就是地下热水或地热资源。

（2）地热的来源。地热的来源大致可分为四个方面。

① 地壳中放射性元素衰变产生的热能及地幔物质储存的热能。组成陆地地壳的物

质自上而下可分为三层，即沉积层、花岗岩层、玄武岩层。其中花岗岩层中含有较多的放射性元素。海洋地壳只有沉积层和玄武岩层，没有花岗岩层。其热能主要来源于地幔。组成地幔的物质以橄榄岩为主，地幔物质的热能也和放射性元素的核物理过程有关。地幔中的热能主要通过热传导及对流的形式，由深部传到地壳上部。

② 构造活动区产生的热能。这类地区如大洋中脊及洋脊裂谷、环太平洋地区，地中海及南亚地区（该地区影响到我国的青藏高原）等。这些地区也是板块运动的接触、插入、碰撞带，在构造运动中会产生巨大的热能。

③ 岩浆活动的热能。岩浆活动包括大型侵入体、岩脉及火山的活动。这种活动热能巨大，在活动停止后热能保存（会散失一些）的时间较长。

④ 地下水的深部循环获得的热能。大气降水及地表水沿裂隙及断裂构造流入地下深部，由于存在地温梯度，所以深部地下水受到加热，然后在水压力及有利的地质条件下又上升到地下浅处或出露于地表，这就是温泉，如西安临潼的温泉。

2）地下热水的特性及开发利用

地下热水的特性主要是两个：一是具有很大的热能；二是含有较多的矿物质，矿化度较高。根据这两个特性，地下热水的开发利用可分为以下几个方面。

（1）利用地热发电。可以利用高温热水及热蒸汽发电。地热发电一般要求地下水温大于 180 ℃，地热含水层上部的岩层要有适当的渗透性能，以便于传导热能到地表。我国已在西藏羊八井（地下水温为 160 ℃）建立了地热发电站。

（2）矿物的开发。当地下水所含矿物质较多成为高温卤水时，可以作为热液矿床开发利用，以获得矿产及工业原料。如四川自贡自流盐井。

（3）作为温泉利用。地下水出露于地表称为泉，地下热水出露于地表称为温泉。温泉水中含有一些矿物质，对人体具有一定的医疗保健作用。世界上许多地方都有温泉。

（4）作为热源造福人类。地下热水可作为取暖和室内种植（养殖）的热源。这是利用大自然造福人类的重要方面。

2. 泉水

凡地下水（潜水、承压水）出露于地表都称为泉。此时地下水已经变成了地表水。

1）温泉水

温泉水也具有两个特点：一是有适当的温度，二是含有一定的有利于人体健康、具有一定医疗保健作用的矿物质和气体成分。医疗价值比较高的是富含气体的碳酸水、硫化氢水及放射性水等。常见的放射性温泉水是氡水，氡是镭衰变的产物，它存在于岩土介质和地下水中。我国目前疗效明显的温泉水，通常矿化度不高，含氮气、氟、氡、硅酸（H_2SiO_3）比较多，还有其他一些特殊成分。温泉大多分布在东南沿海丘陵地带及云贵高原、青藏高原等，大部分与地质史上的近期岩浆活动和火山活动有关。我国的温泉很多，许多地方的温泉是地下水经深部循环受岩浆岩及地温梯度加热形成的，含有一定的有益于人体健康和一定治疗作用的矿物质。各地温泉的日出水量和温度各不相同，同一个温泉也常是变化的。

2）矿泉水

矿泉水是指常温的泉水，具有一定的有益的矿物质或含有某些气体。这种矿泉水通常可作为饮料饮用，如含大量 CO_2 的碳酸水，矿化度很低，水质很好。我国许多地方的泉水都呈常温，矿化度低，常成为所在地区内的饮用水源，例如，延安清凉山的泉水、杭州虎跑的泉水、济南的泉水等都是全市的供水水源。

3）各种怪泉

怪泉首先是泉，称其为怪泉是指泉水的物理性质、化学成分奇特，泉水的动态表现更奇特。江西于都有一个双味泉，单日出酸水，双日出甜水，终年不断。四川长宁一口井中有两个泉，一个出酸水，一个出淡水，二者同时流出，若堵住其中一个，另一个也不出水。陕西蓝田有一个冰泉，水一落入马上结冰。贵州平坝有一个泉，游人在泉边鼓掌时才涌水。安徽寿县有个喊泉，人在泉边大喊就会大量涌水，小喊就小量涌水，不喊不涌水。广西发现了多处喊泉，有长年性的，有季节性的。四川城口县有一个很大的泉，其中鱼很多，称为鱼泉。台湾省台南县有一个泉，水味咸而苦，水温高达 75 ℃，用火柴可以点燃它。河南睢县城南有一个泉，泉水常年带有槐花香味。郑州西南郊有两个泉相距很近，一个泉水水温高于 32 ℃，称为温泉，另一个泉水水温低于 18 ℃，称为冷泉。全国不少地方还有一些间歇泉，其喷水、冒水间隔时间不一。

上述这些怪泉在特殊的地质构造、岩性及水力联系、水流的水动力条件下形成了特殊的物理性质及化学成分，又受声波、水中生物及外界条件的影响和诱发，而表现出了怪异现象。

3. 咸水、苦水、卤水及肥水

我国许多地方，由于各种原因，形成了咸水、苦水、卤水、肥水等。

内蒙古五原县一带有大面积的咸水分布区，是后套平原最低洼的地区，蒸发很强烈。这里有的地方不仅咸水分布面积大，而且分布深度也大，有的地方上部为淡水，深部为咸水。这一带在第三纪末及第四纪初期是一片大湖，第四纪中期变成了咸水湖，后来湖水干涸，留下了湖相地层；而且大多数地点地下水的矿化度为 5～10 g/L，有的地点地下水矿化度为 14～17 g/L，个别地点地下水的矿化度达到 30～70 g/L，个别取样点的地下水矿化度高达 330 g/L。在这一带有盐湖存在，也常见有盐泉。该地区的咸水中所含的物质主要是 NaCl，还有一些硫酸盐类。

黄土高原西北部，包括陕北、甘肃、宁夏等地的一部分地区，存在大面积的咸水、苦水，矿化度为 3～10 g/L，属 $Cl^- - SO_4^{2-}$ 型地下水，Mg^{2+}、Ca^{2+}、Na^+ 及盐分含量很高。宁夏南部在咸水上面漂浮着淡水透镜体，因当地严重缺水，人畜饮用水水质很差，当地规定矿化度大于 10 g/L 才是不能饮用的水，当地地势低洼，也有苦水泉存在。

河南省的不少地方存在着地下苦水、肥水。这种水可以当氮肥肥料使用，其含有大量的硝态氮，其次是硝酸盐，水的化学类型也属于 $Cl^- - SO_4^{2-}$ 型，Mg^{2+}、Ca^{2+}、Na^+ 含量较高，水味咸、苦、涩，矿化度的分布范围为 5～16 g/L。这些肥水大都处在古老城镇附近、地势低洼处，以及古黄河滩附近的黄土类土地层中。径流条件好的地方或砂黄土地层中不含肥水。

陕西关中也有肥水资源分布，集中在咸阳和西安地区。当地下水的矿化度大于 50 g/L 时便称为卤水。卤水中除含有大量盐类（镁、钙、钠的硫酸盐及氯化物）之外，还有碘（I）、溴（Br）、硼（B）、铷（Rb）、铯（Cs）、锶（Sr）、钡（Ba）等元素的富集，可称是液体矿床，具有工业开采价值。卤水可以在滨海凹地、泻湖中因海水蒸发后浓缩形成，也可以在陆相盐湖中因水分蒸发后浓缩形成。卤水的矿化度最高可达 360 g/L，工业价值很高。

4. 微量元素失调的地下水

水中都含有多种元素及微量元素。微量元素是和常量元素相比较而言的。微量元素在人体及动植物体内的需要量甚微，但又极重要，过多、过少都是不行的。人体及动植物体内需要的微量元素来自于水和岩土，微量元素在水和岩土中的含量过多、过少都叫水土质量不好。许多地方病和奇特怪异的病症常和当地水土中所含的微量元素失调有关，这是现代科学多学科共同研究的成果。如硒（Se）是人体所需的微量元素，当水土中含硒量过高时易造成中毒，会使眉毛、头发、指甲脱落；当缺硒时易得克山病（在黑龙江省克山县首先发现的一种地方病）和大骨节病。严重缺硒地区，癌症发病率较高。当水土中的硒含量适当高些时，对人体健康长寿很有利。水中硒的含量适当高些就可以成为优质矿泉水。如湖北省恩施地区是高硒区和适当高硒区。克山病和陕西等许多地方的大骨节病都已证明和缺硒有关，特别是青海的一些地方是严重缺硒区。因此，可以将富硒地区的粮食、茶叶、烟叶等运往缺硒地区供应，进行微量元素硒含量的调剂，这样做能收到较好的效果。

河北省沧州地区严重缺水，采取深层地下水饮用时，发现其含氟量很高，易造成氟斑牙病及氟骨病（骨质变脆）患者的急剧增加。陕西一些地方有高氟地下水，宁夏有大面积的高氟地下水分布区。

水土中微量元素的多与少与当地的岩土特性有关，也与当地地下水的径流条件有关。

5. 多年冻土地区的地下水

我国的多年冻土主要分布在东北、内蒙的大、小兴安岭地区及西北、西南的高原区、高山区，总面积约 2.15×10^6 km²，约占我国总国土面积的 22.3%。冻土的特征是其内部存在着冰夹层（冻结冰层），产生极为明显的冻胀。大、小兴安岭北部的冻结冰层厚度可大于 100 m，青藏高原中部的冻结冰层厚度可达 190 m。由于水的冰态和液态同时存在，冻结冰层可起到隔水层的作用，又由于冻胀作用力的存在，所以会使冻结冰层上、下的液态水受到压力，在压力作用下也可以使其溢出地表后再结冰。所以在多年冻土区，地下水的存在状态可分为以下几种。

1）冻结冰层以上的液态水

这种水体的表层在冬季也要结冰，构成暂时性隔水顶板，其下部的水具有一定的承压水特性。在夏季，表层冰体融化，这时冻结冰层类似隔水底板，其上全是液体水，如同潜水一样。这种水通常矿化度低，含水层厚度不大，有时也有泉水出露。

2)冻结冰层中间的液态水

这种水在冻结冰层内部呈层状、脉状、透镜体存在，具有承压水性质。这种水之所以不结冰，可能是因为矿化度较高，因而冰点更低，也可能因其流动速度大，不易结冰。因这种水具有承压水的性质，所以常以冷泉出现。只要这种水的矿化度合适，即可作为供水水源。

3)冻结冰层以下的液态水

因为存在着地温梯度，所以深层水不会结冰，这时冻结冰层成了隔水顶板，下部的水具有承压水性质，也能喷出地表成为泉。这种水的补给区在融化区，水质较好，可以作为供水水源。

4)冰椎和冰丘

冻结冰层的隔水性及冻胀性使冻土区地下水常具有一定的承压水性质。其在压力作用下上升，未出露于地表就冻结成冰者称冰椎；出露于地表冻结成冰者称冰丘。冰丘也可以称为冰椎。有的地方冰椎和冰丘可随季节冻结或融化，产生冻胀及融陷。有的地方冰椎和冰丘常年不融化，如青藏高原上出现的冰结地貌。冰椎和冰丘是多年冻土地区寻找地下水的标志，它对路基及地基的变形和稳定影响较大。

5.10 泥石流

泥石流是发生在山区的一种携带有大量泥沙、石块的暂时性湍急水流。泥石流往往暴发突然、来势凶猛、运动快速、历时短暂，具有强大的破坏力。由于泥石流发生突然，很难预知其发生的准确时间，且常常冲毁或淤埋铁路、公路、农田、水利、国防、通讯及旅游点等工程设施，甚至摧毁厂矿和城镇等大面积区域，所以容易造成重大人员伤亡及经济损失。2010年8月8日晚，甘肃省舟曲县城北侧三眼峪沟和罗家峪沟同时暴发特大山洪泥石流，流经区域被夷为平地，大片村民房屋和县城建筑被淤埋、摧毁。泥石流直穿县城堵塞白龙江，形成堰塞湖，造成白龙江水位上涨数十米，舟曲县城区三分之一面积被淹。舟曲特大泥石流灾害导致1434人遇难，331人失踪，直接经济损失达数十亿元。

5.10.1 泥石流及其分布

泥石流是山区常见的一种自然灾害现象。它是一种含有大量泥砂石块等固体物质，突然爆发的，具有很大破坏的特殊洪流。其通常在暴雨或积雪迅速融化时爆发，爆发时大地震动，山谷雷鸣，浑浊的泥石流体仗着陡峻的山势，沿着深涧峡谷，短时间内以很高的流速冲出山外，至沟口平缓地段堆积下来。

泥石流爆发时，短时间内从沟里冲出数十万至数百万方泥砂石块，来势凶猛，破坏力强，能摧毁村镇，掩埋农田、道路、桥梁，甚至堵塞江河形成湖泊，给山区人民带来严重危害。

我国地域广阔，山区面积达70%，是世界上泥石流最发育的国家之一。我国泥石流频发的地区为西南、西北和华北山区。如云南东川地区、金沙江中下游沿岸和四川西昌地区等都是泥石流分布集中，活动频繁的地区。甘肃东南部山区、秦岭山区、黄土高原也是泥石流泛滥成灾的地带。据初步统计甘肃全省 82 个县（市）有 40 多个县内有泥石流发育，分布范围约 7 万 km²，占全省面积的 15%。另外，华东、中南部分山地及东北的辽阔山地，长白山区也会零星发生泥石流灾害。

5.10.2　泥石流的形成条件

含有大量固体物质是泥石流与一般山洪急流的不同之处。泥石流的形成必须具备三个基本条件，即地质、气象水文地形和条件：具有丰富的松散固体物质、足够的突然性水源和陡峻的地形。有时人为因素对某些泥石流的发生也有不容忽视的影响。

1. 地质条件——丰富的松散固体物质

山区的地质条件直接影响泥石流松散固体物质的来源。在地质构造复杂，岩层软弱，风化作用强烈，植被不发育地区，容易在山坡和沟谷地区形成大量松散碎屑物质，从而成为泥石流的补给源区（形成区）。其也是形成泥石流的物质条件。

泥石流活动频繁，分布集中的地区，都是地质构造复杂，断裂褶皱发育，新构造运动和地震强烈的地区。这些地方地表岩层破碎、崩塌、滑坡等不良地质现象屡见不鲜，为泥石流准备了丰富的固体物质来源。如云南东川地区的泥石流沟群主要是沿着小江深大断裂带发育的；西昌安宁河谷地堑式断裂带集中分布着 30 多个泥石流；成昆铁路南段有三分之二的泥石流位于元谋-绿汁江深大断裂带附近；甘肃武都地区的泥石流与白龙江断裂褶皱带有关。

新构造运动和地震是近代地壳活动的表现，强烈地震使岩层破裂，山体丧失稳定，引起崩坍、滑坡，使泥石流更为活跃。1850 年西昌发生 7.5 级强地震，安宁河中段泥石流频频发生。1733 年、1833 年两次强地震将东川泥石流的发生、发展引入到活动高潮期。1966 年强震，又一次促使泥石流活动加剧。地震活动还直接为泥石流提供了固体物质。东川老干沟泥石流，1963 年固体物质储量只有 40 万 m³，经 1966 年大地震后，至 1977 年增加到 1450 万 m³。

新构造运动可引起泥石流沟床纵坡的相应变化，从而起到加速或抑制泥石流活动的作用。在新构造运动强烈的地区，由于山地的急剧上升，各地相应地强烈下切，造成河谷相对高差越来越大，山大沟深，谷地两侧支沟短小，纵坡急陡，这种地形对泥石流的发展是十分有利的。

泥石流固体物质的多少，某种程度上与该泥石流沟流域内不良地质现象的发育程度与规模有关。例如黑沙河泥石流沟内，不良地质现象多达 205 处，分布面积为流域面积（15.7 km²）的 15%，一次能提供的固体物质可达 1000 万 m³，是一条危害很大的泥石流沟。

地层岩性不同，为泥石流提供的固体物质成分也不同，而泥石流的流态性质与所供给的固体物质成分有关。

如果泥石流地区分布的岩层是大量容易风化的含黏土和粉土的岩层，如页岩、泥岩、板岩、千枚岩及黄土等，形成的泥石流多为黏性的。如云南东川蒋家沟、西昌黑沙河、甘肃武都柳湾沟等都是以黏性泥石流和黏性泥流为主的泥石流沟。如果泥石流区的岩层是含黏土、粉土细粒物质少的，如石灰岩、玄武岩、大理岩、石英岩和砾岩，则形成的泥石流多为稀性的或者是水石流，如陕西华山北麓的泥石流。

2. 气象水文条件——足够的突然性水源

水是泥石流的组成部分和搬运介质，是促发泥石流的必要条件。泥石流的形成必须有强烈的地表径流作为动力条件。泥石流的地表径流来源于暴雨、高山冰雪强烈融化及水坝溃决等，所以气象水文条件是激发泥石流灾害发生的决定性因素。

由于自然地理环境和气候条件不同，泥石流的水源有暴雨、冰雪融化水、水库溃决等形式。我国广大山地形成泥石流的主要水源是暴雨。在季风影响下，我国大部分地区降雨量集中在5～9月的雨季，雨季降雨量占年降雨量的60％以上，有的地区达90％以上。突发性的暴雨为泥石流的形成提供了动力条件。如东川老干沟1963年9月18日夜间，一小时内降雨55.2 mm，暴发了近50年一遇的泥石流。

有时，暴雨强度并不太大，受前期连续降雨的影响，雨水充分渗入岩、土体内使之处于饱和状态，后期暴雨激发引起泥石流。如成昆线三滩泥石流沟，1976曾连续两次发生泥石流，第一次在6月29日，有效降雨55.1 mm，十分钟雨强达12.2 mm，因前期未降雨，泥石流的规模和强度都不大。第二次在7月3日，有效降雨86.7 mm，十分钟雨强为11.8 mm，由于有前期降雨的影响，暴发了接近50年一遇的泥石流。

此外，高寒山区、冰川积雪的强烈消融亦能为泥石流提供大量水源。如西藏东南部山区的泥石流为春季积雪融化引起的。

3. 地形条件——陡峻的地形

泥石流总是发生在陡峻的山岳地区，一般是顺着坡降较大的狭窄沟谷活动，每一处泥石流自成一个流域。地形条件是泥石流形成的前提和活动场所。

泥石流沟流域的地形条件要求有利于水的汇聚和赋予泥石流巨大的动能。这就要求产生泥石流地区其上游有一个面积很大，坡度很陡，便于流水汇集的汇水区，多为三面环山，一面出口的瓢形围谷形。山坡坡度多为30°～60°，坡面植被稀少，岩层风化强烈，山坡上储存大量固体物质，又有利于集中水流。中游多为狭窄而幽深的狭谷，谷壁陡峻，坡度约20°～40°，沟床狭窄，坡降很大，来自上游广大汇水面积内汇集起来的泥石流以很高的速度向下游奔泻。泥石流沟的下游，一般位于山口以外的大河谷地两侧，地形开阔，平坦，是泥石流停积的场所。

典型的泥石流流域从上游到下游可以划分为形成区、流通区和堆积区三个不同的区段，如图5-9所示。

(1)形成区。一般分布在泥石流沟的上游或中游。它又可分为汇水动力区及固体物质供给区两部分，汇水动力区是承受暴雨或冰雪融化水的场所，也是供给泥石流充分水源的地方；固体物质供给区是为泥石流储备与提供大量泥砂石块松散固体物质的地段，这里山体裸露，风化严重，分布着大面积的崩塌、滑坡等不良地质现象，水土流失十分严重。

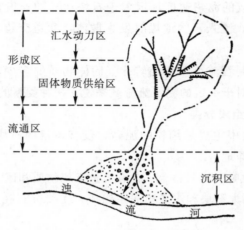

图 5-9 典型的泥石流沟

（2）流通区。位于泥石流沟的中下游地段，泥石流在重力和水动力作用下，沿着陡峻峡谷前阻后拥，穿峡而过。

（3）沉积区。位于沟的下游，一般都在山口以外，地形开阔，泥石流在此扩散，停积，形成扇形或锥形地形。

4. 人为因素

人类不合理的经济活动可以促使泥石流的发生、发展或加剧其危害作用。无节制的砍伐森林，开垦陡坡，破坏了植被，使山体裸露。开矿、采石、筑路中任意堆放弃渣，都直接间接地为泥石流提供了物质条件。成昆线由于人类活动引起泥石流活动或加剧危害的泥石流沟共 31 条。其中因乱伐林木、垦荒的有 7 条，弃渣不当的有 13 条，不能不引起高度重视。

5.10.3 泥石流的分类

合理的分类是综合整治泥石流的前提。目前泥石流的分类方案有很多，有的不太成熟，下面介绍主要几种。

1. 按泥石流的流态特征分类

（1）黏性泥石流。又称结构型泥石流，含有大量黏土和粉土等细粒物质，固体物质含量达 $40\%\sim60\%$，最高可达 80%，重度达 $16\sim23$ kN/m³。黏性泥石流中水和泥砂、石块混合成一个黏稠的整体，以相同的速度做整体运动。其中大石块能漂浮在表面而不下沉，运动中能保持原来的宽度和高度不散流，停积后保持原来的结构不变。黏性泥石流有明显的阵流现象，一次泥石流过程中能出现几次或十几次阵流。阵流的前锋叫作"龙头"，由大石块组成，可形成几米至十几米高的"石浪"，流经弯道时，有明显的外侧超高和爬高现象并有截弯取直作用。

（2）稀性泥石流。又称紊流型泥石流，固体物质含量为 $10\%\sim40\%$，黏土和粉土等细粒物质含量少，其中水是主要成分，因而不能形成黏稠的整体。稀性泥石流以水为搬运介质，水与泥砂组成的泥浆速度远远大于石块运动的速度，石块在沟底呈滚动式搬运，有一定的分选性，流入开阔地段时发生散流，岔道交错，改道频繁，不易形成阵流现象。

黏性泥石流与稀性泥石流可以互相转化。固体物质的多少，水源条件的变化都直接影响泥石流的性质，对于一定的泥石流流域来说，两种类型的泥石流都可能出现。

2. 按泥石流的物质组成分类

(1)泥流。固体物质中主要是细粒的泥砂，仅有少量的石块，黏度大，呈稠泥状，主要分布在西北黄土高原地区。

(2)泥石流。是一种典型的泥石流，含有大量细粒物质和巨大的石块。

(3)水石流。主要由大石块和水或稀泥浆组成，主要分布在华山、太行山、北京西山及辽西山地。

3. 按泥石流流域形态分类

按泥石流流域形态分类详见表5-4。

表5-4　按流域形态分类

	沟谷型	山坡型
形态特征	在主河道的两侧，泥石流流域面积较大，地形陡峻复杂，上游支沟较发育，多呈树枝形或葫芦形，沟中跌水、卡口较多，或呈束放相间的沟型。泥石流形成区、流通区、沉积区较明显，有一定范围的汇水动力区，形成区内破碎岩体和坍滑体分布较集中，或在流通区内也有零散分布，流通区较顺直，沟底较平，纵坡稍缓，沉积区为扇形或带形，坡面一般小于12°，沉积物呈圆棱状或次棱角状，历次沉积可见层次。	多在峡谷段的陡山坡上，流域面积小，沟身短浅纵坡陡，大体上和山坡一致。往往在不大的范围内呈条带状以较大的密度平行排列集中分布，无明显的流通区，形成区多为新生冲沟，松散固体物质多为山坡堆积或风化破碎的岩体。呈片状面蚀和沟蚀现象，沉积区呈锥体形，坡面可达24°，沉积物棱角明显，粗大的颗料散布于锥体的下部，层次不明显。
活动特征	受局部暴雨或单点性暴雨径流的影响，有一定的周期性。沉积物多分段搬运或一次搬运，过程较长，规模较大，来势猛，强度大。冲、淤的变幅较大，常有漫流现象。	受暴雨的影响但周期性不明显，规模小，暴发频率高，来势快，沉积物一次搬运，过程短，冲击力大，以淤为主。
工程措施	在洪积扇上铁路选线的余地较大，桥位控制线路，地形起伏大的可与隧道(明洞)作比较，以最大冲、淤值控制工程设计，要考虑泥石流的发展趋势留有余地。主流多变的宜逢沟设桥，注意防冲、排淤坡度，做好导流及固槽和桥头路堤的防护。	流域虽小仍以桥为主。应留够一次最大淤积高度，不宜改沟或设涵。因冲击力大，淤积较集中，沟中不宜设墩，规模较大的可与隧道(明洞)作比较，注意防冲、排淤坡度和抗磨蚀措施。

4. 按泥石流所处的地貌条件分类

按泥石流所处的地貌条件分类详见表 5－5。

表 5－5　按泥石流所处的地貌条件分类

	峡谷段泥石流 （以金沙江地区为代表）	宽谷段泥石流 （以安宁河地区为代表）
形态特征	位于主河道的狭谷段，多中小沟谷型和山坡型泥石流，流域地形陡峻，沟谷较短窄，纵坡陡，变化大，跌水，卡口多，沉积区场地狭窄，洪积扇不能充分发育，其前缘常被主河水流切割成陡坎，扇面纵坡较陡，一般大于 100‰。常呈带状或有洪积的垄岗，沟槽明显，沉积物颗粒粗大，多呈次棱角状。	位于主河道的宽谷段或山前地带，多大中沟谷型泥石流，流域地形较开阔；支沟发育，跌水、卡口较多，沟谷长而较宽展，纵坡稍缓，沉积区场地宽坦，不受主河水流的影响，洪积扇能充分发育，扇面纵坡较缓，一般小于 140‰。多呈放射状，沟槽不明显，沉积物颗粒较细小，多圆棱状。
活动特征	多受局部暴雨或单点性暴雨径流的影响，暴发周期较短，流程较短，流路较集中，多一次搬运，来势猛，时间短，强度大，暴涨暴落，受主河水位升降的影响大，泥石流的冲、淤变幅大。	多受局部暴雨径流的影响，暴发周期较长，流程较长，多分段搬运，流量大，势力较分散，不受主河水位的影响，泥石流的冲、淤变幅小，多年累计淤积严重，漫流现象普遍。
工程措施	在洪积扇上铁路选线的余地较小，着重于桥、隧（明洞）比较，以一次最大冲、淤值控制工程设计。注意防冲排淤坡度和防护强度，不宜改沟，力求正交，注意主河水流切割的影响，留足安全距离。	在洪积扇上铁路选线的余地大，桥位控制线路，宜逢沟设桥及以多年累计淤积值控制工程设计，加强导流、固槽和桥头路堤的防护，对大型泥石流沟争取地方协作进行综合整治。

5.10.4　泥石流的防治措施

防治泥石流的目的是控制泥石流的发生，减少危害程度，主要的工程措施有下列三类。

1. 拦挡措施

拦挡泥石流的工程建筑主要是各种形式的坝。其可以拦截泥石流的固体物质，使沟床纵坡变缓；减小泥石流的流速和规模，同时，固定泥石流沟床，防止下切和谷坡坍塌。其坝体不高，可以单独砌筑，也可建成坝群。为了能够截留固体物质，排出水流，坝体可以修成栅状、格子状，如图 5－10 所示。

2. 排导措施

泥石流流出山口后，漫流改道，冲刷淤埋

图 5－10　格栅坝

破坏性极大。采用的防治措施主要是建排导工程，使泥石流沿一定方向通畅地排泄。

(1)排洪道。是排导泥石流的工程建筑物，一般布置成直线，如因条件限制，必须改变方向时，弯道半径应比洪水渠道大。排洪道出口与大河交接处应成锐角，便于大河带走泥石流的固体物质，排洪道口标高应高出大河河水位，避免河水顶托使排洪道出口淤埋（见图5-11，图中在每条等高线上都标注了海拔高度，单位是米）。

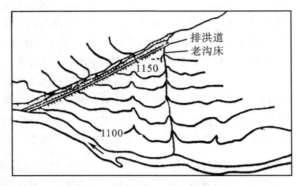

图5-11 排洪道与大河呈锐角交接平面

(2)导流堤。在可能受到泥石流危害的建筑物地区修筑导流堤，把泥石流引到规定方向排泄，确保建筑物安全。导流堤必须从泥石流出山口处筑起（见图5-12）。

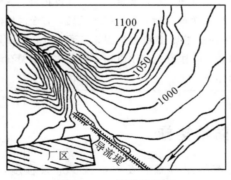

图5-12 导流堤平面

3. 水土保持措施

泥石流是一种极度严重的水土流失现象，开展水土保持工作是防治泥石流的根本。其主要工作有平整山坡、植树造林。因为水土保持工作须长时间才能见效，往往与工程措施配合使用。

总之，泥石流的防治应贯彻综合治理，以人为本和因地制宜，讲求实效的原则，综合采用工程措施和生物措施。一方面，可恢复或培育植被，在崩塌地段绝对禁止耕作，这样可以防止边坡冲刷，调节径流和削减山洪动力，控制和减少泥石流的物质来源。另一方面可采用拦挡工程、蓄水及引水工程等进行治理。拦挡工程是在流通区内修建拦挡泥石流的坝体，以拦挡泥石流和护床固坡，坝体中留有排水孔以排导水流。拦挡坝体可多级修建，以削减下泄的固体物质总量及洪峰流量。蓄水、引水工程包括调洪水库、截水沟和引水渠等，工程建于形成区内，其作用是拦截大部分洪水及削减洪峰，从而控制暴发泥石流的水动力条件。还可在流通区和堆积区内修建排导工程，其作用是调整流向，防止漫流以保护附近的居民点、工矿企业和交通线路。一条全流域的泥石流沟往往综合采用工程措施和生物措施进行综合防治。

习　　题

5.1　什么是岩石的空隙性？松散岩石孔隙度的大小与哪些因素有关？

5.2　含水层形成的条件是什么？地下水的存在形式有哪些？

5.3　地下水的物理性质包括哪些内容？地下水的化学成分有哪些？

5.4　地下水按埋藏条件可以分为哪几种类型？各类型的主要区别是什么？

5.5　地下水按含水介质分为哪几种类型？

5.6　地表水的地质作用有哪些？牛轭湖是如何形成的？

5.7　潜蚀和流砂与动水压力有什么关系？

5.8　泥石流的形成条件主要有哪些？工程防治措施有哪些？

第6章 区域性土工程地质

思维导图6-1

我国地域辽阔,自然环境变化多样,特殊的成土环境使得一些土具有特殊的工程性质,通常把在特定地理环境或人为条件下形成的具有特殊工程性质的土称为特殊性土,它的分布一般具有明显的区域性,又称为区域性土。我国分布的区域性土主要有黄土、软土、冻土、膨胀土、红黏土、盐渍土,此外还有填土、混合土、污染土等。下面简要介绍几类。

6.1 黄　　土

我国黄土分布的总面积约为 63.5 万 km^2,约占世界黄土分布总面积的 5%,遍布陕西、甘肃、山西的大部分地区及河南、宁夏和河北的部分地区,新疆和山东、辽宁等地也有局部分布,其中湿陷性黄土约占 3/4。由于各地的地理、地质和气候条件的差异,湿陷性黄土的组成成分、分布地带、沉积厚度、湿陷特征和物理力学性质也因地而异。我国从西向东,由北向南,黄土颗粒逐渐变细,湿陷性的总体趋势为由西北向东南逐渐减小。

6.1.1 黄土的基本特征和类型

1. 基本特征

黄土是在干旱、半干旱气候条件下形成的一种特殊土,是第四纪的一种特殊陆相疏松堆积物。黄土是以粉粒为主,含碳酸盐,孔隙大,质地均匀,无明显层理而有显著垂直节理的黄色陆地沉积物。黄土通常具备以下特征。

(1)外观颜色呈淡黄、灰黄和棕黄色,其中古土壤夹层呈褐红色或灰色。

(2)颗粒组成中粉土颗粒(0.075~0.005 mm)约占 60%~70%,其次是粉砂和黏粒,各占 1%~29% 和 8%~26%。富含有各种可溶性盐类,其中以碳酸钙含量最多,可达 10%~30%。由于碳酸钙盐类的胶结作用,黄土中常存在钙质结核,又称姜石。

(3)黄土的结构疏松,孔隙多,有肉眼可见的大孔隙,又称大孔土,孔隙率可达 33%~64%。在天然含水量时坚硬。

(4)黄土的构造特征为水平层理很不明显,而竖向节理极为发育,这主要是黄土分布于干旱和半干旱地区的长期蒸发和干缩，以及水在黄土中自上而下长期淋溶作用的结果。天然条件下直立边坡可保持稳定，高达十几米至几十米。

（5）有些黄土具有湿陷性。黏粒含量大于 20％的黄土，湿陷性明显减小或无湿陷性。

2. 基本类型

黄土按其成因可以分为原生黄土和次生黄土。原生黄土经过水流冲刷、搬运和重新沉积而形成次生黄土。次生黄土有残积、坡积、洪积、冲积等多种类型。黄土按形成年代的早晚分为老黄土和新黄土。老黄土包括午城黄土（Q_1）和离石黄土（Q_2）；新黄土有马兰黄土（Q_3）和次生黄土（Q_4）。

黄土的湿陷性评价按一定压力下测定的湿陷系数进行判定。按《湿陷性黄土地区建筑标准》（GB 50025—2018）规定，当湿陷系数小于 0.015 时，应定为非湿陷性黄土（在一定压力下受水浸湿，无显著附加下沉的黄土）；当湿陷系数等于或大于 0.015 时，应定为湿陷性黄土（在一定压力下受水浸湿，土结构迅速破坏，并产生显著附加下沉的黄土）。

另外，在湿陷性黄土场地的评价中，在上覆土的自重压力下受水浸湿，无显著附加下沉的湿陷性黄土，称为非自重湿陷性黄土；在上覆土的自重压力下受水浸湿，发生显著附加下沉的湿陷性黄土，称为自重湿陷性黄土。

6.1.2　黄土的工程特性

（1）黄土的天然密度一般为 2.54～2.84 g/cm³，干密度为 1.12～1.79 g/cm³，孔隙比一般大于 1.0。在天然含水量相同的情况下，黄土天然密度越高，强度也越高。在黄土中，孔隙大小和分布都极不均匀，其中大孔隙的数量是决定黄土的湿陷性的重要依据。

（2）黄土的天然含水量较低，一般在 1％～38％范围内，某些干旱地区约为 1％～12％。含水量和湿陷性有一定的关系：天然含水量较低的黄土，经常湿陷性较强，随着含水量增加，湿陷性减弱，当含水量超过 25％时就不再湿陷了。黄土的透水性一般比黏性土大，属中等透水性土，这主要是因为其垂直节理孔隙较发育，故垂直方向透水性大于水平方向，有时可达十余倍。

（3）黄土的液限常为 26％～34％，塑限一般为 16％～20％，塑性指数为 10～14。一般无膨胀性，崩解性很强，黄土易于崩解是黄土边坡浸水后造成大规模的崩塌的重要原因。黄土易受流水冲刷则是黄土地区容易形成冲沟的重要原因。

（4）黄土的压缩性用压缩系数 a 表示，根据压缩性可将黄土分为低压缩性土（$a<0.1$ MPa^{-1}）、中压缩性土（$a=0.1\sim0.5$ MPa^{-1}）、高压缩性土（$a\geqslant0.5$ MPa^{-1}）。

（5）天然状态下黄土的抗剪强度较高，一般内摩擦角 φ 为 15°～25°，黏聚力 c 为 30～40 kPa。当黄土的含水量低于塑限，水分变化对黄土的强度影响非常大：随着含水量的增加，土的内摩擦角和黏聚力都降低较多；当含水量大于塑限时，含水量对抗剪强度的影响减小；当含水量达到饱和时，抗剪强度则变化不大。

6.1.3 黄土的工程地质问题

1. 黄土湿陷性

黄土在遇水浸湿后，结构迅速发生改变而形成易于沉陷的性质称为黄土的湿陷性。湿陷性是黄土独特的工程地质性质，具有湿陷性的黄土称为湿陷性黄土。黄土受水浸湿后，在自身重力作用下发生的湿陷称为自重湿陷，在建筑物的荷载作用下所产生的附加沉陷则称为非自重湿陷。许多类型的黄土都具有湿陷性，这使其在浸水之后，即使不增加荷重，往往也会出现比较大的，突发性的湿陷。黄土湿陷性详细的含义、成因见右侧二维码文件。

疑难释义 6-1

1) 黄土湿陷灾害

(1) 建筑湿陷灾害。湿陷的发生相当迅速且不均匀，再加上黄土的湿度变化，特别是当湿度很大时，就会破坏建筑基础的稳定性。为了保证建筑基础的稳定性和建筑物的安全，人们常常需要花费大量的资金对湿陷性黄土基础进行处理。例如，西安市黄土基础的处理费一般占工程费用的 4%～8%，个别的高达 30%。因此，对黄土湿陷性的研究一直是黄土分布区工程地质研究的重要课题。

(2) 渠道湿陷变形灾害。黄土分布区一般气候比较干燥，为了进行农田灌溉、城市和工矿企业供水，常修建引水工程。但是，由于黄土的湿陷性，水渠的渗漏常引起湿陷变形。例如，甘肃省修建的一座堤灌工程，在引水灌溉十多年之后，有的地段下沉了 0.8～1.0 m，村舍被毁，房屋多次重建。

根据国内外的观测研究资料，黄土地区的渠道和运河的湿陷变形特点是，在放水之后不久，有时在一两天之内就会在河渠两侧产生许多裂缝，其延伸方向与河渠平行。每条裂缝的长度不等，由几米到几百米，裂缝的宽度由几厘米到一米左右。最后形成以渠道为中心，向两侧逐渐升高的湿陷台阶，每级台阶高 0.1～2.5 m 不等，台阶可以多达十几级。这说明，渠道中心线附近的饱水土层最厚，因而湿陷变形最强烈。湿陷裂缝的深度一般为 5～15 m，河渠两岸的湿陷台阶的宽度可达 80 m。

2) 黄土湿陷的成因

黄土湿陷的成因可分为以下几方面。

(1) 黄土的海绵式结构被破坏。黄土的结构松散，垂直的大孔隙和解理发育有利于大气降水的入渗。大气降水渗入土层之后，破坏黄土的海绵式骨架结构，使小颗粒充填到大颗粒之间的孔隙内，由此形成了结构破坏性沉陷。

(2) 黄土的黏土胶结作用降低。虽然黏土在黄土中的含量很低，但对于维持黄土的结构却起着很大的作用。在黄土的含水量很低时，黏土矿物的微粒将粗细不同的矿物黏结在一起，形成海绵状结构，使黄土有相当高的强度。当黄土浸水之后，黏粒的水化膜增厚，黏结力降低，造成骨架式海绵结构解体。

(3) 潜蚀作用。潜蚀作用可分为两个过程。一是可溶性盐的溶滤：渗透水可溶滤黄土中的可溶性盐，使其失去胶结黄土颗粒的作用，并且使颗粒之间的孔隙进一步扩大，使黄土的海绵式骨架结构进一步遭到破坏。二是微细颗粒的冲蚀：当水沿着黄土的孔隙和缝隙向下渗透时，不但破坏了黄土的结构，而且还携带一部分微小颗粒流向更深部的孔隙和裂隙，从而使表层的黄土更加疏松。

因而，黄土在浸水之后，海绵状骨架构造被破坏，黏土颗粒失去胶结作用，水的冲蚀作用就使黄土的结构崩解，发生自重湿陷和非自重湿陷。

2. 黄土滑坡

由于黄土的大孔隙、水敏性和节理裂隙发育等特点，黄土滑坡是典型的黄土工程问题之一，它具有多发性、隐蔽性、灾难性和复杂性等特征。黄土滑坡的区域分布和集中发育主要与地质构造、地层岩性、地形地貌、边坡地质结构和水文地质条件等地质要素有关，同时还与降雨、地震和人类工程活动密切相关。在黄土滑坡中，地质环境是基础，构造动力是内在驱动力，降雨与人类活动是外在牵动力。滑坡灾害工程案例见右侧二维码文件。

工程案例 6-1

黄土高原现有的地貌形态是内外动力联合作用的结果。新构造运动以来，黄土高原持续受到太平洋板块、欧亚板块和印度板块的挤压作用，决定了黄土高原构造作用、地震作用等内动力地质作用。地表过程动力则控制了黄土高原风化、剥蚀、搬运、沉积和固结作用，不断改造着黄土高原的地貌结构。正是由于来自地球内外源源不断的动力地质作用的支持，成就了当今黄土高原沟壑纵横，梁峁相间，大塬成片，滑坡遍布的黄土地貌景观。滑坡易发的四类斜坡分别是塬、梁、峁边侧斜坡，河流冲蚀的边侧斜坡，冲沟侵蚀的两侧斜坡和黄土丘陵陡坡。

黄土边坡地质结构决定了滑坡的原型和规模。黄土边坡失稳滑移主要由边坡地质结构所控制，黄土中存在的多类结构面，其作为风化作用、侵蚀作用和渗透作用的通道，既是滑坡的分离边界，又是地表水入渗通道，使边坡黄土体的完整性遭到破坏。地貌单元的不同，决定了边坡地质结构的差异。在内外动力地质作用下，黄土边坡内部形成断层、构造节理、卸荷裂隙等结构面，各种结构面在空间上的展布规模、范围、平行间距、交错程度和交角在与临空面的组合状态下，形成了原始的临滑结构。结构面在边坡地质结构中的有效组合形成的结构体形成了滑体的原型，控制着滑坡的规模。

黄土边坡水文地质结构决定了滑坡的产出位置与模式。在不同黄土地貌结构，地层中含自由水量及饱和度是不同的。400 mm 等量降水线是一个较为明显的分界线，在雨线以北的黄土丘陵区和黄土梁峁区，地形支离破碎，降水量少，河川径流稀疏，边坡内部一般不含水或微弱含水；在雨线以南的黄土台塬区、黄土河谷区和河流冲积平原区，地形平整，区域径流丰富，地表水入渗强烈，土层整体富水性强，坡体内部存在完整的水文地质结构。从南北黄土滑坡发育密度来看，南部地区每平方公里发生滑坡的数量几乎是雨线以北的 2 倍，其原因是边坡水文地质结构对黄土滑坡的孕育和发生起着重要作用。

人类活动会增大滑坡发育密度和加重灾难。中国实施西部大开发战略以来，各类工程建设快速增多，涉及到周围山区、深切冲沟、城市地下深部等。人类对土地进行开挖、堆填、改造和灌溉，给原本脆弱的黄土环境带来了进一步破坏。不合理的选址、工程施工和土地灌溉方式，很容易诱发黄土滑坡。据不完全统计，黄土地区发生的灾难性滑坡大多由人类活动所引发。

3. 黄土崩塌

黄土崩塌是发生于陡峻的黄土谷坡上部的土体崩落现象。黄土崩塌灾害的形成有黄土体自身的原因，也有促使其形成的外部条件。内在因素决定着其潜在不稳定性，外因的作用将促进这种不稳定性的恶化，最终形成崩塌灾害。当坡型确定时，黄土崩塌形成的内因主要受黄土土性特征及节理裂隙切割程度的影响；外因主要为降雨作用、人类工程活动及生物活动。

1) 崩塌的内在影响因素

(1) 黄土的节理特征。垂直节理发育是黄土的一大特征。垂直节理对黄土崩塌的形成、发展及破坏起着控制作用。土体在应力松弛和风化作用下沿着垂直节理形成宽厚不等的分割组合体，该组合体伴随块体进一步风化而整体下沉；分割组合体的下沉伴随着局部性的剪滑、旋转和倾覆等混合变形。如果坡脚遭受不断的冲刷侵蚀，在重力作用下或有较大水平力作用时，黄土中的侧向应力随即释放，自重应力向侧向扩展形成侧向挤压，在其临空面一侧的黄土就会随着侧向压应力的释放而向自由空间的方向松动移动，从而形成与黄土母体有分离势态的黄土板块或碎块并产生卸荷裂隙，在外界条件的触发下，便形成崩塌现象。当两组结构面相互切割时很容易形成楔形体黄土崩塌。

(2) 黄土的土性。黄土的另一特征为湿陷性。黄土层由于地面的不平整，汇水量及水的滞留时间不同，以及渗透系数的差异，在水流下浸、侧浸或上浸及渗透的情况下，使得下方黄土体湿陷下陷后上部土体的支撑力下降，上下层间形成空隙，从而上方的非浸湿土或非饱和土形成近似于悬臂梁的形态，当侧下方土的湿陷进一步扩展时，使得"悬臂梁"的悬臂加长，自重增大而发生崩塌。

2) 崩塌的外部影响因素

(1) 水的作用。黄土的一个主要特性为垂直节理较发育，上部岩性和下部岩性有差异，下部黄土在风化和雨水的冲刷下产生了很多小冲沟和孔洞，甚至形成反坡，使得上部的黄土具有很好的临空面，容易发生崩塌。新黄土抗冲刷性差，在径流集中处，坡面附近土体常形成深沟和沟穴，老黄土强度高于新黄土，在水流的作用下，新黄土会沿着老黄土面滑移或者剥离。当水流进入黄土中的结构面或者软弱面，在水流的润滑、软化作用下，黄土体沿着结构面或者软弱面滑移、挤出，形成崩塌。边坡黄土地层由于其湿陷性可以形成陷穴，或由于发育在黄土边坡中的黄土暗穴在破坏后也会在地表形成陷穴，对原本完整的黄土陡坎边缘具有竖向劈开作用，因而可造成陡坎边缘崩塌。另外，在黄土边坡边缘的陡坎上容易形成水溂窝，其形成及破坏过程中均易形成崩塌。

(2) 植物活动作用。黄土斜坡或者坡顶边缘存在乔木或者灌木的地方常常会出现崩塌。这是因为乔木或者灌木根系在黄土中延伸生长，一方面植物根系容易吸收水分而软化土体，另一方面会产生根劈作用，从而导致了崩塌的发生。塬边、沟边、河谷低阶地、梯田陡坎边缘的黄土地层中，生物作用比较活跃。鼠穴、蛇穴，甚至一些虫孔常常会成为黄土崩塌灾害的诱发因素。

（3）人类工程经济活动。黄土地区人类工程经济活动主要是切坡建房、窑洞开挖、修建道路等。如切坡建房时，若坡度较陡，斜坡应力场调整过程中，坡脚压应力、坡顶压应力超过了土体稳定的条件后，后缘产生卸荷拉张裂隙，雨水沿裂隙灌入土体，进一步降低坡体的稳定性，若坡体存在不利的节理裂隙组合，极有可能出现崩塌。开挖窑洞时，若窑洞的几何断面设计得不合理，导致局部拉应力集中，则会出现冒顶崩塌现象。

6.1.4　湿陷性黄土地基工程评价

1. 工程特性指标

1）湿陷系数

湿陷系数 δ_s 是指单位厚度的土样所产生的湿陷变形。它是由室内压缩试验测定的，且可用来判定黄土湿陷的定量指标。

$$\delta_s = \frac{h_p - h_p'}{h_0} \qquad (6-1)$$

式中，h_0 为试样的原始高度（mm）；h_p 为保持天然湿度和结构的试样加至一定压力时，下沉稳定后的高度（mm）；h_p' 为上述加压稳定后的试样，在浸水饱和作用下，附加下沉稳定后的高度（mm）。

2）自重湿陷系数

自重湿陷系数 δ_{zs} 是指单位厚度的土样在该试样深度处上覆土层饱和自重压力作用下所产生的湿陷变形。它是计算自重湿陷量，判定场地湿陷类型为自重与非自重湿陷的指标。

$$\delta_{zs} = \frac{h_z - h_z'}{h_0} \qquad (6-2)$$

式中，h_z 为保持天然湿度和结构的试样加压至该试样上覆土重压力时，下沉稳定后的高度（mm）；h_z' 为上述加压稳定后的试样在浸水饱和作用下，附加下沉稳定后的高度（mm）；h_0 为试样的原始高度（mm）。

3）湿陷起始压力

湿陷起始压力 p_{sh} 是指湿陷性黄土的湿陷系数达到 0.015 时的最小湿陷压力。湿陷起始压力随着土的初始含水量的增大而增大。在非自重湿陷性黄土场地上，当地基内各土层的湿陷起始压力大于其附加压力与上覆土的饱和自重压力之和时，土体的变形仅考虑压缩变形，而不会有湿陷变形产生。

4）湿陷终止压力

湿陷终止压力 p_{sf} 是指湿陷性黄土的湿陷系数大于或等于 0.015 时的最大湿陷压力。

5）湿陷起始含水量

湿陷起始含水量 ω_{sh} 是指湿陷性黄土在一定压力作用下受水浸湿开始出现湿陷时的最低含水量，它与土的性质和作用压力有关。一般随压力的增大而减小。

2. 湿陷性黄土地基承载力的评价

1）黄土地基承载力确定的基本原则

（1）地基承载力特征的确定，应保证地基在稳定的条件下使建筑物的沉降量不超过允许值。

（2）地基承载力特征值的确定，应根据静载荷试验或其他原位测试、公式计算，结合工程实践经验等方法综合进行。

2）黄土地基承载力的确定方法

（1）按静载荷试验确定。

（2）按理论公式计算来确定。一般采用《建筑地基基础设计规范》（GB 50007—2011）中推荐的参照 $P_{1/4}$ 的承载力理论并据经验与试验作了局部修正的按照土抗剪强度指标来确定承载力特征值的计算式。

（3）按原位测试来确定。此处原位测试方法一般包括静探试验、标准贯入试验、轻型动力触探、重型动力触探等。

（4）据黄土的物理指标来确定。采用《湿陷性黄土地区建筑标准》（GB 50025—2018）推荐的黄土的液限 ω_L、孔隙比 e、含水量 ω 确定承载力。

（5）黄土地基承载力的宽度、深度修正。当基础宽度大于 3 m 或埋置深度大于 1.5 m 时，地基承载力特征值应按式（6-3）修正：

$$f_a = f_{ak} + \eta_b \gamma (b-3) + \eta_d \gamma_m (d-1.5) \qquad (6-3)$$

式中，f_a 为修正后的地基承载力特征值（kPa）；f_{ak} 为相应于 $b=3$ m 和 $d=1.5$ m 的地基承载力特征值（kPa）；η_b、η_d 分别为基础宽度和基础埋深的地基承载力修正系数；γ 为基础底面以下土的重度（kN/m³），地下水位以下取有效重度；γ_m 为基础底面以上土的加权平均重度（kN/m³），地下水位以下取有效重度；b 为基础底面宽度（m），当基础宽度小于 3 m 或大于 6 m 时，可分别按 3 m 或 6 m 计算；d 为基础埋置深度（m），一般可自室外地面标高算起，当为填方时可自填土地面标高算起，但填方在上部结构施工后完成时应自天然地面标高算起，对于地下室，如采用箱形基础或筏形基础时可自室外地面标高算起，在其他情况下，应自室内地面标高算起。

3. 工程措施

在湿陷性黄土地区常采用的地基处理方法有重锤表层夯实法、强夯法、垫层法、挤密桩法、预浸水法、化学加固法和桩基础等。选择地基处理方法，应根据建筑物的类别和湿陷性黄土的特性，并考虑施工设备、施工进度、材料来源和当地环境等因素，经技术经济综合分析比较后确定。湿陷性黄土地基常用的处理方法，根据《湿陷性黄土地区建筑标准》（GB 50025—2018），可采取表 6-1 中的一种或多种方法相结合的最佳处理方法。

表 6-1　湿陷性黄土地基常用的处理方法

名称	适用范围	可处理的湿陷性黄土层厚度/m
垫层法	地下水位以上，局部或整片处理	1～3
强夯法	地下水位以上，$S_r \leqslant 60\%$ 的湿陷性黄土，局部或整片处理	3～12
挤密法	地下水位以上，$S_r \leqslant 65\%$ 的湿陷性黄土	5～15
预浸水法	自重湿陷性黄土场地，地基湿陷等级为 Ⅲ 级或 Ⅳ 级，可取消地面下 6 m 以下湿陷性黄土层的全部湿陷性	6 m 以上，尚应采用垫层或其他方法处理
其他方法	经试验研究或工程实践证明行之有效	

6.2　软　　土

　　软土是指沿海的滨海相、三角洲相、溺谷相、内陆平原或山区的河流相、湖泊相、沼泽相等主要由细粒土组成的土层，包括淤泥、淤泥质黏性土、淤泥质粉土等，多数具有高灵敏度的结构性。我国软土的分布比较广泛，主要位于沿海平原地带，内陆湖盆、洼地及河流两岸地区，如渤海湾的塘沽地区，海州湾的连云港，杭州湾的杭州，甬江口的宁波、镇海、舟山，温州湾的温州等。沼泽软土在我国的分布也非常广泛，它们常常以泥炭沉积为主，夹有软黏土、腐泥或砂层，主要分布在沿海自渤海湾的海河口到莱州湾的潍河口，以及自黄海的海州湾到川腰港等地。

6.2.1　软土基本特征和类型

1. 基本特征

　　软土通常具有孔隙比大（一般大小 1）、天然含水量高（接近或大于液限）、压缩性高（$a_{1\sim2} > 0.5\ \mathrm{MPa^{-1}}$）和强度低等工程性质，其特征如下。

　　(1)软土的外观以灰色为主，颜色多为灰绿、灰黑色，手摸有滑腻感，有机质含量高时有腥臭味。

　　(2)软土的颗粒成分主要为黏粒及粉粒组成的细粒土，黏粒含量高达 60%～70%。从软土的塑性指数和粒度成分鉴定，淤泥和淤泥质土的土质类型一般属于黏土性或粉质黏土性。

　　(3)软土的矿物成分，除粉粒中的石英、长石、云母外，主要是伊利石，其次为高岭土。此外，软土中常有一定量的有机质，含量可高达 8%～9%。

　　(4)软土具有典型的海绵状或蜂窝状结构，孔隙比大于或等于 1.0，含水量高，天然含水量大于或等于液限，透水性小，压缩性大。

(5)软土具有层理结构，软土、薄层粉砂、泥炭层等交替沉积，或呈透镜体相间沉积，形成性质复杂的土体。

2. 基本类型

按《建筑地基基础设计规范》(GB 5007—2011)规定，将天然含水量大于液限，天然孔隙比大于或等于 1.5 的黏性土称为淤泥；将天然含水量大于液限而天然孔隙比小于 1.5 但大于或等于 1.0 的黏性土或粉土称为淤泥质土。淤泥和淤泥质土是工程建设中经常会遇到的软土，其在静水或缓慢的流水环境中沉积，并经生物化学作用而形成。有些土中将含有大量未分解的腐殖质，当土的有机质含量大于 5% 时称为有机质土；有机质含量大于 60% 的土称为泥炭；有机质含量大于等于 10% 且小于等于 60% 的土称为泥炭质土。泥炭是在潮湿和缺氧环境中未经充分分解的植物遗体堆积而成的一种有机质土，呈深褐色或黑色，其含水量极高，压缩性很大，且不均匀。泥炭往往以夹层构造存在于一般黏性土层中，对工程十分不利，必须引起足够重视。

6.2.2 软土的工程特性

软土是在特定的环境下形成的，具有某些特殊的成分、结构和构造。软土具有如下特殊的工程性质。

(1)天然含水量高、孔隙比大。我国软土的天然含水量一般大于液限，呈软塑或半流塑状态。软土的液限一般为 40%～60%，而天然含水量可达 50%～70%，最大可达 300%。随液限增加，天然含水量也增加。由于软土颗粒分散性高，联结弱，所以其孔隙比大，一般大于 1.0，高的可达 5.8。

(2)渗透性弱、压缩性高。软土的孔隙比大，但是孔隙小，黏粒的吸水、亲水性强，土中的有机质含量高，分解出的气体被封闭在孔隙中，使土的透水性变差。软土的渗透系数一般在 10^{-6}～10^{-8} cm/s。软土属于高压缩性土，压缩系数大，一般压缩系数为 0.7～1.5 MPa^{-1}。

(3)强度低。软土的强度低，无侧限抗压强度为 10～40 kPa。软土的抗剪强度很低，且与加荷速率和排水固结条件有关，抗剪强度随着固结程度增加而增大。不排水直剪试验的内摩擦角为 2°～5°，黏聚力为 10～15 kPa；排水条件下，内摩擦角为 10°～15°，黏聚力为 20 kPa 左右。

(4)具有触变性。颗粒间连结弱的某些黏性土，在搅拌或者振动等强烈扰动下，土的强度会剧烈降低，甚至呈流动状态，外力停止后，随着时间的增长，土的强度又逐渐得到恢复，这种现象称为触变。软土的触变性的大小常用灵敏度 S_t 来表示。软土的灵敏度较大，一般可达 3～4，个别可达 8～9。灵敏度越大强度降低越明显，造成的危害也就越大。

(5)软土的流变性。软土在长期荷载作用下，变形可延续很长时间，最终引起破坏，这种性质称为流变性。破坏时软土的强度远低于常规试验测得的标准强度，一些软土的长期强度只有标准强度的 40%～80%。

6.2.3　软土的工程地质问题

1. 支护结构失效和基坑边坡失稳

流变性和触变性是软土的主要特点。基坑边坡的变形可分为坡面、坡边和坡体的变形,边坡破坏程度由弱到强。高边坡稳定性的影响因素中起决定作用的方面主要是边坡的变形程度,而边坡的变形程度主要取决于外部因素和内部因素。这些因素都是物理力学变动和物理化学各因素综合作用的结果,最终使高边坡内部形成贯通性破坏面,进而发生液化、悬浮、流动和沉陷,在具体工程施工过程中会引起基坑支护结构倾覆失效,软土结构彻底破坏及基坑边坡失稳等问题。

2. 渗透变形问题

软土地基硬度不足的主要原因是地下水位较浅,土体含水量大,主要土质为粉质黏土和淤泥,可塑性较强,压缩性较差,土层孔隙率比较高,结构十分不稳定。在基坑开挖过程中,基坑下饱水带中存有渗流承压水,随着基坑开挖施工的深入,含水层上部隔水层厚度逐渐变小,隔水层隔水能力逐渐降低,以至无法抵住承压水压力时,承压水就会击穿底板形成土体突涌,造成基坑侧壁变形和坍塌破坏等渗透变形问题。

3. 地面沉降和地面沉陷

受水土流失和潜蚀等作用的长期影响,基坑区域土层有不同程度的沉降,在土层与石芽间有裂隙出现。由于基坑抽排水易造成溶洞顶板坍塌,在动荷载作用影响下软土会有触变性,当工程施工产生了相对集中的负荷时,溶洞上部将无法承载自上而下的负荷,造成地基失稳并引发地质坍塌,出现大规模降雨时会引发基坑周围的地面沉降。

6.2.4　软土地基的工程评价及措施

1. 软土地基承载力评价

用原位测试的方法来确定地基承载力,常用的方法有静载荷试验、十字板剪切试验、静力触探、标准贯入试验、旁压试验和扁铲侧胀试验等。利用原位测试的方法来确定软土地基的承载力可减少对软土原状结构的扰动,取得比较精确的试验数据。根据理论公式确定地基承载力时,必须进行地基变形验算。

(1)《建筑地基基础设计规范》(GB 50007—2011) 推荐了按照土的抗剪强度指标 c_k 来确定地基承载力的公式如下:

$$f_a = M_b \gamma b + M_d \gamma_m d + M_c c_k \tag{6-4}$$

式中,f_a 为由土的抗剪强度指标确定的地基承载力特征值;M_b、M_d、M_c 为承载力系数,可根据规范查表取值;c_k 为基底下一倍短边宽深度内土的黏聚力标准值;b、d 为基础底面宽度、基础埋深;γ 为基础底面以下土的重度,地下水位以下取浮重度;γ_m 为基础底面以上土的加权重度,地下水位以下取浮重度。

（2）按临塑荷载的理论公式来确定。

$$p=\pi c+\gamma d \tag{6-5}$$

式中，c 为由不排水剪切试验确定的土的黏聚力（kPa）；γ 为基底以上土的加权平均重度（kN/m³）；d 为基础埋深（m）。

（3）极限荷载的理论公式来确定。

条形基础：

$$p_u=5.14c+\gamma d \tag{6-6}$$

方形基础：

$$p_u=5.71c+\gamma d \tag{6-7}$$

矩形基础：

当 $\dfrac{b}{a}>0.53$ 时，

$$p_u=(5.14+0.66\frac{b}{a})c+\gamma d \tag{6-8}$$

当 $\dfrac{b}{a}<0.53$ 时，

$$p_u=(5.14+0.47\frac{b}{a})c+\gamma d \tag{6-9}$$

式中，c 为由不排水剪切试验确定的土的黏聚力（kPa）；γ 为基底以上土的重度（kN/m³）；d 为基础埋深（m）；a、b 分别为基础长边和短边（m）。

上述极限公式确定软土地基承载力时，可将计算所得极限荷载 p_u 除以安全系数 3 以后采用。

2. 软土地基稳定性评价

（1）当建筑物离池塘、河岸、海岸等边坡较近时，应分析评价地基的稳定性。如图 6-1 所示，假设最危险滑动面为圆弧滑动面，采用类似于土坡稳定分析的条分法计算稳定安全系数，通过试算求得最危险的圆弧滑动面和相应稳定安全系数 K_{min}。

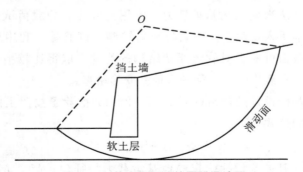

图 6-1 软土层深处的圆弧滑动面

（2）当地基的下卧层为基岩或硬土层且表面倾斜时，应分析地基的稳定性。如图 6-2 所示，土体的滑动破坏可能沿软弱结构面发生，为非圆弧滑动面。稳定安全系数应为抗滑力与滑动力之比。

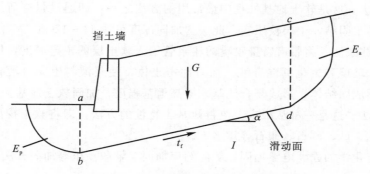

图 6-2　硬土层中的非圆弧滑动面

（3）当软弱土层之下分布有承压水时，应分析承压水头对软土地基稳定性的影响。如图 6-3 所示，应按式（6-10）来确定基础埋深与基坑开挖深度：

$$h_0 > \frac{\gamma_w}{\gamma_0} \frac{h}{k} \tag{6-10}$$

其中，

$$\gamma_0 = \frac{\gamma_1 z_1 + \gamma_2 z_2}{z_1 + z_2}$$

式中，h 为承压水位高度（从承压含水层顶算起）（m）；γ_0 为槽底安全厚度范围内土的加权平均重度，对地下水位以下的土取饱和重度（kN/m^3）；γ_w 为承压水的重度（kN/m^3）；k 为系数，一般取 1.0，对宽基坑宜取 0.7。

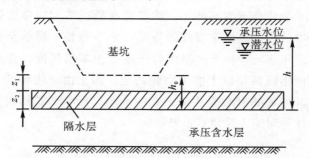

图 6-3　基坑下埋藏有承压水层的情况

3. 工程措施

由于软土具有含水量高、渗透性差、强度低、压缩性高、固结时间长等特点，因此软土作为工程建筑物地基时会导致承载力低、地基沉降量过大并产生不均匀沉降，所以需对软土地基进行地基处理及加固措施。具体的加固措施如下。

（1）砂井排水。在软土地基中按照一定规律布置砂井，在井孔中灌入中、粗砂，做为排水通道，可加快软土排水固结过程，提高地基土强度。

（2）砂垫层。在建筑物底部铺设一层砂垫层做为软土顶面的一个排水面。在路堤填筑过程中，由于荷载逐渐增加，软土地基排水固结，渗出的水可以从砂垫层排走。

（3）生石灰桩。生石灰水化过程中强烈吸水，体积膨胀，产生热量，桩周围温度升高，使得软土脱水压密而强度提高。

（4）强夯法。这是软土地基处理中最常用的方法之一，即通过强夯所产生的冲击能使软土迅速排水固结，土层被压实。此法的加固深度可达 11～12 m。

（5）旋喷注浆法。将带有特殊喷嘴的注浆管置入软土层的预定深度，用高压来喷射水泥砂浆或水玻璃和氯化钙混合液，强力冲击土体，使浆液与土充分混合，经凝结固化，在土中形成固结体，形成复合地基，提高地基强度，加固软土地基。

（6）换土法。这是一种从根本上改善地基土特性的方法，即将软土挖出，换填强度较高的黏性土、砂、砾石、卵石等渗水土。

此外还有化学加固、电渗加固、侧向约束加固、堆载预压等加固方法。

6.3 冻 土

我国冻土分布极为广阔，其中多年冻土主要分布于东北大兴安岭、青藏高原及西部高山区——天山、阿尔泰及祁连山等地区，总面积约为 215 万 km²，占全国领土面积的 22.4%。季节冻土主要分布于长江流域以北的十余个省份。

6.3.1 冻土的基本特征和类型

1. 基本特征

在高纬度和海拔较高的高原、高山地区，一年中有相当长一段时间气温低于摄氏零度，这时土中的水分冻结成固态的冰。将温度在摄氏零度或零度以下含有固态水的各类土称为冻土。季节冻土是受季节性的影响，寒季冻结，暖季全部融化，呈周期性冻结、融化的土；多年冻土是指土的温度等于或低于零摄氏度，含有固态水，且冻结状态在自然界持续两年或两年以上的不融化的土。冻土由矿物颗粒、冰、未冻结的水和空气四相组成。其中矿物颗粒是主体，它的大小、形状、矿物成分、化学成分、比表面积、表面活动性等对冻土性质有重要影响。

2. 基本类型

根据《冻土工程地质勘察规范》（GB 50324—2014），寒区冻土有不同的分类方法。按冻结状态的持续时间，分为多年冻土、隔年冻土和季节冻土，如表 6-2 所示。

表 6-2　冻土按冻结状态持续时间分类

类型	冻结状态持续时间/T	地面温度特征/℃	冻融特征
多年冻土	$T \geqslant 2$ 年	年平均地面温度$\leqslant 0°$	季节融化
隔年冻土	1 年$\leqslant T <2$ 年	最低月平均地面温度$\leqslant 0°$	季节冻结
季节冻土	$T<1$ 年	最低月平均地面温度$\leqslant 0°$	季节冻结

根据多年冻土形成和存在的自然条件，分为高纬度多年冻土和高海拔多年冻土。根据多年冻土分布的连续程度，分为大片多年冻土、岛状融区多年冻土和岛状多年冻土。寒区冻土按冻土冻融活动层与下卧土层的关系，分为季节冻结层（季节冻土区）和

季节融化层(多年冻土区),如表6-3所示。

表6-3　季节活动层的类型和分布

类型	年平均地温/℃	最大厚度/m	下卧土层	分布地区
季节冻结层	>0	2~3(或更厚)	融土层或不衔接的多年冻土层	多年冻土区的融区地带
季节融化层	<0	2~3(或更厚)	衔接的多年冻土层	多年冻土区的大片多年冻土地带

　　对于多年冻土,按冻土的含冰量及特征分为少冰冻土、多冰冻土、富冰冻土、饱冰冻土和含土冰层五种冻土工程类型。其中少冰冻土、多冰冻土应划分为低含冰量冻土,富冰冻土、饱冰冻土和含土冰层应划分为高含冰量冻土;根据多年冻土的年平均地温分为高温冻土和低温冻土,其中高温冻土年平均地温不应低于-1.0 ℃,低温冻土年平均地温应低于-1.0 ℃;按体积压缩系数或总含水率划分为坚硬冻土、塑性冻土和松散冻土,其中坚硬冻土体积压缩系数不应大于0.01 MPa^{-1},塑性冻土体积压缩系数应大于0.01 MPa^{-1},松散冻土总含水率不应大于3%。当冰层厚度大于25 mm,且其中不含土时,应定名为纯冰层。

　　根据冻土中的易溶盐含量或泥炭化程度将其划分为盐渍化冻土和泥炭化冻土。冻土中易溶盐含量超过表6-4中数值时,应称为盐渍化冻土。

表6-4　盐渍化冻土的盐渍度界限值

	碎石类土、砂类土	粉土	粉质黏土	黏土
盐渍度/%	0.10	0.15	0.20	0.25

盐渍化冻土的盐渍度(ζ)为

$$\zeta = \frac{m_g}{g_d} \times 100\% \qquad (6-11)$$

式中,m_g为冻土中含易溶盐的质量(g);g_d为土骨架质量(g)。盐渍化冻土的强度指标应以实测数据为准,当无实测数据时,可按本规范取值。

　　当冻土中的泥炭化程度超过表6-5中数值时,应称为泥炭化冻土。

表6-5　泥炭化冻土的泥炭化界限值

	碎石类土、砂类土	粉土、黏性土
泥炭化程度/%	3	5

泥炭化冻土的泥炭化程度(ξ),应按式(6-12)计算:

$$\xi = \frac{m_p}{g_d} \times 100\% \qquad (6-12)$$

式中，m_ρ为土中含植物残渣和泥炭的质量（g）。泥炭化冻土的强度指标应以实测数据为准，当无实测资料时，可按本规范取值。

作为建筑地基的冻土，按《冻土地区建筑地基基础设计规范》(JGJ 118—2011)，作为建筑地基的冻土，根据持续时间可分为季节冻土和多年冻土；根据所含盐类与有机物的不同可分为盐渍化冻土与冻结泥炭化土；根据其变形特性可分为坚硬冻土（压缩系数不应大于 0.01 MPa^{-1}，并可近似看成不可压缩土）、塑性冻土（压缩系数应大于 0.01 MPa^{-1}，在受力计算时应计入压缩变形量）与松散冻土（当粗颗粒土的总含水量不大于 3% 时）。对于季节冻土与多年冻土季节融化层土，根据土平均冻胀率的大小可分为不冻胀土、弱冻胀土、冻胀土、强冻胀土和特强冻胀土五类。对于多年冻土，根据土融化下沉系数的大小，可分为不融沉、弱融沉、融沉、强融沉和融陷土五类。

6.3.2　冻土的工程特性

季节冻土的主要工程特性是冻结时膨胀，融化时下沉。季节冻土作为建筑物地基，在冻结状态时，具有较高的强度和较低的压缩性或不具压缩性；但融化后则承载力大为降低，压缩性急剧增高，使地基产生融陷，在冻结过程中又产生冻胀，对地基非常不利。季节冻土的冻胀和融陷与土的颗粒大小及含水量有关，一般土颗粒越粗，含水量越小，土的冻胀和融陷性越小；反之则越大。

冻土中的冰是冻土存在的基本条件，也使冻土具有特殊的物理力学性质。冻土的基本力学性质和热学性质可用以下指标表示：平均冻胀率、融化下沉系数（冻土融化过程中，在自重作用下产生的相对融化下沉量）、融化压缩系数（冻土融化后，在单位荷重下产生的相对压缩变形量）、导热系数、导温系数等。当自然条件改变时，会产生冻胀、融陷、热融、滑塌等特殊不良地质现象。

6.3.3　多年冻土的工程地质问题

冻土是一种对温度极为敏感的土体介质，含有丰富的地下冰。因此，冻土具有流变性，其长期强度远低于瞬时强度特征。正由于这些特征，在冻土区修筑工程构筑物会面临两大危险，冻胀和融沉。即冻土在冻结状态时，虽然压缩性变小并具有较高强度，但在冻结过程中会产生体积膨胀，形成地面隆起和地基鼓胀；冻土融化后，岩土中冰屑的骨架支撑作用消失，导致体积缩小，地基承载力降低，压缩性增大，岩土体下沉陷落。冻土作为建筑工程地基时，因冻胀融沉的反复活动，会使房屋、桥梁、涵洞等建筑沉陷、开裂、倾倒，铁路、公路凹凸不平甚至局部陷落，威胁交通与运输安全。

道路边坡及基底稳定问题。在融沉性多年冻土区开挖道路路堑时，会使多年冻土上限下降，由于融沉可使基底下沉，造成边坡滑塌；修筑路堤时，会使上限上升，路堤内形成冻土结核，发生冻胀，融化后路堤外部沿冻土上限局部滑塌。

桥梁和建筑物地基问题。其主要冻土工程问题包括冻胀、融沉、长期荷载作用下的流变及人为活动引起的热融下沉等。

冰丘和冰锥等多年冻土区不良地质现象问题。多年冻土区的冰丘和冰锥与季节性冻土区类似，但规模更大，而且可能延续数年不融，对工程建筑有严重危害，路堑和基坑工程应尽量绕避。

6.3.4　冻土地基的工程评价及措施

1. 冻土地基承载力的确定

冻土地基承载力设计值可根据上部结构的安全等级，同时考虑保持冻结地基或容许融化地基的设计状态，用现场静载荷试验和当地经验来综合确定。

2. 冻土工程地质评价

冻土工程地质评价应包括冻土工程地质条件评价和自然条件变化、人类活动影响所引起的冻土工程地质条件及环境变化的评价。评价内容包括冻土类型及分布、成分、构造、性质、厚度，冻土现象的类型、规模、动态变化及其发育规律等；冻土温度状况、季节冻结与季节融化深度、冻土物理力学及热学性质、冻土工程地质条件因外界环境因素变化的预测。冻土工程地质评价应提出地基土的利用原则及相应的保护和防治措施建议。

根据《冻土地区建筑地基基础设计规范》(JGJ 118—2011)规定，在多年冻土地区进行建筑物选址时，宜选择各种融区、基岩出露地段和粗颗粒土分布地段，在零星岛状多年冻土区，不宜将多年冻土用作地基。若将多年冻土用作建筑地基时，可采用下列三种状态之一进行设计：保持冻结状态、逐渐融化状态或预先融化状态。

保持地基土冻结状态进行的设计可采取下列基础形式和地基处理措施：①架空通风基础；②填土通风管基础；③用粗颗粒土垫高的地基；④桩基础、热桩基础；⑤保温隔热地板；⑥基础底面延伸至计算的最大融化深度之下；⑦采用人工冻结方法降低土温。在施工和使用期间，应对周围环境采取防止破坏温度自然平衡状态的措施。

当采用逐渐融化状态进行设计时，不应人为加大地基土的融化深度，并应采取下列措施以减少地基的变形：①加大基础埋深，或选择低压缩性土作为持力层；②采用保温隔热地板，并架空热管道及给水排水系统；③设置地面排水系统；④采用架空通风基础；⑤采用桩基础；⑥保护多年冻土环境。当地基土逐渐融化可能产生不均匀变形时，应加强结构的整体性与空间刚度；建筑物的平面布置宜简单；可增设沉降缝；沉降缝处应布置双墙；应设置基础梁、钢筋混凝土圈梁；纵横墙交接处应设置构造柱，或采用能适应不均匀沉降的柔性结构。

当采用预先融化状态设计，预融深度范围内地基的变形量超过建筑物的允许值时，可采取下列措施：①用粗颗粒土置换细颗粒土或加固处理地基；②基础底面之下多年冻土的人为上限应保持不变；③加大基础埋深；④采取结构措施，适应变形要求。

3. 工程措施

土冻结时会发生冻胀，强度增高，融化时发生沉陷，强度降低，甚至出现软塑和流塑状态。修建在冻土地区的工程建筑物，常常由于反复冻融，土体冻胀、融沉，导致工程建筑物的破坏。因此通常采取的防治措施如下。

(1)排水。水是影响冻土冻胀融沉的重要因素，必须严格控制土体中的含水量。选择地势高、地下水位低、地面排水良好的建筑场地。通过在地面修建一系列排水沟、排水管，以拦截地表周围流来的水，汇集、排除建筑物地区和建筑内部水，防止这些地表水渗入地下。在地下修建盲沟、渗沟等拦截周围流来的地下水，降低地下水位，防止地下水向地基土集聚。

(2)保温。应用各种保温隔热材料防止地基土温度受人为因素和建筑物的影响，最大限度地防止冻胀融沉。如在基坑或路堑的底部和边坡上或在填土路堤底面上铺设一定厚度的草皮、苔藓、泥炭、炉渣或黏土，都有保温隔热的作用，使多年冻土上限保持稳定。

(3)改善土的性质。用粗砂、砾石、卵石等不冻胀土代替天然地基的细粒冻胀土是最常用的防治冻害的措施。或在土中加入一些化学物质，使土粒、水和化学物质相互作用，降低土中水的冰点，使水分转移受到影响，从而削弱和防止土的冻胀。

(4)结构措施。对在地下水位以下的基础，可采用桩基础、自锚式基础等。在强冻胀性和特强冻胀性地基上，其基础结构应设置钢筋混凝土圈梁和基础梁，并控制上部建筑的长高比，以防止因土的冻胀使梁或承台拱裂。

6.4 膨胀土

我国膨胀土分布十分广泛，遍及西南、中南、华东，以及华北、西北和东北的部分地区。其主要分布在西南云贵高原到华北平原之间各流域形成的平原、盆地、河谷阶地，以及河间地块和丘陵等地。其中，尤以珠江流域的东江、桂江、郁江和南盘江水系，长江流域的长江、双水、嘉陵江、岷江、乌江水系，淮河流域、黄河流域及河海流域的各干支流水系等地区，膨胀土分布最为集中。

6.4.1 膨胀土的基本特征和指标

1. 基本特征

膨胀土是指土中黏粒成分主要由亲水性矿物组成，具有吸水膨胀、失水收缩和反复胀缩变形、浸水承载力衰减、干缩裂隙发育等特性，性质极不稳定。膨胀土外观一般呈棕黄、黄红、灰白、花斑(杂色)色。其粒度成分主要以黏粒为主，含量在35%～50%以上，黏粒的主要矿物成分为蒙脱石、伊利石和高岭石，常含有铁锰质及钙质结核。蒙脱石黏土在含水量增加时出现膨胀，而伊利石和高岭土则发生有限的膨胀，这是引起膨胀土发生变化的条件。

根据《膨胀土地区建筑技术规范》(GB 50112—2013)，场地具有下列工程地质特征及建筑物破坏形态，且土的自由膨胀率大于等于40%的黏性土，应判定为膨胀土。

(1)土的裂隙发育常伴有光滑面和擦痕，有的裂隙中充填有灰白、灰绿等杂色黏土。自然条件下呈坚硬或硬塑状态。

（2）多出露于二级或二级以上的阶地、山前和盆地边缘的丘陵地带。地形较平缓、无明显自然陡坎。

（3）常见有浅层滑坡、地裂。新开挖坑（槽）壁易发生坍塌等现象。

（4）建筑物多呈"倒八字""X"形或水平裂缝，裂缝随气候变化而张开和闭合。

2. 基本指标

膨胀土的相对密度多为 2.7～2.8 g/cm³，天然密度为 1.9～2.1 g/cm³，干密度较大，一般为 1.6～1.8 g/cm³，干密度越大，土的膨胀性也越大。早期（第四纪以前或第四纪早期）生成的膨胀土具有超固结性，孔隙比一般较小，天然孔隙比为 0.5～0.8。

膨胀土的天然含水量一般为 20%～30%，饱和度大于 0.85。膨胀土的液限为 38%～55%，塑限为 20～35%，塑性指数为 18～35，多数为 22～35。因此，多数天然状态膨胀土处于塑性状态。

膨胀土具有明显的胀缩性，这与它含水量的大小及变化有关。如果其含水量保持不变，则不会有体积变化。在天然含水量情况下，膨胀土的吸水膨胀量为总体积的 2.44%～14.2%，个别高达 23%以上；失水收缩量为总体积的 14.8%～21.6%。在风干情况下，膨胀土吸水膨胀量一般为 20%～30%，最大可达 50%。膨胀土具有很高的膨胀潜势，在工程施工中，建造在含水量保持不变的黏土上的构造物不会遭受由膨胀而引起的破坏。当黏土的含水量发生变化，立即就会产生垂直和水平两个方向的体积膨胀。含水量的轻微变化，仅 1%～2%的量值，就足以引起有害的膨胀。

6.4.2　膨胀土的工程特性

1. 膨胀土的变形

膨胀土是随着含水量增减体积发生显著往复胀缩变形的高塑性黏土。为了正确评价膨胀土的工程性质，必须测定其膨胀收缩指标。表示膨胀土的胀缩性指标有膨胀率、自由膨胀率、收缩系数等。

自由膨胀率为人工制备的烘干松散土样在水中膨胀稳定后，其体积增加值与原体积之比的百分率，按式（6-13）计算：

$$\delta_{ef} = \frac{V_w - V_0}{V_0} \times 100\% \tag{6-13}$$

式中，δ_{ef} 为膨胀土的自由膨胀率（%）；V_w 为土样在水中膨胀稳定后的体积（mL）；V_0 为土样原始体积（mL）。

膨胀率是指固结仪中的环刀土样在一定压力下浸水膨胀稳定后，其高度增加值与原高度之比的百分率。某级荷载下膨胀土的膨胀率应按式（6-14）计算：

$$\delta_{ep} = \frac{h_w - h_0}{h_0} \times 100\% \tag{6-14}$$

式中，δ_{ep} 为某级荷载下膨胀土的膨胀率（%）；h_w 为某级荷载下土样在水中膨胀稳定后的高度（mm）；h_0 为土样原始高度（mm）。

收缩系数是指环刀土样在直线收缩阶段含水量每减少 1%时的竖向线缩率。膨胀土的收缩系数应按式(6-15)计算：

$$\lambda_s = \frac{\Delta \delta_s}{\Delta w} \qquad (6-15)$$

式中：λ_s 为膨胀土的收缩系数；$\Delta \delta_s$ 为收缩过程中直线变化阶段与两点含水量之差对应的竖向线缩率之差(%)；Δw 为收缩过程中直线变化阶段两点含水量之差(%)。

根据《膨胀土地区建筑技术规范》(GB 50112—2013)规定自由膨胀率 $\delta_{ef} \geqslant 40\%$ 为膨胀土，并对膨胀土的膨胀潜势按其自由膨胀率分为三类，见表6-6。

表6-6　膨胀土的膨胀潜势分类

自由膨胀率 $\delta_{ef}/\%$	膨胀潜势
$40 \leqslant \delta_{ef} < 65$	弱
$65 \leqslant \delta_{ef} < 90$	中
$\delta_{ef} \geqslant 90$	强

2. 膨胀土的强度

膨胀土中新开挖出露的土体在天然含水量的原始状态下，其抗剪强度和弹性模量是比较高的，但遇水后强度显著降低，黏聚力一般小于 0.05 MPa，有的 c 值接近于零，内摩擦角 φ 值从几度到十几度。在自然因素作用下，土体长期反复胀缩变形，含水量不断变化，导致土体的强度发生衰减。膨胀土极易产生风化破坏作用，土体开挖后，在风力营力作用下，很快产生破裂、剥落、泥化等现象，使土体结构破坏，强度降低。

6.4.3　膨胀土的工程地质问题

在工程建设中，膨胀土作为建筑物的地基常会引起建筑物的开裂、倾斜而破坏，作为堤坝的建筑材料，可能在堤坝表面产生滑动；作为开挖介质时则可能在开挖体边坡产生滑坡失稳现象。膨胀土对工程建设的危害往往具多发性、反复性和长期潜在性。产生这种工程问题的原因是膨胀土的裂隙性和胀缩性。

1. 膨胀土的裂隙性

膨胀土中普遍发育有各种形态的裂隙。裂隙性是膨胀土的典型特征，裂隙结构使膨胀土物理力学效应复杂，并且降低了膨胀土的强度，导致膨胀土的工程地质性质恶化。裂隙按其成因可分为两类，即原生裂隙和次生裂隙，原生裂隙具有隐蔽特征，多为闭合状的显微裂隙，次生裂隙一般又多由原生裂隙发育发展而成。膨胀土中的垂直裂隙通常是由构造应力与土的胀缩效应产生的张力应变形成的，水平裂隙大多由沉积间断与胀缩效应所形成的水平应力差而产生。裂隙面大多有灰白色黏土，薄膜成条带，富水软化，使土的裂隙结构具有比较复杂的物理化学和力学特性。膨胀土裂隙的存在破坏了膨胀土的均一性和连续性，导致膨胀土的抗剪强度产生各向异性特征，且易在浅层或局部形成应力集中分布区，产生一定深度的强度软弱带，严重影响和制约着膨胀土的工程特性。

膨胀土的风化作用强烈，其中各种特定形态的裂隙是在一定的成土过程和风化作用下形成的。产生裂隙的原因主要是由膨胀土的胀缩特性，即吸水膨胀失水干缩，往复周期变化，胀缩作用频繁，加剧了膨胀土裂隙的变形和发展，导致膨胀土土体结构松散，形成许多不规则的裂隙。膨胀土的多裂隙结构，首先会切割土体产生机械破碎，同时，在原先裂隙的基础上又发育了风化裂隙，加剧了土体的破碎与破坏程度，使土中原生裂隙逐渐显露张开，并不断加宽加深，由于地质作用的不均匀性，膨胀土裂隙经常产生分岔现象，加剧了膨胀土的物理风化与化学风化作用。

裂隙的发育又为膨胀土表层的进一步风化创造了条件。同时，裂隙的发育为水的渗入与蒸发创造了良好通道，促进了水在土中的循环：一方面加剧了土体的干缩湿胀效应，含水量的波动变化反复胀缩，从而又导致裂隙的扩展，引起土体的变形和破碎；另一方面，有限的淋溶进一步促使化学风化的进行，有利于土体中伊利石和蒙脱石的形成。这种后期的化学风化作用在裂隙结构面上表现得最为活泼，其主要标志是在膨胀土中的裂隙面上，普遍发育有灰白色次生蒙脱石黏土条带或薄膜，使得膨胀土的亲水性大大增强，膨胀性与崩解性也同样增强，对于土体的稳定性产生非常不利的影响。另外，膨胀土的裂隙发育程度除受膨胀土的物质组成和成土条件控制外，还与开挖土体的时间和气候条件密切相关。膨胀土由于卸荷作用也能引起土体裂隙的发展，卸荷过程中土体的应力状态发生变化也产生裂隙，或促进裂隙的张开和发展。对土中存在隐蔽微裂隙的膨胀土来说，这种卸荷必然会促进裂隙的张开和扩展，尤其在边坡底部的剪应力集中区域，裂隙面的扩展更为严重，这些区域往往是滑动开始发生的部位。

2. 膨胀土的胀缩性

膨胀土胀缩性对工程危害极大。膨胀土吸水体积增大而产生膨胀，可使建筑在土基上的道路或其他建筑物上产生隆起等变形破坏。如果土体在吸水膨胀时受到外部约束的限制，阻止其膨胀，此时则在土体中产生一种内应力，即为膨胀力或称膨胀压力。与土体吸水膨胀相反，倘若土体失水，其体积随之减小而产生收缩，并伴随土体中出现裂隙。膨胀土体收缩同样可造成其土基的下沉及道路的开裂等变形破坏。

膨胀土的黏土矿物成分中含有较多的蒙脱石、伊利石和多水高岭石，这类矿物具有较强的与水结合的能力，吸水膨胀、失水收缩，并具膨胀—收缩—再膨胀的往复胀缩特性，特别是蒙脱石含量直接决定其膨胀性能的大小，因此，黏土矿物的组成、含量及排列结构是膨胀土产生膨胀的首要物质基础，极性分子或电解质液体的渗入是膨胀土产生膨胀的外部作用条件。膨胀土的胀缩机理问题亦是黏土矿物与极性水组成的两相介质体系内部所发生的物理-化学-力学作用问题。膨胀土的膨胀性能与其矿物成分、结构连接类型及强度、密实度等密切相关。胶结联结有抑制膨胀的作用，胶结强度越高，越不利于膨胀的发生和发展。结构的疏密程度也影响膨胀量的大小。在力的作用下产生的扩容膨胀效应改变了膨胀岩土的结构连结和密实程度，从而使膨胀量发生变化。扩容膨胀效应随力学作用程度不同而异。当力学作用未使膨胀岩土的胶结联结发生大的改变，则扩容后的膨胀效应不明显，膨胀以物化作用为主。当力学作用破坏了部分原始胶结连结时，膨胀抑制力有所减弱，膨胀势得以充分发挥，从而促进物化作用使膨胀进一步发展。

水分的变化是膨胀土的膨胀与收缩变形最直接的原因，而膨胀土中水分的变化是一个复杂的物理-化学-力学效应作用的过程，除了取决于膨胀土本身的物质组成与微结构特征外，还与膨胀土所处的环境条件有密切关系。地表水与地下水的动态变化可引起土中水分的变化，大气降雨、蒸发及温度的变化等也可促使土中水分的迁移、变化，水的渗漏可导致土中水分增加，热力传导可促进土中水分散失，这些都将直接引起膨胀土胀缩变形的产生。

膨胀土的胀缩性与裂隙性的共同作用使得膨胀土的工程性质极差。近地表的浅层膨胀土不仅裂隙特别发育，而且对气候变化特别敏感，土质干湿效应明显，吸水时，土体膨胀、软化，强度下降；失水后土体收缩，随之产生裂隙。膨胀土的这种胀缩性，当含水量变化时就会充分显示出来。反复的胀缩导致了膨胀土土体的松散，并在其中形成许多不规则的裂隙，从而为膨胀土表面的进一步风化创造了条件。裂隙的存在破坏了土体的整体性，降低了土体的强度，同时为雨水的侵入和土中水分的蒸发提供了外在条件，加速了膨胀土的遇水和失水过程，导致了土中含水量的波动和胀缩现象的反复发生，进一步导致了裂隙的扩展并向土层深部发展，使土体的强度降低，形成风化层，从而使膨胀土的工程性质进一步恶化，对各类工程造成极大危害。

6.4.4　膨胀土地基的工程评价及措施

1. 膨胀土的工程评价

根据《膨胀土地区建筑技术规范》（GB 50112—2013）规定，膨胀土应根据土的自由膨胀率、场地的工程地质特征和建筑物破坏形态综合判定。必要时，尚应根据土的矿物成分、阳离子交换量等试验验证。

膨胀土的影响因素包括物质成分和微观结构内部因素，以及水分迁移等外部因素。膨胀土含大量的活性黏土矿物蒙脱石和伊利石，尤其是蒙脱石，其比表面积大，在低含水量时对水有巨大的吸力，土中蒙脱石的含量直接决定着土的胀缩性质。这些矿物成分在空间上的连接状态也影响其胀缩性质。大量的扫描电镜试验结果表明面-面连接的叠聚体是膨胀土的一种普遍结构形式，这种结构比团粒结构具有更大的吸水膨胀和失水吸缩能力。水分的迁移是控制土胀缩性的关键外在因素，因为只有土中存在着可能产生水分迁移的梯度和进行水分迁移的途径，才有可能引起土的膨胀或收缩。尽管某一种黏土具有潜在的较高的膨胀势，但如果它的含水量保持不变，则不会有体积变化发生；相反，含水量的轻微变化，即使 $1\% \sim 2\%$ 的量值，实践证明就足以引起有害的膨胀。随着环境的变化，土体内、外部的水分蒸发不均，造成土体表面的应力集中，裂隙便在土体表面产生，且随着时间不断向土体内部发展，裂隙的产生既削弱了土体的强度，又为水进入土体内部提供了通道。裂隙发育—水进入—裂隙进一步发育，随着这样的循环不断发展，裂隙贯通，常常会导致滑坡、泥石流等灾害的发生。因此，判断膨胀土的胀缩性指标都是反映含水量变化时膨胀土的胀缩量及膨胀力大小的。

对建在膨胀岩土上的建筑物，其基础埋深、地基处理、桩基设计、总平面布置、建筑和结构措施、施工和维护，应符合现行国家标准《膨胀土地区建筑技术规范》(GB 50112—2013)的规定。一级和二级工程的地基承载力应采用浸水载荷试验方法确定；三级工程可采用饱和状态下不固结不排水三轴剪切试验计算或根据已有经验确定。对边坡及位于边坡上的工程，应进行稳定性验算，验算时应考虑坡体内含水量变化的影响；均质土可采用圆弧滑动法验算，存在软弱夹层及层状膨胀岩土应按最不利的滑动面验算；具有胀缩裂缝和地裂缝的膨胀土边坡应进行沿裂缝滑动的验算。

2. 工程措施

在膨胀土地基上修筑建筑物及桥梁时，不仅有土的压缩变形，还有土的湿胀干缩变形。地基土的胀缩变形会发生不均匀沉降，由此会引起地基承载力问题和结构开裂问题。在膨胀土地区修筑铁路时，随着列车轴重的增加和行车密度与速度的提高，会引起膨胀土体抗剪强度的衰减及基床土承载力的降低，造成边坡坍塌、滑坡、路基长期不均匀下沉、翻浆冒泥等病害更加突出，使得路基失稳，影响行车安全。其防治措施主要有如下几种。

1) 地基的防治措施

(1)防水保湿措施。防止地表水下渗和土中水分蒸发，保持地基土湿度稳定，控制胀缩变形。在建筑物周围设置散水坡，设水平和垂直隔水层；加强上下水管道防漏措施及热力管道隔热措施；建筑物周围合理绿化，防止植物根系吸水造成地基土不均匀收缩；选择合理的施工方法，基坑不宜暴晒或浸泡，应及时处理夯实；建筑物基础应适当加深，以便相应减少膨胀土的厚度，并增加基础底面以上土的自重，加大基础侧面摩擦力。

(2)地基土改良措施。地基土改良的目的是消除或减少土的膨胀性能，常采用：换土法，挖出膨胀土，换填砂、砾石等非膨胀土；压入石灰水法，石灰与水相互作用产生氢氧化钙，吸收周围水分，氢氧化钙与二氧化碳形成碳酸钙，起胶结土粒的作用，且钙离子与土颗粒表面的阳离子进行离子交换，使水膜变薄脱水，使土的强度和抗水性得以提高。必要时也可以采取桩基等防治措施。

2) 边坡的防治措施

(1)地表水防护。为防止水渗入土体，冲蚀坡面，可设截排水天沟、平台纵向排水沟、侧沟或坡脚排水沟等排水系统。

(2)坡面加固。植被防护，即种植草皮、灌木、小乔木，这些植被根系发达，形成植被覆盖层防止地表水冲刷。

(3)骨架护坡。采用浆砌片石方形及拱形骨架护坡，骨架内植草效果更佳。

(4)支挡措施。采用抗滑挡墙、抗滑桩、片石垛等。

对于路基基床下沉或翻浆冒泥，主要应采用土质改良、加固基床及排除基床水的措施。

6.5 其他区域性土

我国分布的区域性土还有红黏土、盐渍土、填土和污染土。其中红黏土广泛分布于我国的云贵高原、四川东部、广西、安徽、粤北及鄂西、湘西等地区的低山、丘陵地带顶部和山间盆地、洼地、缓坡及坡脚地段,具有裂隙性和胀缩性;盐渍土主要分布在西北干旱地区的新疆、青海、甘肃、宁夏、内蒙古等地势低平的盆地和平原中,具有融陷性、盐胀性、腐蚀性;填土是指在一定的地址、地貌和社会历史条件下,由于人类活动而堆填的土,根据其组成物质和堆填方式形成的工程性质的差异,可将填土划分为素填土、杂填土和充填土三类;由于致污物质侵入改变了物理力学性状的土,应判定为污染土,通常是由于地基土受到生产及生活过程中产生的三废污染物(废水、废气、废渣)的侵蚀,使土性发生化学变化。在实际工程中应根据相应的规范并结合现场条件对不同的区域性土采取不同形式的处理方法。

习　　题

6.1 什么是特殊土?常见的特殊土有哪些?

6.2 黄土有哪些基本特征?什么是湿陷性黄土?

6.3 诱发黄土滑坡的因素有哪些?

6.4 黄土崩塌是怎么形成的?

6.5 湿陷性黄土地基工程评价有哪些工程指标?

6.6 软土的工程特性包括哪些内容?如何对软土进行地基处理?

6.7 冻土的基本力学性质和热学性质指标有哪些?冻土工程的防治措施有哪些?

6.8 怎么反映膨胀土的工程特性?膨胀土存在哪些工程地质问题?

第7章 岩土工程勘察

7.1 岩土工程勘察的任务与重要性

岩土工程勘察就是为工程建设服务的地质调查。按照《岩土工程勘察规范》(GB 50021—2001)(2009 年版)规定，各项建设工程在设计和施工之前，必须按基本建设程序进行岩土工程勘察。其主要内容有了解拟建场地的自然环境，区域和场地的稳定性条件，工程地质和水文地质条件，岩土体在工程荷载作用下及工程活动条件下的稳定性、强度及变形规律。岩土工程勘察的目的就是以各种手段和途径了解、掌握上述各方面的情况，在此基础上，再根据工程项目的特点和要求对拟建场地做出综合评价，提出对策及方案建议，以此作为工程设计和施工的基本依据。

岩土工程勘察是完成工程地质学在经济建设中"防灾"这一总任务的具体实践过程，其任务从总体上来说是为工程建设规划、设计、施工提供可靠的地质依据，以充分利用有利的自然和地质条件，避开或改造不利的地质因素，以保证建筑物的安全和正常使用。具体而言，岩土工程勘察的任务可归纳为以下几点。

(1)调查工程建设区域的地形地貌，即地形地貌的形态特征，地貌的成因类型及地貌单元的划分。查明建筑场地的工程地质条件，选择地质条件优越且合适的建筑场地。

(2)调查工程建设区域的地质构造，包括岩层产状及褶曲类型；裂隙的性质、产状、数量及填充胶结情况；断层的位置、类型、产状、断距、破碎带宽度及填充情况；新近地质时期构造活动形迹。评价其对工程建设的不利和有利的工程地质条件。

(3)查明工程建设区域内有无不良地质现象，如崩塌、滑坡、泥石流、岩溶、岸边冲刷和地震等，分析和判明它们对建筑场地稳定性的危害程度，为拟定改善和防治不良地质条件的措施提供地质依据。

(4)调查工程建设区域的地层条件，包括岩土的性质、成因类型、地质年代、厚度分布范围。对岩层尚应查明风化程度及地层的接触关系；对土层应着重区分新近沉积黏性土、特殊土的分布范围及其工程地质特征。总之，查明建筑物地基岩土的地层时代、岩性、地质构造、土的成因类型及其埋藏分布规律。

(5)查明工程建设区域的水文及水文地质条件，地下水类型、水质、埋深及分布变化。调查含水层的埋藏条件，补给排泄条件，调查各层地下水位的变化幅度，必要时应设置长期观测孔监测水位变化；当需绘制地下水等水位线图时，应根据地下水的埋藏条件和层位统一量测地下水位；当地下水可能浸湿基础时，应取水试样进行腐蚀性评价。

(6)测定地基岩土的物理力学性质，包括地基岩土的天然密度、比重、含水量、液塑限、压缩系数、压缩模量、抗剪强度等。

(7)根据建筑场地的工程地质条件分析研究可能发生的工程地质问题，提出拟建建筑物的结构形式、基础类型及施工方法的建议。

(8)对于不利于建筑的岩土层，推荐承载力和变形计算参数，提出地基基础设计和施工的建议，尤其是不良地质现象的处理对策，提出切实可行的处理方法或防治措施。在地震设防区划分场地土类型和场地类别，并进行场地和地基的地震效应评价。

以上任务是相互联系，密不可分的。其中工程地质条件的调查研究是最基本的工作，如果工程地质条件不清楚或弄错了，则其他各项任务也就不可能完成，甚至得出错误的结果。

任何工程建筑都是建造在一定的场地与地基之上的，所有工程建设方式、规模和类型都要受工程区域内的工程地质条件所制约。地基的好坏不仅直接影响到建筑物的经济性和安全性，而且一旦事故发生，处理起来也比较困难。实践经验表明，工程地质勘察工作如果做得好，设计、施工就能顺利进行，工程建筑的安全运营就能得到保障。相反，忽视工程区域内的工程地质勘察，就会给工程建设带来不同程度的影响，轻则需要修改设计方案，增加投资，延误工期，重则使建筑物完全不能使用，甚至突然破坏酿成灾害。

如加拿大特朗斯康谷仓就是建筑地基失稳的典型案例(具体见右侧二维码文件及视频)。该谷仓由 65 个圆柱形筒仓组成，长 59.44 m，宽 31.00 m，采用钢筋混凝土片筏基础，厚 2.00 m，埋置深度 3.60 m。谷仓于 1913 年秋建成，10 月贮存谷物 2.70×10^7 kg 时发现谷仓明显下沉，谷仓西端下沉 8.80 m，东端上升 1.50 m，最后整个谷仓倾斜近 27°，由于谷仓整体刚度较大，在地基破坏后，筒仓完整，无明显裂缝。事后勘察了解，该建筑物基础下埋藏有厚达 16.00 m 的高塑性淤泥质软黏土层。谷仓加载使得基础地面上的平均荷载达到 330 kPa，超过了地基的极限承载力(280 kPa)，因而发生地基强度破坏而整体失稳滑动。为了修复谷仓，在基础下设置了 70 多个支承于 16.00 m 以下基岩上的混凝土墩，使用了 338 个 50 kN 的千斤顶，逐渐把谷仓纠正过来。修复后谷仓的标高比原来降低了 4.00 m。这在地基事故处理中是个奇迹，不过费用也非常昂贵。

工程案例 7-1

特朗斯康谷仓
案例视频

因为没有进行工程地质勘察或工程地质勘察不完整而导致工程事故发生的例子还很多，这些例子表明工程场地的工程地质条件直接对其上的工程构筑物产生影响，如果不进行工程地质勘察，会造成非常严重的后果，场地的工程地质勘察在工程建设中占有举足轻重的地位。

由此可见，岩土工程勘察是做好设计和施工的前提，是国家基本建设任务程序中极重要的环节，必须先勘察，再设计施工。如果实际工作中违反了上述基本建设工作的基本工作程序，则设计、施工将是盲目的、冒险的、不安全的，势必造成巨大的浪费。这方面的教训是很多的，如有的工程后来被迫拆除，有的工程后来被迫迁移，不但造成国家财产的巨额损失，也常造成人员伤亡。

7.2 岩土工程勘察的等级与划分

岩土工程勘察任务和内容的确定，以及勘察的详细程度和工作方法的选择，与工程重要性等级、场地和地基的复杂程度密切相关，它们是岩土工程勘察分级的三个主要因素。因此，首先必须对这三个因素进行分级。根据《岩土工程勘察规范》(GB 50021—2001)(2009 年版)，可以按下列条件来划分岩土工程勘察的等级。

7.2.1 工程重要性等级的划分

根据工程的规模和特征，以及由于岩土工程问题造成工程破坏或影响正常使用的后果，可分为三个工程重要性等级：

一级工程：重要工程，后果很严重；

二级工程：一般工程，后果严重；

三级工程：次要工程，后果不严重。

7.2.2 场地等级的划分

根据场地的复杂程度，可按下列规定分为三个场地等级。

1. 符合下列条件之一者为一级场地(复杂场地)

(1)对建筑抗震危险的地段；

(2)不良地质现象强烈发育；

(3)地质环境已经或可能受到强烈破坏；

(4)地形地貌复杂；

(5)有影响工程的多层地下水，岩溶裂隙水或其他水文地质条件复杂，需专门研究的场地。

2. 符合下列条件之一者为二级场地(中等复杂场地)

(1)对建筑抗震不利的地段；

(2)不良地质现象一般发育；

(3)地质环境已经或可能受到一般破坏；

(4)地形地貌较复杂；

(5)基础位于地下水位以下的场地。

3. 符合下列条件者为三级场地(简单场地)

(1)地震设防烈度等于或小于 6 度，或对建筑抗震有利的地段；

（2）不良地质现象不发育；

（3）地质环境基本未受破坏；

（4）地形地貌简单；

（5）地下水对工程无影响。

注意以上确定方法：从一级开始，向二级、三级推定，以最先满足的为准。第7.2.3节地基等级的划分也按本方法确定。对建筑抗震有利、不利和危险地段的划分，应按现行国家标准《建筑抗震设计规范》（GB 50011—2010）（2016 年版）的规定确定。

上述等级划分中"不良地质现象"指滑坡、崩塌、岩溶、土洞、采空区、地面塌陷、地裂缝、洪水及泥石流、冲沟、岸坡冲刷、强烈潜蚀、流砂、易液化地层、黄土湿陷、软黏土高灵敏度、膨胀土胀缩、冻胀及融陷等。

上述等级划分中"地质环境"指拟建场地的岩土工程地质性质、地形地貌、地质构造、诱发地震、水文地质条件、物理地质现象（通常指不良地质现象）、地质物理环境（如地应力、地热等）、天然建筑材料、岩溶洞穴、地下采空区、地面沉降、塌陷、裂缝、土质污染等。

7.2.3　地基等级的划分

根据地基的复杂程度，可按下列规定分为三个地基等级。

1. 符合下列条件之一者为一级地基（复杂地基）

（1）岩土种类多，很不均匀，性质变化大，需特殊处理；

（2）严重湿陷、膨胀、盐渍、污染的特殊土岩土，以及其他情况复杂，需作专门处理的岩土。

2. 符合下列条件之一者为二级地基（中等复杂地基）

（1）岩土种类较多，不均匀，性质变化较大；

（2）一级地基中所列特殊性岩土以外的特殊性岩土。

3. 符合下列条件者为三级地基（简单地基）

（1）岩土种类单一，均匀，性质变化不大；

（2）无特殊性岩土。

7.2.4　岩土工程勘察等级的划分

根据上述工程重要性等级、场地复杂程度等级和地基复杂程度等级，可按下列条件划分岩土工程勘察等级（工程常见各类等级的具体含义及相互关系见右侧二维码文件）。

疑难释义 7-1

甲级：在工程重要性、场地复杂程度和地基复杂程度等级中，有一项或多项为一级；

乙级：除勘察等级为甲级和丙级以外的勘察项目；

丙级：工程重要性、场地复杂程度和地基复杂程度等级均为三级。

注：建筑在岩质地基上的一级工程，当场地复杂程度等级和地基复杂程度等级均为三级时，岩土工程勘察等级可定为乙级。

7.3　岩土工程勘察的阶段与任务

建筑物的岩土工程勘察宜分阶段进行，可行性研究勘察应符合选择场址方案的要求；初步勘察应符合初步设计的要求；详细勘察应符合施工图设计的要求；场地条件复杂或有特殊要求的工程，宜进行施工勘察。场地较小且无特殊要求的工程可合并勘察阶段。当建筑物平面布置已经确定，且场地或其附近已有岩土工程资料时，可根据实际情况，直接进行详细勘察。

因此，建筑工程的岩土工程勘察一般分为可行性勘察、初步勘察、详细勘察和技术设计与施工勘察四个阶段，且应在搜集了建筑物上部荷载、功能特点、结构类型、基础形式、埋置深度和变形限制等方面资料的基础上进行。为了提供各设计阶段所需的工程地质资料，勘察工作也相应地划分为可行性勘察（选址勘察）、初步勘察、详细勘察。对于工程地质条件复杂或有特殊施工要求的重要建筑物地基，尚应进行预可行性及施工勘察；对于地质条件简单，建筑物占地面积不大的场地，或有建设经验的地区，也可适当简化勘察阶段。根据《岩土工程勘察规范》(GB 50021—2001)（2009 版），下面阐述各勘察阶段的任务和工作内容。

7.3.1　可行性勘察阶段

可行性勘察阶段主要是满足选址或确定场地的要求，选址勘察工作对于大型工程是非常重要的环节，其目的在于从总体上判定拟建场地的工程地质条件能否适宜工程建设项目。一般通过取得几个候选场址的工程地质资料进行对比分析，对拟选场址的稳定性和适宜性作出工程地质评价。可行性研究勘察应对拟建场地的稳定性和适宜性做出评价，并应符合下列要求。

(1)搜集区域地质、地形地貌、地震、矿产、当地的工程地质、岩土工程和建筑经验等资料；

(2)在充分搜集和分析已有资料的基础上，通过踏勘了解场地的地层、构造、岩性、不良地质作用和地下水等工程地质条件；

(3)当拟建场地工程地质条件复杂，已有资料不能满足要求时，应根据具体情况进行工程地质测绘和必要的勘探工作；

(4)当有两个或两个以上拟选场地时，应进行比选分析。

为了取得几个场址方案的主要工程地质资料，对拟选场地的稳定性和适宜性作出工程地质评价和方案比较。从总体上判定拟建场地的工程地质条件能否适宜工程建设。为此，在确定拟建工程场地时，在工程地质条件方面，宜避开下列地区或地段。

① 不良地质现象发育且对场地稳定性有直接危害或潜在威胁；

② 地基土性质严重不良；

③ 对建(构)筑物抗震危险的,设计地震烈度为8度或9度的发震断裂带;

④ 洪水或地下水对建(构)筑场地有严重不良影响;

⑤ 地下有未开采的有价值矿藏或未稳定的地下采空区及地下文物区。

本阶段的主要任务在于选址阶段的勘察工作,主要侧重于搜集和分析区域地质、地形地貌、地震、矿产和附近地区的工程地质资料及当地的建筑经验,并在搜集和分析已有资料的基础上,抓住主要问题,通过踏勘,了解场地的地层岩性、地质构造、岩石和土的性质、地下水情况及不良地质现象等工程地质条件。搜集的资料不满足要求或工程地质条件复杂时,也可以进行工程地质测绘并辅以必要的勘探工作。

7.3.2 初步勘察阶段

初步勘察阶段是在选定的建设场址上进行的,该阶段的工作最为繁重,要使用各种勘察手段,根据选址报告书了解建设项目类型、规模,建设物高度,基础的形式及埋置深度和主要设备等情况。初步勘察的目的是对场地内建筑地段的稳定性作出岩土工程评价,为确定建筑总平面布置、主要建筑物地基基础设计方案及不良地质现象的防治工程方案作出工程地质论证。

初步勘察(初勘)的主要任务在于查明建筑场地不良地质现象的成因、分布范围、危害程度及其发展趋势,以便使场地内主要建筑物(如工业主厂房)的布置避开不良地质现象发育的地段,确定建筑总平面布置。初勘的任务还在于初步查明地层及其构造、岩石和土的物理力学性质、地下水埋藏条件及土的冻结深度,为主要建筑物的地基基础方案及对不良地质现象的防治方案提供工程地质资料。

本阶段应对场地内拟建建筑地段的稳定性做出评价,并进行下列主要工作。

(1)搜集拟建工程的有关文件、工程地质和岩土工程资料及工程场地范围的地形图;

(2)初步查明地质构造、地层结构、岩土工程特性、地下水埋藏条件;

(3)查明场地不良地质作用的成因、分布、规模、发展趋势,并对场地的稳定性做出评价;

(4)对抗震设防烈度等于或大于6的场地地基的地震效应做出初步评价;

(5)季节性冻土地区,应调查场地土的标准冻结深度;

(6)初步判定水和土对建筑材料的腐蚀性;

(7)高层建筑初步勘察时,应对可能采取的地基基础类型、基坑开挖与支护、工程降水方案进行初步分析评价。

初步勘察的勘探工作应符合下列要求:

(1)勘探线应垂直地貌单元、地质构造和地层界线布置;

(2)每个地貌单元均应布置勘探点,在地貌单元交接部位和地层变化较大的地段,勘探点应予加密;

(3)在地形平坦地区,可按网格布置勘探点;

(4)对岩质地基,勘探线和勘探点的布置、勘探孔的深度,应根据地质构造、岩体特性、风化情况等，按地方标准或当地经验确定；

　　初步勘察时，在搜集分析已有资料的基础上，根据需要和场地条件还应进行工程勘察、测试及地球物理勘探工作。

7.3.3　详细勘察阶段

　　在初步设计完成之后进行的详细勘察是为施工图设计提供资料的。详细勘察是在建筑总平面确定后，针对具体建筑物或具体工程地质问题，为设计和施工提供可靠的依据和设计参数的，即把勘察工作的主要对象缩小到具体建筑物的地基范围内。此时场地的工程地质条件已基本查明。所以详细勘察的目的是提出设计所需的工程地质条件的各项技术参数，对建筑地基作出岩土工程评价，为基础设计、地基处理和加固、不良地质现象的防治工程等具体方案作出论证和结论。

　　详细勘察应按单体建筑物或建筑群提出详细的岩土工程资料和设计、施工所需的岩土参数；对建筑地基作出岩土工程评价，并对地基类型、基础形式、地基处理、基坑支护、工程降水和不良地质作用的防治等提出建议。主要应进行下列工作。

　　(1)搜集附有坐标和地形的建筑总平面图，场区的地面整平标高，建筑物的性质、规模、荷载、结构特点、基础形式、埋置深度、地基允许变形等资料；

　　(2)查明不良地质作用的类型、成因、分布范围、发展趋势和危害程度，提出整治方案的建议；

　　(3)查明建筑范围内岩土层的类型、深度、分布、工程特性、分析和评价地基的稳定性、均匀性和承载力；

　　(4)对需进行沉降计算的建筑物，提供地基变形计算参数，预测建筑物的变形特征；

　　(5)查明埋藏的河道、沟浜、墓穴、防空洞、孤石等对工程不利的埋藏物；

　　(6)查明地下水的埋藏条件，提供地下水位及其变化幅度；

　　(7)在季节性冻土地区，提供场地土的标准冻结深度；

　　(8)判定水和土对建筑材料的腐蚀性；

　　(9)对抗震设防烈度等于或大于 6 的场地，应划分场地类型和场地类别；对抗震设防烈度大于或等于 7 的场地，尚应分析预测地震效应，判定饱和砂土或饱和粉土的地震液化，并应计算液化指数；

　　(10)对深基坑开挖尚应提供稳定计算和支护设计所需的岩土技术参数，论证和评价基坑开挖、降水等对邻近工程的影响；

　　(11)判定地基土及地下水在建筑物施工和使用期间可能产生的变化及对工程环境的影响，提出防治方案、防水设计水位和抗浮设计水位的建议；

　　(12)提供桩基设计所需的岩土技术参数，并确定单桩承载力，提出桩的类型、长度和施工方法等建议。

　　详细勘察的主要任务在于针对具体建筑物地基或具体的地质问题，为进行施工图设计和施工提供可靠的依据或设计计算参数。因此必须查明建筑物范围内的地层结构、岩石和土的物理力学性质，对地基的稳定性及承载能力作出评价，并提供不良地质现象防治工作所需的计算指标及资料，此外，还要查明有关地下水的埋藏条件和腐蚀性、地层的透水性和水位变化规律等情况。应论证地下水在施工期间对工程和环境的影响。对情况复杂的重要工程，需论证使用期间水位变化和需提出抗浮设防水位时，应进行专门研究。

详细勘察的主要手段以勘探、原位测试和室内土工试验为主，必要时可以补充一些地球物理勘探、工程地质测绘和调查工作。详细勘察的勘探工作量应按场地类别、建筑物特点及建筑物的安全等级和重要性来确定。对于复杂场地，必要时可选择具有代表性的地段布置适量的探井。

7.3.4 技术设计与施工勘察阶段

技术设计的勘察任务主要是对某些专门性工程地质问题进行补充性的分析，提出处理意见，既可弥补地基勘察报告的不足，同时也为后续施工阶段提供更详细的地质资料。施工勘察工作主要是解决施工过程中出现的新的工程地质问题，观察开挖过程中揭露的地质现象，检验前阶段勘察资料的准确性，并布置工程地质监测工作。根据勘察结果，应对地基基础的设计和施工及不良地质作用的防治提出建议。

勘察内容根据需要而定，以勘探和试验为主，结合地基处理可以进行各种成桩试验、灌浆试验等，也可以结合基坑排水做水文地质试验。对开挖面揭露的地质现象应即时利用，进行观察、记录和照相，以及地基开挖的验收工作等。

施工勘察是直接为施工服务的勘察工作，它的目的是和设计、施工单位一起解决与施工有关的工程地质及岩土工程问题。这不仅包括施工阶段的勘察工作，还包括可能在施工完成后进行的勘察工作。不是所有的工程都需要进行施工勘察，一般而言，当出现下列情况时应进行施工勘察。

(1)在复杂地基上修建较重要的建筑物时；

(2)基槽开挖后，地质条件与原勘探资料不符而有可能要做较大设计修改时；

(3)深基础施工设计及施工中需进行测试工作时；

(4)选择地基处理加固方案而需进行设计和检验工作时；

(5)需进一步查明及处理地基中的不良地质现象(如土洞、溶洞等)时；

(6)对施工中出现的边坡失稳等地质问题需进行观察及处理时。

勘察阶段的划分是勘察工作井然有序、经济有效、步步深入的前提。勘察研究的地区范围应由大到小，认识的程度应由粗略到精细，由地表到地下，由定性评价到定量评价，这一勘察程序符合认识规律，有助于提高勘察质量，应当遵循。

《岩土工程勘察规范》(GB 50021—2001)(2009年版)规定：基坑或基槽开挖后，岩土条件与勘察资料不符或发现必须查明的异常情况时，应进行施工勘察；在工程施工或使用期间，当地基土、边坡体、地下水等发生未曾估计到的变化时，应进行监测，并对工程和环境的影响进行分析评价。

7.3.5 岩土工程勘察与设计、施工的关系

勘察、设计、施工三者之间的关系中既有基本建设工程程序问题，也有工作中的互相配合问题。三者之间的关系可见表 7-1。

表 7-1 勘察、设计、施工的关系

勘察	设计	施工	工程经济
选址勘察及可行性研究	设计任务书		
初勘	初步设计	确定施工单位	概算
详勘	技术设计	施工准备及施工组织设计	修正概算
	施工图设计		施工预算
施工勘	设计修改	进行施工及竣工验收	决算

注：中小型工程，可将初步设计和技术设计合并为扩大初步设计。

7.4 岩土工程勘察方法

在实际岩土工程勘察中，可采取工程地质测绘与调查、勘探、原位测试与室内土工试验相结合的勘察方法。勘察方法的选取应符合勘察目的和岩土特性要求。

7.4.1 工程地质测绘与调查

工程地质测绘与调查是采用搜集资料、调查访问、地质测量、遥感解译等方法，通过测绘和调查将测区的工程地质条件反映在一定比例尺的地形底图上的一种工程地质勘察的方法。岩石出露或地貌、地质条件较复杂的场地应进行工程地质测绘；对地质条件简单的场地，可用调查代替工程地质测绘。工程地质测绘和调查是工程地质勘察的早期工作，它的任务是在综合分析测区内已有的地形地质、工程地质、水文地质等地质资料的基础上，编制测区的工程地质测绘工作底图，再利用工作底图填绘出测区内的地表工程地质图，为工程地质勘探、取样、试验、监测等的规划、设计和实施提供基础资料。工程地质测绘和调查宜在可行性研究和初步勘察阶段进行。在可行性研究阶段收集资料时，亦包括航空相片、卫星相片的解译结果。在详细勘察阶段可对某些专门地质问题作补充调查。

工程地质测绘与调查的内容包括拟建场地的地层、岩性、地质构造、地貌、水文地质条件、不良地质现象和已有工程的位置等，即进行现场踏勘、工程地质测绘和调查收集各种有关资料，为评价场地工程地质条件及确定勘探工作内容提供依据。对建筑场地的稳定性研究提供依据是工程地质测绘与调查的重点内容。

在选址勘察阶段，应收集拟选场地的地形地貌，地层及成因，年代，接触关系，

风化状况、物理、力学性质，地质构造类型、产状及分布，不良地质现象，新构造运动，水文及水文地质，地下埋藏物（如矿产、文物、古墓等），当地的建筑经验、教训，工程活动可能带来的影响等各方面的资料。除踏勘外，进行工程测绘是收集资料、补充现有资料、核实资料数据的主要手段，是在不开挖、不钻孔的情况下获得资料的方法。

地质情况调查包括访问老人，查阅地方志书，寻找和察看古代留下来的地震、水文标志等，从调查访问中能够得到反映当地实际情况的有用资料。

对于大型、超大型岩土工程，涉及范围大，情况复杂，可利用遥感（遥远感应）技术进行测绘和勘察。遥感技术是用飞机、人造卫星，在复杂的地壳范围内，迅速地把研究对象或现象单独拍摄下来，并能在光谱中把可见光与不可见光的不同波段所反映的现象特征显示在照片上，这样就能够提供各种物质或现象的特殊性的信息。判读这些航空照片或卫星照片，称为照片地质学。利用遥感技术可以测绘地形地貌、地质构造、地层岩性、不良地质现象、地下埋藏物、新构造运动现象、水文及水文地质情况等，也可利用遥感技术找矿、探查地热、监测环境污染及生态环境变化等。

7.4.2　勘探工作

勘探是地基勘察过程中查明地质情况，定量评价建筑场地工程地质条件的一种必要手段，它是在地面的工程地质测绘和调查所取得的各项定性资料基础上，进一步对场地的工程地质条件进行定量的评价。

一般勘探工作包括坑探、钻探、触探和地球物理勘探等。

1. 坑探

坑探是在建筑场地挖探井（槽）以取得直观资料和原状土样，这是一种不必使用专门机具的一种常用的勘探方法。当场地地质条件比较复杂时，利用坑探能直接观察地层的结构和变化，但坑探可达的深度较浅。

探井（见图 7-1(a)）的平面形状一般采用 1.5 m×1.0 m 的矩形或直径为 0.8～1.0 m 的圆形，其深度视地层的土质和地下水埋藏深度等条件而定，一般为 2～3 m。较深的探坑须支护坑壁以策安全。

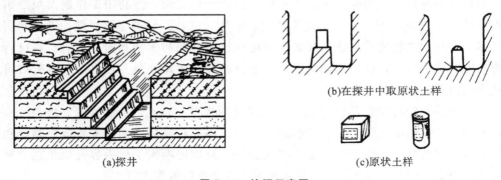

(a)探井　　(b)在探井中取原状土样　　(c)原状土样

图 7-1　坑探示意图

在探井中取样(见图 7－1(b))可按下列步骤进行：先在井底或井壁的指定深度处挖一土柱，土柱的直径必须稍大于取土筒的直径；将土柱顶面削平，放上两端开口的金属筒并削去筒外多余的土，一面削土一面将筒压入，直到筒已完全套入土柱后切断土柱；削平筒两端的土体，盖上筒盖，用熔蜡密封后贴上标签，注明土样的上下方向，如图 7－1(c)所示。

2. 钻探

工程钻探是广泛采用的一种最重要的勘探手段，是获取地表下准确的地质资料的重要方法。钻探是用钻机在地层中钻孔以鉴别和划分地层，并可沿孔深取样，用以测定岩石和土层的物理力学性质，此外，土的一些性质也可直接在孔内进行原位测试。因此，钻探采用钻探机具向下钻孔，用以鉴别和划分地层、测定地下水位，并采取原状土样和水样以供室内试验，确定土的物理、力学性质指标和地下水的化学成分，而且还可以通过钻探的钻孔采取原状岩土样和做原位试验。

钻探时，在地表下用钻头钻进地层，在地层内钻成直径较小，并具有相当深度的圆筒形孔眼即钻孔。钻孔的直径、深度、方向取决于钻孔用途和钻探地点的地质条件。钻孔直径一般为 75～150 mm，有时可达 500 mm，直径大于 500 mm 时的钻孔称为钻井。钻孔的深度由数米至上百米不等，根据地质条件和工程要求确定，一般的建筑工程地质钻探深度大致在数十米以内。钻孔方向一般为垂直向下，但也有与垂直方向成夹角的斜孔。

钻探一般分回转式、冲击式、振动式、冲洗式四种。其中，回转式钻机是利用钻机的回转器带动钻具旋转，磨削孔底地层而钻进，通常使用管状钻具，能取柱状岩芯标本；冲击式钻机则利用卷扬机借钢丝绳带动有一定重量的钻具上下反复冲击，使钻头击碎孔底地层形成钻孔后以抽筒提取岩石碎块或扰动土样。

适用于建筑工程地基勘探的钻机，国产的有 30 型、50 型和 100 型等。图 7－2 所示的是钻机钻进示意图。在钻进中，对不同地层应采用适宜的不同钻头，图 7－2 中编号 12 及图 7－3 中编号 1 至 3 各为常用的几种钻头。

布置于建筑场地内的钻孔，一般分技术孔和鉴别孔两类。在技术孔中按不同的地层和深度采取原状试样。

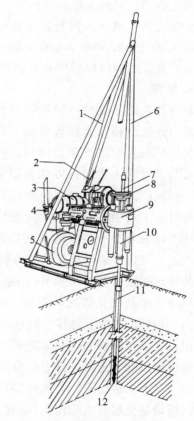

1—钢丝绳；2—卷扬机；3—柴油机；4—操纵把；5—转轮；6—钻架；7—钻杆；8—卡杆器；9—回转器；10—立轴；11—钻孔；12—螺旋钻头。

图 7－2　钻机钻进示意图

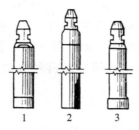

1—抽筒；2—钢砂钻头；3—硬合金钻头。

图 7-3　三种常用钻头

　　取土器上部封闭性能的好坏决定了取土器能否顺利进入土层和提取时土样是否可能漏掉。上部封闭装置的结构形式可分为活阀式与球阀式两类，图 7-4 所示的是上提活阀式取土器。钻探时，按不同土质条件，常分别采用击入或压入两种方式在钻孔中取得原状土样。击入法一般以重锤少击效果较好；压入法则以快速压入为宜，这样可以减少取土过程中土样的扰动。

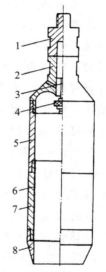

1—接头；2—连接帽；3—操纵杆；
4—活塞；5—余土管；6—衬筒；
7—取土筒；8—筒靴。

图 7-4　上提活阀式取土器

　　3. 触探

　　触探作为地基土的一种原位测试方法，是通过探杆用静力或动力将金属探头贯入土层，并量测能表征土对触探头贯入的阻抗能力的指标，从而间接地判断土层及其性质的一类勘探方法和原位测试技术，在国内外已得到广泛应用。触探的原理是将一种金属探头压入或打入土层中，根据贯入时的阻力或贯入一定深度的锤击数来划分土层及确定其物理力学性质。作为测试技术，触探可估计地基承载力和土的变形指标等。触探的特点是设备简单、操作方便、速度快，能较灵敏地反映土质的变化情况，直接、快速地提供土层的物理力学指标。因此，触探已经成为一种应用越来越广泛的具有多种用途的勘察手段。可以说，它兼具勘探和测试双重作用，不仅可以定性地预测地基土层的种类和性质，而且也可以用来对土层进行力学分层，直接测定土层的物理力学性质并评价单桩的承载力等。在不少情况下，它能起到一般钻探和取样所起不到的作用。由于它能在原地直接测得地基土层的实际性质（物理力学性质），因而所获得的数据能更全面地反映地层的实际性质。

　　由于以上特点，国内外常常将钻探和各种触探方法配合使用，以提高勘察的质量和速度，降低勘察的成本。不少情况下触探代替了大部分钻探取样工作量，且效果显著。

　　1）静力触探

　　静力触探借静压力将触探头压入土层，利用电测技术测得贯入阻力来判定土的力学性质。与常规的勘探手段比较，静力触探有其独特的优越性。它能快速、连续地探测土层及其性质的变化，常在拟定桩基方案时采用。静力触探，即利用静力将探头以一定的速率压入土中，利用探头内的阻力传感器，通过电子量测仪器将探头受到的贯入阻力记录下来。由于贯入阻力的大小与土层的性质有关，因此，通过研究贯入阻力的变化情况可以达到了解土层工程性质的目的。

静力触探是一种兼具勘探和量测双重功能的测试手段，具有快速、灵敏、精确等优点，同时与工程地质钻探和试验相比，具有设备简单轻便、机械化和自动化程度高、操作方便等优点。常规的工程地质钻探只能采取代表性的土样，且有时在软土及砂层中取原状土样较困难，因而对地基土的评价常常是粗略的和偏于安全的。使用静力触探则能弥补上述不足，这是由于静力触探是连续压入的，采用电测探头的灵敏度很高，数据可以连续记录，只要地基土层的力学性质有微小变化，就可以在记录仪上反映出来，因而可取得完整的阻力随深度的变化曲线。静力触探的贯入阻力是地基土物理力学性质的综合反映，因此使用静力触探方法所得到的地基容许承载及设计的参数往往比常规钻探、取样和试验的结果更为完整和准确。

按照提供静压力的方法，常用的静力触探仪可分为机械式和油压式两类。油压式静力触探仪的主要组成部分如图 7-5 所示。

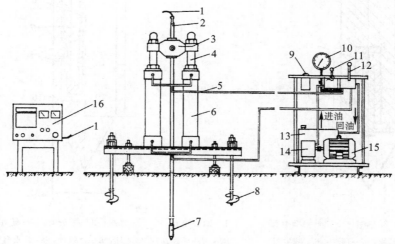

1—电缆；2—触探杆；3—卡杆器；4—活塞杆；5—油管；6—油缸；7—触探头；8—地锚；9—倒顺开关；10—压力表；11—节流阀；12—换向阀；13—油箱；14—油泵；15—马达；16—记录器。

图 7-5　双缸油压式静力触探设备

静力触探设备中的核心部分是触探头。触探杆将探头匀速贯入土层时，一方面引起尖锥的阻力。另一方面又在孔壁周围形成一圈挤实层，从而导致作用于探头侧壁的摩阻力。探头的这两种阻力是土的力学性质的综合反映。因此，只要通过适当的内部结构设计，使探头具有能测得土层阻力的传感器功能，便可根据所测得的阻力大小来确定土的性质。如图 7-6 所示，当探头贯入土中时，顶柱将探头套受到的土层阻力传到空心柱上部，由于空心柱下部用丝扣与探头管连接，遂使贴于其上的电阻应变片与空心柱一起产生拉伸变形，这样，探头在贯入过程中受到的土层阻力就可以通过应变片转变成电讯号并由仪表量测出来。探头按其结构可分为单桥和双桥两类。

单桥探头（图 7 - 7）所测到的是包括锥尖阻力和侧壁摩阻力在内的总贯入阻力 $P(\mathrm{kN})$。通常用比贯入阻力 $p_s(\mathrm{kPa})$ 表示，即

$$p_s = \frac{P}{A} \tag{7-1}$$

式中，A 为探头截面面积(m^2)。

利用双桥探头可以同时分别测得锥尖阻力和侧壁摩阻力，其结构比单桥探头复杂。

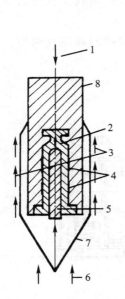

1—贯入力；2—空心柱；3—侧壁摩擦力；4—电阻片；5—顶柱；6—锥尖阻力；7—探头套；8—探头管。

图 7 - 6　触探头工作原理示意图

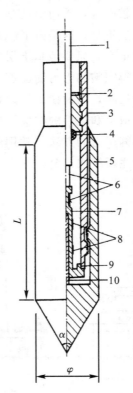

1—四心电缆；2—密封圈；3—探头管；4—防水塞；5—外套管；6—导线；7—空心柱；8—电阻片；9—防水盘根；10—顶柱；φ—探头锥底直径；L—有效侧壁长度；α—探锥头角。

图 7 - 7　单桥探头结构示意图

利用双桥探头可测得锥尖总阻力 $Q_c(\mathrm{kN})$ 和侧壁总摩阻力 $P_t(\mathrm{kN})$。通常以锥尖阻力 $q_c(\mathrm{kPa})$ 和侧壁摩阻力 $f_s(\mathrm{kPa})$ 表示：

$$q_c = \frac{Q_c}{A} \tag{7-2}$$

$$f_s = \frac{P_t}{F_s} \tag{7-3}$$

式中，F_s 为外套筒的总表面积(m^2)。

根据锥尖阻力 q_c 和侧壁摩阻力 f_s 可计算同一深度处的摩阻比 R_s 如下：

$$R_s = \frac{f_s}{q_c} \times 100\% \qquad (7-4)$$

在现场实测以后进行触探资料整理工作。为了直观地反映勘探深度范围内土层的力学性质，可绘制深度(z)与各种阻力的关系曲线（包括 $z-p_s$、$z-q_c$、$z-f_s$ 和 $z-R_s$ 曲线），图 7-8 为用双桥探头测得的有关单孔触探曲线。

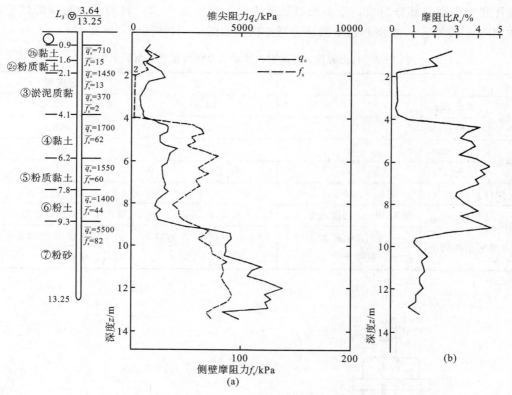

图 7-8 单孔触探曲线图

地基土的承载力取决于土本身的力学性质，而静力触探所得的比贯入阻力等指标在一定程度上也反映了土的某些力学性质。根据静力触探资料可间接地按地区性的经验关系估算土的承载力、压缩性指标和单桩承载力等。

静力触探在国内外得到了广泛应用，静力触探的理论和试验研究也日益得到各国的重视。

2) 动力触探

动力触探一般是将一定质量的穿心锤，以一定的高度（落距）自由下落，将探头贯入土中，然后记录贯入一定深度所需的锤击次数，并以此判断土的性质。动力触探的作用如下。

(1) 划分不同性质的土层。当土层的力学性质有显著差异而在触探指标上有明显反映时，可利用动力触探分层和定性地评价土的均匀性，检查填土质量，探查滑动带、土洞,确定基岩面或碎石土层的埋藏深度等。

(2)确定土的物理力学性质。确定砂土的密实度和黏性土的状态,评定地基土和桩基承载力,估算土的强度和变形参数等。

常见的动力触探的探头为圆锥形,也被称为为圆锥动力触探。《岩土工程勘察规范》(GB 50021—2001)(2009年版)列入了三种圆锥动力触探(轻型、重型和超重型)。各种圆锥动力触探尽管试验设备有所不同,但其组成基本相同,主要由圆锥探头、触探杆和穿心锤三部分组成,设备规格及适用的土层见表7-2。轻型动力触探的试验设备如图7-9所示,重型、超重型动力触探探头如图7-10所示。

表7-2 动力触探、标准贯入试验的设备规格及适用的土层

		轻型	重型	超重型
锤	重量/kg	10	63.5	120
	落距/cm	50	76	100
探头	直径/mm	40	74	74
	锥角/(°)	60	60	60
探杆直径/mm		25	42	50~60
指标		贯入30 cm的锤击数 N_{10}	贯入10 cm的锤击数 $N_{63.5}$	贯入10 cm的锤击数 N_{120}
主要适用的岩土		小于等于4 m的填土、砂土、黏性土	砂土、中密以下的碎石土、极软岩	密实和很密实的碎石土、软岩、极软岩

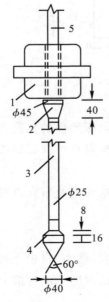

1—穿心锤;2—锤垫;3—触探杆;
4—锥头触探探头。

图7-9 轻型动力触探试验设备

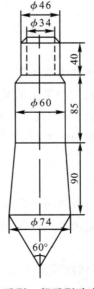

图7-10 重型、超重型动力触探探头

轻型动力触探的优点是轻便，对于施工验槽，填土勘察，查明局部软弱土层、洞穴等分布均有实用价值。重型动力触探是应用最广泛的一种，其规格标准与国际通用标准一致。超重型动力触探的能量指数(落锤能量与探头截面积之比)与国外的不一致，但相近，适用于碎石土。

下面介绍标准贯入试验和轻便触探两种动力触探方法。

标准贯入试验应与钻探工作相配合。其设备是在钻机的钻杆下端联接标准贯入器，将质量为 63.5 kg(140 磅)的穿心锤套在钻杆上端组成的(见图 7 - 11)。试验时，穿心锤以 76 cm 的落距自由下落，将贯入器垂直打入土层中 15 cm(此时不计锤击数)，随后打入土层 30 cm 的锤击数，即为实测的锤击数 N'。试验后拔出贯入器，取出其中的土样进行鉴别描述。

标准贯入试验中，随着钻杆入土长度的增加，杆侧土层的摩阻力及其他形式的能量消耗也增大了，因而使测得的锤击数 N' 值偏大。当钻杆长度大于 3 cm 时，锤击数应按式(7 - 5)校正：

$$N = aN' \qquad\qquad (7-5)$$

式中，N 为标准贯入试验锤击数；a 为触探杆长度校正系数，按表 7 - 3 确定。

表 7 - 3 触探杆长度校正系数 a

触探杆长度/m	≤3	6	9	12	15	18	21
a	1.00	0.92	0.86	0.81	0.77	0.73	0.70

由标准贯入试验测得的锤击数 N，可用于确定地基土的承载力，估计土的抗剪强度和黏性土的变形指标，判别黏性土的稠度和砂土的密度，以及估计地震时砂土液化的可能性。

《建筑地基基础设计规范》(GB 50007—2011)推荐的一种轻便触探试验，其设备简单(见图 7 - 12)操作方便，适用于粉土、黏性土和黏性素填土地基的勘察，但触探深度限于 4 m 以内。试验时，先用轻便钻具开孔至被试土层，然后以手提高质量为 10 kg 的穿心锤，使其以 50 cm 的落距自由下落，这样连续冲击，把尖锥头竖直打入土层，每贯入 30 cm 的锤击数称为 N_{10}。

应用轻便触探指标 N_{10} 可确定黏性土和素填土的承载力，并可按不同位置的 N_{10} 值的变化情况判定地基持力层的均匀程度。

3)地球物理勘探

地球物理勘探(简称物探)是以专门仪器来探测地壳表层各种地质体的物理场，从而进行岩层划分，判定地质构造、水文地质条件及各种物理地质现象的一种勘探方法，也是一种兼有勘探和测试双重功能的技术。它是利用仪器在地面、空中、水上测量物理场的分布情况，通过对测得的数据和分析判译，并结合有关的地质资料推断地质性状的勘探方法。各种地球物理场有电场、重力场、磁场、弹性波应力场、辐射场等。物探之所以能够被用来研究和解决各种地质问题，主要是因为不同的岩石、土层和地质构造往往具有不同的物理性质，利用诸如其导电性、磁性、弹性、湿度、密度、天然

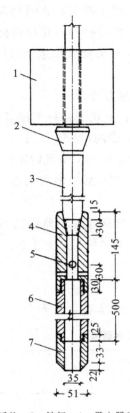

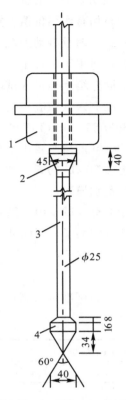

1—穿心锤；2—锤垫；3—钻杆；4—贯入器头；5—出水孔；
6—由两半圆形管并合而成的贯入器身；7—贯入器靴。

图 7-11　标准贯入试验设备

1—穿心锤；2—锤垫；3—触探杆；
4—尖锥头。

图 7-12　轻便触探设备

放射性等的差异，通过专门的物探仪器的量测，就可区别和推断有关地质问题。对地基勘探的下列方面宜应用物探方法进行：①作为钻探的先行手段，了解隐蔽的地质界线、界面或异常点、异常带，为经济合理确定钻探方案提供依据；②作为钻探的辅助手段，在钻孔之间增加地球物理勘探点，为钻探成果的内插、外推提供依据；③测定岩土体某些特殊参数，如波速、动弹性模量，土对金属的腐蚀性等。

　　需要指出的是，物探方法虽能简便而迅速地探测地下地质情况，但由于经常受到非探测对象的影响和干扰及仪器测量精度的限制，所得判断和解释的结果往往较为粗略，且有多解性。所以，在物探工作之后，还常需用钻探或人工掘探来验证，以获得可靠的地质成果。

　　常用的物探方法主要有电阻率法、电位法、地震、声波、电视测井等。

7.4.3　地下水的监测

　　地下水动态观测包括水位、水温、孔隙水压力、水化学成分等内容。其中尤其是地下水位及孔隙水压力的动态观测，对于评价地基土承载力、评价水库渗漏和浸没、预测道路翻浆、论证建筑物地基稳定性及研究水库地震等都有重要的实际意义。《岩土工程勘探规范》规定下列情况应进行地下水监测。

（1）当地下水的升降影响岩土的稳定时；

（2）当地下水上升对构筑物产生浮托力或对地下室和地下构筑物的防潮、防水产生较大影响时；

（3）当施工排水对工程有较大影响时；

（4）当施工或环境条件改变造成的孔隙水压力、地下水压的变化对岩土工程有较大影响时。

地下水的动态监测可采用水井、地下水天然露头或钻孔、探井进行。孔隙水压力、地下水压的监测可采用测压计或钻孔测压仪。监测时应满足下列技术要求。

（1）动态监测不应少于一个水文年，并宜每三天监测一次，雨天宜每天监测一次。

（2）当孔隙水压力在施工期间发生变化影响建筑物的性能时，应在施工结束或孔隙水压力降到安全值后停止监测。对受地下水浮托力影响的工程，孔隙水压力的监测应进行至浮托力清除时为止。

监测成果应及时整理，并根据需要提出地下水位和降水量的动态变化曲线图、地下水压动态变化曲线图、不同时期的水位深度图、等水位线图、不同时期的有害化学成分的等值线图等资料，并分析地下水的危害因素，提出防治措施。

7.5 原位测试技术

岩土工程勘察中的试验有室内的土工试验和现场的原位测试。通过试验可以取得土和岩石的物理力学性质指标及地下水等性质指标，以供土木工程师设计时采用。本节仅就现场原位测试的一些主要方法加以介绍。

所谓现场原位测试就是在岩土层原来所处的位置基本保持的天然结构、天然含水量及天然应力状态下，测定岩土的工程力学性质指标。工程地质现场原位测试的主要方法有静力载荷试验、触探试验、剪切试验和地基土动力特性试验等。选择现场原位测试试验方法应根据建筑类型、岩土条件、设计要求、地区经验和测试方法的适用性等因素参照表 7-4 选用。

表 7-4 原位测试方法的适用范围表

测试方法	适用土类							所提岩土参数									
	岩石	碎石土	砂土	粉土	黏性土	填土	软土	鉴别土类	剖面分层	物理状态	强度参数	模量	固结特征	孔隙水压力	侧压力系数	超固结比	承载力	判别液化
平板载荷试验（PLT）	+	++	++	++	++	++	++				+	++					+	++
螺旋板载荷试验（SPLT）			++	++	++		+				+	++					+	++
静力触探试验（CPT）			+	++	++	+	++	+	++	++	+						++	++

测试方法	适用土类							所提岩土参数										
	岩石	碎石土	砂土	粉土	黏性土	填土	软土	鉴别土类	剖面分层	物理状态	强度参数	模量	固结特征	孔隙水压力	侧压力系数	超固结比	承载力	判别液化
圆锥动力触探试验(DPT)		++	++	+	+	+	+			+	+		+				+	
标准贯入试验(SPT)			++	+	+			++		+	+	+					+	++
十字板剪切试验(VST)					+		++				++							
波速试验(WVT)	+	+	+	+	+	+	+			+								+
现场岩石点荷载试验(RPLT)	++										+		+				+	
预钻式旁压试验(PMT)	+	+		+	+	++						+			+		++	
自钻式旁压试验(SBPMT)			+	++	++	+	++			+		+	+	+	+	+	+	++
现场直剪试验(FDST)	++										++							
现场三轴试验(ETT)	++	++			+						++							
岩体力测试(RST)	++															+		

注：++很适用，+适用。

7.5.1 静力载荷试验

根据《岩土工程勘察规范》(GB 50021—2001)(2009 年版)，静力载荷试验包括平板载荷试验和螺旋板载荷试验。平板载荷试验又分为浅层平板载荷试验和深层平板载荷试验。浅层平板载荷试验适用于浅层地基土，深层平板载荷试验适用于深层地基土和大直径的桩端土，深层平板载荷试验的试验深度不应小于 5 m。螺旋板载荷试验适用于深部地基土或地下水位以下的地基土。

静力载荷试验可用于确定地基土的承载力、变形模量、不排水抗剪强度、基床反力系数及固结系数等。载荷试验应布置在有代表性的地点，每个场地不宜少于 3 个，当场地内岩土体不均时，应适当增加。浅层平板载荷试验应布置在基础底面标高处。地基载荷试验装置见图 7-13。

下面主要介绍静力载荷试验的基本原理和方法。

1)静力载荷试验装置和基本技术要求

静力载荷试验的主要设备有三个部分，即加荷与传压装置、变形观测系统及承压板(见图 7-13)。试验时将试坑挖到基础的预计埋置深度，整平坑底，放置承压板，在承压板上施加荷重来进行试验。根据《岩土工程勘察规范》(GB 50021—2001)(2009 年版)，载荷试验的技术要求应符合下列规定。

(1)浅层平板载荷试验的试坑宽度或直径不应小于承压板宽度或直径的三倍；深层平板载荷试验的试井直径应等于承压板直径；当试井直径大于承压板直径时，紧靠承压板周围土的高度不应小于承压板直径。

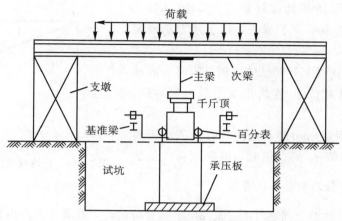

图 7 - 13　地基载荷试验装置

（2）试坑或试井底的岩土应避免扰动，保持其原状结构和天然湿度，并在承压板下铺设不超过 20 mm 的砂垫层找平，尽快安装试验设备；螺旋板头入土时，应按每转一圈下入一个螺距进行操作，减少对土的扰动。

（3）载荷试验宜采用圆形刚性承压板，根据土的软硬或岩体裂隙密度选用合适的尺寸；土的浅层平板载荷试验承压板面积不应小于 0.25 m²，对软土和粒径较大的填土不应小于 0.5 m²；土的深层平板载荷试验承压板面积宜选用 0.5 m²；岩石载荷试验承压板的面积不宜小于 0.07 m²。

（4）载荷试验加荷方式应采用分级维持荷载沉降相对稳定法（常规慢速法）；有地区经验时，可采用分级加荷沉降非稳定法（快速法）或等沉降速率法；加荷等级宜取 10～12 级，并不应少于 8 级，荷载量测精度不应低于最大荷载的±1%。

（5）承压板的沉降可采用百分表或电测位移计量测，其精度不应低于±0.01 mm。

（6）对慢速法，当试验对象为土体时，每级荷载施加后，间隔 5 min、5 min、10 min、10 min、15 min、15 min 测读一次沉降，以后间隔 30 min 测读一次沉降，当连读两小时每小时沉降量小于等于 0.1 mm 时，可认为沉降已达相对稳定标准，施加下一级荷载；当试验对象是岩体时，间隔 1 min、2 min、2 min、5 min 测读一次沉降，以后每隔 10 min 测读一次，当连续三次读数差小于等于 0.01 mm 时，可认为沉降已达相对稳定标准，施加下一级荷载。

（7）当出现下列情况之一时，可终止试验：

① 承压板周围的土明显侧向挤出，周边岩土出现明显隆起或径向裂缝持续发展；

② 本级荷载的沉降量大于前级荷载沉降量的 5 倍，荷载与沉降曲线出现明显陡降；

③ 在某级荷载下 24 h 沉降速率不能达到相对稳定标准；

④ 总沉降量与承压板直径（或宽度）之比超过 0.06。

2）静力载荷试验资料的应用

（1）确定地基承载力。根据静力载荷试验成果绘制出 p-s 曲线（见图 7-14），必要时绘制各级荷载下沉降与时间曲线。

根据《建筑地基基础设计规范》(GB 50007—2011),利用平板载荷试验成果,按下述方法确定地基承载力。

① 当 p-s 曲线上有明显的比例界限时,取该拐点所对应的荷载值 p_a 作为地基承载力基本值,即取 $f_0 = p_a$。

② 当极限荷载(p_u)能够确定,且该值小于对应的比例界限荷载 p_a 的 2 倍时,取极限荷载值的一半作为地基承载力基本值,即取 $f_0 = \frac{1}{2} p_u$。

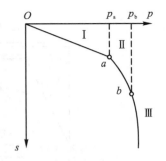

图 7-14　地基载荷试验 p-s 曲线

③ 不能按上述两点确定时,若是浅层平板载荷试验,其承压板面积为 0.25~0.5 m² 时,可取 $s/b = 0.01~0.015$ 所对应的荷载值作为地基承载力特征值;若为深层平板载荷试验,则不考虑承压板面积限制,取 $s/b = 0.01~0.015$ 所对应的荷载值作为地基承载力特征值,但其值不应大于最大加载量的一半。

静力载荷试验时,同一土层参加统计的试验点不应少于三点,基本值的极差不超过平均值的 30%,取此平均值作为地基承载力标准值,即当 $f_{0max} - f_{0min} \leqslant 0.30 \frac{1}{n} \sum_{i=1}^{n} f_{0i}$ 时,取 $f_k = \frac{1}{n} \sum_{i=1}^{n} f_{0i}$($n$ 为参加统计的试验点数)。

(2)确定地基土的变形模量。一般取 p-s 曲线的直线段,用式(7-6)计算地基土的变形模量 E_0 值:

$$E_0 = (1 - \mu^2) \frac{\pi B}{4} \cdot \frac{\Delta p}{\Delta s} \qquad (7-6)$$

式中,B 为承压板的直径(m),当为方形板时 $B = \sqrt{\frac{A}{\pi}}$,A 为方形板的面积(m²);$\Delta p / \Delta s$ 为 p-s 曲线直线段的斜率(kPa/m);μ 为地基土的泊松比,砂土和粉土 $\mu = 0.33$,可塑至硬黏性土 $\mu = 0.38$,软塑至流塑黏性土和淤泥质黏性土 $\mu = 0.41$。

当 p-s 曲线直线段不明显时,可用前面介绍的确定地基承载力基本值与相应的沉降量代入公式计算 E_0。但此时应与其他原位测试资料比较,综合考虑确定 E_0 值。

在应用静力载荷试验资料确定地基土的承载力和变形模量时,必须注意两个问题:一是静力载荷试验的受荷面积比较小,加荷后受影响的深度不会超过 2 倍承压板边长或直径,而且加荷时间比较短,因此不能通过静力载荷试验提供建筑物的长期沉降资料;二是沿海软黏土地区地表往往有一层"硬壳层",当用小尺寸的承压板时,常常受压范围还在地表硬壳层内,其下软弱土层还未受到较大荷载应力的影响,对于实际建筑物的大尺寸基础,下部软弱土层对建筑物的沉降起着主影响(见图 7-15)。因此,静力载荷试验资料的应用是有条件的,要充分估计试验影响范围的局限性,注意分析试验成果与实际建筑物地基之间可能存在的差异。

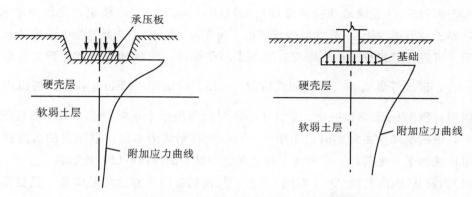

图 7 - 15 承压板与实际基础尺寸差异对评价建筑物沉降的影响

7.5.2 单桩垂直静载荷试验

桩基设计的关键问题之一是确定单桩的承载力。确定单桩承载力的方法有载荷试验、静力法和动力法等。根据《建筑桩基技术规范》(JGJ 94—2008),设计等级为甲级的建筑桩基,设计采用的单桩竖向极限承载力标准值应通过单桩静载试验确定;设计等级为乙级的建筑桩基,当地质条件简单时,可参照地质条件相同的试桩资料,结合静力触探等原位测试和经验参数综合确定;其余均应通过单桩静载试验确定。设计等级为丙级的建筑桩基,可根据原位测试和经验参数确定。本节介绍单桩垂直静载荷试验。

1. 单桩垂直静载荷试验的基本要求

现场静载荷试验的装置设备主要有荷载系统和观测系统两个部分,根据加荷方式的不同分为堆载法和锚桩法两种(见图 7 - 16)。其中,加载反力装置宜采用锚桩,《建筑地基基础设计规范》(GB 50007—2011)规定,当采用堆载时应符合下列规定:①堆载加于地基的压应力不宜超过地基承载力特征值;②堆载的限值可根据其对试桩和对基准桩的影响确定;③堆载量大时,宜利用桩(可利用工程桩)作为堆载的支点;④试验反力装置的最大抗拔或承重能力应满足试验加荷的要求。

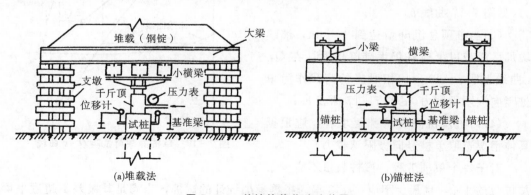

图 7 - 16 单桩静载荷试验装置

对于预制桩，《建筑地基基础设计规范》(GB 50007—2011)规定，在砂土中入土 7 天后，黏土中不得少于 15 天方可进行试桩。对于灌注桩应在桩身混凝土强度达到设计强度后方可进行静载荷试验。加荷分级不应小于 8 级，每级加载量宜为预估极限荷载的 $\frac{1}{8} \sim \frac{1}{10}$，逐级等量加载。每级加载后隔 5 min、10 min、15 min 各测读桩沉降量一次，以后每隔 15 min 测读一次，累计 1 个小时后每隔半个小时测读一次。在每级荷载作用下，桩的沉降量在每小时内小于 0.1 mm 时，则认为本级荷载下桩的沉降达到稳定，可以施加下一级荷载。当出现下列情况之一时，试桩即可以终止加载。

(1)当荷载-沉降曲线(Q-s 曲线)上有可判断的极限承载力的陡降段，且桩顶总沉降量超过 40 mm；

(2)$\frac{\Delta S_{n+1}}{\Delta S_n} \geqslant 2$，且经 24 h 尚未达到稳定；

(3)25 m 以上的非嵌岩桩，Q-s 曲线呈缓变型时，桩顶总沉降量大于 60～80 mm；

(4)在特殊条件下，可根据具体要求加载至桩顶总沉降量大于 100 mm。

注：ΔS_n 为第 n 级荷载的沉降量，ΔS_{n+1} 为第 $n+1$ 级荷载的沉降量。桩底支承在坚硬岩(土)层上，桩的沉降量很小时，最大加载量不应小于设计荷载的两倍。

2. 单桩垂直静载荷试验成果的应用

1)确定单桩竖向极限承载力

根据《建筑地基基础设计规范》(GB 50007—2011)，由单桩垂直静载荷试验成果绘制出荷载-沉降关系曲线，按下面方法确定单桩竖向极限承载力。

(1)当 Q-s 曲线段明显时，取相应于陡降段起点的荷载值作为单桩竖向极限承载力(见图 7-17 曲线 a)；

(2)对于直径或桩宽在 550 mm 以下的预制桩，当在某级荷载 Q_i 作用下，其沉降量与相应的荷载增量的比值 $\Delta S_i / \Delta Q_i > 0.1$ mm/kN 时，取前一级荷载 Q_{i-1} 为极限承载力(见图 7.17 曲线 b)；

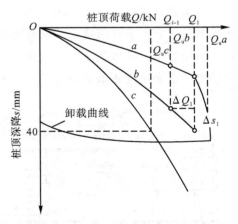

(3)当桩顶总沉降量达到 40 mm，继续增加两级或以上荷载仍无陡降段时，在 Q-s 曲线上取 $s = 40$ mm 相对应的荷载作为单桩竖向极限承载力(见图 7-17 曲线 c)；

(4)对桩基沉降有特殊要求者，应根据具体情况选取单桩竖向极限承载力。

图 7-17 单桩静载荷试验 Q-s 曲线

对于每个单项工程，试桩数量不应少于总桩数的 1%，且最少不应少于 3 根。根据参加统计的试桩，当满足其极差不超过平均值的 30% 时，可取其平均值作为单桩竖向极限承载力。

将单桩竖向极限承载力除以安全系数 2，即可得到单桩竖向承载力特征值，即

$$R_\mathrm{a} = \frac{R_\mathrm{u}}{2} \tag{7-7}$$

式中，R_u 为单桩竖向极限承载力（kN）；R_a 为单桩竖向承载力特征值（kN）。

2）地基土的液化判别

对于饱和的砂土和粉土，当初判为可能液化或需要考虑液化影响时，可采用标准贯入试验进一步确定其是否液化。

根据《公路桥梁抗震设计细则》（JTG/TB 02-01—2008），当饱和砂土或粉土实测标准贯入锤击数（未经杆长修正）N 值小于式（7-8）确定的临界值 N_cr 时，则应判为液化土，否则为非液化土。

$$N_\mathrm{cr} = N_0 \left[0.9 + 0.1(d_\mathrm{s} - d_\mathrm{w}) \right] \sqrt{\frac{3}{\rho_\mathrm{c}}} \tag{7-8}$$

式中，d_s 为饱和土标准贯入点深度（m）；d_w 为地下水位深度（m）；ρ_c 为饱和土的黏粒含量百分率，当 $\rho_\mathrm{c} < 3$ 时，取 $\rho_\mathrm{c} = 3$；N_0 为饱和土液化判别的基准贯入锤击数，可按表 7-5 采用；N_cr 为饱和土液化临界标准贯入锤击数。

表 7-5　液化判别基准标准贯入锤击数 N_0 值

区划图上的特征周期/s	7 度	8 度	9 度
0.35	6(8)	10(13)	16
0.40、0.45	8(10)	12(15)	18

注：(1)特征周期根据场地位置在《中国地震动参数区划图》（GB 18306—2001）上查取；

(2)括号内数值用于设计基本地震动加速度为 0.15 g 和 0.30 g 的地区。

根据《构筑物抗震设计规范》（GB 50191—2012），在地面下 20 m 深度范围内，液化判别标准贯入锤击数临界值可按下式计算：

$$N_\mathrm{cr} = N_0 \beta \left[\ln(0.6d_\mathrm{s} + 1.5) - 0.1d_\mathrm{w} \right] \sqrt{\frac{3}{\rho_\mathrm{c}}}$$

式中，N_cr 为液化判别标准贯入锤击数临界值；N_0 为液化判别标准贯入锤击数标准值，可按表 7-6 采用；d_s 为饱和土标准贯入点深度（m）；d_w 为地下水位（m）；ρ_c 为黏粒含量百分率，当小于 3 或为砂土时，应采用 3；β 为调整系数，设计地震第一组取 0.80，第二组取 0.95，第三组取 1.05。

表 7-6　液化判别基准标准贯入锤击数 N_0 值

设计基本地震加速度	0.10 g	0.15 g	0.20 g	0.30 g	0.40 g
液化判别标准贯入锤击数标准值	7	10	12	16	19

7.5.3　十字板剪切试验

十字板剪切试验是 1928 年由瑞士的奥尔桑(Olsson)首先提出的,我国 1954 年由南京水科所等单位开始研制开发,在沿海软土地区现已被广泛使用。十字板剪切试验是快速测定饱和软土层抗剪强度的一种简易而可靠的原位测试方法,通常用以测定饱和黏性土的原位不排水抗剪强度。所测定的抗剪强度值,相当于试验深度处天然土层的不排水抗剪强度,在理论上它相当于三轴不排水抗剪的总强度或无侧限抗压强度的一半($\varphi = 0°$)。长期以来十字板剪切试验被认为是一种有效的、可靠的原位测试方法,因为该项试验不需要采取土样,避免了土样的扰动及天然应力状态的改变,而且试验简便。

机械式十字板剪切仪主要由十字板头、测力装置(钢环、百分表等)和施力传力装置(轴杆、转盘、导轮等)三部分组成(见图 7-18),其中十字板是厚 3 mm 的长方形钢板,呈十字形焊接于轴杆上。可视土层的软硬状态选用相应规格的十字板头(见表 7-7)。

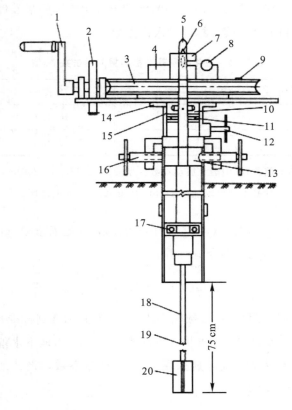

1—手摇柄;2—齿轮;3—蜗轮;4—开口钢环;5—导杆;6—特制键;7—固定夹;8—量表;
9—支座;10—压圈;11—平面弹子盘;12—锁紧轴;13—底座;14—固定套;15—横销;
16—制紧轴;17—导轮;18—轴杆;19—离合器;20—十字板头。

图 7-18　十字板剪切仪装置图

表 7 - 7 十字板头常数表

十字板头规格 $D \times H$/mm	十字板头尺寸/mm			刻度盘半径 /mm	板头常数 R_0 /cm^{-2}
	直径 D	高度 H	厚度 B		
50×100	50	100	2~3	250	0.0515
				200	0.0436
75×100	75	100	2~3	250	0.0227
				200	0.0181
75×120	75	120	2~3	250	0.0195
				200	0.0156

1. 十字板剪切试验的基本技术要求

根据《岩土工程勘察规范》(GB 50021—2001)(2009 年版),十字板剪切试验点的布置,对均质土竖向间距可为 1 m,对非均质或夹薄层粉细砂的软黏性土,宜先作静力触探,结合土层变化,选择软黏土进行试验。

十字板板头形状宜为矩形,径高比 1 : 2,板厚宜为 2~3 mm;十字板头插入钻孔底的深度不应小于钻孔或套管直径的 3~5 倍;十字板插入至试验深度后,至少应静止 2~3 min,方可开始试验。试验时,匀速转动手柄,扭转剪切速率宜采用(1°~2°)/10 s,每转记录百分表读数一次,直到读得最大应变值 ε_y,此时已基本形成园柱状剪切面,再继续转动手柄重复上述过程,可以测得最小应变值 ε_y',以此代表重塑土的应变值。然后使轴杆与十字板头分离,转动手柄,便可测得土对轴杆产生的机械阻力,测得应变值 ε_g。至此,一个试段的试验完毕,即可继续进行下一个试段的试验。在测得峰值强度后要继续测记 1 min。

将百分表的读数 ε_y、ε_y' 及 ε_g 分别乘以钢环率定系数 C,便可得到原状土及重塑土剪切作用力及土对轴杆的摩阻力。根据这些阻力可以计算出土的抗剪强度及土的灵敏度等。

2. 十字板剪切试验成果的应用

基于十字板剪切试验成果,可以计算原状和重塑状态软土的不排水抗剪强度 C_u。

根据力矩平衡原理,假定软黏土的内摩擦角等于零,便可导出求解 C_u 的理论公式:

$$C_u = R_0 C(\varepsilon_y - \varepsilon_g) \tag{7-9}$$

$$C_u' = R_0 C(\varepsilon_y' - \varepsilon_g) \tag{7-10}$$

式中,C_u 为原状土不排水抗剪强度;C_u' 为重塑土的抗剪强度;C 为钢环校正系数;R_0 为与十字板头有关的系数;ε_y 为原状土剪切破坏时,百分表最大稳定读数;ε_y' 为重塑土剪切破坏时,百分表最小稳定读数;ε_g 为轴杆与土摩擦作用的百分表稳定读数。

计算土的灵敏度:

$$S_t = \frac{C_u}{C_u'} \tag{7-11}$$

式中,S_t 为土的灵敏度;其余符号同前。

另外，利用机械式十字板剪切仪试验资料不但可以绘制抗剪强度与试验深度关系曲线，了解土的抗剪强度随深度的变化规律，而且可以绘制抗剪强度与回转角的关系曲线，了解土的结构和受扭剪切时的破坏过程。

近年来还发展了电测式十字板剪板仪，其基本原理同机械式，但操作更加简便。其在十字板头上连接贴有电阻应变片的受扭力矩传感器，在地面用电子仪器直接测量十字板的剪切扭矩。将十字板头压入土中预定的试验深度后，顺时针方向转动扭力装置的手摇柄，当量测仪表读数开始增大时，每转1度读数1次，将峰值或稳定值作为原状土的剪切破坏的读数。

7.5.4 现场大型直剪试验

大型直剪试验原理与室内直剪试验基本相同，但由于试件尺寸大且在现场进行，因此能把岩土体的非均质性及软弱面等对抗剪强度的影响更真实地反映出来。根据《岩土工程勘察规范》(GB 50021—2001)(2009年版)，现场大型直剪试验可用于岩土体本身、岩土体沿软弱结构面和岩体与其他材料接触面的剪切试验，可分为岩土体试体在法向应力作用下沿剪切面剪切破坏的抗剪断试验，岩土体剪断后沿剪切面继续剪切的抗剪试验(摩擦试验)，法向应力为零时岩体剪切的抗切试验。

现场直剪试验的技术要求应符合下列规定。

(1)开挖试坑时应避免试体的扰动和含水量的显著变化；在地下水位以下试验时，应避免水压力和渗流对试验的影响。

(2)施加的法向荷载、剪切荷载应位于剪切面、剪切缝的中心；或使法向荷载与剪切荷载的合力通过剪切面的中心，并保持法向荷载不变。

(3)最大法向荷载应大于设计荷载，并按等量分级；荷载精度应为试验最大荷载的±2%。

(4)每一试体的法向荷载可分4~5级施加；当法向变形达到相对稳定时，即可施加剪切荷载。

(5)每级剪切荷载按预估最大荷载的8%~10%分级等量施加，或按法向荷载的5%~10%分级等量施加；岩体按每5~10 min，土体按每30 s施加一级剪切荷载。

(6)当剪切变形急剧增长或剪切变形达到试体尺寸的1/10时，可终止试验。

(7)根据剪切位移大于10 mm时的试验成果确定残余抗剪强度，需要时可沿剪切面继续进行摩擦试验。

现场大型直剪试验分为土体现场大型直剪试验和岩体现场大型直剪试验，本节仅介绍土体现场大型直剪试验。

1. 大剪仪法

大剪仪法适用于测试各类土及岩土接触面或滑面的抗剪强度。对于碎石土，由于制样困难，精度稍差。

大剪仪的组成包括：

(1)水平推力部分有可调反力座、手轮、推杆及测力计(应力环)等。

（2）垂直加压部分有地锚、横梁、手轮、测力计、同步式垂直滑道及传力盖等。

（3）剪力环（内径 35.69 cm，高 14 cm，面积 1000 cm²）。大剪仪的结构与布置如图 7-19 所示。仪器安装时，应使其底盘的底面与土剪切面在一个平面上，并使水平测力计、手轮和剪切面的中心在一直线上。

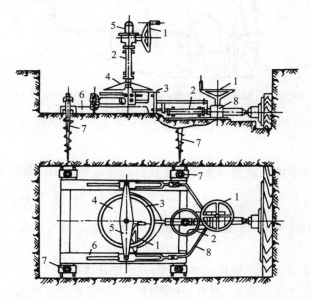

1—手轮；2—测力计；3—剪切环；4—传压板；5—垂直压力部分（横梁、拉杆）；
6—水平框架；7—地锚；8—水平推力部分。

图 7-19　DJ-Ⅱ型大剪仪的结构与布置

试验时要求：

（1）测力计应事先标定，试验土层应进行工程地质描述，并测定天然重度及含水量。

（2）试件先仔细削成与剪切面垂直的 35.7 cm 的土柱，然后将剪切环套上徐徐下压至距预定剪切面 3～5 mm 处。

（3）削平试件上端，安置传压板与传力盖，传压板四周与剪切环之间应有空隙。

（4）垂直压力一般依次为 50 kPa、100 kPa、150 kPa、200 kPa 及 250kPa，通过垂直测力计测微表读数确定。

（5）快剪时，当一试件的垂直压力达到预定的压力后，应立即通过水平推力手轮施加水平推力，水平推力轮以 1 r/min 匀速转动。水平测力计测微表的指针停止或后退，或水平变形达到试件直径的 1/15 时，认为试件已剪坏，试验可结束。通常试件数不应少于 3 件。

通过试验结果计算出各级垂直荷载下的垂直应力和剪应力，绘制出垂直应力（σ）与剪应力（τ_f）的关系曲线，按库仑公式可确定出土体的 C 和 φ 值。

2. 水平推挤法

水平推挤法能使被试验土体的剪切面沿土内软弱面发展，对黏聚力较小的碎石土试验效果较好。该法受试坑条件限制较小。

水平推挤法需要的主要试验设备：装有压力表或测力计的卧式千斤顶，千斤顶头部的前枕木尺寸一般为 8 cm×32 cm，厚约 5 cm，千斤顶底座处的枕木尺寸可稍大一些，钢板尺寸同枕木，厚度以加力后不变形为限（见图 7 - 20）。

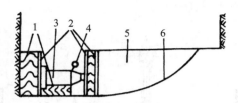

1—枕木；2—钢板；3—千斤顶；4—压力表；5—试体；6—破坏滑面。
图 7 - 20 水平推挤法试验设备及布置

试验时要求：

(1)在试坑预定深度处将试验土体加工成三面垂直临空的半岛状，尺寸为 H 大于 5 倍最大土粒径，$H/B = \dfrac{1}{3} \sim \dfrac{1}{4}$，$L = (0.8 \sim 1.0)B$（$H$、$B$、$L$ 分别为试体的高度、宽度和长度）。试体两侧各挖约 20 cm 宽的小槽，槽中放置塑料布，其上用挖出的土回填并稍加夯实。

(2)千斤顶的着力点对准矩形试体面的 $H/3$ 与 $B/2$ 处。

(3)平推力以每 15～20 min 内水平位移约 4 mm 缓慢速度施加，当压力表读数开始下降时试体被剪坏，此时的压力表值即为最大推力 $P_{\max}$。

(4)测定 $P_{\min}$ 值时，其测定标准为下列之一：①千斤顶加压到 $P_{\max}$ 值后即停止加压，油压表读数后退所保持的稳定数值；②试体刚开始出现裂缝时的压力表读数；③当千斤顶加压到 $P_{\max}$ 后，松开油阀，然后关上油阀重新加压，以其峰值作为 $P_{\min}$ 值。

(5)确定滑动面位置，并量测滑面上各点的距离和高度，绘制滑面剖面图。当滑面位置难确定时，可将剪坏后的试体反复加压、减压，以使剪坏与未剪坏的土体界线明显。

通常本试验点不应少于 3 处。对于实测的滑弧剖面按条分法计算 C、φ 值（见图 7 - 21）：

$$C_{\mathrm{u}} = \frac{P_{\max} - P_{\min}}{\sum\limits_{i=1}^{n} l_i} \tag{7-12}$$

$$\tan\varphi = \frac{\dfrac{P_{\max}}{G}\sum\limits_{i=1}^{n} g_i\cos\alpha_i - \sum\limits_{i=1}^{n} g_i\sin\alpha_i - C\sum\limits_{i=1}^{n} l_i}{\dfrac{P_{\max}}{G}\sum\limits_{i=1}^{n} g_i\sin\alpha_i + \sum\limits_{i=1}^{n} g_i\cos\alpha_i} \tag{7-13}$$

式中，$P_{\max}$ 为最大推力(kN)；$P_{\min}$ 为最小推力(kN)；g_i 为第 i 条土块自重(kN)；G 为滑体的总自重；α_i 为第 i 条土块滑面与水平面夹角(度)；l_i 为第 i 条土块滑弧长度(m)。

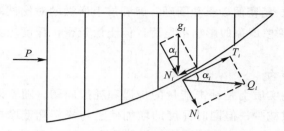

图 7 - 21 水平推挤法滑体剖面

7.5.5 圆锥动力触探试验

圆锥动力触探也称为动力触探，是利用一定的落锤能量将一定尺寸、一定形状的探头打入土中，根据打入的难易程度（可用贯入度、锤击数或探头单位面积动贯入阻力来表示）判定土层性质的一种原位测试方法。

1. 圆锥动力触探的基本原理

动力触探的锤击能量（穿心锤重量 Q 与落距 H 的乘积）一部分用于克服土对圆锥探头的贯入阻力，称为有效能量；另一部分消耗于锤与触探杆的碰撞，探杆的弹性变形及与孔壁土的摩擦等称为无效能量。假设锤击效率为 η，有效锤击能量可表示为 ηQH，则

$$\eta QH = q_d Ae \qquad (7-14)$$

式中，Q 为穿心锤重量（kN）；H 为落距（cm）；q_d 为探头的单位贯入阻力（kPa）；A 为探头横截面积（m^2）；e 为每击的贯入深度（cm），其值为

$$e = \frac{h}{N} \qquad (7-15)$$

式中，h 为贯入深度（cm），N 为贯入深度为 h 时的锤击数。

于是可得

$$q_d = \eta \frac{QH}{Ah} N \qquad (7-16)$$

对于同一种设备，Q、H、A、h 为常数，当 η 一定时，探头的单位贯入阻力与锤击数 N 成正比，即 N 的大小反映了动贯入阻力的大小，它与土层的种类、紧密程度、力学性质等密切相关，故可以将锤击数作为反映土层综合性能的指标。通过锤击数与室内有关试验及载荷试验等的对比和相关分析，可建立相应的经验公式。

2. 影响因素

影响动力触探试验成果精度的因素较多，其中试验设备、操作方法等是可以通过统一标准来加以控制的，但对如探杆长度、土与探杆侧壁的摩擦、地下水、土的有效上覆压力等因素，应从理论和实践上进行研究总结。现将目前一些看法论述如下。

1）土与探杆侧壁摩擦的影响

当触探头贯入时，由于土与探杆侧壁间的摩擦消耗了部分锤击能量，使触探击数增加。这种影响随土的密度和触探深度的增大而增大。据国外资料介绍，对于一般土层，用泥浆护壁钻进，触探深度小于 1.5 m 时，可不考虑侧壁摩擦的影响。原一机部

西南勘测大队在松散-稍密的砂土和圆砾、卵石层上所做的对比试验表明：重型触探在 12 m 左右范围内，侧壁摩擦的影响不显著；但土层较密，深度较大时，侧壁摩擦有明显影响。

2）探杆长度的影响

探杆长度的影响实质上是锤击能量的传递和耗散问题。随着测试深度的增加，钻杆重量增加，锤击数减少；但同时深度的增加使土与探杆侧壁摩擦的影响增加，锤击数增加。美国 R.E.Brown(1977)用 A 型（每米质量 5.8 kg）和 N 型（每米质量 7.5 kg）两种触探杆，在 34 m 深度内对松散-极密的各种砂土进行了试验，结果表明：不同触探杆测得的贯入阻力并没有显著差别。英国 I.K.Nixon(1982)在第二届欧洲触探会议上指出，探杆长度对触探击数 N 值的影响可以忽略。

3）地下水的影响

地下水的影响与土层的粒径和密度有关。一般的规律是颗粒越细，密度越小，地下水对锤击数的影响越大；而对密实的砂土或碎石土，地下水的影响就不明显。俄罗斯的索洛杜兴认为，当密度相同时，饱和砂土的触探阻力要比干砂小些；而在松散砂中，地下水的影响要比密实砂中的更大些。美国的 Terzaghi and Reck (1953)认为：对于有效粒径 d_0 为 0.1～0.05 mm 范围的饱和粉细砂，当其密度大于某一临界密度时，贯入阻力将会偏大。一般认为，利用圆锥动力触探确定地基承载力时可不考虑地下水的影响，而在确定砂土物理性指标时，应适当考虑地下水的影响。

4）土的有效上覆压力的影响

土的有效上覆压力的影响，也就是土的深度影响问题。随着试验深度的增加，土的有效上覆压力和侧压力都会增加，贯入阻力也随之增大，锤击数相应增加。

5）下卧层的影响

在触探的影响深度范围内，有性质显著变化的下卧层存在时，常常使触探击数的变化提前反映出来。当下卧层性质变差时，击数提前减小，反之则提前增大。

3. 动力触探现场试验技术要求

1）轻型动力触探

先用轻便钻具钻至试验土层标高，然后对土层连续锤击贯入，每次将穿心锤提升 50 cm，自由落下。锤击速率宜为 15～30 击/min，并始终保持探杆垂直，记录每打入土层 30 cm 的锤击数 N。如遇密实坚硬土层，当贯入 30 cm 所需锤击数超过 100 击或贯入 15 cm 超过 50 击时，试验可以停止。

2）重型动力触探

贯入前，触探架应安装平稳，保持触探孔垂直；试验时，应使穿心锤自由下落，落距为 76 cm，锤击贯入应连续进行，同时应防止锤击偏心、探杆倾斜和侧向晃动。锤击速率宜为 15～30 击/min，及时记录贯入深度、一阵击的贯入量及相应的锤击数。一般以 5 击为一阵击，土较松软时应少于 5 击，并按式(7-17)计算每贯入 10 cm 实测锤击数：

$$N=\frac{10K}{S}$$

(7-17)

式中，N 为每贯入 10 cm 的实测锤击数；K 为一阵击的锤击数；S 为相应于一阵击的贯入量(cm)。

每贯入 1 m，宜将探杆转动一圈半，当贯入深度超过 10 m 时，每贯入 20 cm 宜转动探杆一次。若土层较为密实(5 击贯入量小于 10 cm 时)，可直接记读每贯入 10 cm 所需的锤击数。当连续三次 $N_{63.5} > 50$ 击时，可停止试验或改用超重型动力触探。

3)超重型动力触探

除落距为 100 cm 以外，与重型动力触探试验要点相同。

4. 动力触探试验资料整理

1)实测击数的校正

轻型动力触探不考虑杆长修正，实测击数 N_{10} 可直接应用。重型动力触探需要考虑侧壁摩擦、触探杆长度和地下水的影响并进行校正。一般来说，对于砂土和松散-中密的圆砾卵石，触探深度在 1~15 m 的范围内时，一般可不考虑侧壁摩擦的影响。当触探杆长度大于 2 m 时，锤击数需按式(7-18)进行校正：

$$N_{63.5} = \alpha N \tag{7-18}$$

式中：$N_{63.5}$ 为重型动力触探试验锤击数；α 为触探杆长度校正系数，按表 7-8 确定；N 为贯入 10 cm 的实测锤击数。

表 7-8　重型动力触探试验杆长校正系数 α 值

$N'_{63.5}$	杆长/mm										
	≤2	4	6	8	10	12	14	16	18	20	22
≤1	1.00	0.98	0.96	0.93	0.90	0.87	0.84	0.81	0.78	0.75	0.72
5	1.00	0.96	0.93	0.90	0.86	0.83	0.80	0.77	0.74	0.71	0.68
10	1.00	0.95	0.91	0.87	0.83	0.79	0.76	0.73	0.70	0.67	0.64
15	1.00	0.94	0.89	0.84	0.80	0.76	0.72	0.69	0.66	0.63	0.60
20	1.00	0.90	0.85	0.81	0.77	0.73	0.69	0.66	0.63	0.60	0.57

地下水对击数与土的力学性质的关系没有影响，但对击数与土的物理性质(砂土孔隙比)的关系有影响。对于地下水位以下的中、粗砾砂和圆砾、卵石，锤击数可按式(7-19)进行校正：

$$N_{63.5} = 1.1 N'_{63.5} + 1.0 \tag{7-19}$$

式中：$N_{63.5}$ 为经地下水影响校正后的锤击数；$N'_{63.5}$ 为未经地下水影响校正而经触探杆长度影响校正后的锤击数。

2)绘制单孔动力触探击数(或动贯入阻力)与深度的关系曲线并进行力学分层

以杆长校正后的击数 N 为横坐标，贯入深度为纵坐标绘制触探曲线。对轻型动力触探按每贯入 30 cm 的击数绘制 N_{10}-h 曲线；重型和超重型按每贯入 10 cm 的击数绘制 N-h 曲线。曲线图式有按每阵击换算的 N 点绘的和按每贯入 10 cm 击数 N 点绘的两种，如图 7-22 所示。

根据触探曲线的形态，结合钻探资料对触探孔进行力学分层。各类土典型的 N-h

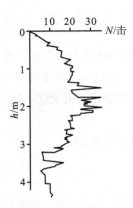 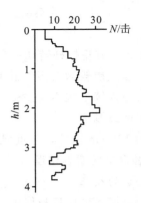

(a)按每阵击贯入度换算成N点绘的曲线   (b)按贯入10 cm时的N点绘的曲线

图 7－22　动力触探曲线

曲线如图 7－23 所示。分层时应考虑触探的界面效应，即下卧层的影响。一般由软层（小击数）进入硬层（大击数）时，分层界线可选在软层最后一个小值点以下 0.1～0.2 m处；由硬层进入软层时，分层界线可定在软层第一个小值点以下 0.1～0.2 m 处。

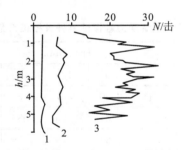

1—黏性土、砂土；2—砾石土；3—卵石土。

图 7－23　各类土的 N－h 曲线

剔除临界深度以内的数值及层面上超前和滞后影响范围内的异常值，计算单孔分层贯入指标平均值。

根据各孔分层的贯入指标平均值，用厚度加权平均法计算场地分层贯入指标平均值和变异系数。

5. 圆锥动力触探试验成果应用

1)确定砂土的密实度或孔隙比

用重型动力触探击数确定的碎石土的密实度见表 7－9，确定的砂土、碎石土的孔隙比见表 7－10。

表 7－9　用重型动力触探击数 $N_{63.5}$ 确定的碎石土的密实度

标准贯入试验锤击数 $N_{63.5}$	$N_{63.5} \leqslant 5$	$5 < N_{63.5} \leqslant 10$	$10 < N_{63.5} \leqslant 20$	$N_{63.5} > 20$
密实度	松散	稍密	中密	密实

表 7 - 10　重型动力触探击数确定的砂土、碎石土的孔隙比

土的分类	校正后的动力触探击数 $N_{63.5}$									
	3	4	5	6	7	8	9	10	12	15
中砂	1.14	0.97	0.88	0.81	0.76	0.73				
粗砂	1.05	0.90	0.80	0.73	0.68	0.64	0.62			
砾砂	0.90	0.75	0.65	0.58	0.53	0.50	0.47	0.45		
圆砾	0.73	0.62	0.55	0.50	0.46	0.43	0.41	0.39	0.36	
卵石	0.66	0.56	0.50	0.45	0.41	0.39	0.36	0.35	0.32	0.29

2）确定地基土承载力

用动力触探指标确定地基土承载力是一种快速简便的方法，已被多种规范采纳。

（1）用轻型动力触探击数确定地基土承载力。对于小型工程地基勘察和施工期间检验基坑持力层强度，轻型动力触探具有优越性。一般黏性土和以黏性土与粉土组成的素填土，用轻型动力触探击数 N_{10} 确定承载力特征值，见表 7 - 11 和表 7 - 12。表中的锤击数 N_{10} 为修正后的击数，由现场试验锤击数按式（7 - 20）修正得到。

$$N_{10} = N_{10m}r_s \qquad (7-20)$$

式中，N_{10m} 为锤击数平均值；r_s 为岩土参数的统计修正系数。

表 7 - 11　黏性土 N_{10} 与承载力 f_{ak} 的关系

N_{10}	15	20	25	30
f_{ak}/kPa	105	145	190	230

表 7 - 12　素填土 N_{10} 与承载力 f_{ak} 的关系

N_{10}	10	20	30	40
f_{ak}/kPa	85	115	135	160

（2）用重型动力触探击数 $N_{63.5}$ 确定地基土承载力，见表 7 - 13。

表 7 - 13　细粒土、碎石土 $N_{63.5}$ 与承载力 f_{ak} 的关系　　　　单位：kPa

$N_{63.5}$	1	2	3	4	5	6	7	8	9	10	12
黏土	96	152	209	265	321	382	444	505			
粉质黏土	38	136	184	222	280	328	376	424			
粉土	80	107	136	165	195	(224)					
素填土	79	103	128	152	176	(201)					
粉细砂		(80)	(110)	142	165	187	210	232	255	277	
中粗砾砂			120	150	200	240		320		400	
碎石土				140	170	200	240		320	400	480

3）确定桩尖持力层和单桩承载力

（1）确定桩尖持力层。动力触探（动探）试验与打桩过程极其相似，动探指标能很好地反映探头处地基土的阻力。在地层层位分布规律比较清楚的地区，特别是上软下硬的二元结构地层，用动力触探能很快地确定端承桩的桩尖持力层。但在地层变化复杂和无建筑经验的地区，则不宜单独用动力触探来确定桩尖持力层。

（2）确定单桩承载力。动力触探由于无法实测地基土极限侧壁摩阻力，因而用于桩基勘察时，主要是以桩端承力为主的短桩。我国沈阳、成都和广州等地区通过动力触探和桩静载荷试验对比，利用数理统计，得出了用动力触探指标（$N_{63.5}$ 或 N_{120}）估算单桩承载力的经验公式，应用范围都具地区性。

4）其他应用

利用圆锥动力触探指标还可评价场地均匀性，探查土洞、滑动面、软硬土层界面，检验地基加固与改良效果等。

7.5.6　标准贯入试验

标准贯入试验使用 63.5 kg 的穿心锤，以 76 cm 的落距，将标准规格的贯入器自钻孔底部预打 15 cm，记录再打入 30 cm 的锤击数，以此判定土的物理力学性质。该试验创始于 1902 年，由美国雷蒙优混凝土桩公司加以发展，并由太沙基（Terzaghi）和佩克（Peck）于 1948 年公开推广，在世界各国得到广泛应用。我国于 1953 年引进，应用于各类工程的原位测试。

由于标准贯入试验和圆锥动力触探试验一样，都是利用一定的锤击能量将一定规格的探头打入土中，并根据贯入的难易程度来判定土的性质，所以二者的基本原理和影响因素相同。

1. 标准贯入试验的现场试验技术要求

（1）与钻探配合，先用钻具钻至试验土层标高以上约 15 cm 处，以避免下层土扰动。清除孔底虚土，为防止孔中流砂或塌孔，常采用泥浆护壁或下套管。钻进方式宜采用回转钻进。

（2）贯入前，检查探杆与贯入器接头，不得松脱。然后将标准贯入器放入钻孔内，保持导向杆、探杆和贯入器的垂直度，以保证穿心锤中心施力，贯入器垂直打入。

（3）贯入时，穿心锤落距为 76 cm，一般应采用自动落锤装置使其自由下落。锤击速率不应超过 30 击/min。贯入器打入土中 15cm 后开始记录每打入 10 cm 的锤击数，累计打入 30 cm 的锤击数为标准贯入击数 N。若土层较为密实，当锤击数已达 50 击而贯入度未达 30 cm 时，应记录实际贯入度并终止试验。标准贯入击数 N 按式（7-21）计算：

$$N=\frac{30n}{\Delta S} \tag{7-21}$$

式中，n 为所选取贯入量的锤击数，单位为击，通常取 $n=50$ 击；ΔS 为对应锤击数 n

击的贯入量(cm)。

(4)拔出贯入器，取出贯入器中的土样进行鉴别描述，保存土样以备试验用。

(5)如需进行下一深度的试验，则继续钻进重复上述操作步骤。一般可每隔 1 m 进行一次试验。

2. 标准贯入试验的资料整理

标准贯入试验的资料整理，包括按有关规定对实测标贯(标准贯入)击数 N 进行必要的校正，并绘制标贯击数 N 与深度的关系曲线或直方图，统计分层标贯击数平均值和变异系数。

1)触探杆长度的校正

如需探杆长度校正，当探杆长度大于 3 m 时，标贯击数按式(7-22)进行杆长校正：

$$N = \alpha N' \tag{7-22}$$

式中，N 为标准贯入试验锤击数(击)；α 为触探杆长度校正系数，可按表 7-14 确定；N' 为实测贯入 30 cm 的锤击数。

表 7-14　触探杆长度校正系数

触探杆长度/m	≤3	6	9	12	15	18	21
校正系数 α	1.00	0.92	0.86	0.81	0.77	0.73	0.70

2)地下水影响的校正

美国 Terzaghi 和 Peck(1953)认为：对于有效粒径 d_0 在 0.1~0.05 mm 范围内的饱和粉细砂，当其密度大于某一临界密度，由于透水性小，贯入产生的负孔隙水压力使锤击数 N 偏大。相应于此临界密度的锤击数为 15，故在此类砂层中，当 N' 大于 15 时应按式(7-23)校正：

$$N = 15 + \frac{1}{2}(N' - 15) \tag{7-23}$$

式中符号意义同前。

3)上覆有效压力影响的校正

Reck(1974)得出砂土上覆有效压力对标贯击数的影响为：

$$N = C_N N' \tag{7-24}$$

$$C_N = 0.771 \text{ g} \frac{1960}{\sigma_v} \tag{7-25}$$

式中：N 为校正为相当于上覆有效压力等于98 kPa的标准贯入击数；C_N 为上覆有效压力影响校正系数，按式(7-25)计算或从图 7-24 查得；σ_v 为标准贯入试验深度处砂土上覆有效压力(kPa)。

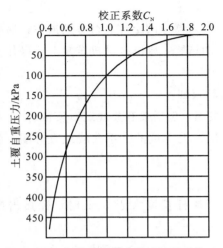

图 7-24 上覆有效压力影响校正系数 C_N

总之，标贯击数是否需要校正应按有关规范规定来进行，《岩土工程勘察规范》(GB 50021—2001)(2009 年版)规定应根据建立统计关系时的具体情况确定。目前国内的情况是：

(1)应用标贯试验指标确定地基土承载力时，铁道部门都要求进行杆长校正，部分地区规范也要求进行杆长校正，港口规范则要求进行上覆有效压力影响的校正。

(2)应用标贯试验指标确定砂土物理力学性质，如相对密度 D、孔隙比 e、内摩擦角 p 等，个别部门要求进行上覆有效压力及地下水影响校正，一般情况不要求校正。

(3)应用标贯试验指标进行砂土和粉土液化判断时，不作校正。

3. 标准贯入试验成果的应用

标准贯入试验主要适用于砂土、粉土及一般黏性土，不能用于碎石土。对软塑-流塑软土，由于标贯精度较低，效果不甚理想，故也不适用。试验深度一般为 $30\sim40$ m，但随着高层建筑和大型工程的不断涌现，试验深度随之增加，有的可达 100 m。其成果应用较广，主要有以下几方面。

1)确定砂土的密度

用标准贯入试验击数 N 判定砂土的密度在国内外已得到广泛认可，我国《建筑地基基础设计规范》(GB 50007—2011)划分标准见表 7-15。

表 7-15 N 判定砂土密实度

标准贯入试验锤击数 N	$N\leqslant10$	$10<N\leqslant15$	$15<N\leqslant30$	$N>30$
密实度	松散	稍密	中密	密实

2)确定黏性土的状态和无侧限抗压强度

标贯击数与黏性土状态及无侧限抗压强度的关系国内外均有研究，结果见表 7-16、表 7-17。

表 7 - 16 N 与黏性土液性指数 I_L 的关系

N	<2	2～4	4～7	7～15	15～28	>36
I_L	>1	1～0.75	0.75～0.5	0.5～0.25	0.25～0	<0
土的状态	流塑	软塑	可塑		硬塑	坚硬

表 7 - 17 N 与土的稠度状态的关系(Terzaghi& 和 Peck)

N	<2	2～4	4～8	8～15	15～30	>30
土的稠度状态	极软	软	中等	硬	很硬	坚硬
q_u/kPa	<25	20～50	50～100	100～200	200～400	>400

3）确定黏性土、粉土和砂土的承载力

用标准贯入试验确定黏性土、粉土和砂土的承载力见表 7 - 18 和表 7 - 19。表中的锤击数 N 为由现场试验锤击数 N 经杆长修正后的锤击数标准值。

表 7 - 18 黏性土 N 与承载力的关系

N_k	3	5	7	9	11	13	15	17	19	21
f_{ak}/kPa	105	145	190	220	295	325	370	430	515	600

表 7 - 19 砂土 N 与承载力的关系

N	10	15	30	50
中、粗砂	180	250	340	500
粉、细砂	140	180	240	330

4）选择桩尖持力层

根据国内外的实践，对于打入式预制桩，常选择 N 为 30～50 的持力层。但必须强调与地区建筑经验的结合，不可生搬硬套。如上海地区一般在地面以下 60 m 才出现 N ≥30 的地层，但对于地面下 35 m 及 50 m 上下，N 为 15～20 的中密粉细砂及粉质黏土，实践表明作为桩尖持力层是合理可靠的。

5）其他

用标准贯入试验还可以判别砂土、粉土的液化，估算单桩承载力，检验地基土的加固改良效果及进行施工监测等。

7.6 室内试验

在勘察工作中，除了现场试验外，还要取大量的试样作室内试验。室内试验项目通常包括：进行颗粒分析、矿化分析，测定颗粒比重、天然重度、天然含水量、液限及塑限含水量、相对密度、渗透系数、压缩系数等，进行水质分析、击实试验、单向抗压强度试验、抗剪强度试验（C、φ）、黄土湿陷性试验、膨胀土试验及相应的计算等。每一种试验的操作要求参见土工试验规程或专门的规范或规程。

工程地质试验数据往往是离散的，需要进行分析和归纳整理，使这些数据更好地反映岩土的性质和变化规律，并求出代表性指标以备工程设计使用。现代地学数理统计方法可以帮助解决这一问题。岩土参数统计一般应按工程地质单元及层位进行。

1. 数据的特性

数据是指试验或者观测时记录的原始资料及其整理后的量值。由于在试验和量测过程中受到诸多因素的影响，某个数据只是该物理量真值的近似值，也就是说测定的数据对于真值来说存在误差。

误差可以分成三类：过失误差、系统误差和偶然误差。过失误差是观测人由于过失而造成的误差，如读数错误或记录错误等。系统误差是由仪器存在缺陷、试验环境变化和试验测读方法不当所造成的，其特点是使结果向一个方面偏离。过失误差和系统误差可以通过提高观测人员的素质和责任心及提高仪器设备的精度加以减小和消除。在试验观测中，如果已经消除了引起过失误差和系统误差的因素，但所测数据仍在末一位或末二位数值上有差别，且误差时大时小、时正时负、方向不定，产生的具体因素不明确，因而也就无法控制，这种误差称为偶然误差。偶然误差服从统计规律，岩土工程勘察试验数据的统计分析就是基于偶然误差的统计规律进行的。

2. 数据的统计

数据统计的目的就是通过某项数据测定值 x_i，求其近似值的最佳值。这样就要研究数据的分散性是否合理，怎样评价一组测定值的离散程度，如何取用代表性的数据及数据的分布特征等。

1）算术平均值和中值的计算

例如：某厂地基钻探 9 个钻孔，从第二淤泥质黏土层中共取 26 个土样做土的物理性的试验，含水量 w 的数据如表 7-20 所列。

表 7-20　淤泥质黏土层的含水量(w)测定值

编号	$w/\%$	编号	$w/\%$	编号	$w/\%$	编号	$w/\%$
1	46.3	8	47.1	15	49.6	22	48.4
2	47.6	9	47.1	16	46.8	23	47.3
3	48.7	10	47.0	17	46.8	24	43.2
4	45.1	11	48.9	18	46.4	25	45.2
5	49.3	12	45.1	19	46.4	26	46.0
6	44.1	13	47.9	20	46.0	总和	1218.2
7	44.0	14	48.0	21	49.9	平均值	46.9

表 7-20 中 26 个数据都是从同一土层和同一环境中取样试验得来的。从这些数据中发现存在较大的差别，最小值为 43.2%，最大值 49.9%，用哪个值表示该土层含水

量 w 值呢?

为了直观和计算方便,作出这些数据的散点图(见图 7-25)。从散点图可见,数据在某一范围内还是比较集中的。如将数据轴上最大与最小值之间分为 8 个区间,则数据分为 8 个组,每组的中间值称为组中值($\bar{x}_i$),并取为整数,从 43.0 到 50.0 共有 8 个组中值。组中值 $\bar{x}_i$ 与分组测定次数 n_i(又称频数)的值如图 7-2 所示。n_i 与总测定数 n 的比值称为频率。则第 3、4、5 组的频率和为 57.8%,占一半以上的数据集中在相差 3% 的范围内。

一般用算术平均值来代表一组数据,算术平均值用 $\bar{x}$ 表示:

$$\bar{x} = \frac{1}{n}(x_1 + x_2 + \cdots + x_n) = \frac{1}{n}\sum_{i=1}^{n} x_i \tag{7-26}$$

从表 7-20 中可见含水量的算术平均值为 46.9%。

散点	频数 n_i	组中值 $\bar{x}_i$	频率 (n_i/n)/%	离差
50	2	50.0	7.7	+3.1
49	3	49.0	11.5	+2.1
48	4	48.0	15.4	+1.1
47	6	47.0	23.2	+0.1
46	5	46.0	19.2	-0.9
45	3	45.0	11.5	-1.9
44	2	44.0	7.7	-2.9
43	1	43.0	3.8	-3.9
42				
		$N=26$		

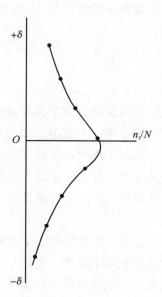

图 7-25　散点图和分布曲线

亦可用中值来代表一组数据。测定值按数据大小顺序排列,将次序数到 n 次的一半时的测定值称为中值。当 n 为奇数时,中间数据即为中值;当 n 为偶数时,中间两个数据的平均值为中值。

一般认为当地基土均匀,每层土试样不少于 10 个时,指标代表值可按算术平均值统计或采用中值法确定。

2)数据离散特征参数的计算

评定数据的离散程度在统计学上常采用两个指标:均方差和变异系数。

(1)均方差 σ:

$$\sigma = \sqrt{\frac{1}{n-1}\sum_{i=1}^{n}(x_i - \bar{x})^2} \tag{7-27}$$

式中,σ 为均方差;x_i 为第 i 次试验测定数据;$\bar{x}$ 为试验测定数据的平均值(算数平均值）；n 为参加统计的数据个数，称为样本数。

（2）变异系数 δ：

$$\delta = \frac{\sigma}{\bar{x}} \tag{7-28}$$

3）算术平均值可靠性的计算

算术平均值 $\bar{x}$ 是随着 n 值而变化的。即使在 n 值相同的情况下，实测值 x_1，x_2，…，x_n 本身也带有偶然性，因而 $\bar{x}$ 也可能不同，也同样带有偶然性。例如，第 1 次 n 个实测值为 x_1'，x_2'，…，x_n'，其算术平均值为 $\overline{x^1}$；第 i 次的 n 个实测值为 $x_1^{(i)}$，$x_2^{(i)}$，…，$x_n^{(i)}$，其算术平均值为 $\overline{x^{(i)}}$。如果一共进行了 k 次，那么 $\overline{x^1}$，$\overline{x^2}$，…，$\overline{x^k}$ 就形成了一组可以进行统计的量。当 $k \to \infty$ 时，$\overline{x^1}$，$\overline{x^2}$，…，$\overline{x^k}$ 服从正态分布规律。它们以 a 为真值，而偏离 a 的均方差 $m_{\bar{x}}$ 称为算术平均值的误差，其算式为

$$m_{\bar{x}} = \sqrt{\frac{(x_1 - \bar{x})^2 + (x_2 - \bar{x})^2 + \cdots + (x_n - \bar{x})^2}{n(n-1)}} \tag{7-29}$$

或

$$m_{\bar{x}} = \frac{\sigma}{\sqrt{N}} \tag{7-30}$$

虽然在有限的 n 个实测值的情况下想找到真值 a 是不可能的，但是如果能知道真值 a 出现于某一个范围，如出现在范围（$\bar{x} - t_\beta m_{\bar{x}} < a < \bar{x} + t_\beta m_{\bar{x}}$）的概率 β 为多少就行了。在实际工作中，往往结合具体工程规模和重要性等提出关于这种概率 β 的要求，这种从工程设计的要求提出的概率 β 称为保证率和可靠概率。而 $\bar{x} + t_\beta m_{\bar{x}}$ 称为保证界限或可靠界限。t_β 称为可靠界限系数，它是与 β 和（$N-1$）有关的数，并服从学生氏分布函数。

t_β 值是从统计学的小子样推断而来的。所谓小子样推断就是根据较少的测定值来估计母体的数学期望。显然小子样推断有它的优点，即试验次数少，比较经济，但由于数据少，统计所得的算术平均值的可靠程度差。为了保证有一定的安全度，在要求的保证率 β 情况下，从统计学理论中得出了 t_β 的定义：小子样平均值与母体数学期望 a 的差值与子样平均值的均方差 $m_{\bar{x}}$ 之比，即

$$t_\beta = \frac{\bar{x} - a}{m_{\bar{x}}} \tag{7-31}$$

由于子样平均值均方差带正负号，故上式可写成：

$$a = \bar{x} \pm t_\beta m_{\bar{x}} \tag{7-32}$$

式（7-32）就是从有限个实测值中获取某保证率 β 的前提下的可靠值界限。

3. 土的抗剪强度的确定

土的坑剪强度参数 C、φ 的平均值和标准差应按最小二乘法统计。现以直接剪切试验为例介绍确定内摩擦角平均值、黏聚力平均值及相应的标准差和变异系数及统计修正系数的计算公式。

1）C、φ 平均值的确定

利用各级压力下抗剪强度 τ 的平均值，由 $\tau = p\tan\varphi + C$，通过多组试验，据最小二

乘法原理可导出

$$\varphi_m = \arctan\left[\frac{n\sum_{i=1}^{n} p_i \overline{\tau}_i - \sum_{i=1}^{n} p_i \sum_{i=1}^{n} \overline{\tau}_i}{n\sum_{i=1}^{n} p_i^2 - \left(\sum_{i=1}^{n} p_i\right)^2}\right] \qquad (7-33)$$

$$C_m = \left[\frac{\sum_{i=1}^{n} p_i^2 \sum_{i=1}^{n} \overline{\tau}_i - \sum_{i=1}^{n} p_i \sum_{i=1}^{n} \overline{\tau}_i}{n\sum_{i=1}^{n} p_i^2 - \left(\sum_{i=1}^{n} p_i\right)^2}\right] \qquad (74-34)$$

式中，φ_m 为内摩擦角的平均值；C_m 为内聚力的平均值；n 为垂直压力级数；p_i 为第 i 级垂直压力；$\overline{\tau}_i$ 为第 i 级垂直压力下的 τ 的平均值。

2）C、φ 标准值的确定

C、φ 标准值是在平均值的基础上修正求得的，计算公式为

$$\varphi_k = \psi_\varphi \varphi_m \qquad (7-35)$$

$$C_k = \psi_C C_m \qquad (7-36)$$

式中，ψ_φ、ψ_C 分别为 φ 和 C 的统计修正系数，按下式计算：

$$\psi_\varphi = 1 - \left(\frac{1.0}{\sqrt{N}} + \frac{3.0}{N^2}\right)\delta_\varphi \qquad (7-37)$$

$$\psi_C = 1 - \left(\frac{1.0}{\sqrt{N}} + \frac{3.0}{N^2}\right)\delta_C \qquad (7-38)$$

式中，δ_φ、δ_C 分别为 C、φ 的变异系数，见式（7-43）、式（7-44）；N 为试验组数。

3）C、φ 标准差的计算

$$S_\varphi = S_r \cos^2\varphi_m \sqrt{\frac{n}{n\sum_{i=1}^{n} p_i^2 - \left(\sum_{i=1}^{n} p_i\right)^2}} \cdot \frac{180}{\pi} \qquad (7-39)$$

$$S_C = S_r \sqrt{\frac{\sum_{i=1}^{n} p_i^2}{n\sum_{i=1}^{n} p_i^2 - \left(\sum_{i=1}^{n} p_i\right)^2}} \qquad (7-40)$$

式中，S_φ 为内摩擦角的标准差；S_C 为内聚力的标准差；S_r 为抗剪强度 τ 的剩余标准差，按公式（7-41）或公式（7-42）计算：

$$S_r = \sqrt{\frac{1}{n}\sum_{i=1}^{n} (p_i \tan\varphi_m + C_m - \overline{\tau}_i)^2} \qquad (7-41)$$

或

$$S_r = \left[\frac{1}{n(n-2)}\left\{\left[n\sum_{i=1}^{n} \overline{\tau}_i^2 - \left(\sum_{i=1}^{n} \tau_i\right)^2\right] - \frac{\left[n\sum_{i=1}^{n} p_i \overline{\tau}_i - \sum_{i=1}^{n} p_i \sum_{i=1}^{n} \tau_i\right]^2}{n\sum_{i=1}^{n} p_i^2 - \left(n\sum_{i=1}^{n} p_i\right)^2}\right\}\right]^{\frac{1}{2}}$$

$$(7-42)$$

4)C、φ 变异系数的确定

$$\delta_{\varphi} = \frac{S_{\varphi}}{\varphi_{\mathrm{m}}} \qquad (7-43)$$

$$\delta_{C} = \frac{S_{C}}{C_{\mathrm{m}}} \qquad (7-44)$$

式中符号同前。

7.7　土木工程岩土勘察要点

　　土木工程是一个非常广的范畴，它包括了建筑、道桥、地下、水力等大型工程项目，在对待具体问题时，工程地质勘察的侧重点和内容又有一定的差别。下面主要向大家介绍建筑、道桥及地下的工程地质勘察方法和内容。希望能对大家的学习和工作起到一定的帮助。

7.7.1　建筑工程的岩土工程勘察要点

1. 勘察工作的总要求

　　房屋建筑和构筑物（以下简称建筑物）的岩土工程勘察，应在搜集建筑物上部荷载、功能特点、结构类型、基础形式、埋置深度和变形限制等方面资料的基础上进行（具体案例见右侧二维码文件）。其主要工作内容应符合下列规定。

工程案例 7 - 2

　　(1)查明场地和地基的稳定性、地层结构、持力层和下卧层的工程特性、土的应力历史和地下水条件，以及不良地质作用等。

　　(2)提供满足设计、施工所需的岩土参数，确定地基承载力，预测地基变形性状。

　　(3)提出地基基础、基坑支护、工程降水和地基处理设计与施工方案的建议。

　　(4)提出对建筑物有影响的不良地质作用的防治方案建议。

　　(5)对于抗震设防烈度等于或大于 6 度的场地，进行场地与地基的地震效应评价。

2. 初勘网点的布置与要求

　　初勘时的手段是以工程地质测绘与勘探为主，也进行测试，有时也利用物探技术。勘探点的连线称勘探线。初勘时勘探线应与地貌单元边界线、地质构造线、不同地层和岩性的交界线（尤其当基岩面起伏明显，岩性变化大，地层或岩层接触关系复杂时）相垂直。在勘探线上分布着勘探点。在每个地貌单元及其交接部位应布置勘探点；在微地貌及地层变化较大的地段，勘探点应加密；在地势较平坦的地区，可按方格网布置勘探点；在地质构造小区及不良地质地段，也应布置勘探点。根据《岩土工程勘察规范》（GB 50021—2001）（2009 年版），初步勘察勘探线、勘探点间距可按表 7 - 21 确定，局部异常地段应予加密。

　　勘探孔分为一般性勘探孔和控制性勘探孔两种。确定勘探孔深度的原则是一般性勘探孔以能控制地基的主要受力层为原则；控制性勘探孔则要求能控制地基压缩层的

计算深度。根据《岩土工程勘察规范》(GB 50021—2001)(2009 年版)，初步勘察勘探孔深度可按表 7 - 22 确定。

表 7 - 21　初步勘察勘探线、勘探点间距

地基复杂程度等级	勘探线间距/m	勘探点间距/m
一级(复杂)	50～100	30～50
二级(中等复杂)	75～150	40～100
三级(简单)	150～300	75～200

注：(1)表中间距不适用于地球物理勘探。

(2)控制性勘探点宜占勘探点总数的 1/5～1/3，且每个地貌单元均应有控制性勘探点。

表 7 - 22　初步勘察勘探孔深度

工程重要性等级	一般性勘探孔深度/m	控制性勘探孔深度/m
一级(重要工程)	≥15	≥30
二级(一般工程)	10～15	15～30
三级(次要工程)	6～10	10～20

注：(1)勘探孔包括钻孔、探井和原位测试孔等。

(2)特殊用途的钻孔除外。

控制性勘探孔比一般性勘探孔深，可以多了解情况，多掌握资料。尤其在地质构造复杂地段、地貌复杂地段、地层变化复杂地段，当建筑物需要进行变形验算并考虑相邻建筑物影响时，控制性勘探孔非常必要和重要，可保证资料完整，确保工程安全。控制性勘探孔的数目应占探孔总数的 1/5～1/3，并且每个地貌单元、每幢重要建筑物均应有控制性勘探孔。

每个地貌单元或每幢重要建筑物都应设有控制性勘探孔井，并到达预定深度，其他一般性勘探孔只需达到适当深度即可。当遇下列情形之一时，应适当增减勘探孔深度。

(1)当勘探孔的地面标高与预计整平地面标高相差较大时，应按其差值调整勘探孔深度。

(2)在预定深度内遇基岩时，除控制性勘探孔仍应钻入基岩适当深度外，其他勘探孔达到确认的基岩后即可终止钻进。

(3)在预定深度内有厚度较大，且分布均匀的坚实土层(如碎石土、密实砂、老沉积土等)时，除控制性勘探孔应达到规定深度外，一般性勘探孔的深度可适当减小。

(4)当预定深度内有软弱土层时，勘探孔深度应适当增加，部分控制性勘探孔应穿透软弱土层或达到预计控制深度。

(5)对重型工业建筑应根据结构特点和荷载条件适当增加勘探孔深度。

初步勘察采取土试样和进行原位测试应符合下列要求。

(1)采取土试样和进行原位测试的勘探点应结合地貌单元、地层结构和土的工程性

质布置，其数量可占勘探点总数的 1/4～1/2。

（2）采取土试样的数量和孔内原位测试的竖向间距，应按地层特点和土的均匀程度确定；每层土均应采取土试样或进行原位测试，其数量不宜少于 6 个。

初步勘察应进行下列水文地质工作。

（1）调查含水层的埋藏条件，地下水类型，补给排泄条件，各层地下水位及其变化幅度，必要时应设置长期观测孔，监测水位变化。

（2）当需绘制地下水等水位线图时，应根据地下水的埋藏条件和层位，统一量测地下水位。

（3）当地下水可能浸湿基础时，应采取水试样进行腐蚀性评价。

3. 详勘网点的布置与要求

详勘时的手段以勘探、现场试验、室内试验为主。有时也做些工程地质测绘，也利用物探技术。根据《岩土工程勘察规范》（GB 50021—2001）（2009 年版），勘探点布置和勘探孔深度应根据建筑物特性和工程地质条件确定。对岩质地基，应根据地质构造、岩体特性、风化情况等，结合建筑物对地基的要求，按地方标准或当地经验确定；对土质地基，勘探点的间距可按表 7 - 23 及下述规定确定。

表 7 - 23　勘探点的间距

地基复杂程度等级	勘探点间距/m	地基复杂程度等级	勘探点间距/m
一级（复杂）	10～15	三级（简单）	30～50
二级（中等复杂）	15～30		

详勘的勘探点布置，应符合下列规定。

（1）勘探点宜按建筑物周边线和角点布置，对无特殊要求的其他建筑物可按建筑物或建筑群的范围布置。

（2）同一建筑范围内的主要受力层或有影响的下卧层起伏较大时，应加密勘探点，查明其变化。

（3）重大设备基础应单独布置勘探点；重大的动力机器基础和高耸构筑物，勘探点不宜少于 3 个。

（4）勘探手段宜采用钻探与触探相配合，在复杂地质条件、湿陷性土、膨胀岩土、风化岩和残积土地区，宜布置适量探井。

（5）详勘的单栋高层建筑勘探点的布置应满足对地基均匀性评价的要求，且不应少于 4 个，对密集的高层建筑群，勘探点可适当减少，但每栋建筑物至少应有 1 个控制性勘探点。

详勘的勘探深度自基础底面算起，应符合下列规定。

（1）勘探孔深度应能控制地基主要受力层，当基础底面宽度不大于 5 m 时，勘探孔的深度对条形基础不应小于基础底面宽度的 3 倍，对单独柱基不应小于 1.5 倍，且不应小于 5 m。

（2）对高层建筑和需作变形计算的地基，控制性勘探孔的深度应超过地基变形计算深度；高层建筑的一般性勘探孔应达到基底下 0.5～1.0 倍的基础宽度，并深入稳定分布的地层。

（3）对仅有地下室的建筑或高层建筑的裙房，当不能满足抗浮设计要求，需设置抗浮桩或锚杆时，勘探孔深度应满足抗拔承载力评价的要求。

（4）当有大面积地面堆载或软弱下卧层时，应适当加深控制性勘探孔的深度。

（5）在上述规定深度内当遇基岩或厚层碎石土等稳定地层时，勘探孔深度应根据情况进行调整。

详勘的勘探孔深度，除应符合上面 5 条的要求外，尚应符合下列规定。

（1）地基变形深度的计算，对中、低压缩性土可取附加压力等于上覆土层有效自重压力 20% 的深度；对于高压缩性土层可取附加压力等于上覆土层有效自重压力 10% 的深度。

（2）建筑总平面内的裙房或仅有地下室部分（或当基底附加压力 $p_0 \leqslant 0$ 时）的控制性勘探孔的深度可适当减小，但应深入稳定地分布于地层，且根据荷载和土质条件不宜少于基底下 0.5～1.0 倍的基础宽度。

（3）当需进行地基整体稳定性验算时，控制性勘探孔深度应根据具体条件满足验算要求。

（4）当需确定场地抗震类别而邻近无可靠的覆盖层厚度资料时，应布置波速测试孔，其深度应满足确定覆盖层厚度的要求。

（5）大型设备基础勘探孔深度不宜小于基础底面宽度的 2 倍。

（6）当需进行地基处理时，勘探孔的深度应满足地基处理设计与施工要求。

详勘采取土试样和进行原位测试应满足岩土工程评价要求，并符合下列要求。

（1）采取土试样和进行原位测试的勘探点数量应根据地层结构、地基土的均匀性和设计要求确定，且不应少于勘探孔总数的 1/2，钻探采取土试样孔的数量不应少于勘探孔总数的 1/3。

（2）每个场地每一主要土层的原状土试样或原位测试数据不应少于 6 件（组），当采用连续记录的静力触探或动力触探为主要勘察手段时，每个场地不应少于 3 个孔。

（3）在地基主要受力层内，对厚度大于 0.5 m 的夹层或透镜体，应采取土试样进行试验或进行原位测试。

（4）当土层性质不均匀时，应增加取土数量或原位测试工作量。

4. 高层建筑或高层建筑群的详勘

对于高层建筑或高层建筑群的勘察应首先满足前述 3 中的要求，按照《高层建筑岩土工程勘察标准》（JGJ/T 72—2017）规定，还应注意以下事项。

1）勘探点的布置

勘探点应按建筑物周边线布置，在角点及中心点应布探孔。勘探线应在纵、横两个方向上布置，以反映地层构造的不均匀性，勘探点的间距取 15～35 m，对于桩基础，勘探点间距取 10～30 m，当岩土条件复杂时，每个大口径桩下宜布置一个勘探点。高层建筑群地基勘探中可以共用勘探点或按统一网格布点。对于特殊体型的高层建筑应考虑其特点适当增加探孔。对单幢高层建筑,勘探孔不应少于 4 个,其中控制性探孔不少于 3 个。

2)勘探孔深度

高层建筑勘探孔分为一般性勘探孔和控制性勘探孔,对于箱形基础和筏板基础、井字梁基础等,控制性勘探孔应占探孔总数的 1/2 以上。控制性勘探孔深度应大于地基压缩层下限,一般性勘探孔深度应能控制地基主要受力层,亦可按式(7-45)确定:

$$z = d + \alpha b \qquad (7-45)$$

式中,z 为探孔深度;d 为基底埋深;b 为基底宽度或直径;α 为与压缩层深度有关的经验因数,见表 7-24。

表 7-24　经验因数 α

探孔类别	碎石类	砂类土	粉土	黏性土、黄土	软土
一般性探孔	0.3~0.4	0.4~0.5	0.9~0.7	0.6~0.9	1.0
控制性探孔	0.5~0.7	0.7~0.9	0.9~1.2	1.0~1.5	2.0

对于高层建筑桩基础,当需要计算沉降时控制性勘探孔应占探孔总数的 1/3~1/2,控制性勘探孔深度应达到地基压缩层的计算深度,或在桩尖以下取承台底面宽度的 1.0~1.5 倍,或终止于该深度以上的坚硬岩土层。一般性探孔应进入桩尖下 3.0~5.0 m,大口径桩探孔应进入桩尖下桩径的 3 倍深度。

3)其他要求

(1)高层建筑勘探应有现场试验和原位测试配合。

(2)应判断深基坑开挖的稳定性及对相邻建筑物的影响,并提出施工支护的方案及所需的各个技术参数。

(3)当需要降水时,应根据降水要求及对邻近建筑物保护的需要提出降水方案及所需的技术参数,必要时应先进行抽水试验。

5. 技术设计与施工勘察网点的布置与要求

技术设计与施工勘察时,勘探线和勘探点应结合地貌特征和地质条件,根据工程总平面布置确定,复杂地基地段应予加密。勘探孔深度应根据工程规模、设计要求和岩土条件确定,除建筑物和结构物特点与荷载外,还应考虑岸坡稳定性坡体开挖、支护结构、桩基等的分析计算需要。根据勘察结果,应对地基基础的设计和施工及不良地质作用的防治提出建议。

6. 关于室内试验

室内试验时除土工试验规程的常规要求外,应注意应力历史及前期固结情况,尽量与现场情况一致。对于饱和软黏土地层,要测定固结系数,以便预测沉降与时间的关系,土样作剪切试验时,试样数应不少于 6 个,剪切试验的类型及指标选择即排水条件应尽量和现场情况一致。

7. 地基承载力的确定和地基变形验算

对于一级建筑和需要进行地基变形验算的二级建筑物,它们的地基承载力值应采用理论计算公式的结果结合原位测试结果确定，并宜通过现场荷载试验结果验证。对于不需要进行地基变形验算的二级建筑物和所有三级建筑物，地基承载力应按国家规范查表并结合原位试验结果确定。在进行地基变形验算时，除计算地基沉降量之外，还应该验算沉降差、倾斜和局部倾斜等内容。

8. 特殊土地基勘察

上述各项内容适用于一般性土。对于特殊土即区域性土的勘察工作应遵照专门的规范或规程或地区性的规定。

7.7.2 道路工程地质勘察要点

道路工程是土木工程的主要类型之一，也是社会经济发展的重要条件之一。道路工程可分为国家级道路工程、地区性道路工程、城市道路工程。道路工程常常要穿过不良地质地段或地区，如洪水泥石流频发区、岩溶区、斜坡及滑坡、沼泽区、沙漠区、冻土区、盐渍土、软黏土、高填土等。这些地区的路堤、路堑、路基经常受到动力地质作用的威胁。

道路都有一定的限制坡度，如公路纵向坡度一般限制为 4% ～ 9%，铁路纵向坡度一般限制为 0.6% ～ 1.5%。道路的弯道部分的曲率半径也有规定：公路弯道的最小曲率半径一般为 25 ～ 125 m，铁路弯道的最小曲率半径一般为 400 ～ 800 m。道路工程一般都有大规模的挖方、填方地段，且都有绵延很长的道路边坡。

工程边坡稳定问题、路堤或路堑边坡稳定问题、路基稳定及变形问题是道路工程地质的主要问题。勘察工作主要应查明道路沿线的不良地质现象和不利于边坡稳定、路基稳定的地质条件。

道路工程地质勘察也是分段进行的，依据《公路工程地质勘察规范》(JTG C20—2011)规定，各阶段的工作要点如下。

1. 选线阶段的工程地质勘察

选线阶段勘察工作的基本任务：查明各可能选用线路方案的工程地质条件，进行方案比较。该阶段的工作重点是收集、整理、分析与道路工程地质和水文地质相关的资料；进行现场踏勘，踏勘的宽度范围在拟选线两侧可达 5 ～ 10 km；进行必要的工程地质测绘，测绘的重点是线路跨越的分水岭、长隧道、江河地段、不良地质地段；最后应提交进行方案比较(也称可行性研究)的线路工程地质图、说明书，以及地震、工程材料、供水水源等概略的地质资料。

2. 初勘阶段的工程地质勘察

初勘阶段的目的和任务：经过方案比较，确定一条经济合理，技术先进，切实可行的最优线路方案。在方案确定之后，勘察的主要工作是对已选定线路在可能的摆动范围内(通常取 500 m 宽)进行测绘、勘探，确定线路在不同地段的具体走法并在地面做出标志。继续对这个优化方案进行针对性更明确的勘察工作，须着重对那些起控制作用的复杂地段的具体的、特殊的地质问题进行勘察。

初勘阶段的方法和手段主要是工程地质测绘和勘探工作，还有部分测试工作，勘探工作以钻探为主，有时也利用物探方法。勘探点的数量和深度应视地质条件和勘探的地质问题而定。如遇滑坡，勘探线应在垂直于和平行于可能滑坡体走向的两个方向上各布置一条或几条，以便控制滑床在纵、横方向上的变化。勘探点分布在勘探线上，每条勘探线上应不少于 3 个探孔，探孔的间距不应大于 50 m，探孔深度必须穿过滑床（应注意多层滑床的可能性）进入稳定地层 2~3 m。

初勘阶段的测试工作包括原位测试、室内试验，要测得岩土的组成成分及物理、力学性质，还要进行水质分析等。

初勘的结果是要提交线路工程地质平面图、剖面图，重要或地质条件复杂地段的工程地质平面图、剖面图。

3. 详勘阶段的工程地质勘察

详勘阶段工程地质勘察的任务：查明各类建筑物所在范围的工程地质条件及存在的主要问题。为建筑物的定型设计提供所需的各种技术参数。

详勘阶段的工程地质勘察工作是围绕各工点进行的。首先以初期阶段得到的已选定线路的全线工程地质平面图为基础，沿线路中心线进行百米标勘察，即每隔 100 m 选作一个点，进行详细的勘察补充和校核。在线路中心线两侧的勘察宽度为 150~200 m。在第四纪地层区内，每一个微地貌单元内沿线路的垂直方向应布置 1~3 条勘探线，每条勘探线至少应有 2~3 个探孔，探孔的间距视现场情况而定，探孔的深度在斜坡地带应穿透第四纪地层，在平原地带探孔应达到路肩（路面宽度两侧路基宽出路面的部分）标高下 2~3 m，遇有流砂、淤泥层，探孔应穿透。在路基的特殊地段，如高填方区、深挖方区、浸水路段、陡坡路段、不良地质路段等都要进行专门的详勘，还要绘出大比例的工程地质图。

详勘阶段的工作结果：确定线路通过不良地质地段的方案，并提出防治措施及所需的技术资料；提出设计路基纵、横断面和决定施工条件的工程地质资料；提出桥梁、隧道及附属建筑物设计、施工所需的工程地质资料；提供线路施工附近地区有关工程材料的地质资料；提供编制施工总设计所需的地质资料。

4. 施工阶段的工程地质勘察

施工阶段工程地质勘察的主要目的是解决道路工程施工中所遇到的各种工程地质问题。主要任务：查明施工期间发现的工程地质问题产生的原因、性质及对工程的危害程度；收集因施工困难或其他原因导致设计方案或需增加建筑物所需的工程地质资料；核对详勘阶段地质资料的准确性并进行修改及补充。对道路工程的地质病害路段可能出现的事故做出预测，布置长期观测装置，提出防治措施。为各类工程的地质编录工作和编制竣工图准备详细、准确且可靠的资料。具体案例见右侧二维码文件。

工程案例 7-3

7.7.3 桥梁工程地质勘察要点

桥梁工程是道路工程的一部分，桥梁工程中常见的工程地质问题：在开挖岸坡上的墩台基础时引起的边坡滑动及坍塌，河床中桥墩基坑涌水和水流对基础的侵蚀，位于不均匀地基上的墩台产生不均匀沉降，位于大型滑体上的墩台基础不稳定等。为了避开不利情况或减轻危害，必须对桥址区的工程地质、水文地质条件进行专门的勘察。因为桥梁属道路工程的附属工程，一般不单独编制设计意见书。所以桥梁工程的设计仅包括初步设计和技术、施工设计两阶段。相应的桥梁的勘察工作也分为两阶段。

1. 初步设计阶段的工程地质勘察

该阶段相应于初勘阶段。主要任务：查明几个桥址方案的工程地质、水文地质资料，并进行方案比较，进行论证，选定最优方案；为桥址最优方案的桥梁设计包括墩台基础的定点位置、基础类型及埋置深度、施工方案等的初步确定提供所需的工程地质、水文地质资料。初勘的具体工作包括：查明河谷地质构造、地层构造（包括第四纪地层和基岩）、地貌特征、不良地质现象等。确定桥址区各类岩土的物理、力学性质；查明水文及水文地质特征，包括岩土的渗透系数、渗流压力及水质对工程材料的侵蚀状况；查明岸坡水力冲刷、淘刷、岩溶、滑坡、地震活动、新构造运动等不利情况及它们对桥梁安全稳定的影响；查明桥址附近地区工程材料的数量、质量及开采、运输条件等。

初勘的主要方法和手段主要是工程地质测绘和勘探工作。工程地质测绘图应包括正桥和引桥两部分并向河流上、下游各延伸 200～250 m 的范围。勘探工作以钻探为主，要查明河床中的第四纪地层的厚度和分层，下伏基岩的岩性、产伏、地质构造及不良地质情况。原则上一个桥墩一个钻孔。有时需要取岩样测物理、力学性质，也需要进行水文地质试验。

初勘及初步设计要根据最终选定的线路方案，对拟选桥址经过对比确定最优方案。对桥梁墩台基础的定点位置、类型、埋置深度、施工方法等做出原则上的决定。

2. 技术、施工设计阶段的工程地质勘察

该阶段相应于详勘阶段。技术、施工设计阶段的任务：将初步设计阶段的各种条件、技术参数最终完全确定下来并进行全面的技术设计、施工设计、绘出施工图。与之相应的详勘工作的主任务：为桥梁的技术设计、施工组织设计提供全部所需的工程地质、水文地质资料。该阶段具体工作包括：最终确定桥梁墩台的确切位置、基础形式、埋置深度、施工方法等；确定基础影响范围内各地层的承载力及各个物理、力学性质的参数；确定桥梁地段的水文及水文地质资料；预测在施工过程中可能发生的不良地质情况并提出防治措施；随施工进程解决施工中出现的工程地质问题。

详勘阶段主要工作是勘探、原位试验、室内试验，一般不再做测绘工作。桥梁墩台位置处钻孔深度必须超过基础底面以下附加应力的影响范围。自基底算起，通常，对砂砾石地层取 10～15 m，对砂土地层取 15～20 m，对黏性土层取 25～30 m，对直接建在基岩上的墩台，钻孔深度可减小，但必须超过基岩风化层以下 3.0 m。对于重要的桥梁工程，钻孔深度要求进入基岩中不小于 20 m，甚至要求钻入基岩中 20～50 m。

详勘阶段的试验工作包括现场试验或原位试验、室内试验等，以确定岩土介质的详细的准确而可靠的物理、力学技术指标。现场试验常包括：荷载试验、触探试验、抽水试验、施工技术试验（如沉井施工）等。

7.7.4 地下工程地质勘察要求

1. 地下洞室工程岩土工程勘察的总要求

(1)选择地质条件优越的洞址、洞位和洞口。

(2)进行洞室围岩分类,评价围岩的稳定性。

(3)提出设计、施工参数和支护结构方案的建议。

(4)提出洞室洞口布置方案和施工方法的建议。

2. 地下洞室工程勘察的分阶段及任务

(1)选址勘察的方法以工程地质测绘为主,也可利用物探技术、遥感技术。应重点查明的地质情况是:

①首先查明区域稳定和山体稳定状况。这是合理选择洞址、洞位,保证洞体稳定的前提。

②对拟选洞地址查明围岩厚度、地质构造。应有足够的围岩厚度并要求产状稳定、地质构造简单、节理不发育、风化轻、岩体强度高。

③查明地下水的埋藏深度、埋藏类型、运动条件、与地表水的联系及对洞室稳定的影响。

④查明对洞体稳定和施工安全不利影响的工程地质条件,如地震构造带、活动断层、发震断层、断层破碎带、岩脉、软弱夹层、岩溶、膨胀岩、高地应力及地应力异常带、新构造运动显著活动带、地热异常带、有害有毒气体溢出及可能造成大规模崩塌、滑塌、岩爆、涌水涌泥等。

⑤查明洞口段的山体边坡高度、坡度,第四纪地层厚度,岩体风化情况,地下水运动情况,岩体结构情况,洞口段的围岩厚度,洞口两侧有无洪水,泥石流灾害,洞口外的弃碴场地等。

(2)初勘阶段。初勘阶段的勘察方法主要是工程地质测绘、钻探及现场试验。在洞址、洞位、洞口初步确定之后,初勘阶段应沿洞室轴线进行初步分段并对围岩进行分类;提出各分段上的山体压力、岩体抗力、外水压力等基本数据;对存在的断层破碎带,可能产生大规模塌落、滑动、岩爆、涌水涌泥的洞段应进行重点研究;预测洞口段的边坡稳定及洞室拱部、墙部稳定性的基本状况并提出施工方法和防治事故的建议。位于城市的地下工程还应查明地下的情况,如深基础、各类管线工程及地下洞体上方的河床地层、水动力及河运状况。

初勘阶段的现场试验工作有钻孔压水试验,布置勘探平洞,在洞内进行岩体或岩石弹性模量、弹性抗力、抗压强度试验及原始应力测试,山体压力测试,以及观测围岩变形、松动情况。

(3)详勘阶段。详勘阶段的勘察方法主要是工程地质测绘、勘探、测试等。

详勘工作的任务:沿洞轴线对围岩状况进行分段、分类;对各分段上的围岩确定分类后再确定山体压力、弹性抗力、外水压力的具体可靠的数值;对危及洞体稳定和施工安全的不良地质地段如断层破碎带,岩脉带,软弱夹层,可能产生大规模塌方及滑动、岩爆、涌水涌泥地段等应进行专门的更细的研究，确定它们的地质特征及物理、力学性质指标；确定洞口段设计、施工的各个技术参数；对洞室高边墙部位的裂隙组合、软弱夹层及可能产生滑塌的边界测出定量数据，以便预测稳定性；位于城市的地下工程，在查明有关情况后应提出绕避或穿越的实施方案；确定地下洞室支护的结构类型，设计、施工的具体方案及所需的各种技术参数。

详勘时要充分利用初勘的钻孔、平洞并按需增加钻孔和平洞的数量，以取得更详细的数据，做出更准确的判断。勘探平洞可以和施工导洞结合起来，以节省人力、物力、财力。

（4）施工阶段的勘察。洞体开挖以后，配合施工随时进行补充勘察，具体需查明和原勘察不相符合或原勘察未发现的工程地质问题；观测洞口段的开挖稳定性；观测毛洞（未支护前）围岩的稳定性，岩体结构，节理裂隙切割组合情况，渗漏水及可能出现的涌水涌泥情况、高边墙的稳定情况、软弱夹层的变形情况、岩溶状况，发生岩爆的可能性、围岩的变形及松弛、破坏情况；观测施工安全及临时支护情况、新奥法的施工过程及出现的问题；观测洞体上方的地表变形，对城市地下工程，应观测洞体上方的道路变形及附近区建筑物的变形等。

施工勘察还应配合施工在现场处理工程事故，必要时需修改设计，为新的方案进行补充勘察。

3. 岩体地下洞室工程位置的选择

岩体地下洞室工程位置的选择应符合下列要求。

（1）洞址选择应首先保证区域稳定和山体稳定。洞位应先在岩体完整、岩层厚度大、地质构造简单、地下水少、岩性均一的地段。应避开断层破碎带、断裂交汇带、强褶皱带、岩溶发育区、强烈风化区、地下水丰富、水动力作用强的区段，以及由地形地貌形成的汇水区、高地应力区、膨胀岩分布区等。

（2）洞体轴线应与区域地质构造线垂直或高角度斜交即应与区域最大水平主应力平行。尽量和岩层走向、主要节理裂隙走向垂直斜交。应避免在宽大破碎带、强变质带、高地应力区、傍山浅埋区、地势低洼区、地表及地下汇水区通过，也应尽量避免依山傍水或傍沟布置洞轴线。

（3）洞口段应选在第四纪地层薄，坡面较陡而稳定，洞口上方有足够埋深，坡面与岩层面倾向相反，即切向坡或逆向坡坡面风化轻微、岩体整体性好、强度高的地段。应避开缓坡、顺层坡、岩体破碎、风化强、易崩塌的地段，也应避开地形地貌形成的汇水区，溪流源头，附近有冲沟、洪水泥石流威胁的地段。洞口外应有弃碴场地。

4. 岩体地下洞室工程勘探、测试的技术要求

（1）勘探孔应沿洞轴线布置在两侧，距洞壁 3～4 m 交错布孔，孔距不大于 100 m，在洞口段的探孔不少于 2～3 个，探孔深度应达到洞底板以下 3～5 m 深。若遇不良地质现象如破碎带、溶洞、暗河等，探孔应加深或调整洞位、洞口位置。

（2）对于地质条件复杂的大型洞室应在洞断面上部沿洞轴线布置勘探平洞，进行现场测试。这些勘探平洞可作为施工时的导洞。

勘探取样点和现场试验点应选在洞底标高以上 3 倍洞宽或洞径的高度范围内或在勘探平洞内。每一个岩层包括软弱夹层都要取样进行室内试验。大型洞室现场试验包括：岩体强度、软弱夹层或软弱面强度、岩体应力测试，岩体波速测试，在洞内观测洞壁围岩的应力与变形的发展等。大型岩体工程应在围岩中及衬砌中布置观测点，观测围岩中的应力与变形、洞壁或衬砌的变形及支护结构上的山体压力。还应注意地下水量、水位及水动力作用的观测。大型岩体工程应在室内进行模型试验，其与现场试验相结合并互为补充以便验证理论分析，增强分析判定洞体稳定的准确性。

（3）当地下水量丰富，运动状态复杂时，应进行抽水或压（注）水试验，取得渗透系数、水动力作用参数，查明地下水的水力联系。还应取水样进行水质分析，分析水质对支护结构的侵蚀。

（4）当发现洞内有害有毒气体溢出时，或发现地热异常时，应加强监测与测试工作。

（5）城市地下工程施工时，应监测地表变形、道路变形及地下施工对周围建筑物的影响。

5. 岩体地下工程山体压力的分析与计算

山体压力也称地层压力，它是作用在支护结构上的力。山体压力的主算，首先要对围岩结构状态及类型进行分类，根据岩体结构分类和工程经验，确定山体压力的大小。也可以根据岩体结构分类，用理论的方法计算山体压力大小。如岩体结构属整体结构或块状、厚层状结构，可能没有山体压力，如有山体压力，则可按弹性理论或块体极限平衡理论计算山体压力。对于整体状态软岩，可按弹塑性理论计算山体压力。如岩体结构属一般层状结构，可按其产状用梁、板结构理论或用岩土工程极限平衡理论计算山体压力。如岩体结构属碎裂结构或散体结构，可按松散体理论计算山体压力。

应该指出：对于特殊地段，如大塌方、大规模涌水涌泥、高地应力、岩爆、大偏压等地段应进行专门的勘察，分析及采用特殊的支护结构方案。难以按某种计算方法确定山体压力时，可用到的特殊支护手段如钢拱架支撑、超前锚杆支护、喷射凝土、压力灌溉、冻结法施工等。

6. 岩体地下洞室的支护

根据毛洞稳定情况和使用功能要求，可采用离壁式衬砌、半衬砌（设置在拱部）、贴壁式整体衬砌、钢板衬砌、喷—锚支护等进行支护。初砌结构设计的具体方法可参见专门的著作及规范。

应该指出：在洞体的转角处、交叉处、断面变化处、埋深突变处等应专门加强支护。对特殊不良地质地段、大跨度或高边墙洞室应专门加强支护或采用特殊支护手段。

还应注意洞体掘进及支护时间、支护结构刚度对山体压力的形成及大小的影响，应遵照新奥法施工原理施工。

7. 土体地下工程的勘察

土体中的地下工程包括明挖成洞再回填洞体和在土体中的暗挖洞体，如黄土地层中的地下工程、江河下土体中的地下工程等。

洞址应选在山体或地层稳定，无滑坡、无塌陷、无水流冲刷等无不良地质的地段。洞位应选在厚度大、土质硬、强度高、含水量不高、无水害的地层中。洞轴线选择时应垂直于地貌边界线、地层界线，应注意新构造运动的影响；应避开含水地层、膨胀地层，避开傍山浅埋或依山傍水或傍沟谷，避开在地势低洼区、汇水区穿过。洞口应选在地下水位以上及当地最高洪水位以上。洞口段要有足够的埋置深度。洞口段山坡土质应风化轻微等。

初勘阶段的要求同本书前述的要求一致。

详勘阶段勘探孔应沿洞轴线布置在两侧，距洞壁约 1～3 m 交错布孔，孔距为 50～100 m，跨越河道部位孔距应小于 50 m。洞口段的探孔应不少于 3 个。探孔深度应达到洞底标高下 1 倍洞宽或洞径深处，如遇不良地层时，探孔深应达到洞底标高下 2～3 倍洞宽或洞径深处。每一个土层都要取土样进行室内试验。对于特殊土，如湿陷性黄土、软黏土，还应测定它们特殊的土性指标。必要时应作现场试验，如触探、十字板剪切试验、荷载试验、地层压力测试及衬砌变形观测、喷—锚试验等。当有地下水时应测渗透系数、水压并取水样进行水质分析。位于城市的地下工程，应监测地表变形及对建筑物的影响。

8. 土体地下工程的地层压力及支护

根据洞体规模、地层坚固性系数（也称普氏系数）、洞体埋深等可将洞体分为浅埋和深埋。

明挖回填洞体及浅埋洞体支护结构上的地层压力可按上覆地层自重计算或按散体理论计算。

深埋洞体、黄土地层中的地下工程常按弹塑性理论计算地层压力或按散体理论计算地层压力。

对于淤层等软黏土中的地下工程，如上海的江下隧道，仍可按浅埋洞体看待或按静水压力状态计算地下结构上所受的作用力。

土体中地下工程的施工方法可分为明挖法（大开挖）、暗挖法、沉井法、盾构法等。挖土时有人力挖土和机械挖土两种。在软黏土地层中地下工程施工时，有时需要降低地下水位，或采用冻结法施工。

土体中地下工程的支护结构通常采用全断面钢筋混凝土衬砌，可分为现浇衬砌和预制组装衬砌。在黄土地层中的地下工程也采用过喷-锚支护或喷-锚-网联合支护。各种支护都应跟着开挖面比较及时地设置并具有一定的刚度条件。开挖面和设置支护结构之间的时间不能长，尤其当土质松软及含水量高时，容易出事故。

7.8　岩土工程勘察成果整理

岩土工程勘察报告是岩土工程勘察的正式成果。它是在全面系统地整理分析地质测绘、勘探、试验、长期观测资料的基础上，依据工程地质图，按照任务书要求，结合建筑物特点编制而成的。对岩土工程勘察资料进行整理、检查校对、统计、归纳和分析，可阐明勘察地区的工程地质条件和工程地质问题，并通过编制图件和表格，形成岩土工程勘察设计报告。岩土工程勘察成果一般由工程地质勘察报告书和附件两个部分组成，勘察报告书的内容应根据勘察阶段任务要求和工程地质条件编制，以能说明问题为原则，根据实际情况，可有侧重，不必强求一致。该报告可正确全面地反映场地的工程地质条件及提供地基土物理力学设计指标，是勘察区工程地质评价和结论的重要文件，它是向建设单位、设计单位和施工单位直接交付使用的文件，并作为存档文件长期保存。

7.8.1　岩土工程勘察报告书

1. 岩土工程勘察报告书的要求

岩土工程勘察报告是对所勘察岩土的说明和总结，并对勘察区域内的工程地质条件进行综合评价。根据《岩土工程勘察规范》（GB 50021—2001）（2009 年版），它应该符合下面的要求。

（1）岩土工程勘察报告所依据的原始资料，应进行整理、检查、分析，确认无误后方可使用。

（2）岩土工程勘察报告应资料完整、真实准确、数据无误、图表清晰、结论有据、建议合理、便于使用和适宜长期保存，并应因地制宜，重点突出，有明确的工程针对性。

2. 岩土工程勘察报告书的格式

1）序言

（1）勘察工作的依据、目的和任务，工程概况和设计要求、勘察沿革等。

（2）勘察工作起止时间、勘察方法、完成的工作量、采用的技术标准、应用的测量图纸及其控制系统。

（3）勘探和原位测试的设备和方法。

（4）岩土物理力学性质指标试验采用的仪器设备、测试方法和质量评价。对于大中型勘察项目的岩土试验，宜编写专门的"岩土试验报告"作为报告的附件。

（5）需要说明的其他有关问题。

2）地形地貌

地形地貌中包括勘察区域的地形地貌特征，各地貌单元的类型及其分布特征。重点对与工程相关的微地貌单元进行说明，包括地势和主要地貌单元。地形地貌条件对建筑场地或线路的选择，对建筑物的布局和结构形式，以及施工条件都有直接影响。合理利用地形地貌条件常能在工程建设中取得良好的经济效益。尤其在规划阶段不同方案的比较中，地形地貌条件往往成为首要决定因素。例如地形起伏变化及沟谷发育情况等对道路和运河渠道等工程的选线及建（构）筑物布置常具有决定性意义。建筑场地的平整程度对一般建筑物的挖方、填方量及施工条件都影响甚大。

3)地层

说明地层的分布、产状、性质，地质年代、成因类型、成因特征等。

4)地质构造

说明场地的地质构造稳定性及与工程有关的地质构造的位置、规模、产状、性质、现象、相互关系，并分析以上因素对工程的影响。对影响工程稳定性的地质构造，还应提出灾害防治措施的建议。

5)不良地质现象

说明不良地质现象的性质、分布、发育程度和形成原因，提出不良地质灾害的防治措施的合理性建议。

6)地下水

说明地下水的类型，赋存条件，水位和补、径、排特征，含水层的渗透系数。地下水活动对不良地质现象的发育和基础施工的影响。地下水对工程材料的侵蚀性。

7)地震

划分场地土和工程场地类别，确定场地中对抗震有利、不利和危险地段，判定饱和砂土和粉土在地震作用下的液化情况。

8)岩土物理力学性质

分析各岩土单元体的特性、状态、均匀程度、密实程度和风化程度等，提出物理力学性质指标的统计值。

9)工程地质评价

(1)根据场地岩土层性质对其工程的影响，对各岩土单元体进行综合评价，提出工程设计所需的岩土技术参数。

(2)结合工程特点及基础形式推荐持力层，分析施工中应注意的问题。

(3)根据场地条件，评价工程的稳定性。

(4)分析不良地质现象对工程的危害性，提出整治方案建议。

(5)根据工程要求，地基岩性和地质环境条件，提出地基处理方案的建议。

(6)分析工程活动对地质环境的作用和影响。

(7)设计与施工中应注意的问题及下阶段勘察应注意的事项。

3. 岩土工程勘察报告的内容

根据《岩土工程勘察规范》(GB 50021—2001)(2009 年版)，岩土工程勘察报告的内容，应根据任务要求、勘察阶段、地质条件、工程特点和地质条件等具体情况编写，并应包括下列内容。

1)一般内容

(1)勘察目的、任务要求和依据的技术标准。

(2)拟建工程概况。

(3)勘察方法和勘察工作量布置。这部分内容包括：勘探工作布置原则，掘探(坑、井探)和钻探方法说明，取样器规格及取样方法说明，取样质量评估，现场或原位试验及测试的种类，仪器和试验，测试方法说明，资料整理方法说明，试验，测试成果质量评估，室内试验项目，试验方法，资料整理方法说明，试验成果质量评估。

(4)场地地形、地貌、地层、地质构造、岩土性质及其均匀性。

(5)各项岩土性质指标，岩土的强度参数、变形参数、地基承载力的建议值。

(6)地下水埋藏情况、类型、水位及其变化。

(7)土和水对建筑材料的腐蚀性。

(8)可能影响工程稳定的不良地质作用的描述和对工程危害程度的评价。

(9)场地稳定性和适宜性的评价。

岩土工程勘察报告应对岩土利用、整治和改造的方案进行分析论证，提出建议；对工程施工和使用期间可能发生的岩土工程问题进行预测，提出监控和预防措施的建议。

2)常用图表

根据《岩土工程勘察规范》(GB 50021—2001)(2009 年版)，岩土工程勘察成果报告中所附图表的种类，应根据工程的具体情况而定，成果报告应附下列图件。

(1)勘察点平面布置图。

(2)工程地质柱状图。

(3)工程地质剖面图。

(4)原位测试成果表。

(5)室内试验成果表等。

注：①当需要时，尚可附附综合工程地质图，综合地质柱状图，地下水等水位线图，素描、照片、综合分析图表及岩土利用、整治、改造方案有关图表，岩土工程计算简图及计算成果图表等。

②对岩土的利用、整治和改造的建议，宜进行不同方案的技术经济论证，并提出对设计、施工和现场监测要求的建议。

3)专题报告

根据《岩土工程勘察规范》(GB 50021—2001)(2009 年版)，任务需要时，可提交下列专题报告。

(1)岩土工程测试报告。

(2)岩土工程检验或监测报告。

(3)岩土工程事故调查与分析报告。

(4)岩土利用、整治、改造方案报告。

(5)专门岩土工程问题的技术咨询报告。

勘察报告的文字、术语、代号、符号、数字、计量单位、标点，均应符合国家有关标准的规定。

另外，对丙级岩土工程勘察的成果报告内容可适当简化，采用以图表为主，辅以必要的文字说明；对甲级岩土工程勘察的成果报告除应符合本节规定外，尚可对专门性的岩土工程问题提交专门的试验报告、研究报告或监测报告。

7.8.2　工程地质图及表格

工程地质图是岩土工程勘察报告最重要成果的组成部分，下面将具体介绍工程地质图的类型与编绘要求、工程地质图的类型、工程地质图的内容及编制原则、工程地质图的编制方法。

1. 工程地质测绘和调查的范围

工程地质测绘和调查的范围应包括场地及其附近地段。根据《岩土工程勘察规范》（GB 50021—2001）（2009 年版），测绘的比例尺和精度应符合下列要求。

（1）测绘的比例尺，可行性研究勘察可选用 1∶5000～1∶50000；初勘可选用 1∶2000～1∶10000；详勘可选用 1∶500～1∶2000；条件复杂时，比例尺可适当放大。

（2）对工程有重要影响的地质单元体（滑坡、断层、软弱夹层、洞穴等），可采用扩大比例尺表示。

（3）地质界线和地质观测点的测绘精度，在图上不应低于 3 mm。

地质观测点的布置、密度和定位应满足下列要求。

（1）在地质构造线、地层接触线、岩性分界线、标准层位和每个地质单元体应设有地质观测点。

（2）地质观测点的密度应根据场地的地貌、地质条件、成图比例尺和工程要求等确定，并应具代表性。

（3）地质观测点应充分利用天然和已有的人工露头，当露头少时，应根据具体情况布置一定数量的探坑或探槽。

（4）地质观测点的定位应根据精度要求选用适当方法；地质构造线、地层接触线、岩性分界线、软弱夹层、地下水露头和不良地质作用等特殊地质观测点，宜用仪器定位。

2. 工程地质测绘和调查的内容

工程地质测绘和调查是形成工程地质图的前期工作。根据《岩土工程勘察规范》（GB 50021—2001）（2009 年版），工程地质测绘和调查宜包括下列内容。

（1）查明地形、地貌特征及其与地层、构造、不良地质作用的关系，划分地貌单元。

（2）查明岩土的年代、成因、性质、厚度和分布。对岩层应鉴定其风化程度，对土层应区分新近沉积土、各种特殊性土。

（3）查明岩体结构类型，各类结构面（尤其是软弱结构面）的产状和性质，岩、土接触面和软弱夹层的特性等，新构造活动的形迹及其与地震活动的关系。

（4）查明地下水的类型、补给来源、排泄条件，井泉位置，含水层的岩性特征、埋藏深度、水位变化、污染情况及其与地表水体的关系。

（5）搜集气象、水文、植被、土的标准冻结深度等资料，调查最高洪水位及其发生时间、淹没范围。

（6）查明岩溶、土洞、滑坡、崩塌、泥石流、冲沟、地面沉降、断裂、地震震害、地裂缝、岸边冲刷等不良地质作用的形成、分布、形态、规模、发育程度及其对工程建设的影响。

(7)调查人类活动对场地稳定性的影响，包括人工洞穴、地下采空、大挖大填、抽水排水和水库诱发地震等。

(8)建筑物的变形和工程经验。

3. 工程地质测绘和调查的成果资料

根据《岩土工程勘察规范》(GB 50021—2001)(2009 年版)，工程地质测绘和调查的成果资料宜包括实际材料图、综合工程地质图、工程地质分区图、综合地质柱状图、工程地质剖面图及各种素描图、照片和文字说明等。

1)工程地质图

工程地质图的编绘首先要明确工程的要求。但工程建设的类型多种多样，规模大小不同，而同一工程在不同设计阶段对勘察工作的要求也不一致，所以工程地质图的内容、表达形式、编图原则及工程地质图的分类等很难求得统一。工程地质图按用途可分为专用图和通用图。根据工程要求和内容，一般可分为如下类型。

(1)实际材料图。图中反映该工程场地勘察的实际工作，包括地质点、钻孔点、勘探坑洞、试验点及长期观测点等。

(2)综合工程地质图。这类图针对建筑类型把与之有关的工程地质条件综合地反映在图上，对建筑场区的工程地质条件提出总的评价，但不分区。在分区有困难，场地工程地质条件复杂时，可编制这种图件，如图 7-26 所示。

(3)工程地质分区图。也称为综合工程地质分区图，是在综合工程地质的基础上按建筑的适宜性和具体工程地质条件的相似性进行分区和分段。这种图反映了工程地质条件的综合资料，并按建筑的适宜性和具体工程地质条件的相似性进行分区或分段。对各分区或分段还要系统地反映对说明工程地质条件、分析工程地质问题最有用的资料，并附分区工程地质特征说明，有时也有某一工程地质条件的分区图，如天然地基承载力分区图、液化土层分区图。

(4)综合地质柱状图。也称为综合地层柱状图，是将一个地区的全部地层按其时代顺序、接触关系及各层位的厚度大小编制的图件。图中标明地层时代、地层名称、地层代号、厚度、岩性和接触关系等。根据具体地质工作的不同要求，还可增加化石分布、水文地质、工程地质、矿产位置等内容。根据地层柱状图还可分析该地区概略的地质发展历史。

(5)工程地质剖面图。工程地质剖面图是根据地质剖面图、勘探资料和试验成果编制的，以揭示一定深度范围内的垂向地质结构。

2)遥感影像资料

利用遥感影像资料解译进行工程地质测绘时，现场检验地质观测点数宜为工程地质测绘点数的 30%～50%。野外工作应包括下列内容。

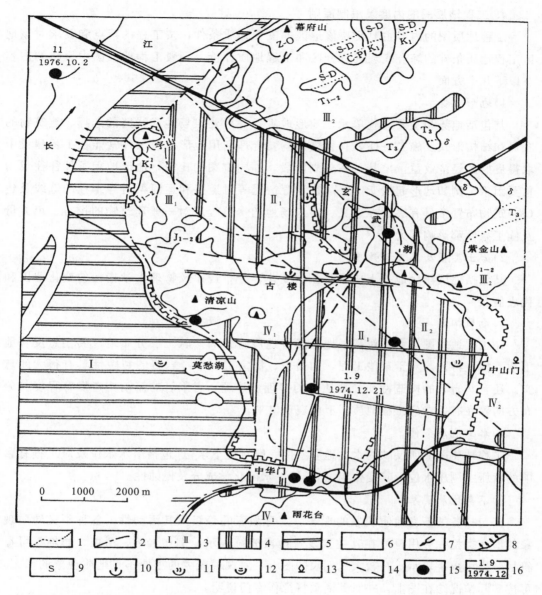

1—地层分界；2—分区界线；3—分区代号；4—Qh多层结构；5—Qh双层结构；6—Qh单一结构；7—滑坡；8—坍岸；9—地层代号；10—地面沉降；11—地热异常点；12—高灵敏黏土；13—膨胀土；14—断层；15—微震中心；16—震级/发震时间；Ⅰ—长江漫滩；Ⅱ—古河道；Ⅱ₁—古河道；Ⅱ₂—古湖泊；Ⅲ—北盆地；Ⅲ₁—低岗阶地；Ⅲ₂—低山丘陵高阶地；Ⅳ—南盆地；Ⅳ₁—低岗坳沟低阶地；Ⅳ₂—丘陵高阶地。

图 7 - 26　南京市工程地质综合分区图(据罗国煜、王培清等，1990)

(1)检查解译标志。

(2)检查解译结果。

(3)检查外推结果。

(4)对室内解译难以获得的资料进行野外补充。

4. 工程地质图的内容及编制原则

工程地质图的内容主要反映该地区的工程地质条件，按工程的特点和要求对该地区工程地质条件的综合表现进行分区和工程地质评价。一般工程地质图中反映的内容有以下几个方面。

1）地形地貌

其包括地势和主要地貌单元。地形地貌条件对建筑场地或线路的选择、建筑物的布局和结构形式及施工条件都有直接影响。合理利用地形地貌条件常能在工程建设中取得良好的经济效益。尤其是在规划阶段，不同方案的比较，地形地貌条件往往成为首要因素。例如地形起伏变化及沟谷发育情况等对道路和运河渠道等工程的选线及建（构）筑物布置常具有决定性意义。建筑场地的平整程度对一般建筑物的挖方、填方量及施工条件都影响甚大。

2）岩土类型及其工程性质

其包括地层年代地基土成因类型、变化、分布规律及物理力学指标的变化范围和代表值。

3）地质构造

在工程地质图上尤其对基岩地区或有地震背景的松软土层分布地区要注意反映地下地质构造特征。对于某些工程，如边坡、洞室工程等，岩石的裂隙性具有很大的意义。还有些岩石的构造特征如变质岩的劈理、片理，岩浆岩的流动构造发育程度与分布方向等在有关专门工程地质图上应表现出来。

4）水文地质条件

工程地质图上所反映的水文地质条件一般有地下水位（包括潜水水位及对工程有影响的承压水测压水位及其变化幅度），地下水的化学成分及侵蚀性。

5）不良地质现象

其包括各类不良地质现象的形态、发育强度的等级及其活动性。各种不良地质现象的形态类型一般用符号在其主要发育地段笼统表示，例如岩溶、滑坡、岩堆等可在符号旁边用数字表示。在较大比例尺的图上，对规模较大的主要不良地质现象的形态，可按实际情况绘在图上，并对其活动特征作专门说明。

5. 工程地质图的编制方法

1）工程地质图的编制方法

编制工程地质图需要一套相应比例尺的有关图件，这些基本图件如下。

（1）地质图或第四纪地质图。

（2）地貌及物理地质现象图。

（3）水文地质图。

（4）各种工程地质剖面图、钻孔柱状图。

（5）各种原位测试及室内试验成果图等。

在使用这些基本底图上的资料时，必须从分析研究入手，根据编图目的，对这些资料加以选择，选取那些对反映工程地质条件，分析工程地质问题最有用的资料，突出主要特征。

图上应画出许多界线，主要有不同年代、不同成因类型和土性的土层界线，地貌分区界线，物理地质现象分布界线及各级工程地质分区界线等(见图 7 - 26)。当然这些界线有许多是彼此重合的，因为工程地质条件各个方面间往往是密切联系的。如：地貌界线常常与地质构造线、岩层界线重合，尤其与土层的成因类型有一致性。而工程地质分区界线无论分区标志如何，都必须与其主要的工程地质条件密切相关，因此往往与这些界线也重合。所以，工程地质分区图上的界线，首先应保证分区界线能完整地表示出来。

各种界线的绘制方法，一般是肯定者用实线，不肯定者用虚线。工程地质分区的区级之间可用线的粗细相区别，由高级区向低级区的线条由粗变细。

工程地质图上还可用各种花纹、线条、符号、代号来区分各种岩性、断层线、物理地质现象、土的成因类型等。有时还可以用小柱状图表示一定深度范围内土层的变化。

工程地质图上还可以用颜色表示工程地质分区或岩性。不同单元区可用不同颜色表示，同一单元区内不同区可用同一颜色不同色调表示。假如再进一步划分，则可用同一色调的深浅表示。

复杂条件下的工程地质图所反映的内容是比较多的，虽经系统分析、选择，图面上的线条、符号仍会相当拥挤。所以必须注意恰当地利用色彩、花纹、线条、粗细界线、符号及代号等，妥善地加以安排，分区疏密浓淡，使工程地质图既能充分说明工程地质条件，又能清晰易读，整洁美观。

2)常用岩土工程勘察图表的编制方法及要求

下面将常用的岩土工程勘察图表编制方法和要求简单介绍如下。

(1)勘探点平面布置图(见图 7 - 27)。勘探点平面布置图是在建筑场地地形图上，把建筑物的位置、各类勘探及测试点的位置、编号用不同的图例表示出来，并注明各勘探、测试点的标高、深度、剖面线及其编号等。

(2)钻孔柱状图(见图 7 - 28)。钻孔柱状图是根据钻孔的现场记录整理出来的。记录中除注明钻进的工具、方法和具体事项外，其主要内容是关于地基土层的分布(层面深度、分层厚度)和地层的名称及特征的描述。绘制柱状图时，应从上而下对地层进行编号和描述，并用一定的比例尺、图例和符号表示。在柱状图中还应标出取土深度、地下水位高度等资料。

(3)工程地质剖面图(见图 7 - 29)。柱状图只反映场地-勘探点处地层的竖向分布情况，工程地质剖面图则反映第一勘探线上地层沿竖向和水平向的分布情况。由于勘探线的布置常与主要地貌单元或地质构造轴线垂直，或与建筑物的轴线相一致，故工程地质剖面图能最有效地标示场地工程地质条件。

绘制工程地质剖面图时，首先将勘探线的地形剖面线画出，标出勘探线上各钻孔中的地层层面,然后在钻孔的两侧分别标出层面的高程和深度,再将相邻钻孔中相同土层分界点以直线相连。当某地层在邻近钻孔中缺失时,该层可假定于相邻两孔中间尖灭。剖面图中的垂直距离和水平距离可采用不同的水平尺。

在柱状图和剖面图上也可同时附上土的主要物理力学性质指标及某些试验曲线,如静力触探、动力触探或标准贯入试验曲线等。

(4)综合地层柱状图。为了简明扼要地表示所勘察的地层的层序及其主要特征和性质,可将该区地层按新老次序自上而下以 1:50~1:200 的比例绘成柱状图。图上注明层厚及地质年代,并对岩石或土的特征和性质进行概括性的描述。这种图件称为综合地层柱状图。

(5)土工试验成果汇总表(见表 7 - 25)。土的物理力学性质指标是地基基础设计的重要依据。将土样室内试验成果及相关原位测试成果归纳汇总列表表达即为土工试验成果汇总表。

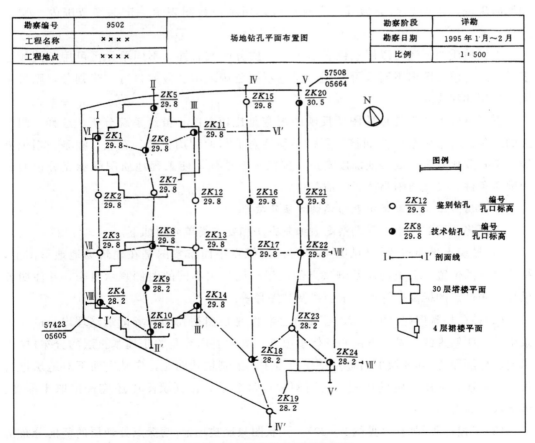

图 7 - 27　场地钻孔平面布置图

勘察编号	9502					钻孔柱状图		孔口标高		29.8 m	
工程名称	××××							地下水位		27.6 m	
钻孔编号	ZK1							钻探日期		1995 年 2 月 7 日	
地质代号	层底标高/m	层底深度/m	分层厚度/m	层序号	地质柱状 1：200	岩心采取率/%	工程地质简述	标贯 $N_{63.5}$		岩土样	备注
								深度/m	实际击数 校正击数	编号 深度/m	
Q^{ml}	3.0	3.0		①		75	填土：杂色、松散、内有碎砖、瓦片、混凝土块、粗砂及黏性土，钻进时常遇混凝土板				
	10.7	7.7		②		90	黏土：黄褐色，冲积、可塑、具粘滑感，顶部为灰黑色耕作层，底部土中含较多粗颗粒	10.85 11.15	31 25.7	ZK1-1 10.5～10.7	
Q^{el}	14.3	3.6		④		70	砾石：土黄色，冲积、松散-稍密，上部以砾、砂为主，含泥量较大，下部颗粒变粗，含砾石、卵石，粒径一般 2～5 cm，个别达 7～9 cm，磨圆度好				
Q^{el}	27.3	13.0		⑤		85	砂质黏性土：黄褐色带白色斑点，残积，为花岗岩风化产物，硬塑-坚硬，土中含较多粗石英粒，局部为砾质粘土	20.55 20.85	42 29.8	ZK1-2 20.2～20.4	
γ^3	32.4	5.1		⑥		80	花岗岩：灰白色-肉红色，粗粒结晶，中-微风化，岩质坚硬，性脆，可见矿物成分有长石、石英、角闪石、云母等。岩芯呈柱状			ZK1-3 31.2～31.3	

▲标贯位置　　■岩样位置　　●土样位置

图 7-28　钻孔柱状图

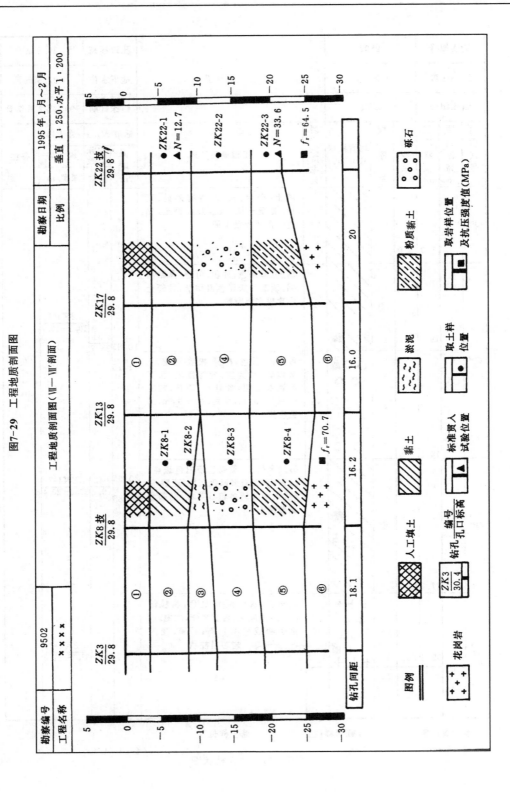

图7-29 工程地质剖面图

表 7 - 25　土工试验成果汇总表

（某建筑场地岩土物理力学指标的标准值）

主要指标	天然含水率 $w/\%$	土的天然重度 γ /(kN·m⁻³)	孔隙比 e	液限 w_L /%	塑限 w_p /%	塑性指数 I_p	液性指数 I_L	压缩系数 a_{1-2} /MPa⁻¹	压缩模量 E_{s1-2} /MPa	岩石的饱和单轴极限抗压强度 f_{rk} /MPa	抗剪强度		地基承载力标准值 f_k /kPa
											内聚力 c_{cu} /kPa	内摩擦角 φ_{cu} /(°)	
黏土	25.3	19.1	0.710	39.2	21.2	18.0	0.23	0.29	5.90		25.7	14.8	289
淤泥	77.4	15.3	2.107	47.3	26.0	21.3	2.55	1.16	2.18		6	6	35
粉质黏土	18.1	19.5	0.647	36.5	20.3	16.2	<0	0.22	7.49		30.8	17.2	338
花岗岩										26.5			

注：(1)黏土层、淤泥层、砂质黏性土层、花岗岩承载力参考《建筑地基基础设计规范》确定；

　　(2)黏土层、淤泥层、砂质黏性土层各取土样 6～7 件，除 c、φ、地基承载力、岩石抗压强度为标准值外，其余指标均为平均值。

习　　题

7.1　岩土工程勘察的目的和主要任务是什么？

7.2　简述岩土工程勘察等级划分依据及等级分类。

7.3　岩土工程勘察分为哪几个阶段？各阶段的主要工作是什么？

7.4　现场原位测试方法主要有哪些？

7.5　载荷试验、静力触探、动力触探的适用条件和用途分别是什么？

7.6　动力触探的类型有哪些？

7.7　试验数据离散特征参数有哪些？

7.8　岩土工程勘察报告主要包括哪些内容？

第8章 环境工程地质

思维导图 8-1

环境工程地质是工程地质学的一个分支，是研究由于人类工程活动所引起的区域性环境变化和有害的工程地质作用的学科。环境工程地质涉及的内容有工程与地质环境的关系及合理利用有利地质因素减免不利影响的措施；研究合理利用工程地址环境的优势并为工程服务，以及如何避开和改造不利地质因素对工程的影响；研究、预测和评价人类活动可能引起的地质环境变化及其带来的影响，并论证环境保护、环境治理和开发方案的合理性，提出减弱或消除它们的方针和措施，为制定利用、保护和改造地质环境等方案提供依据。

环境工程地质学的研究基础是区域工程地质条件（包括自然地质作用），其可以分为两大类内容：第一类是人类与自然环境之间的共同作用问题，这类问题的动因主要是由自然灾变引起的，如风灾、洪灾、震灾、火山、海啸、土壤退化、区域性滑坡等，这些问题通常泛指为大环境问题；第二类是人类的生活、生产和工程活动引起的与环境之间的共同作用问题，它的动因主要是人类自身，例如，采矿造成采空区坍塌发生的突然陷落，尾矿的淋滤对地下水的污染，过量抽汲地下水引起的地面沉降，有毒有害废弃物对人类的危害，等等，这方面的问题统称为小环境岩土工程问题。本章主要针对地面沉降、地裂缝及采空区三个环境工程地质问题进行介绍。

8.1 地面沉降

8.1.1 地面沉降的概念

地面沉降又称为地面下沉或地陷。它是在自然营力或人类工程经济活动影响下，由于地下松散地层固结压缩导致的地壳表面标高降低的一种局部的下降运动（或工程地质现象），是一种危害非常严重的缓变型地质灾害。它是目前世界各大城市的一个主要工程地质问题，一般表现为区域性下沉和局部下沉两种形式。

地面沉降问题不容忽视，其可引起建筑物倾斜，破坏地基的稳定性，发生在滨海城市会造成海水倒灌，给人类的生产和生活带来很大影响。在我国，受地面沉降灾害影响的城市超过 50 个，最严重的是位于长江三角洲、华北平原和汾渭盆地的各大城市。2012 年 2 月，中国首部地面沉降防治规划获得国务院批复；2021 年 1 月，一项由联合国教科文组织地面沉降工作组组织的研究警告指出，到 2040 年，地面沉降将威胁全球近 1/5 的人口。中国地质调查局公布的《华北平原地面沉降调查与监测综合研究》及《全国地下水资源与环境调查》显示：华北平原不同区域的沉降中心有连成一片的趋势；长江地区最近 30 多年累计沉降超过 200 mm 的面积近 1 万 km²，占区域总面积的1/3。其中，上海市、江苏省的苏州、无锡、常州三市开始出现地裂缝等地质灾害。

据有关资料显示，上海市从 1921 年发现地面下沉开始，到 1965 年止，最大的累计沉降量已达 2.63 m，影响范围达 400 km²；有关部门采取了综合治理措施后，市区地面沉降已基本上得到控制；从 1966—1987 年，累计沉降量 36.7 mm，年平均沉降量为 1.7 mm。天津市从 1959—1982 年最大累计沉降量为 2.15 m；1982 年测得市区的平均沉降速率为 94 mm，目前，最大累计沉降量已达 2.5 m，沉降量 100 mm 以上的范围已达 900 km²。北京市自从 70 年代以来，地下水位平均每年下降 1~2 m，最严重的地区水位下降可达 3~5 m，地下水位的持续下降导致了地面沉降，有的地区（如东北部）沉降量 590 mm；沉降总面积超过 600 km²，而北京城区面积仅 440 km²，沉降范围已波及到郊区。西安市地面沉降发现于 1959 年，1971 年后随着过量开采地下水而逐渐加剧；1972—1983 年，最大累计沉降量 777 mm，年平均沉降量 30~70 mm 的沉降中心有 5 处；1983 年后，西安市地面沉降趋于稳定发展，部分地区还有减缓的趋势，到1988 年最大累计沉降量已达 1.34 m，沉降量 100 mm 的范围达 200 km²。我国其他地区很多城市均发生了不同程度的地面沉降。

地面沉降可排除自然营力的作用，更多的是与人类经济活动有关，因此国外更早地报道了地面沉降灾害问题。如美国的大部分地区都发生了地面沉降，有些地区还相当严重。美国已经有遍及 45 个州超过 44030 km² 的土地受到了地面沉降的影响，由此造成的经济损失更是惊人。仅在美国圣克拉拉山谷，由地面沉降所造成的直接经济损失，在 1979 年大约为 1.31 亿美元，而到了 1998 年则高达 3 亿美元。最强烈的地面沉降发生于美国长滩市威尔明顿油田，其最大累积沉降量达 9 m。现有文献资料表明，1891 年墨西哥城最早记录了地面沉降现象，但当时由于地面沉降量不大，危害也不明显，所以并未引起人们的重视。日本于 1898 年在新潟最早发生地面沉降，产生严重地面沉降的城市或地区还有东京、大阪和佐贺县平原等。据不完全统计，目前世界上已有 150 多个国家和地区发生了地面沉降，如美国、中国、日本、墨西哥、意大利、泰国、英国、俄罗斯、委内瑞拉、荷兰、越南、匈牙利、德国、印度尼西亚、新西兰、比利时、南非等。

8.1.2　地面沉降的危害

地面沉降一般发生得比较缓慢而难以明显感觉到，以垂直运动为主，只有少量或基本没有水平向位移，一旦发生，即使根除地面沉降产生的原因，也几乎不可能完全复原。地面沉降影响的规模不同，其影响的平面沉降范围可大至几千平方千米。地面沉降的形成绝大多数是由人类活动引起的，少数是自然动力地质现象，它是以地壳表层一定深度内岩土体的压密固结或下沉为主要形式，会造成地面建筑物的下沉和开裂破坏等危害。

根据资料统计，目前我国上海、天津、江苏、浙江、陕西等 16 省（区、市）的 46 个城市（地段）、县城出现了地面沉降问题。地面沉降引起地质灾害主要表现以下方面。

(1)毁坏建筑物和生产设施。地面沉降会破坏城市设施，导致房屋等工程设施沉陷、开裂、变形甚至倾倒；道路凹凸不平或开裂；桥梁下沉变形，净空减小，航运受阻；地下管道破裂失效；码头及其他港口设施下沉、变形，甚至被淹没；抽水井管上升，甚至报废等。

(2)不利于建设事业和资源开发。发生地面沉降的地区属于地层不稳定的地带，在进行城市建设和资源开发时，需要更多的建设投资，而且生产能力也受到限制。

(3)造成海水倒灌。地面沉降区多出现在沿海地带，地面标高降低，地面沉降到接近海面时，导致海水上岸，会发生海水倒灌，加上堤防、涵闸等工程下沉、开裂，防洪排涝和防潮能力下降，积洪滞涝，水患潮灾加剧。

(4)破坏国土资源和环境。地面沉降会促进土地盐渍化等次生灾害的发展，尤其是滨海平原潜水位较高，会加重土壤的次生盐渍化、沼泽化。

8.1.3　地面沉降的影响因素和成因机制

地面沉降可由多方面活动引起，某个地区的地面沉降与地裂缝可能由单一因素诱发，也可能由多种因素综合诱发。造成地面沉降的原因很多，其原因可以归为两种，一种是地质原因，另一种是人为原因：主要包括地壳沉降活动、松散沉积物的自然固结压实、人类开采地下水或油气资源引起的土层压缩沉降（具体见右侧二维码文件）。总结各种诱发因素大致可归纳为自然动力因素和人类活动因素两大类。

疑难释义 8-1

1. 自然动力地质因素

从地质因素看，自然界发生的地面沉降大致有下列三种原因：一是地表松散地层或半松散地层等在重力作用下，在松散层变成致密的，坚硬或半坚硬岩层时，地面会因地层厚度的变小而发生沉降；二是因地质构造作用导致地面凹陷而发生沉降；三是地震导致地面沉降。其具体可以表现为如下几点。

(1)地球内营力作用。地球内营力作用包括地壳近期下降运动、地震、火山运动等。由地壳运动所引起的地面沉降是在漫长的地质历史时期中缓慢地进行的，其沉降速率较低，一般不造成灾害性后果。例如，我国天津地区第四纪以来的地壳年平均沉降速率为 0.17～0.2 mm。但是在地壳沉降区内的不同地点下降速率并非完全一致，常常表现出相对不均一性。地震或火山活动常引起地面陷落和地面开裂。一些已经发生地面沉降的地区，在大震后可能引起短时期的沉降速率增加。又如，1976 年唐山 7.8 级地震后，附近地区出现了三个下沉中心和许多地裂缝，其展布方向（NE30°）与发震主断裂定向一致，最大沉降速率达 1358 mm/a，但震后一年即转为平稳。这表明上述作用一般不会造成长期地面沉降和地面开裂的严重后果。

（2）地球外营力作用。地球外营力作用包括溶解、氧化、冻融等作用。地下水对土中易溶盐类的溶解，土壤中有机成分的氧化，地表松散沉积物中水分的蒸发等，均可能造成土体孔隙率或密度的变化，促进土体自重固结过程而引起地面下降。就全球范围而言，全球温室效应引发的大气圈温度升高所引起的极地冰盖和陆地小冰川的融化，将引起海水体积的变化和海平面的升高。

2. 人类活动因素

地面沉降现象与人类活动密切相关。人为的地面沉降广泛见于一些大量开采地下水的大城市和石油或天然气开采区。研究地面沉降的原因不难发现，人为因素已大大超过了自然因素。尤其是近几十年来，人类过度开采固体矿产、地下水、石油、天然气等地下资源，使贮存这些固体、液体和气体的沉积层的孔隙压力发生趋势性的降低，有效应力增大，从而导致地层的压密，但其又与软土层的厚度、地壳下沉，以及高层建筑等因素密切相关，因此导致了今天全球范围内的地面沉降。具体体现如下。

（1）过量开采地下水、地下水溶性气体或石油等活动，已被公认为人类活动中造成大幅度，急剧地面沉降的最主要原因。因为在松散介质含水系统中或者埋藏较浅的半固结砂岩所含油气层中，或者岩溶发育地区，长期地、周期性地开采地下水或地下水溶性气体或石油，会引起含水（油气）砂层本身的压密及其顶部一定范围内的饱水黏土层中的孔隙水向含水层移移，造成黏土层或未完全固结的砂岩发生压密固结，从而导致地面沉降。

例如，我国一些大中城市（如上海、天津、北京、西安、太原）的地面沉降和地裂缝、岩溶发育地区的地面塌陷等，主要是过量开采地下水所致；美国威明顿油田的地面沉降，是由于 1926—1968 年间大量开采油气造成地面总沉降量达 9.0 m，导致油田设施遭到严重破坏而引起的，后经向油层注水后才使地面沉降停止并使少量地面回弹；日本新潟因开采水溶性天然气甲烷而持续地大量抽水，导致开采层地下水位下降及含气层的压缩，产生了大幅度的地面沉降。

（2）开采地下固体矿藏，特别是沉积矿床，如煤矿、铁矿，将形成大面积的地下采空区，导致地面变形，发生地面沉降或塌陷。如我国辽宁阜新和抚顺煤矿、河北本溪煤矿、山西煤矿、安徽淮南煤矿、陕西紫阳煤矿、北京西山煤矿、新疆乌鲁木齐附近煤矿和山东临沂市石膏矿等，长期开采固体矿产资源，引起矿区及周边地面开裂、沉降和塌陷，造成地面建筑物、农田、道路和通信设施毁坏，时常还在沉陷区发生洪涝灾害，给国家和人民造成巨大财产损失。

（3）地面高荷载建筑群相对集中，静荷超过地体极限荷载，促使土体蠕变引起地基土缓慢变形，造成地面开裂和下沉。例如，上海市部分地区因高层建筑群集中已经造成地面下沉。

（4）地面上的动荷载（振动作用）在一定条件下也将引起上体的压密变形。大面积农田灌溉引起敏感性土的水浸压缩和水的潜蚀，造成地裂缝与地面沉降。如陕西泾阳、河北正定等地许多地裂缝就发生在农灌之后。

(5)人工蓄(泄)水(如修建水库、渠道等)有时发生渗漏，或者水库周期性蓄(泄)水与矿坑强排水等，造成一定范围内的地下水位变化，地下水位的潜蚀和冲刷作用加大，进而产生地裂缝和地面沉降。例如，甘肃兰州市的一些地裂缝就是由于渠道周围地下水位上升，黄土湿陷所造成的。

一般情况下，自然动力活动所形成的地面沉降活动的速率较小，而且人类尚难以控制；人为动力活动引起的地面沉降区域虽然一般较小，但其速率一般较大，常会造成明显的危害，但通过防治往往可以部分地控制其发展。基于上述特点，通常把自然动力活动引起的地面沉降归于地壳运动或现今构造活动的范畴加以研究，而把人为动力活动与自然动力活动共同作用引起的比较强烈的地面沉降现象归属于地质灾害范畴进行研究和防治。

因此，从灾害研究角度所说的地面沉降是指人类活动引起的沉降，或者以人类活动为主，以自然动力为辅助作用引起的沉降活动。基于这种概念，地面沉降的形成条件也主要由两方面构成。一是地面沉降的基础条件，主要是具有一定厚度压缩性较高的松散沉积物，这类沉积物主要发育在沿海平原、内陆盆地及河谷平原地区，这些地区一般又都是地壳沉降地区，所以这些地区的地面沉降活动不仅与人类活动密切相关，而且持续的地壳沉降也起到了"雪上加霜"的作用。二是具备地面沉降的动力条件，影响地面沉降的人为动力条件主要是长时期超强度开采地下水，使含水量和临近非含水层中的孔隙水压力减少，土的有效应力增大，发生压缩沉降。

8.1.4　地面沉降的类型

地面沉降分构造沉降、抽水沉降和采空沉降三种类型。

(1)构造沉降，由地壳沉降运动引起的地面下沉现象。

(2)抽水沉降，由于过量抽汲地下水(或油、气)引起水位(或油、气压)下降，在欠固结或半固结土层分布区，土层固结压密而造成的大面积地面下沉现象。

(3)采空沉降，因地下大面积采空引起顶板岩(土)体下沉而造成的地面碟状洼地现象。

按发生地面沉降的地质环境可将其分为以下三种模式。

(1)现代冲积平原模式。

(2)三角洲平原模式，尤其是在现代冲积三角洲平原地区，如长江三角洲就属于这种类型。常州、无锡、苏州、嘉兴、萧山的地面沉降均发生在这种地质环境中。

(3)断陷盆地模式，它又可分为近海式和内陆式两类。近海式指滨海平原，如宁波；而内陆式则为湖冲积平原，如西安市、大同市的地面沉降可作为代表。

8.1.5　地面沉降的地质环境

许多实例表明，地面沉降一般发生在未完全固结成岩的近代沉积地层中，其密实度较低，孔隙度较高，孔隙中常为液体所充满。如果这些孔隙中的液体被抽出，孔隙将被压实与固结，体积收缩，造成地面开裂和地面沉降。因此地面沉降过程实质上是这些未固结地层的渗透固结过程的继续。因此，按发生地面沉降的地质环境可将地面沉降划分为以下几种模式。

(1)现代冲积平原模式。现代冲积平原模式主要发育在河流中下游地区的现代地壳沉降带中，因河床迁移频率高，因而沉积物多为多旋回的河床沉积物，即下粗上细的粗粒土和黏土。一般来说，沉积物为多层交错的叠置结构，平面分布呈条带状或树枝状，侧向连续性较差，不同层序的细粒土层相互衔接包围在砂体的上下及两侧。我国东部许多河流冲积平原，如黄河、长江中下游，淮海平原和松嫩平原等地的地面沉降受此种地质环境控制。

(2)三角洲平原模式。分布在河流冲积平原与滨海大陆架的过渡带，即现代冲积三角洲平原地区。尤其是在现代冲积三角洲平原地区，河口地带接受陆相和海相两种沉积物沉积，其沉积结构具有陆源碎屑物(以含有机黏土的中细砂为主)和海相黏土交错叠置的特征。例如，长江三角洲就属于这种类型。常州、无锡、苏州、嘉兴、萧山的地面沉降均发生在这种地质环境中。

(3)断陷盆地模式。按照形成环境不同，它又可分为近海式和内陆式两类。近海式断陷盆地位于滨海地区，常受到近期海侵的影响，其沉积结构具有海陆交互相地层特征，我国台北、宁波等地的地面沉降均发生于这类盆地中。而内陆式断陷盆地位于内陆近代断陷盆地中，其沉积物源于盆地周围陆相沉积物，我国汾渭地堑中的盆地属于此种类型，如西安市、大同市的地面沉降就发生在这种盆地中。

8.1.6　地面沉降的防治

造成地面沉降的原因很多，导致地面沉降的自然动力因素主要包括地壳升降运动、地震、火山活动及沉积物固结压实等；人为动力活动因素主要包括开采地下水和油气等矿产资源、修建地下工程、对局部地方施加静荷载和动荷载等。地壳运动、海平面上升等会引起区域性沉降；而引起城市局部地面沉降的主要原因则与大量开采地下水有密切关系。地面沉降的防治主要是寻求控制或避免地面沉降灾害的有效办法和措施，需要针对地面沉降的不同原因而采取相应的工程措施，一般需要做以下四个方面工作。

(1)对地面沉降进行调查和勘察。内容包括场地工程地质条件、场地地下水埋藏条件和地下水变化动态等。

(2)对地面沉降现状进行调查分析。内容包括对地面沉降进行长期观测、地下水动态观测、对已有建筑物影响监测和地面沉降现状分析等。

(3)对地面沉降进行预测。其前提是要查明工程地质、水文地质，划分压缩层和含水层及进行室内外各种测试等。

(4)提出科学有效的治理措施。地面沉降控制及治理必须对地面沉降进行长期监测，根据地面沉降的危害程度采取不同的控制与治理措施。

因此，结合地面沉降的防治工作内容，具体有以下工作。

1)地面沉降监测工作可分为以下几个阶段

(1)收集资料与分析研究。主要内容：收集城市1∶1万或1∶5万比例尺交通图和地形图，沉降区水文地质工程地质勘查资料，水资源管理方面的资料，市政现状及远景规划资料，沉降区内国家水准网点资料，城市测量网点资料，井、泉点的历史记录及历史水准点资料；研究沉降区水文地质工程地质条件，历年水资源开采情况，已有的监测情况，地面沉降类型及沉降程度；分析地面沉降的原因、沉降机制，估算地面沉降的速率，划分出沉降范围及沉降中心，编制地面沉降现状图。作为监测网点布设的依据。

(2)地面沉降调查。地面沉降的危害是多方面的，主要表现为地表标高损失。开展地面沉降调查主要包括：调查城市基础设施遭受地面沉降损失情况，比如年代比较久远的构筑物地基下沉情况、深井井管上升和井台破坏情况、桥墩不均匀下沉、自来水管弯裂漏水等；调查城市内涝情况，在发生地面沉降的市区，因地表标高的损失，在雨季就会发生积水现象；调查路基下沉情况，地面沉降区内如有重大交通干线通过，应调查路基的沉降情况。

(3)地面沉降监测。对于初次开展地面沉降监测的区域，首先应该获取工作区干涉雷达数据，对数据进行处理和分析，建立监测地面沉降的技术流程与工作方法。然后查明工作区内主要地面沉降区域分布状况，并查明地面沉降成因，在此基础上有针对性地部署监测网络。

2)地面沉降防治措施

经过国内外地面沉降的长期调查研究，普遍认为地面沉降主要是开采天然气、石油、地下水而引起的。最具有代表性的地面沉降是由人为造成的，由于人为抽取地下水而导致含水层系统受压缩而产生地面沉降。过度抽取地下水时，含水层不能得到及时补给，地下水位迅速下降，在隔水层顶板和含水层接触面上产生水力坡度，使黏土层中的水相应地进入含水层中，黏土层中的孔隙水压力降低，有效压力增加，引起土层压密。如果这种黏土层压缩性强，厚度又较大时，其压密的结果就是引起地面沉降。在地面沉降过程中，地下水位下降是矛盾转化的主要方面。针对这种情况必须采取措施减少地下水的使用量，增加地面水补给。因此，随时正确监测地面和地下水位沉降，并提供标准的数据对于预测和预报地面沉降工作至关重要。要控制地面沉降，首先要控制地下水位下降。目前，国内外提出的控制地下水位的措施大体有以下几个方面。

(1)限制地下水的开采量，另外寻求供水水源，减少或停止抽用地下水，以控制地下水位下降，这是已被我国许多城市的实践所证明了的有效措施。该措施在我国一些大中城市地面沉降治理中已经得到有效的应用，如上海市从20世纪50年代30万 m^3/d 的开采量减少到80年代的4万 m^3/d，使地下水位得到回升，地面沉降量由每年22 mm减少到5 mm，地面沉降基本上得到控制。

(2)合理抽取地下水资源。在外援水源未开始供水之前，只准抽吸深层地下水。科学布设开采井群，合理支配开采时间，对于防止地面沉降是至关重要的。

（3）向含水层中注入压缩空气，以恢复自由水的压力；

（4）人工补给地下水，提高地下水位。这样不但可以控制地面沉降，而且可以使地下水资源达到可持续利用的目的。德国的柏林、法国的敦科尔克、美国的加州地区、日本的东京、我国的上海市等，都通过地下水人工回灌措施，使得当地的地面沉降问题得到了有效控制。

（5）提高环境意识，加强水资源管理与保护。《全国地面沉降防治规划（2011—2020年）》要求以长江三角洲地区、华北地区、汾渭盆地为主要目标区，实施地面沉降调查、地面沉降监测、地下水控采与超采区治理、地面沉降防治技术创新四大工程，全面推进重点地区地面沉降防治工作，最大限度地减少地面沉降灾害对社会经济造成的损失。

（6）加固堤防。即对沿海城市进行海岸加固，建造堤防防止洪水泛滥和海水入侵，维持有利的淡水坡度，保护淡水源。

近年来随着经济的高速发展，工程建设成为新的地面沉降制约因素。一方面，对从地面沉降的控制和治理到注重地面沉降控制与地下水资源开发利用系统管理的整合，由此优化地面沉降防治的格局。另一方面，将地面沉降研究与控制同城市发展与建设规划联系，提高学科渗透性，对工程建设的地面沉降效应进行系统研究，确定其在整个地面沉降中所占的比例权重与总体影响，并对工程建设引发的局部地面沉降效应与区域性地面沉降发展动态的关系及相互影响作深入的探讨。工程性地面沉降的分析研究及其防治应注重与城市规划相结合，应纳入城市整体的防灾、抗灾、减灾体系之中，将地面沉降与调节及控制相结合，以达到地下水资源的合理利用与地质生态环境保护的协调统一。地面沉降工程案例见右侧二维码文件。

工程案例 8-1

8.2 地 裂 缝

8.2.1 地裂缝的概念及其分布

1. 地裂缝的概念

地裂缝是指在自然或人为因素的作用下，地表岩土体开裂，差异错动，并在地面形成一定长度和宽度裂缝的一种地质灾害现象或过程，主要是发生在土层中的裂隙或断层，一般产生在第四系松散沉积物中。有单独成灾的地裂缝，也有与地面沉降、地面塌陷等其他地质灾害相伴生的地裂缝。大部分地裂缝是由地震、火山喷发、构造蠕变活动引起的，部分地裂缝是由崩塌、滑坡、地面沉降、岩土膨缩、黄土湿陷及水的渗蚀、冻融等原因引起的。

地裂缝不仅会造成各类工程建筑如城市建筑、生命线工程、交通道路、水利设施等的直接破坏，还会损毁土地资源，进一步加剧土地供需矛盾，同时引起一系列的环境问题。地裂缝一般发生得比较缓慢而难以明显感觉，以垂直运动为主，只有少量或基本没有水平向位移，一旦发生，即使根除地裂缝产生的原因，也几乎不可能完全复原。地裂缝影响范围宽几厘米至几十厘米，甚至大于 1 m；长几十厘米至几十米，甚至几千米。

2. 地裂缝的分布及其危害

一般来说地裂缝的类型不同，分布规律也是不同的。总体来说，地裂缝在世界和我国的分布发育具有一定的时间和空间规律性。在世界范围内，一般研究和统计的地裂缝是由地震、断层和超采地下水所引起的。其中规模较大的地裂缝长度可达数十千米，宽度可达好几米。世界上的地裂缝主要分布于美国、中国、墨西哥、澳大利亚及肯尼亚、埃塞俄比亚等。我国是世界上地裂缝灾害最为严重的国家之一，自 20 世纪 50年代后期发现地裂缝以来，其发生频率和灾害程度逐年加剧，目前已遍布陕西、河北、山东、广东、河南等 18 省（区、市），总数达 1000 余条，总长超过 1000 km。我国地裂缝北方多于南方，东部多于西部，以陕、晋、冀、鲁、豫、皖、苏等七省最为发育，约占全国地裂缝总数的 90% 以上，集中发育在汾渭盆地、华北平原和苏锡常地区，已造成数百亿元的经济损失。

地裂缝分布的不均衡性与其地壳活动性、自然环境特征及人类工程活动程度等因素密切相关。例如，西安位于汾渭盆地西部，地裂缝灾害十分严重，处于全国之首；而西安城区内的地裂缝灾害是世界上最著名的城市地质灾害之一，自 20 世纪 50 年代始，西安共发现 14 条地裂缝。延伸长度达 100 km，覆盖面积达 150 km^2，在国内外均属罕见，这些地裂缝已造成了数十亿元的直接经济损失。又如，2004 年 1 月陕西省高陵县榆楚乡吊北村和张卜乡塬垢村因过量开采地下水出现大面积地裂缝和地面沉陷，最长的一条地裂缝长度已延伸至 153 m，裂缝最宽处增至 17 cm。山西大同市自 1983年以来在市区先后出现了多条地裂缝，至今已发现的地裂缝有 10 条，总长度 34 km，由于地裂缝的强烈三维活动即垂直差异沉降、横向水平开张、纵向水平扭动，致使跨越地裂缝上的约 200 多座建筑物及管道等设施受到了严重破坏。

地裂缝的活动不仅会造成巨大的经济损失，而且会给人民的生命财产安全带来严重危害。研究表明，大同市地裂缝的内因是地壳活动，过量开采地下水是地裂缝产生和加速发展的诱发因素。苏锡常地区 20 世纪 80—90 年代地裂缝最为发育，中心城市区稍早发现，外围县市区稍晚发现，发育时间与该地区地下水开采时间基本一致，由于目前禁采地下水，苏锡常地区的地裂缝活动已趋于缓和。地裂缝的形成绝大多数是由人类活动引起的，少数属自然动力地质现象，而我国大部分地裂缝形成的原因是其构造活动与开采地下水叠加。

8.2.2　地裂缝形成机制及其特征

由于产生地裂缝的动力条件不同，因此地裂缝形成的原因也复杂多样。地壳运动、地面沉降、滑坡、特殊土质的膨胀、湿陷及人类活动都可以引发地裂缝。按形成地裂缝的动力条件，可将地裂缝分为构造地裂缝和非构造地裂缝，具体内容如表 8-1 所示。

表 8 - 1　地裂缝类型

地裂缝	构造地裂缝	火山地裂缝
		地震地裂缝
		蠕滑地裂缝
	非构造地裂缝	崩滑型地裂缝
		沉降型地裂缝
		土壤物性地裂缝
		气象地裂缝

1. 构造地裂缝

构造地裂缝是构造运动和外动力地质作用(自然和人为因素)共同作用的结果。前者是地裂缝形成的前提条件,决定了地裂缝活动的性质和展布特征;后者是诱发因素,影响着地裂缝发生的时间、地段和发育程度。以内动力地质作用为主要成因的地裂缝统称为构造地裂缝。构造地裂缝主要是伴随地壳构造运动产生的地裂缝。地壳构造运动的方式是极其复杂的,按其成因特征可将构造地裂缝分为地震地裂缝、火山地裂缝和蠕滑地裂缝。火山地裂缝是由火山喷发时上涌的岩浆从地壳深部以较高的压力作用于浅层地壳介质,从而形成以火山口为中心的辐射状或环状的地裂缝。由地壳运动诱发的地震而产生的地裂缝称为地震地裂缝,地震地裂缝一般在地震达到一定烈度时开始出现,其发育程度与地震震级呈正相关;地震烈度越强,地裂缝的规模及其破坏作用越大。地震是活断层的构造运动致灾过程的一种表现形式,地震地裂缝应属于构造地裂缝的一种特殊类型,与其他类型的构造地裂缝相比,其致灾过程的速度要快得多。地壳构造运动除了引起突发性地震活动,并形成地震地裂缝外,在更多情况下是在广大地区发生缓慢的构造应力积累作用,伴随这种作用,常常发生构造蠕变活动,因此形成蠕滑地裂缝,这类地裂缝是由断裂构造的长期蠕滑运动所产生的,其影响范围取决于活断层的规模,活动时间与断层的活动时间相一致,这种地裂缝分布广,规模大,危害最严重。

构造地裂缝具有三维运动特点:即垂直差异运动、水平张裂运动及水平剪切运动。在三维地裂缝运动位移量中,以垂直位移量最大,扭动位移量最小,水平位移量居中,客观标志即为破裂段或破裂点的错断和张裂。构造地裂缝一般都做正断层式运动,其上盘总是相对于下盘下滑,从而造成地表形态的升降现象。每条地裂缝不同区段上垂直差异运动的速率都有区别。垂直差别运动是地裂缝的主运动,水平张裂运动次之。具有双向扩张运动的特点,一般先在一级主裂缝中部开始破裂,然后向两端扩展。最先出现破坏的地点积累的形变位移量最大。构造地裂缝的发生、发展受区域构造运动控制,其活动时间和程度取决于当地的构造地质条件及其对构造运动的响应程度,同时受多种人为因素的制约和影响。因此,其破坏延展速度在时间上常呈跳跃式变化,在空间上分段活动差异明显。

从构造地裂缝所处的地质环境来看,构造地裂缝大都形成于隐伏活动断裂带之上。

断裂两盘发生差异活动导致地面拉张变形，或者因活动断裂走滑、倾滑诱发地震影响等均可在地表产生地裂缝。更多的情况是在广大地区发生缓慢的构造应力积累而使断裂发生蠕变活动形成地裂缝。这种地裂缝分布广，规模大，危害最严重。区域应力场的改变使岩层中构造节理开启且其也可发展为地裂缝。构造地裂缝形成发育的外部因素主要有两方面：①大气降水加剧裂缝发展；②人为活动、过度抽水或灌溉水入渗等都会加剧地裂缝的发展。西安地裂缝的产生就是城市过量抽水产生地面沉降进而发展为地裂缝，陕西泾阳地裂缝则是因农田灌水渗入和降雨同时作用而诱发的。

2. 非构造地裂缝

非构造地裂缝的形成原因多样，主要包括：崩塌、滑坡、塌陷引起的地裂缝，黄土湿陷、膨胀土胀缩、松散土渗蚀引起的地裂缝，干旱、冻融引起的地裂缝等。非构造地裂缝一般为局部地域发育的地裂缝，可与构造作用无关。非构造地裂缝主要有以下四种类型。

(1)崩滑型地裂缝。该类型是以斜坡的失稳移动为成因的地裂缝。可分为滑坡型地裂缝和崩塌型地裂缝。崩滑型地裂缝常成为斜坡失稳的前兆，且常与崩塌、滑坡灾害共存。

(2)沉降型地裂缝。该类型是以地表介质沉降为成因的地裂缝。可分为地下油、气、水被过量抽取而形成的地面沉降型地裂缝和与各种成因形成的地下空穴有关的断裂沉降型地裂缝。地面沉降型一般在地面沉降区的边缘部位形成环状分布的地裂缝，多在过量抽取地下液体的地区发生。断裂沉降型常在局部地点产生急速扩展的地裂缝并引起快速的断裂塌陷，多发生在各种固体矿产的采空区。

(3)土壤物性地裂缝。该类型是以地表土层的特殊物理性质为成因的地裂缝。其特点是地裂缝分布在该土层的厚度都与地表水有关。特殊土地裂缝在中国分布十分广泛，南方主要是胀缩土地裂缝，胀缩土是一种特殊土，含有大量膨胀性黏土矿物，具有遇水膨胀，失水收缩的特性，在地表水的渗入潜蚀作用下，往往产生地裂缝；北方黄土高原地区以黄土地裂缝为主，主要是黄土湿陷型地裂缝和胀缩型地裂缝。

(4)气象地裂缝。该类型是与气象因素密切相关的地裂缝。包括洪涝地裂缝、干旱地裂缝、渗蚀地裂缝、冻融地裂缝等。与其他类型地裂缝相比，这类地裂缝的规模较小，危害也相对不大。

实践表明，许多地裂缝并不是单一成因的地裂缝，而是以一种原因为主，同时又有其他条件影响的综合成因的地裂缝。因此，在分析地裂缝形成条件时，还要具体现象具体分析。不过就总体情况看，控制地裂缝活动的首要条件是现今构造活动程度，其次是崩塌、滑坡、塌陷等灾害动力活动程度及水动力活动条件等。

8.2.3 地裂缝活动特征

地裂缝一般产生在第四系松散沉积物中。与地面沉降不同，地裂缝的分布没有很强的区域性规律，成因也比较多。地裂缝的特征主要表现为发育的方向性、延展性和灾害的不均一性与渐进性等。

1. 地裂缝发育的方向性与延展性

地裂缝常沿一定方向延伸，在同一地区发育的多条地裂缝延伸方向大致相同。例如，西安地裂缝总体走向为北东走向，倾向东南，与临潼-长安断裂方向一致，近似平行，倾角约为 80°，14 条地裂缝基本呈平行等间距分布，并且每条地裂缝都具有较好的连续性，都延伸数千米。河北平原的地裂缝以 NE5°和 NW85°最为发育。地裂缝造成的建筑物开裂通常由下向上蔓延，以横跨地裂缝或与其成大角度相交的建筑物破坏最为强烈。地裂缝灾害在平面上多呈带状分布。从规模上看，多数地裂缝的长度为几十米至几百米，长者可达几千米。如山西大同机车厂-大同宾馆的地裂缝长达 5 km；宽度在几厘米至几十厘米，大都可达 1 m 以上，但也有没有垂直落差者。平面上地裂缝一般呈直线状、雁行状或锯齿状；剖面上多呈弧形、V 形或放射状。

2. 地裂缝灾害的非对称性和不均一性

地裂缝以相对差异沉降为主，其次为水平拉张和错动。地裂缝的灾害效应在横向上由主裂缝向两侧致灾强度逐渐减弱，而且地裂缝两侧的影响宽度及对建筑物的破坏程度具有明显的非对称性。如大同铁路分局地裂缝的南侧影响宽度明显比北侧的影响宽度大。同一条地裂缝的不同部位，地裂缝活动强度及破坏程度也有差别，在转折和错列部位相对较重，显示出不均一性。如西安大雁塔地裂缝，其东段的活动强度最大，塌陷灾害最严重，中段灾害次之，西段的破坏效应很不明显。在剖面上，地裂缝危害程度自下而上逐渐加强，累计破坏效应集中于地基础与上部结构交接部位的地表浅部十几米深的范围内。

3. 地裂缝灾害的渐进性

地裂缝灾害是因地裂缝的缓慢蠕动扩展而逐渐加剧的。随着时间的推移，其影响和破坏程度日益加重，最后可能导致房屋及建筑物的破坏和倒塌。

4. 地裂缝灾害的周期性

地裂缝活动受区域构造运动及人类活动的影响，因此，在时间序列上往往表现出一定的周期性。当区域构造运动强烈或人类过量抽取地下水时，地裂缝活动加剧，致灾作用增强，反之则减弱。如西安地裂缝 20 世纪 20 年代至 30 年代为第一次活动高潮期，50 年代末至 60 年代初为第二次活动高潮期，70 年代中期为第三次活动高潮期，1985 年以来北郊和东北郊的地裂缝又出现较强的活动；在对每年的活动中，第二季度地裂缝活动明显加快，第三季度活动量最大，与西安市地面沉降速率年内变化规律基本一致。

各地地裂缝的出现和发展也具有各自的特征，如西安地裂缝活动特征如下：①地裂缝活动具有迁移性，南郊的地裂缝先开始活动，然后依次向北发展；②活动时间具有周期性；③地裂缝活动具有三维空间变形特征，表现为垂直位移、水平引张和水平扭动，活动性质为张裂并伴有垂直断陷和水平扭动，在高潮期中，垂直滑动速率可达几毫米至 20 mm/a。最新的研究认为，它们的活动和发展在构造上受深部断裂的控制，又与地下水的过量开采密切相关。类似的地裂缝现象在渭河盆地、山西断陷、银川盆地和河套盆地也有广泛分布。

8.2.4　地裂缝的危害

地裂缝是一种独特的城市地质灾害，自 20 世纪 50 年代后期发现以来，1976 年唐山大地震以后活动明显加强，特别是进入 80 年代后，由于过量抽汲承压水导致的地裂缝两侧不均匀地面沉降进一步加剧了地裂缝的活动。地裂缝所经之处，交通线路，建筑物及地下供水、输气管道均遭受不同程度的破坏或影响，甚至危及著名文物古迹的安全，特别是对我国当前正在大规模建设的高速铁路构成了严重威胁。其具体破坏变现如下。

1. 破坏路面

地裂缝对路面的破坏主要是错断道路，造成路面不平整或者直接引发道路断裂，影响正常交通。除此之外，因路面破裂而导致雨季时地表水的大量下渗还会引起地表湿陷效应，这些因素和地裂缝活动叠加，会加重路面破坏程度。

2. 破坏建筑物

地裂缝对建筑物形态特征的破坏主要受地裂缝产状和运动特征的控制。地裂缝的不断活动使得地裂缝周围的土体产生局部形变场和应力场，使建筑物的地基和基础产生均匀或不均匀沉降、拉裂和错开，从而引起上层的建筑物裂开、错开，甚至坍塌。

3. 破坏耕地

地裂缝对耕地的破坏主要表现在拉裂或错断土地、造成灌溉漏水及土地被破坏而无法耕作等，从而造成巨大的水资源浪费，使得耕地资源质量下降，产生较大的经济损失。

4. 破坏桥梁管道

地裂缝两侧错动会导致桥梁管线等结构开裂；地裂缝的活动应力通过衬砌传递到隧道内部，会导致地裂缝的基础或轨道等各种设施产生变形。另外，地裂缝会破坏隧道防渗设施，引起地下水入渗等。

地裂缝的破坏作用主要限于地裂缝带范围，它对远离地裂缝带的建筑物不具辐射作用，对于一条地裂缝来说，其破坏作用自中心地带向两侧逐渐减小，一般危害宽度为几米到几十米。横跨地裂缝的建筑物，无论新旧、材料强度大小，以及基础和上部结构类型如何，都无一幸免地遭到破坏。地裂缝带内的灾害效应具有三维空间效应：横向上，主裂缝破坏最为严重，向两侧逐渐减弱，上盘灾害重于下盘；纵向上，地裂缝灾害效应自地表向下递减，所以，在地面建筑、地表工程和地下工程遭受的破坏变形中，地表房屋破坏宽度最大，路面及基础次之，人防工程破坏宽度最小；地裂缝对建筑物的破坏以垂直差异沉降和水平拉张破坏为主，兼有走向上的扭动。因此，仅采用一般结构加固措施无法抗拒地裂缝的破坏作用。在地裂缝可能的危害范围内，不宜建设重要工程设施；已建工程设施无法避开时，则应采取必要的防治措施，以保障工程设施的安全和正常使用。

8.2.5 地裂缝的防治

地裂缝灾害多发生在由主要地裂缝所组成的地裂缝带内，所有横跨主裂缝的工程和建筑物都可能受到破坏。由于地裂缝灾害的不可抵御性，地裂缝的防治以防为主，防治结合。对自然成因的地裂缝应加强调查研究，开展地裂缝易发区的区域评价，从而避免或减轻灾害损失。对人为成因的地裂缝，关键在于预防，应合理规划，严格控制地裂缝附近的不合理工程活动。"避让地裂缝"是一种最为有效的减灾措施，西安市制订了《西安地裂缝场地勘察与工程设计规程》，规定各类建筑物按其类型和重要程度在地裂缝两侧各避让一定的距离，这对减轻西安的地裂缝灾害起到了重要的作用。对于必须跨越地裂缝的情况，要采取相应的工程措施，具体的措施如下。

1. 避让措施

由于地裂缝活动对建筑物的破坏难以抵御，地裂缝灾害防治主要以避让为主，其关键是合理避让距离的确定。首先应进行详细的工程地质勘察，调查研究区域构造和断层活动历史，对拟建场地查明地裂缝发育带及潜在危害区，做好城镇发展规划，合理规划建筑物布局，使工程设施尽可能避开地裂缝危险带，特别要严格限制永久性建筑设施横跨地裂缝。在地裂缝影响区内的建筑，应增加其结构的整体刚度和强度，体型应简单，体型复杂时，应设置沉降缝将建筑物分为几个体型简单的独立单元。

2. 工程加固

对必须跨越地裂缝的工程，如跨越地裂缝的地下管道、桥梁等，可采用外廊隔离、内悬支座式管道并配以活动软接头连结措施等预防地裂缝的破坏。对已在地裂缝危害带内修建的工程设施，应根据具体情况采取加固措施进行加固。对已遭受地裂缝严重破坏的工程设施，需进行局部拆除或全部拆除，防止对整个建筑或相邻建筑造成更大规模的破坏。

3. 控制人为因素的诱发作用

对于非构造地裂缝，可针对其发生原因，采取措施防止或减少地裂缝的发生。其中，过量开采地下水造成不均匀沉降是诱发地裂缝的因素之一，根据地下水资源的分布情况，科学规划，合理开采，避免开采层位和开采时段的集中是预防地裂缝灾害的重要措施。另外还有人工回灌地下水，补充地下水水量等措施。例如，研究表明西安地裂缝活动 $70\% \sim 90\%$ 是由抽取承压水引起的，西安市 1990 年 8 月起引入黑河水作为城市供水水源后，部分地段承压水开采量减少，该地段内地裂缝活动有所减弱，使地裂缝灾害大为减缓。对其他人为因素诱发作用，可根据工程情况采用相应适当措施。例如，采取建设工业工程措施以防止发生崩塌、滑坡，并通过控制抽取地下水量来防止和减轻地面沉降塌陷等；对于黄土湿陷裂缝，主要应防止降水和工业、生活用水的下渗和冲刷；在矿区井下开采时，根据实际情况，控制开采范围，增多、增大预留保护地，防止矿井坍塌诱发地裂缝。

由于地裂缝本质是深部构造活动向地表延伸的断裂活动之痕迹，只能通过对地裂缝的长期监测，密切关注地裂缝的发展动向，查明其分布范围之后，再对拟建物进行规划和建设。通过观测资料的长期积累，可以了解地裂缝活动的时空特点，以进一步分析其成因，并对地裂缝今后的活动状况进行预测，为城市地裂缝灾害的防灾减灾提供可靠的依据。而且开展地裂缝监测也是掌握地裂缝发展变化规律与制定防治对策的一种手段，监测的目的和任务包括：

(1)查明地裂缝的出露范围、组合特征、成因类型及动态变化；

(2)对多因素产生的地裂缝应判明控制性因素及诱发因素；

(3)评价地裂缝对人类及工程建设的危害，并提出防治措施。

在中国发育的各类地裂缝中，除地震地裂缝和基底断裂活动地裂缝外，其他各类均能人为地加以控制和防御，甚至避免和根除。而对地震地裂缝和基底断裂活动地裂缝，目前的技术手段还难以抗御，改善人类活动和一些治理措施只能起到一定的减轻作用，在目前的技术水平和认识状况下，各类工程建筑绕、避这类地裂缝区段，是一种最为有效的减灾措施。

8.3 采 空 区

8.3.1 采空区的概念

所谓采空区是指地下固体矿床采出后所留下的空间区域，以及其围岩失稳而产生位移、开裂、破碎垮落，直到上覆岩层整体下沉、弯曲所引起的地表变形和破坏的地区或范围。按矿产资源被开采的时间，可分为老采空区、现采空区和未来采空区。狭义的采空区指开采空间。当矿体从地下被采出来后，其上覆岩石失去支撑而导致平衡破坏，应力重新分布，地层内部岩石的强度和内聚力会大大降低，它周围的岩体产生位移、开裂、破碎垮落，直到上覆岩层整体下沉、弯曲而引起地表变形和破坏，在此过程中，采空区上部岩体变形和移动会向上波及地表，并在地表呈现出塌陷、裂缝和台阶等多种形式，继而形成地表移动盆地。

由于采空区的存在，周围岩体产生连续或非连续变形，其产生的最为明显的地质灾害表现为地表沉陷(或地表塌陷)，由此带来一系列环境岩土工程问题，如平地积水、道路裂缝、房屋倒塌、耕地减少、农田减产等，给矿区工程建设留下很大隐患。采空区的存在也使得矿山的安全生产面临很大的安全问题，人员与机械设备都可能掉入采空区内部受到伤害。

自20世纪末以来，我国矿业开采秩序较为混乱，非法无序地乱采滥挖在一些矿山及其周边留下了大量的采空区，这是目前影响矿山安全生产的主要危害源之一。山西、广西、甘肃等省的许多矿山都存在大量的采空区，致使矿山开采条件恶化，引起矿柱变形、相邻作业区采场和巷道维护困难、井下大面积冒落、岩移及地表塌陷等，更为严重的是因采空区突然垮塌的高速气流和冲击波造成的人员伤亡和设备破坏，这些都对矿山安全生产构成严重威胁，并造成环境恶化、矿产资源严重浪费。

目前，地下空区已经成为制约矿山发展及采空区上部城市化发展的一个重要难题。随着矿山向深部开采，容易发生坍塌事故，而且受到采空区的影响，很多建筑物无法进行建设，给人们的生活生产带来不便；地下开采残留大量的采场、硐室、巷道没有进行及时处理，带来了严重的隐患，同时给矿山工作人员和设备带来严重的威胁。由于地下采空区具有隐伏性强、空间分布特征规律性差、采空区顶板冒落塌陷情况难以预测等特点，因此，如何对地下采空区的分布范围、空间形态特征和采空区的冒落状况等进行量化评判，一直是困扰工程技术人员进行采空区潜在危害性评价及合理确定采空区处治对策的关键技术难题。

8.3.2　采空区的特征

在矿层采出，采空区形成一段时间后，在采空区上部一般会形成冒落带、裂隙带和弯曲带，简称"三带"，如图 8-1 所示。冒落带直接位于采空区上方的顶板岩层，在自重和上覆岩层重力作用下，所受应力超过本身强度时，产生断裂、破碎、塌落。裂隙带位于冒落带上部，冒落带上部的岩层在重力作用下，所受应力超过本身的强度时，产生裂隙、离层及断裂，但未塌落岩层。弯曲带位于裂隙带上部，裂隙带上部的岩层在重力作用下，所受应力尚未超过岩层本身的强度，产生微小变形，但整体性未遭破坏，也未产生断裂，仅出现连续平缓的弯曲变形带。

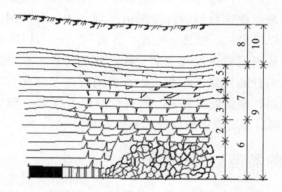

1—不规则垮落；2—规则垮落；3—严重断裂；4——一般断裂；5—微小开裂；6—冒落带；
7—裂隙带；8—弯曲带；9—破坏性采动影响区；10—非破坏性采动影响区。

图 8-1　采空区"三带"分布图

采空区上部岩体变形和移动会向上波及地表，并在地表呈现出塌陷、裂缝和台阶等多种形式，并形成地表移动盆地。地表沉陷是在工作面推进过程中逐渐形成的，随着采矿工作面的推进，地表的影响范围将不断扩大，下沉值不断增加，在地表形成一个比开采范围大得多的移动盆地，如图 8-2 所示。移动盆地的位置和形状与矿层的倾角大小有关，矿层倾角平缓时，盆地位于采空区的正上方，形状对称于采空区；矿层倾角较大时，盆地在沿矿层走向方向仍对称于采空区，而沿倾斜方向随着倾角的增大，盆地中心愈向倾斜的方向偏移。

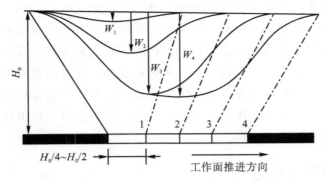

H_0—平均开采深度；W_i—不用采点处下沉值。

图 8 – 2　移动盆地形成过程示意图

根据地表变形值的大小和变形特征，自移动盆地中心向边缘分为三个区：

均匀下沉区（中间区）：即盆地中心的平底部分，地表下沉均匀，地面平坦，一般无明显裂缝，当盆地尚未形成平底时，该区不存在。

移动区（内边缘区或危险变形区）：地表变形不均匀，变形种类较多，移动和开裂对建筑物破坏作用较大，出现裂缝时，又称为裂缝区。

轻微变形区（外边缘区）：地表的变形值较小，一般对建筑物不起损坏作用。该区与移动区的分界一般是以建筑物的容许变形值来划分的。其外围边界，即移动盆地的最外边界，实际上难以确定，一般是以地表下沉值 10 mm 为标准来划分的。

地下开采引起的地表塌陷主要与生产规模、地质因素、开采方法和顶板岩性等有关。由于地下开采大部分是长臂工作面，以全部陷落法管理顶板，因而地表塌陷比较严重。据测定，缓倾斜、倾斜煤层开采，地表塌陷最大深度一般为煤层开采总厚度的 0.7 倍左右，塌陷面积是煤层开采面积的 1.2 倍左右。

8.3.3　采空区的类型

采空区有多种类型，不同矿产的开采及开采方式的不同，所形成的地下采空区有所不同。我国矿产资源丰富，分布范围较广，其中煤炭资源是最为常用的一种矿产资源，其中煤矿的开采是最为典型的一种矿产资源开发。以煤矿开采为例，采煤技术、采煤方法的不同所形成的采空区也不同，目前根据采煤方法有以下几种采空区形态。

（1）长壁工作面全部垮落法所形成的采空区（倾斜或缓倾斜煤层）。其特征是采空区上覆岩层的破坏具有明显的垮落带、断裂带和弯曲带。回采工作面全部充填或局部充填法所形成的采空区，工作面顶板只是有部分下沉。

（2）短壁半垮落条带回采工作面所形成的采空区。其特征是回采时顶板不垮落，过一段时间，顶板形成不充分垮落。

（3）短壁非垮落条带回采工作面所形成的采空区。其特征是顶板相当完整，煤层坚硬，采宽小，采留比小，煤柱能形成长久性支撑。

8.3.4　采空区的影响因素和形成机制

采空区地表变形分为两种移动和三种变形。两种移动：垂直移动(下沉)和水平移动；三种变形：倾斜、弯曲(曲率)和水平变形(伸张或压缩)。影响地表变形的因素主要包括矿层、岩性、地质构造、地下水和开采条件等方面。

一般来说，随着开采深度的增加，最大沉降值将减少，当采空区的深度达到一定范围后，其影响就相对小了；当地层中含有较软或富含水层的岩石或者流砂时，影响也很大。另一方面，采空区的埋深越大，地表移动变形时间就越长。开采方法和工艺也影响着采空区的分布，采用机械化或半机械化开采，所形成的地下采空区面积大，开采也比较深，而且是分层开采，造成的危害也大，地表出现大面积的下沉、塌陷和裂缝。以煤矿开采为例，影响采空区的因素主要有以下几种。

1. 岩土体性质

影响地表变形的岩性因素主要指上覆岩层强度、分层厚度、软弱岩层性状和地表第四纪堆积物厚度等方面。上覆岩层强度高、分层厚度大时，地表变形所需采空面积要大，破坏过程所需时间长，厚度大的坚硬岩层，甚至长期不产生地表变形；强度低、分层薄的岩层，常产生较大的地表变形，且速度快，但变形均匀，地表一般不出现裂缝。脆性岩层地表易产生裂缝。厚的、塑性大的软弱岩层，覆盖于硬脆的岩层上时，后者产生的破坏会被前者缓冲或掩盖，使地表变形平缓；反之，上覆软弱岩层较薄，则地表变形会很快，并出现裂缝。岩层软硬相间且倾角较陡时，接触处常出现层离现象。

岩体本身的一些缺陷对采空区的地基稳定性也有很大影响。实际中，岩体中赋存着无数的节理面、裂隙面和断层等，使得岩体的强度大大降低。无论这些节理裂隙是规则分布，还是杂乱无章地分布，在岩石移动的情况下，都会促使裂缝区的扩大，变形加剧，对周边的地层破坏也很大。

地表第四纪堆积物愈厚，则地表变形值增大，但变形平缓均匀。由于土体的力学性质远低于岩体，采空区上部的破坏变形中，土层一般随基岩的变形而变形，即岩、土层的变化范围一致。主要影响角在岩体和土体的扩散程度是不同的，当土层很厚时，其性质对地表移动有很大的影响，它可以使地表出现移动和变形，分布规律不同于基岩，而且可以掩盖和缓冲基岩中的各种裂缝及其破坏。

2. 矿层因素

影响地表变形的矿层因素主要是矿层的埋深、厚度和倾角的变化。矿层埋深愈大(即开采深度愈大)，变形扩展到地表所需的时间愈长，地表变形值愈小，变形比较平缓均匀，但地表移动盆地的范围增大。煤层开采厚度是造成采空区覆岩破坏的根本原因之一，矿层厚度大，采空的空间大，促使地表的变形值增大。研究资料表明：随着采厚的增加，冒落带和裂隙带的高度按线性比例增加，即在相同条件下，采厚越大，破坏波及的范围就越大，岩体的破坏也就越严重。矿层倾角大时，使水平移动值增大，地表出现裂缝的可能性加大，盆地和采空区的位置更不相对应。

3. 地质构造

影响地表变形的地质构造因素主要包括岩层裂隙和断层等。岩层裂隙发育，会促使变形加快，增大变形范围，扩大地表裂缝区。断层会破坏地表移动的正常规律，改变移动盆地的大小和位置，断层带上的地表变形更加剧烈，其对地表移动与变形产生影响的原因在于断层带处岩层的力学强度远远低于周围岩层的力学强度，由于应力的集中作用，故使该处成为岩层变形集中的有利位置，地下煤层开采后，在上覆岩层发生移动与变形的同时，岩层还沿着断层面发生滑动，于是在断层基岩露头处的地表就出现台阶状的破坏。断层露头处的地表变形加剧，大大地超过了正常值，而位于断层露头两侧附近的地表变形变得缓和，小于正常值，故在建筑物平面布置时，重要建筑物应尽量避开断层基岩露头带。

4. 地下水作用

地下水大量流失对建筑物有一定的影响，含水层水体流失而形成的空洞也是残余变形影响的一个重要因素，不容忽视。煤层回采后凡是断裂带波及到的基岩含水层（砂岩、页岩、石灰岩）的水体都要溃入工作面。砂岩、页岩含水层水体属于孔隙裂隙水，如果不具备补给条件，经过长期流失会造成含水层被疏干。地下水活动（特别是抗水性弱的岩层）会加快地表变形速度，扩大地表变形范围，增大地表变形值。

5. 开采条件

矿层开采和顶板处置的方法及采空区的大小、形状、工作面推进速度等，均影响着地表变形值、变形速度和变形的形式。目前以柱房式开采和全部充填法处置顶板的方法对地表变形影响较小。

6. 采空区残留人工工程

一个矿井或采区报废后，采空区残留人工工程主要有上山联络巷、采区车场、井底车场、水仓及各种硐室大巷、转载硐室等。一般地，矿井的这些工程所涉及的面积和体积都是十分巨大的。这些残留工程因矿井报废失去维护，长时间后逐渐垮塌。如果这些巷道集中在某段时间垮塌，远比回采 2 m 厚的煤层所带来的地表沉降要严重。因此，在选择建筑地基时应避开残留人工工程区。

8.3.5 采空区的危害

1. 开采沉陷

采空区改变与破坏了地球表面和岩石圈的自然平衡，尤其是当采空区没有回填，就会产生采空区塌陷等地质灾害。采空区塌陷是因矿体（层）采空，覆岩破坏引起的。埋藏于地下的各种大小矿体被采动、掘空后，矿体上部覆岩的力学平衡就会被打破。在重力和应力作用下，便产生裂隙和断移，地下水乘虚而入，通过裂隙向采空区渗漏，这又加速了覆岩的破坏，引起岩层和地表移动，最终形成了采空塌陷区。开采沉陷的具体危害如下。

（1）破坏地表环境。塌陷造成地表积水，还会导致地下水枯竭、耕地减少和破坏、粮食减产绝产、地表良田成为洼地、生态环境恶化等。

（2）损害地表和地下建筑。地表沉陷使地基产生不均与沉降，导致建筑物开裂，甚至倾倒；道路地裂变形，高速公路、铁路、机场等重大工程及城市建筑因处理采空区塌陷而增加建设难度和费用。

（3）造成矿井灾难。地表裂缝会为地下自然煤层提供充足氧气，地下煤火会使采空区顶板承压减弱，冒落加剧，地裂缝加宽、加长，最终形成"地裂—火区—地表裂陷"的恶性循环。地下采空区对采矿工程的危害是显著和累积叠加的，主要体现在两个方面。一方面，矿体开采后，采场的原始应力状态被破坏，从而致使应力重新分布，采空区矿柱变形，当矿体承受的应力超过自身强度时，发生不连续的发散突变，即矿柱失稳破坏的现象，顶板大面积冒落、岩移，造成地表沉陷、开裂和塌陷，破坏地面环境并影响露天作业，更为严重的是采空区突然垮塌的高速气浪和冲击波造成的人员伤亡和设备破坏。其灾害的主要表现形式有片帮、冒顶、突水、地震、岩爆、冲击地压、地面塌陷、地面沉降、地裂缝及由此导致的滑坡、泥石流、地表植破坏等。另一方面，在矿山开采过程中，采空区围岩受爆破震动影响导致岩体裂隙发育，甚至贯通地表或连通老窑积水，发生突水事故，淹没坑道和工作面，造成巨大经济损失。

2. 水资源平衡破坏

改变采空区范围内地下水的补给、径流、排泄条件，使地下水的流场、流向发生变化，在矿井"三带"影响范围内，地下水可以直接流入矿井。采空区局部改变了自然条件下降水与地表水和地下水之间的转换关系，在采空区范围内，"三水"均补给矿坑水。受煤矿开采"三带"的影响，煤系各含水层发生了水力联系，引起含水层水位下降，水量发生变化。从目前各煤矿水文地质条件及排水现状分析，采煤对含水量的影响主要表现为水量减少，水位下降。

我国地下开采矿山目前的实际情况是采空区灾害发生频繁，安全生产形势相当严峻，危及人民群众的生命安全，对生态环境造成了严重破坏，给国家造成了巨大的经济损失，制约了我国矿山企业的可持续发展。地下采空区已经成为制约矿山发展的一个重要难题，随着矿山向深部开采，地压增大，地下采空区在强大的地压下，容易引发坍塌事故，尤其对地下转露天开采的矿山影响很大；地下开采残留大量的采场、硐室、巷道没有进行及时处理，给露天开采带来了严重的隐患，同时给矿山工作人员和设备带来严重的威胁。

8.3.6 采空区的防治措施

矿体中因开采而形成采空区，为了防止因采空区而诱发的地表沉陷等灾害发生，消除生产隐患，确保坑内作业人员安全，需及时而有计划地处理采空区（如充填或放顶封闭等），这些处理工作为采空区处理。对于矿山地下开采遗留的采空区，处理方法通常有崩落、充填、封闭和加固四大类。

1. 崩落法处理采空区

崩落围岩处理采空区的实质：用崩落围岩充填采空区或形成缓冲保护岩石垫层，以防止上部大量岩石突然崩落时，气浪和机械冲击对巷道、设备和人员的危害；缓和应力集中，减少岩石的支撑压力。

崩落围岩又分为自然崩落和强制崩落两种。从理论上讲，任何一种岩石，当它达到极限暴露面积时，应能自然崩落，但是由于岩体并非理想弹性体，往往还未达到极限暴露面积以前，因为地质构造原因，围岩某部位就可能发生破坏，形成自然崩落。当围岩无构造破坏，整体性好，非常稳固时，需要在其中布置工程，进行强制崩落以处理采空区(爆破)。爆破的部位根据矿体的厚度和倾角确定。崩落岩石厚度一般须满足缓冲保护垫层的需要。崩落的方法一般为深孔爆破或药室爆破(崩落露天边坡或极坚硬岩石)。

在崩落围岩时，为减少冲击气浪的危害，对离地表较近的采空区或已与地表相通的相邻采空区，应提前与地表或与上述采空区崩透，形成"天窗"。强制放顶工作一般与矿柱回采同时进行，且要求矿柱超前爆破。如不进行矿柱回采，则必须崩落所有支撑矿(岩)柱，以保证强制崩落围岩的效果。

2. 充填法处理采空区

对于那些在其上部存在露天采场或有建筑物的采空区，由于地表绝对不允许大面积塌陷，因此，崩落处理采空区的方法不可行，至于对采空区用锚索或锚杆进行加固，也只是一些临时措施，要彻底根除采空区带来的安全隐患，比较可行的手段只能是"充填"。该法利用地表露天剥离的废石、井下开采废石或选矿尾砂作为主要充填骨料，通过采空区的钻孔、天井或充填管道将充填料自流(或加压)充填至井下采空区。用充填料支撑围岩，可以减缓或阻止围岩的变形，以保持其相对的稳定，因为充填材料可对矿柱施以侧向力，有助于提高其强度。常用的充填法有干石充填法、尾砂充填法、胶结充填法及絮凝材料充填法等。

用充填法处理采空区，一方面要求对采空区的位置、大小及与相邻采空区的所有通道有所了解，以便对采空区进行封闭，加设隔离墙，使之充填脱水或防止充填料流失；另一方面，采空区中必须能钻孔、巷道或天井且相通，以便充填料能直接进入采空区，达到密实、充填采空区的目的。

充填法用于采空区处理，具有效果好，见效快，充填密实等优点，但是充填法存在施工难度大，成本高，作业安全性差等缺点，在采用充填法处理采空区时一方面要从安全生产的角度考虑，另一方面要从经济的角度加以考虑，最终选用合理的充填材料和研究经济可行的充填工艺技术。

3. 封闭法处理采空区

随着采空区面积不断扩大，岩体应力的集中有一个从量变逐渐发展到质变的过程。当集中应力尚未达到极限值时，矿石与围岩处于相对稳定状态。如果在此之前结束整个矿体的回采工作，而采空区即使冒落也不会带来灾难，可将采空区封闭，任其存在或冒落。这是一种最经济又简便的采空区处理方法，但其使用条件比较严格，可用于下列两种情况。

(1)矿石与围岩极稳固，矿体厚度与延伸不大，埋藏不深，地表允许崩落。

(2)埋藏较深的分散孤立的盲采空区，离主要矿体或主要生产区较远，采空区上部无作业区。

在封堵采空区时，要在采空区附近通往生产区的巷道中，构筑一定厚度的隔墙，使采空区中围岩崩落所产生的冲击气浪不至造成危害。因此，构造充分的缓冲层厚度或通往采空区的通道封堵长度是采用封闭法处理采空区的关键。

4. 加固法采空区

加固采空区主要是为了防止采空区地面沉陷，常采用注浆方法对采空区及破碎岩层进行加固处理。注浆加固采空区处理方法：利用气压、液压等原理，把某些能固化的浆液注入土层、岩层的裂隙或孔洞中，使浆液和岩层一起固化凝结为一体。其主要在采空区土方修建公路、隧道等工程时应用较多。由于其成本较高，技术难度大，所以目前在矿山的开采阶段应用较少。

由于地下采空区具有隐伏性强、空间分布特征规律性差、采空区顶板冒落塌陷情况难以预测等特点，因此，如何对地下采空区的分布范围、空间形态特征和采空区的空区处治状况等进行量化评判，一直是困扰工程技术人员进行采空区潜在危害性评价及合理确定采空区处治对策的关键技术难题。在具体的采空区处理过程中，由于各个矿山存在的采空区数量、所处位置、形态特征不一样，必须针对各采空区的特点和条件，分别采取相应的处理方法。有时采用两类方法联合处理，如采用加固法与充填法联合、崩落法与充填法联合等；有时由同一类方法衍生出一系列子方法，如充填法可分：干石充填法、尾砂充填法、胶结充填法等。

井下采空区发生大的地压活动之前，一般都有一定的征兆，如地音、地震强度的变化等，可以建立地压监测系统进行监测。通过对这些变化的监测，可以对地压活动进行一定程度的预报。因此为配合对采空区的治理，掌握采场稳定性安全动态，应该对采空区围岩采取一定的现场监测手段。目前监测设备较多，但是较为常用的有岩体声发射监测定位仪、水准测量仪、多点位移计、压力计、断面收敛测量仪及光应力计等。

习　　题

8.1　什么是地面沉降？

8.2　简述地面沉降的成因。

8.3　如何对地面沉降进行防治？

8.4　简述地裂缝的概念及特征。

8.5　构造地裂缝和非构造地裂缝的形成机制有何不同？

8.6　地裂缝的工程处理措施有哪些？

8.7　简述采空区的分布特征。

8.8　影响采空区的因素有哪些？

参考文献

[1] 中华人民共和国住房和城乡建设部. 冻土地区建筑地基基础设计规范：JGJ 118—2011[S]. 北京：中国建筑工业出版社，2012.

[2] 中华人民共和国住房和城乡建设部. 膨胀土地区建筑技术规范：GB 50112—2013[S]. 北京：中国建筑工业出版社，2013.

[3] 中华人民共和国水利部. 土的工程分类标准：GB/T 50145—2007[S]. 北京：中国计划出版社，2008.

[4] 中华人民共和国水利部. 土工试验方法标准：GB/T 50123—2019[S]. 北京：中国计划出版社，2019.

[5] 中华人民共和国住房和城乡建设部. 湿陷性黄土地区建筑规范：GB 50025—2018[S]. 北京：中国建筑工业出版社，2019.

[6] 中华人民共和国住房和城乡建设部. 高层建筑岩土工程勘察标准：JGJ 72—2017[S]. 北京：中国建筑工业出版社，2018.

[7] 中华人民共和国住建部. 岩土工程勘察规范(2009 年版)：GB 50021—2001[S]. 北京：中国建筑工业出版社，2009.

[8] 中华人民共和国住房和城乡建设部. 建筑地基基础设计规范：GB 50007—2011[S]. 北京：中国建筑工业出版社，2012.

[9] 中华人民共和国住房和城乡建设部. 湿陷性黄土地区建筑标准：GB 50025—2018[S]. 北京：中国建筑工业出版社，2019.

[10] 中华人民共和国住房和城乡建设部. 膨胀土地区建筑技术规范：GB 50112—2013[S]. 北京：中国建筑工业出版社，2013.

[11] 中华人民共和国交通运输部. 公路工程地质勘察规范：JTG C20—2011[S]. 北京：人民交通出版社，2011.

[12] 中华人民共和国住房和城乡建设部. 冻土工程地质勘察规范：GB 50324—2014[S]. 北京：中国计划出版社，2015.

[13] 中华人民共和国住房和城乡建设部. 冻土地区建筑地基基础设计规范：JGJ 118—2011[S]. 北京：中国建筑工业出版社，2011.

[14] 李四光. 地质力学概论[M]. 北京：科学出版社，1973.

[15] MP 毕令斯. 构造地质学[M]. 张炳熹，译. 北京：地质出版社，1965.

[16] WILLIAMS JAM. 第四纪环境[M]. 刘东生，等译. 北京：科学出版社，1997.

[17] 曹伯勋. 地貌学及第四纪地质学[M]. 武汉：中国地质大学出版社，2003.

[18] 曹家欣. 第四纪地质[M]. 北京：商务印书馆，1983.

[19] 常士骠等. 工程地质手册[M]. 4 版. 北京：中国建筑工业出版社，2007.

[20] 刘东生. 黄土与环境[M]. 北京：科学出版社，1985.

[21] 彭建兵，王启耀，门玉明，等. 黄土高原滑坡灾害[M]. 北京：科学出版社，2019.

[22] 张倬元. 工程地质分析原理[M]. 北京：地质出版社，1981.

[23] 王铁儒，陈云敏. 工程地质及土力学[M]. 武汉：武汉大学出版社，2001.

[24] 胡厚田，白志勇. 土木工程地质[M]. 4 版. 北京：高等教育出版社，2022.

[25] 胡厚田，白志勇. 土木工程地质[M]. 2 版. 北京：高等教育出版社，2009.

[26] 胡厚田，吴继敏，王健. 土木工程地质[M]. 北京：高等教育出版社，2001.

[27] 赵树德，廖红建. 土木工程地质[M]. 北京：科学出版社，2009.

[28] 赵树德，廖红建. 高等工程地质学[M]. 北京：机械工业出版社，2005.

[29] 赵树德. 工程地质与岩土工程[M]. 西安：西北工业大学出版社，1998.

[30] 廖红建，李荣建，刘恩龙. 土力学[M]. 3 版. 北京：高等教育出版社，2018.

[31] 赵树德，廖红建. 土力学[M]. 2 版. 北京：高等教育出版社，2010.

[32] 廖红建，党发宁. 工程地质及土力学[M]. 武汉：武汉大学出版社，2014.

[33] 廖红建，柳厚祥. 土力学[M]. 北京：高等教育出版社，2013.

[34] 朱博鸿，廖红建，周龙翔. 房屋建筑地基处理与加固[M]. 西安：西安交通大学出版社，2003.

[35] 陈南祥. 工程地质及水文地质[M]. 北京：中国水利水电出版社，2016.

[36] 陈仲颐，周景星，王洪瑾. 土力学[M]. 北京：清华大学出版社，1994.

[37] 陈仲颐，周景星，王洪瑾. 土力学[M]. 北京：清华大学出版社，2007.

[38] 刘春原，朱济祥，郭抗美. 工程地质学[M]. 北京：中国建材工业出版社，2000.

[39] 成都地质学院. 岩石学简明教程[M]. 北京：地质出版社，1979

[40] 冯国栋. 土力学[M]. 北京：中国水利水电出版社，1986.

[41] 葛忻声. 区域性特殊土的地基处理技术[M]. 中国水利水电出版社，2011.

[42] 谷德振. 岩体工程地质力学基础[M]. 北京：科学出版社，1979.

[43] 顾晓鲁，等. 地基与基础[M]. 北京：中国建筑工业出版社，1993.

[44] 国家地震局. 中国诱发地震[M]. 北京：地震出版社，1984.

[45] 黄成敏. 环境地学导论[M]. 四川大学出版社，2005.

[46] 黄定华. 普通地质学[M]. 北京：高等教育出版社，2004.

[47] 黄志全. 土力学[M]. 郑州：黄河水利出版社，2011.

[48] 李圭白，等. 水质工程学[M]. 北京：中国建筑工业出版社，2005

[49] 李辉，杨振宏. 工程地质与水文地质[M]. 西安：陕西科学技术出版社，2001

[50] 李镜培，梁发云，赵春风. 土力学[M]. 2 版. 北京：高等教育出版社，2008.

[51] 李智毅，等. 工程地质学概论[M]. 武汉：中国地质大学出版社，1994.

[52] 李智毅，等. 岩土工程勘察[M]. 武汉：中国地质大学出版社，2005.

[53] 穆满根. 岩土工程勘察[M]. 武汉：中国地质大学出版社，2016.

[54] 璩继立,李国际.土力学学习指导及典型习题解析[M].武汉:华中科技大学出版社,2009.

[55] 时伟,李伍平,陈辉.工程地质学[M].2版.北京:科学出版社,2016.

[56] 侍倩.土力学[M].2版.武汉:武汉大学出版社.2010.

[57] 宋春青,邱维理,张振春.地质学基础[M].4版.北京:高等教育出版社,2005.

[58] 宋春青,等.地质学基础[M].3版.北京:高等教育出版社,2001

[59] 孙家齐.工程地质[M].武汉:武汉工业大学出版社,2001.

[60] 田明中,程捷.第四纪地质学与地貌学[M].北京:地质出版社,2009.

[61] 王成华,土力学[M].武汉:华中科技大学出版社,2010.

[62] 王大纯,张人权,史毅虹.水文地质学基础[M].北京:地质出版社,1995.

[63] 王大纯,等.水文地质学基础[M].北京:地质出版社,1986.

[64] 王桂林.工程地质[M].北京:中国建筑工业出版社,2102.

[65] 吴胜明.中国地书[M].济南:山东画报出版社,2005.

[66] 席永慧.环境岩土工程学[M].上海:同济大学出版社,2019.

[67] 夏建中.土力学与工程地质[M].杭州:浙江大学出版社.2012.

[68] 谢小妍.土力学[M].北京:中国农业出版社,2006.

[69] 严钦尚.地貌学[M].北京:高等教育出版社,1985.

[70] 杨怀仁.第四纪地质[M].北京:高等教育出版社,1990.

[71] 杨进良.土力学[M].3版.北京:中国水利水电出版社,2006.

[72] 杨景春.地貌学教程[M].北京:高等教育出版社,1985.

[73] 杨小平.土力学及地基基础:2004版[M].武汉:武汉大学出版社,2004.

[74] 袁灿勤.王旭东.岩土工程勘察[M].南京:河海大学出版社,2003.

[75] 袁聚云,李镜培,楼晓明.基础工程设计原理[M].上海:同济大学出版社,2001.

[76] 袁聚云.土质学与土力学[M].4版.北京:人民交通出版社,2009.

[77] 长春地质学院.地质力学[M].北京:地质出版社,1979.

[78] 长春地质学院.工程岩土学[M].北京:地质出版社,1980.

[79] 长春地质学院.构造形迹[M].北京:地质出版社,1979.

[80] 赵明华.土力学与基础工程[M].武汉:武汉工业大学出版社,2000.

[81] 郑建国,廖红建,张豫川,等.湿陷性黄土地区地基处理工程实录[M].北京:中国建筑工业出版社,2003.

[82] 中华人民共和国水利电力部科学研究所,中国科学院地质研究所.水利水电工程地质[M].北京:科学出版社,1974

[83] 朱志澄.构造地质学[M].武汉:中国地质大学出版社,1990.

[84] 铁道部第一铁路设计院.铁路工程地质手册[M].北京:人民交通出版社,1975

[85] 董峻.国之重器 三峡工程完成整体竣工验收[J].中国三峡,2020:(11):7-11.

[86] 董学晟,邬爱清,郭熙灵.三峡工程岩石力学研究50年[J].岩石力学与工程学

报，2008：(10)：1945-1958.

[87] 龚士良. 上海城市建设对地面沉降的影响[J]. 岩土工程技术，1998：3：43-45.

[88] 管清花，李福林，陈学群，等. 济南趵突泉泉域泉群生态基流量研究[J]. 中国农村水利水电，2021：(04)：75-80+91.

[89] 韩小敏. 宜万铁路野三关隧道高压富水岩溶治理技术[J]. 山西建筑，2014：40(02)：176-177.

[90] 李春红. 岩溶山区铁路工程地质选线分析：以宜万铁路野三关地区为例[J]. 资源环境与工程，2014：28(03)：300-303.

[91] 李舒婷，胡承磊. 济南泉水资源可持续发展研究[J]. 山东水利，2019：(02)：5-7.

[92] 刘殿华，袁建力，樊华，等，杨福南. 虎丘塔加固工程的监控和观测技术[J]. 土木工程学报，2004：(07)：51-58.

[93] 卢培刚. 某滑坡区岩土工程勘察案例分析[J]. 城市建设理论研究(电子版)，2019：(07)：115.

[94] 罗冲. 岩土工程综合勘察技术在滑坡勘察中的应用分析[J]. 城市建设理论研究(电子版)，2018：267(21)：98-99.

[95] 罗涛. 重庆长寿区某公路路基边坡降雨型滑坡分析及整治措施[D]. 重庆交通大学，2017.

[96] 苗德海. 宜万铁路野三关隧道响水坪地下暗河发育特征及方案研究[J]. 铁道标准设计，2012：(08)：75-79.

[97] 皮曙初. 为何选址三斗坪[N]. 新华每日电讯，2006：(02).

[98] 商崇伦. 宜万铁路齐岳山隧道高压富水断层施工关键技术[J]. 隧道建设，2010：30(03)：285-291.

[99] 孙世涛. 宜万铁路野三关隧道Ⅱ线双块式无砟轨道施工控制技术[J]. 西部探矿工程，2012：24(11)：185-187+189.

[100] 王茂枚，束龙仓，季叶飞，等. 济南岩溶泉水流量衰减原因分析及动态模拟[J]. 中国岩溶，2008：(01)：19-23+31.

[101] 王伟. 复杂地质条件下岩土工程勘察的应用与实践[J]. 世界有色金属，2018：(02)：273-274.

[102] 魏玉江，陈邦尧. 海口市人民医院岩土工程勘察实例分析[J]. 城市建筑，2017：(03)：140-143.

[103] 魏子新，王寒梅，吴建中，等. 上海地面沉降及其对城市安全影响[J]. 上海地质，2009：1：34-39.

[104] 吴素华. 民主决策的典范：三峡工程的三次争论[J]. 中国电力企业管理，2021：(31)：100-103.

[105] 相华，封得华，蒋国民. 济南四大泉群泉水出流量分析[J]. 山东水利，2017：(12)：49-50.

[106] 杨坤. 滑坡体的岩土工程勘察基本技术要求[J]. 科学技术创新，2017：(09)：134.

[107] 叶万军，王鹏，杨更社，等. 黄土崩塌的形成因素及其影响范围的确定方法[J]. 工程地质学报，2013：21(06)：920-925.

[108] 庄建琦，彭建兵，李同录，等. "9·17"灞桥灾难性黄土滑坡形成因素与运动模拟[J]. 工程地质学报，2015：23(04)：747-754.

[109] 袁建力，刘殿华，李胜才，等，杨福南. 虎丘塔的倾斜控制和加固技术[J]. 土木工程学报，2004：(05)：44-49+91.

[110] 袁铭，刘争齐，钱玉成. 千年虎丘斜塔不倒原因之探讨[J]. 土木工程学报，2004：(03)：66-68+79.

[111] 袁铭，刘争齐. 苏州虎丘塔的变形监测与保护[J]. 苏州科技学院学报(工程技术版)，2003：(01)：73-77.

[112] 张保祥，孙学东，刘青勇. 济南泉群断流的成因与对策探析[J]. 地下水，2003：(01)：6-8+23.

[113] 张新洲. 宜万铁路野三关隧道进口段快速施工技术[J]. 铁道标准设计，2010：(08)：93-96.

[114] 赵博剑，孔德琨，谭忠盛. 基于层次分析理论的宜万铁路隧道病害评价体系[J]. 土木工程学报，2017：50(S2)：243-248.

[115] 郑守仁. 三峡工程规划设计历程及关键技术研究与实践[J]. 中国三峡，2012：(07)：5-13+2.

[116] 郑守仁. 三峡工程设计中的重大技术问题[J]. 城市道桥与防洪，2007：(05)：1-9.

[117] 郑守仁. 长江三峡水利枢纽工程设计重大技术问题综述[J]. 人民长江，2003：(08)：4-11+65.

[118] 中华人民共和国住房和城乡建设部. 建筑抗震设计规范(2016年版)：GB 50011—2010[S]. 北京：中国建筑工业出版社，2016.

附　录
土木工程地质中英日文专业名词对照

A

安全系数	safety factor	安全率
暗礁	sunken rock	暗礁
安山岩	andesite	安山岩

B

白云母	muscovite	白雲母
饱和度	degree of saturation	飽和度
饱和密度	saturated density	飽和密度
饱和土	saturated soil	飽和土
饱和重度	saturated unit weight	飽和単位体積重量
被动土压力	passive earth pressure	受働土圧
被动土压力系数	coefficient of passive earth pressure	受働土圧係数
背斜	anticline	背斜
本构方程	constitutive equation	構成方程式
本构关系	constitutive relation	構成式
崩塌	collapse	崩壊
比表面积	specific surface area	比表面積
比重	specific gravity	比重
比重试验	specific gravity test	比重試験
边界条件	boundary condition	境界条件
边坡	slope	斜面・のり面
边坡稳定性	slope stability	斜面の安定
变水头渗透试验	falling head permeability test	変水位透水試験
变形	deformation	変形
变质岩	metamorphic rock	変成岩
表面张力	surface tension	表面張力
标准贯入试验	standard penetration test	標準貫入試験
冰川沉积物	glacial deposit	氷積土
不固结不排水三轴试验	unconsolidated undrained triaxial test，UU	非圧密非排水三軸試験
不均匀沉降	non-uniform settlement	不同沈下

| 不整合 | unconformity | 不整合 |
| 不整合面 | surface of unconformity | 不整合面 |

C

残积土	residual soil	残積土
残余变形	residual deformation	残留変形
残余强度	residual strength	残留強度
残余应力	residual stress	残留応力
侧限压缩模量	oedometric modulus	拘束圧縮弾性係数
侧限压缩试验	confined compression test	拘束圧縮試験
侧向变形	lateral deformation	横変形（側方変位）
侧向荷载	lateral load	横荷重
侧向侵蚀	lateral erosion	側方侵食
侧压力系数	coefficient of lateral pressure	側圧係数
层理	bedding	層理
层理面	bedding plane	層理面
层流	laminar flow	層流
常水头渗透试验	constant head permeability test	定水位透水試験
超固结比	overconsolidation ratio	過圧密比
超固结土	overconsolidated soil	過圧密土
超孔隙水压力	excess pore water pressure	過剰間隙水圧
沉积物	sediment	堆積物
沉积岩	sedimentary rock	堆積岩
沉降	settlement	沈下
成层土	layered soil	成層土
承压水	confined water	被圧水
承载力系数	bearing capacity factor	支持力係数
冲积层	alluvium	沖積層
冲积平原	alluvial plain	沖積平野
冲积扇	alluvial fan	扇状地
冲积土	alluvial soil	沖積土
稠度	consistency	コンシステンシー
稠度指数	consistency index	コンシステンシー指数
次固结沉降	secondary consolidation settlement	二次圧密沈下
次生矿物	secondary mineral	二次鉱物
初始条件	initial condition	初期条件
粗砾	cobble	粗れき
粗砂	coarse sand	粗砂

D

大理石	marble	大理石
达西定律	Darcy's law	ダルシーの法則
单粒结构	single-grained structure	単粒構造
单面排水	single drainage	片面排水

单向固结	one-dimensional consolidation	一次元圧密
挡土墙	retaining wall	擁壁
地表水	surface water	地表水
地层	stratum	地層
地基	ground	地盤
地基沉降	ground sttlement	地盤沈下
地基承载力	bearing capacity of ground	地盤の支持力
地垒	horst	地塁、ホルスト
地堑	graben	地溝
地壳	earth crust	地殻
地壳运动	crustal movement	地殻変動
第三纪	Tertiary	第三紀
第四纪	Quaternary	第四紀
地下水	groundwater	地下水
地下水位	groundwater table	地下水位
地形	topography	地形
地震	earthquake	地震
地震波	seismic wave	地震波
地震反应	seismic response	地震応答
地震反应谱	seismic response spectrum	地震応答スペクトル
地震荷载	earthquake load	地震荷重
地震烈度	seismic intensity	震度
地质调查	geological survey	地質調査
地质构造	geological structure	地質構造
地质年代	geological age	地質年代
地质年代表	geologic time scale	地質年代表
地质踏勘	geological reconnaissance	地質踏査
地质学	geology	地質学
地质灾害	geologic hazard	地質災害
冻土	frozen soil	凍土
冻胀	frost heaving	凍上
断层	fault	断層
断层面	fault plane	断層面

F

法向应力	normal stress	垂直応力
反压力	back pressure	背圧
非饱和土	unsaturated soil	不飽和土
非线性分析	nonlinear analysis	非線形分析
非线性弹性模型	nonlinear elastic model	非線形弾性モデル
分布荷载	distributed load	分布荷重
分类	classification	分類
粉粒/粉土	silt	シルト

粉粒粒组	silt fraction	シルト分
粉砂	silty sand	シルト質砂
粉质黏土	silty clay	シルト質粘土
风化	weathering	風化
风积物	aeolian deposit	風積土
风蚀	wind erosion	風食
蜂窝结构	honeycomb structure	蜂の巣構造
峰值强度	peak strength	ピーク強度
附加应力	additional stress	増加応力

G

橄榄岩	peridotite	かんらん岩
干密度	dry density	乾燥密度
干重度	dry unit weight	乾燥単位体積重量
刚性基础	rigid foundation	剛体(剛性)基礎
高岭石	kaolinite	カオリナイト
各向同性	isotropy	等方性
各向异性	anisotropy	異方性
更新世	Pleistocene Epoch	更新世
固结不排水三轴试验	consolidated undrained triaxial test，CU	圧密非排水三軸試験
固结沉降	consolidation settlement	圧密沈下
固结度	degree of consolidation	圧密度
固结排水三轴试验	consolidated-drained triaxial test，CD	圧密排水三軸試験
固结试验	consolidation test	圧密試験
固结系数	coefficient of consolidation	圧密係数
固结作用	consolidation	圧密作用
古生代	Palaeozoic Era	古生代
管涌	piping	パイピング
灌注桩	augered pile	現場打ち杭

H

海啸	tsunami	津波
含水层	aquifer	帯水層
海洋沉积物	marine sediment	海成堆積物
含水量	water content/moisture content	含水比
河床	river bed	河床
河流阶地	river terrace	河岸段丘
荷载-沉降曲线	load – settlement curve	荷重-沈下線
荷载试验	loading test	載荷試験
黑云母	biotite	黒雲母
洪积层	diluvial deposit	洪積層
湖泊沉积物	lacustrine sediment	湖成堆積物
花岗岩	granite	花崗岩
滑裂面	slip surface	滑り面

滑坡	landslide	地滑り
化石	fossil	化石
化学风化	chemical weathering	化学的風化
黄土	loess	レース
黄铁矿	pyrite	黄鉄鉱
回填土	backfill	裏込め
火成岩	igneous rock	火成岩
火山地震	volcanic earthquake	火山地震
火山灰	volcanic ash	火山灰
火山灰土	andisol	火山灰質土
火山岩	volcanic rock	火山岩

J

基础沉降	foundation settlement	基礎沈下
击实曲线	compaction curve	締め固め曲線
击实试验	compaction test	締め固め試験
极限承载力	ultimate bearing capacity	極限支持力
极限荷载	ultimate load	極限荷重
集中荷载	concentrated load	集中荷重
阶地	terrace	段丘
剑桥模型	Cam-Clay model	カムクレイ・モデル
剪切面	shear plane, shear surface	せん断面
剪切模量	shear modulus	せん断弾性係数
剪切破坏	shear failure	せん断破壊
剪切试验	shear test	せん断試験
剪胀性	dilatancy	ダイレイタンシー
交错层理	cross bedding	斜交層理
角度不整合	angular unconformity	傾斜不整合
角砾岩	breccia	角礫岩
角闪岩	amphibolite	角せん岩
胶结作用	cementation	こう結作用
结晶	crystal	結晶
节理	joint	節理・ジョイント
金刚石	diamond	ダイヤモンド
浸水	submersion	浸水
静力触探试验	static cone penetration test	静的円錐貫入試験
静水压力	hydrostatic pressure	静水圧
静止土压力	earth pressure at rest	静止土圧
静止土压力系数	coefficient of earth pressure at rest	静止土圧係数
局部剪切破坏	local shear failure	局所せん断破壊

K

| 开挖 | excavation | 掘削 |
| 开挖边坡 | excavated slope | 切取り斜面 |

抗剪强度	shear strength	せん断強さ（強度）
抗震结构	earthquake resistance structure	耐震構造
抗震设计	antiseismic design	耐震設計
孔隙比	void ratio	間隙比
孔隙率	porosity	間隙率
孔隙气压力	pore air pressure	間隙空気圧
孔隙水	pore water	間隙水
孔隙水压力	pore water pressure	間隙水圧
孔隙压力系数	pore pressure coefficient	間隙圧係数
库仑土压力理论	Coulomb's earth pressure theory	クーロンの土圧論
矿物	mineral	鉱物
矿物成分	composition of mineral	鉱物組成
矿物分析	mineralogical analysis	鉱物分析

L

朗肯土压力理论	Rankine's theory of earth pressure	ランキンの土圧論
粒度	grainage	粒度
粒径	particle size	粒径
粒径级配曲线	grain size distribution curve	粒径加積曲線
粒组	grain size fraction/grain group	粒度組成・粒径分布
砾石	gravel	れき
砾岩	conglomerate	礫岩
烈度	earthquake intensity	震度
裂隙水	fissure water	裂か水
临界孔隙比	critical void ratio	限界間隙比
临界水力梯度	critical hydraulic gradient	限界動水勾配
流变学	rheology	レオロジー・流動学
流动法则	flow rule	流れ則
流径	flow path	流動径路
流量	quantity of flow	流量
流网	flow net	流線網
流纹岩	rhyolite	流紋岩
路基	subgrade	路床

M

毛细管压力	capillarity pressure	毛管圧力
毛细水	capillary water	毛管水
毛细作用	capillarity	毛管現象
蒙脱石	montmorillonite	モンモリロナイト
莫尔-库仑强度准则	Mohr-Coulomb criterion of rock failure	モール・クーロン破壊基準
摩尔圆	Mohr's stress circle	モールの応力円
摩尔圆包线	envelope of Mohr's circles	モールの包絡線

N

内力	internal force	内力

内摩擦角	angle of internal friction	内部摩擦角
逆断层	reverse fault	逆断層
泥石流	debris flow	土石流
泥炭	peat	泥炭
泥岩	mudstone	泥岩
黏聚力	cohesion	粘着力
黏粒/黏土	clay	粘土
黏土矿物	clay mineral	粘土鉱物
黏性	viscosity	粘性
黏性土	cohesive soil	粘性土
凝灰岩	tuff	凝灰岩

P

排水	drainage	排水
排水管	drainage pipe	排水管
排水条件	drainage condition	排水条件
喷出岩	extrusive rock	喷出岩
膨胀土	expansive soil	膨張性土
片麻岩	gneiss	片麻岩
偏心荷载	eccentric load	偏心荷重
偏心距	eccentric distance	偏心距離
偏应力	deviator stress	軸差応力
平板载荷试验	plate-loading test	平板載荷試験
平面应变	plane strain	平面ひずみ
平行不整合	parallel unconformity	平行不整合
泊松比	Poisson's ratio	ポアソン比
破坏包线	failure envelope	破壊包絡線
破坏准则	failure criteria	破壊基準

Q

浅基础	shallow foundation	浅い基礎
千枚岩	phyllite	千枚岩
切应变	shear strain	せん断ひずみ
切应力	shear stress	せん断応力
侵蚀	erosion	侵食
倾角	dip angle	傾斜角
倾向	dip	傾斜
屈服函数	yield function	降伏関数
屈服应力	yield stress	降伏応力
全新世	Holocene epoch	完新世

R

扰动土样	disturbed samples	乱した試料
溶解	solvation	融解
容许承载力	allowable bearing capacity	許容支持力

容许沉降	allowable settlement	許容沈下
柔性基础	flexible foundation	たわみ性基礎
蠕变	creep	クリープ
软弱地基	soft foundation	軟弱地盤
软岩	soft rock	軟岩
瑞典圆弧法	Swedish circle method	スウェーデン法

S

三轴固结试验	triaxial compression test	三軸圧縮試験
三轴剪切试验	triaxial shear test	三軸せん断試験
三轴仪	triaxial apparatus	三軸試験機
砂粒/砂	sand	砂
砂岩	sandstone	砂岩
上盘	handing wall	上盤
蛇纹岩	serpentinite	蛇紋岩
深基础	deep foundation	深い基礎
深开挖	deep excavation	深い掘削
渗流	seepage	浸透流
渗流力	seepage force	浸透力
渗透系数	coefficient of permeability	透水係数
渗透性	permeability	透水性
生物风化	biological weathering	生物的風化
石灰岩	limestone	石灰岩
时间因子	time factor	時間係数
失稳	instability	斜面崩壊
石英	quartz	石英
十字板剪切试验	vane shear test	ベーンせん断試験
竖向固结系数	coefficient of vertical consolidation	鉛直圧密係数
水力梯度	hydraulic gradient	動水勾配
瞬时沉降	immediate settlement	即時沈下
塑限	plastic limit	塑性限界
塑性	plasticity	塑性
塑性变形	plastic deformation	塑性変形
塑性区	plastic zone	塑性域
塑性指数	plasticity index	塑性指数
碎石	crushed stone	砕石
碎屑物	clastics	砕屑物
缩限	shrinkage limit	収縮限界

T

太沙基一维固结理论	Terzaghi's theory of one-dimensional consolidation	
	テルツアーギ一次元圧密モデル	
弹性	elasticity	弾性
弹性变形	elastic deformation	弾性変形量

弹性极限	elastic limit	弹性限度
体积模量	bulk modulus	体積弾性係数
体积应变	volumetric strain	体積ひずみ
天然边坡	natural slope	自然斜面
天然地基	natural ground	自然地盤
天然含水量	natural water content	自然含水比
天然孔隙比	natural void ratio	自然間隙比
条形荷载	strip load	带状荷重
条形基础	strip foundation	带状基礎
透水性	water permeability	透水性
土坝	earth dam	アースダム
土粒	soil particle	土粒子
土力学	soil mechanics	土質力学
土木工程	civil engineering	土木工学
土压力	earth pressure	土圧

W

外力	external force	外力
稳定系数	coefficient of stability	安定係数
紊流	turbulent flow	乱流
无侧限抗压强度	unconfined compression strength	一軸圧縮試験
物理风化	physical weathering	物理の風化

X

细砂	fine sand	細砂
下盘	footwall	下盤
先期固结压力	preconsolidation pressure	先行圧密応力
现场载荷试验	field loading test	現場載荷試験
线荷载	line load	線荷重
线弹性理论	linear elastic theory	線形弾性理論
向斜	syncline	向斜
斜长石	plagioclase	斜長石
斜层理	oblique bedding	斜交層理
新生代	Cenozoic	新生代
休止角	angle of repose	安息角
絮凝结构	flocculent structure	綿毛構造
玄武石	basalt	玄武岩

Y

压力	pressure	圧力
压实系数	compacting factor	締め固め係数
压缩模量	modulus of compressibility	圧縮弾性係数
压缩曲线	compression curve	圧縮曲線
压缩性	compressibility	圧縮性
压缩系数	compression coefficient	圧縮係数

压缩指数	compression index	圧縮指数
岩溶	karst	カルスト
岩石	rock	岩石
岩石力学	rock mechanics	岩盤力学
杨氏模量	Young modulus	ヤング率
咬合作用	interlocking	かみ合い
液化	liquefaction	液状化
液限	liquid limit	液性限界
液性指数	liquidity index	液性指数
页岩	shale	頁岩
伊利石	illite	イライト
应变控制式三轴试验	controlled-strain triaxial test	ひずみ制御三軸試験
应变路径	strain paths	応変径路
应变软化	strain softening	ひずみ軟化
应变硬化	strain hardening	ひずみ硬化
应力	stress	応力
应力分布	stress distribution	応力分布
应力分析	stress analysis	応力分析
应力历史	stress history	応力履歴
应力路径	stress path	応力径路
应力-应变关系	stress – strain relationship	応力-ひずみ関係
应力-应变曲线	stress – strain curve	応力-ひずみ曲線・ストレース-ストレーンカーブ
应力张量	stress tensor	応力テンソル
有机物质	organic matter	有機物
有机质土	organic soil	有機質土
云母	mica	雲母
有色矿物	color mineral	有色鉱物
有限元法	finite element method	有限要素法
有效截面积	effective cross section	有効断面積
有效粒径	effective diameter	有効粒径
有效内摩擦角	effective angle of internal friction	有効摩擦角
有效黏聚力	effective cohesion	有効粘着力
有效应力	effective stress	有効応力
有效应力路径	effective stress path	有効応力径路
有效应力原理	principle of effective stress	有効応力の原理
有效重度	effective unit weight	有効単位体積重量
有效主应力	effective principal stress	有効主応力
余震	aftershock	余震
圆弧分析法	circular arc analysis	円形滑り面法
圆弧滑动面	circular slip surface	円形滑り面
原生矿物	primary mineral	一次鉱物

| 原位试验 | in situ testing | 原場（原位置）試験 |
| 原状土样 | undisturdbed soil sample | 傷の無い試料 |

Z

造岩矿物	rock-forming minerals	造岩鉱物
褶皱	fold	しゅう曲
震级	earthquake magnitude	地震のマグニチュード
真三轴试验	true triaxial test	真の三軸試験
震源	hypocenter, focus	震源
正常固结土	normally consolidated soil	正規圧密土
正长石	orthoclase	正長石
正断层	normal fault	正断層
整合	conformity	整合
支承桩	bearing pile	支持杭
直剪试验	direct shear test	直接(一面)せん断
直剪仪	direct shear apparatus	直接(一面)せん断試験機
重度	unit weight	単位体積重量
重力式挡土墙	gravity retaining wall	重力式擁壁
重力水	gravitational water	重力水
钟乳石	stalactite	鍾乳石
中生代	Mesozoic	中生代
轴对称	axial symmetry	軸対称
轴向荷载	axial load	軸荷重
轴向应变	axial strain	軸ひずみ
主动土压力	active earth pressure	主働土圧
主动土压力系数	coefficient of active earth pressure	主働土圧係数
桩基	pile foundation	杭基礎
自由地下水	free groundwater	自由地下水
自重应力	self-weight stress	自重応力
总应力法	total stress approach	全応力解析法
总应力路径	total stress path	全応力径路
总主应力	total principal stress	全主応力
走向	strike	走向
钻孔	boring	ボーリング
最大干密度	maximum dry density	最大乾燥密度
最优含水量	optimum water content	最適合水比